细说绿叶菜栽培

张和义　王广印　胡萌潮　编著

中国农业出版社

图书在版编目（CIP）数据

细说绿叶菜栽培 / 张和义，王广印，胡萌潮编著
. —北京：中国农业出版社，2015.2
ISBN 978-7-109-20095-1

Ⅰ. ①细… Ⅱ. ①张… ②王… ③胡… Ⅲ. ①绿叶蔬菜-蔬菜园艺 Ⅳ. ①S636

中国版本图书馆 CIP 数据核字（2015）第 011397 号

中国农业出版社出版
（北京市朝阳区麦子店街 18 号楼）
（邮政编码 100125）
策划编辑 徐建华
文字编辑 徐建华

北京中新伟业印刷有限公司印刷 新华书店北京发行所发行
2015 年 5 月第 1 版 2015 年 5 月北京第 1 次印刷

开本：850mm×1168mm 1/32 印张：13.25
字数：330 千字
定价：30.00 元

提　　要

本书由西北农林科技大学张和义教授等人编写。书中全面具体地介绍了43种绿叶菜的生产技术。内容包括栽培概况、营养、类型和品种，生长发育需要的条件，栽培技术、病虫害防治、采种、贮藏加工，尤其对菠菜、莴笋、生菜、水芹、菊苣等介绍得较为详尽。内容丰富、全面周详，具体科学、实用，文字通俗易懂，可操作性强，适合广大菜农和基层农业技术人员阅读，也可供农业院校师生及军工人员参考。

前言

绿叶菜类是指以鲜嫩的绿叶、叶柄或嫩茎为产品的速生蔬菜。我国栽培的绿叶菜类种类很多，品种资源丰富，栽培较普遍的有菠菜、芫荽、叶甜菜、芹菜、小茴香、莴苣、莴笋、茼蒿、小白菜、苋菜、蕹菜、冬寒菜、落葵、草头、番杏、菊花脑等，绿叶菜的柔嫩叶子可以生食、凉拌或煮食，口味很好，尤其是芫荽、茴香、芹菜等有特殊的香味，可以调味，增进食欲，并且它们的种子内含有芳香物质，可提取香料。此外，各种绿叶菜既是蔬菜，又是良好的中草药，可治多种疾病。特别是目前，随着保护设施的改进和更新，地膜、塑料拱棚、日光温室和加温温室等的迅速发展，随着遮阳网、防虫网、无纺布等保温降温、遮阴、防虫防暴雨材料的推广应用，加上市场价格的扛杆作用，许多过去很少种植的稀特蔬菜，或试种成功，或正在推广。在北方大、中城市郊区，蔬菜生产方式和上市的蔬菜种类增加了。供应期延长了，淡、旺季矛盾缩小了。这就为绿叶菜的生产提供了可能性。为此我们编写了这本《细说绿叶菜栽培》的书。在编写过程中幸蒙河南省大宗蔬菜产业技术体系建设项目资助，特表谢意。

编　者

2014年6月

目录

一、菠菜

菠菜（*Spinacia oleracea* L.）又叫波斯菜（草）、赤根菜、角菜、菠薐、鹦鹉菜，古时阿拉伯人称“菜中之王”，属耐寒性绿叶类蔬菜，是我国早春淡季供应的主要蔬菜之一。

菠菜属藜科一年或二年生作物。原产波斯（现亚洲西部、伊朗一带）。据德康多而（Decandolle）考证伊朗大约在 2 000 年前已有栽培，其后向东、西两路传播。《唐会要》云，“太宗时尼波罗国献菠棱草，类红蓝，实如疾藜，火熟之能益食味”。《新唐书·西域传》也记载了贞观二十年（公元 647 年）进贡菠菜的事情。当时称其为菠棱菜，不过炼丹的道士则称其为波斯草，道士特别喜欢吃菠菜，原因是吃菠菜可以化解丹药带来的不适感。

菠菜还叫鹦鹉菜，也是由于菠菜翠绿，根红，犹如一个巧舌鹦鹉。说到鹦鹉菜，有一个有趣的传说。说是乾隆下江南微服私访，饥渴难耐，于是和随从在一农家用饭。农家主妇从自家的菜园里挖了些菠菜，给皇上做了个菠菜熬豆腐，乾隆食后颇觉鲜美，极是赞赏，也许农家主妇手艺的确不错，也许是饥不择食，否则传说中朱元璋吃到翡翠白玉汤（臭豆渣，剩汤）都当成无比的美味。乾隆问其菜名，农妇说，“金镶白玉版，红嘴绿鹦哥”，乾隆大喜，封农妇为皇姑，从此菠菜多个别名叫鹦鹉菜。现在我国早已遍及南北。16 世纪传入欧洲，19 世纪引入美国。目前已成为世界各国普遍栽培的蔬菜。

据中国医学科学院卫生研究所（1981）分析，百克菠菜食用部分鲜重含水分 91.8 克，蛋白质 2.4 克，脂肪 0.5 克，碳水化合物 3.1 克，热量 113 千焦，粗纤维 0.7 克，灰分 1.5 克，钙

103毫克，磷53毫克，铁1.8毫克，胡萝卜素3.87毫克，硫胺素0.04毫克，核黄素0.13毫克，硫胺素0.04毫克，尼克酸0.6毫克，维生素C39毫克。在大路蔬菜中，菠菜的蛋白质、钙、铁、胡萝卜素、核黄素和尼克酸的含量是比较高的，特别是胡萝卜素的含量，比富含胡萝卜素的黄色胡萝卜（3.60毫克/100克食用部分鲜重）还要略高一点，是红色胡萝卜（1.35毫克/100克食用部分鲜重）的2.87倍。另据分析，菠菜每100克食用部分鲜重还富含钾502毫克，铜13.5毫克，碘88毫克和维生素K4毫克。菠菜中钙和铁含量较高，但铁的吸收率只有50%，铁和菠菜中的草酸结合形成草酸铁沉淀，因此，它不易被利用。如果吃菠菜时先在开水中煮一下，或烫一下捞出，其中80%以上的草酸都留在水里，然后烹调，就能保全营养成分。菠菜含有丰富的维生素B_6、叶酸、铁和钾，由于铁对缺铁性贫血有改善作用，而被称为美颜佳品。丰富的B族维生素可以预防口角炎、夜盲症等维生素缺乏症的发生。菠菜中含有大量的抗氧化剂，如维生素E和硒元素，具有抗衰老，促进细胞的增殖作用，既能激活大脑功能，防止大脑老化，又可增强青春活力。

中国药学认为，菠菜性甘冷滑，有通血脉，开胸润燥，调中下气，止血、利尿、轻泻、消炎等作用。常食用菠菜粥有通便、治痔痛的作用。菠菜根粥的效果更好，其做法是：用鲜菠菜根250克，洗净切碎，加鸡内金10克，水适量，煮半小时后加入洗净的大米适量，煮烂成粥，连同菜渣、药渣分次食用。

菠菜耐寒力强。在寒冬之日依然不凋（－15℃枯萎，其根－35℃依然存活），越冬时外叶的损失较少。春季返春早，可以早收，抽薹较晚而且抽了薹以后仍有食用价值，所以春季供应期长，产量高，是重要的越冬蔬菜。在春、秋、冬三季生产中都占有重要地位。可凉拌，炒食或作汤，欧美一些国家还用于制灌头。苏轼在一首诗中写道“北方苦寒今未已，雪底波棱如铁甲”，说明菠菜的耐寒，如同披了铁甲一样不怕冻。

（一）生物学性状

菠菜的直根似鼠尾，红色，味甜，可食，抽薹前叶片簇生在短缩的盘状茎上，花茎嫩时可食。花单生，少数两性，胞果。一般为雌雄异株，亦有同株的，雌雄比常为 1∶1，风媒（图 1、图 2、图 3）。雌花簇生于叶腋间，每个叶腋有花几朵至 20 余朵。雌花无花柄或有长短不等的花柄，无花瓣，有花萼 2～4 裂，雌蕊 1 枚，柱头 4～6 枚，子房一室，雄花无花瓣，花萼 4～5 裂，花药纵裂，花粉量多，风力传播。花萼上伸出 2～4 个角状突起，形成刺。也有不形成刺的。

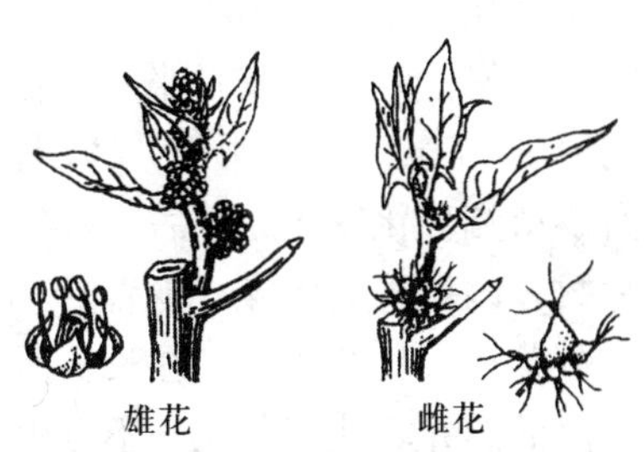

图 1　菠菜的花

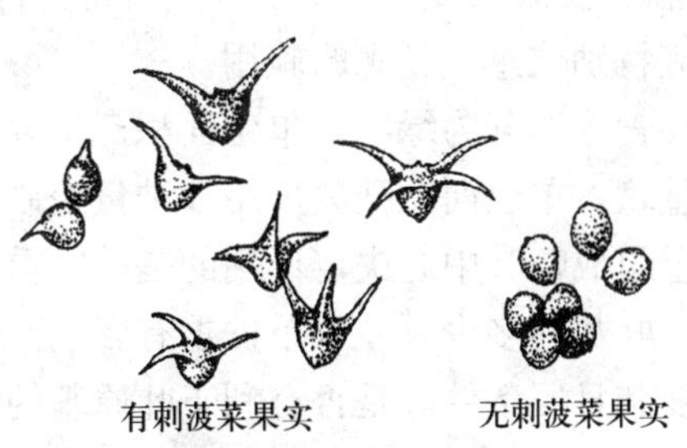

图 2　菠菜果实的外形

图 3　菠菜果实及种子解剖（吴志行）

种子发芽始温 4 ℃，适温 15～20 ℃，温度过高，发芽率降低，发芽时间加长。叶片数在日平均气温为 20～25 ℃时增长最快，月平均温度低于 23 ℃时，苗端分化叶原基的速度，随温度的降低减慢。叶面积在日平均气温为 22 ℃左右时增长最快，日平均温度 27 ℃以上则下降，净同化率的最适日平均气温为 27 ℃左右。苗端分化花序原基后，基生叶数不再增加。花序分化时的叶片数，因播种期而异，少者 6～7 片，多者 20 余片。

菠菜属长日照作物，在长日照下，低温有促进花芽分化的作用，但低温并非花芽分化必不可少的条件，在长日照中能够进行花芽分化的温度范围很广。夏播菠菜，未经 15 ℃以下的低温，仍可分化花芽。花序分化到抽薹的天数，因播期不同差异很大，短的 8～9 天，长的 140 天。这一时期的长短，关系到采收期的长短和产量的高低。

菠菜很耐寒，成株在－10 ℃左右的地区，在露地能安全越冬。耐寒力强的品种有 4～6 片真叶时耐短期－30 ℃的低温，甚至－40 ℃的低温。菠菜需氮、磷、钾完全的肥料，在三要素具全的基础上，应特别注意，氮肥的施用。

菠菜的主要食用部分为绿叶，单位面积产量取决于株数、每株叶数、每叶重量。单位面积株数可用播种量控制，单株重量是由叶数、单叶重组成，其中起决定作用的是单叶重，只有在单叶重相差不大时，叶数的多少，才对单株重有影响。叶数主要决定于播种后的温度和日照条件等是否有利于叶原基的分化或花原基的分化。单叶重量与叶部生长期的长短即抽薹的早晚以及温度、日照、营养等综合条件是否适宜有密切关系，抽薹晚，叶部生长期长，综合条件又较适宜时，单叶重量大。

菠菜在空气湿度 80%～90%，土壤湿度 70%～80%的环境下生长迅速。在砂质壤土、黏质壤土上比黏土中生长好。一般认为 pH 6～7 之间生长好，低于 5.5 显著减产，生产缓慢，叶色变黄、变硬，无光泽，不伸展，在 7.0 以上时生长亦好。如柴达木盆地土壤一般都在 pH 7.5～8.5 之间，英国菠菜仍能种植。生产中常遇到用苦水（含钾、钠、钙等盐类的水）浇菠菜时，菠菜生长好的现象。这是由于酸性大的土壤浇上含碱性盐类的苦水后，酸性降低的缘故。

菠菜的抗盐性仅次于甜菜和芜菁甘蓝，当土壤含盐量达 0.2%～0.25%时尚可生长。pH 5.5 时生长不良，pH 4 时植株枯死。喜氮磷钾完全的肥料，氮肥充足时，叶片增加，产量高，品质好。缺硼时，心叶卷曲，缺刻深，667 米^2 施硼砂 0.5～0.75 千克，可防止缺硼现象。

（二）品种

1. 类型 菠菜依“种子”外形分有刺种和无刺种两种。有刺种种子外有由宿存的花被发育成的棱刺，一般有 2～3 个，又称中国菠菜或尖叶菠菜，叶片薄，形似箭头，先端尖，耐寒，早熟，品质好，产量低，对长短日照较敏感，适宜秋季或越冬栽培，春播易抽薹。无刺种又称圆叶菠菜，种子呈圆形，刺不发达，叶形略圆，大而厚，多皱褶，叶柄短，耐热，耐寒力较差，对日照长短不敏感，抽薹晚，产量高，多作春、秋两季栽培，也可夏季栽培。

2. 品种 这里仅介绍一些传统优良品种和近几年新育成、新引进的优良品种。

双城尖叶 黑龙江省双城县和吉林市区农家品种，属有刺类型。植株生长初期，叶片平铺地面，以后转为半直立。生长势强，叶色深绿，叶片大，基部有深裂缺刻。叶片中脉和叶柄基部呈淡紫红色，品质好，产量高，抗霜霉病、病毒病及潜叶蝇的能力较强。东北、华北地区栽培较多，为越冬栽培的优良品种。

青岛菠菜 青岛市郊区农家品种，属有刺类型。叶簇半直立，叶片卵圆形，先端钝尖，基部戟形，叶柄细长，叶面较平滑，深绿色。抗寒力强，耐热力较弱。生长快，产量较高，品质

中等。适宜晚秋及越冬栽培。南京、上海等地栽培较多。

大叶岛菠菜　广州市郊区农家品种，属有刺类型。叶簇半直立，叶片长戟形，先端渐尖。叶片较厚，深绿色。叶柄较肥大。耐热力较强。早熟，品质优良，但易感染霜霉病。

上海尖圆叶菠菜　上海市郊农家品种，属有刺类型。叶簇半直立，叶片卵圆形，先端钝尖，基部戟形，叶面平滑，叶色深绿，叶柄细长。品质好。耐寒性较强，耐热性弱，抗霜霉性较强，适宜晚秋栽培。

华菠1号　华中农业大学园艺系用从南方品种中选育的一个强雌性系（8505）作母本，以引自国外的圆叶菠菜品种中筛选的优良自交系（87102）作父本，杂交选育而成的杂种一代新品种。1993年通过湖北省农作物品种审定委员会审定。华菠1号植株半直立，高25～30厘米。叶箭形，先端钝尖，基部戟形，有一对浅缺刻。叶片长19厘米左右，宽14厘米左右。叶柄长19厘米左右，宽0.6厘米。叶面平展，叶色浓绿，叶肉较厚。根红色或淡红色，须根较多。分蘖力强。单株重50～100克。质地柔嫩，无涩味。耐高温，在35℃高温下仍可继续生长。耐病毒病及霜霉病。可作秋播栽培，也可作越冬栽培或春播栽培。在华中地区，8月20日左右播种，35～40天即可采收。一般每667米^{2}产2000千克左右。

大圆叶　从美国引进，属无刺变种。叶片肥大，深绿色，卵圆形至广三角形，叶面多皱褶。品质好。春播时抽薹晚，产量高，单株重可达500克。缺点是抗霜霉病及病毒病能力弱。东北、华北、西北均有栽培。

绿秋　福州市蔬菜科学研究所育成的菠菜新品种，2006年10月通过福建省非主要农作物品种认定。该品种植株生长势强，整齐度高，生长速度快，早熟，生长期30天左右。株高30～35厘米，尖叶类型。叶片顶端钝尖，叶基戟形，叶片大、淡绿色，叶面平展光滑，有1～2对浅缺刻，叶簇直立，叶长15～17厘米、宽7～9厘米，叶柄浅绿色，长15～21厘米，单株具12～15片叶，根茎粉红色。单株重30克左右，商品性好，纤维少，细嫩爽口，涩味较淡。种子三角形，刺籽，大多有2刺，千粒重10克左右。每667米^{2}产量2 000～2 500千克，适合福建地区秋冬栽培。

京菠1号　北京市农林科学院蔬菜研究中心最新育成的早熟越冬型杂交一代品种。该品种极耐寒，在华北地区可自然越冬，春季返青早，生长迅速，产量形成快，植株整齐一致。株型直立紧凑，阔柳叶形，叶片平展无缺刻，叶色深绿有光泽，叶肉肥厚、稚嫩，品质好，商品性极佳。适于露地越冬栽培和大棚越冬栽培，喜肥水，高抗病毒病，收获期基部老叶少，净菜率高，每667米^{2}产量3 000千克以上。

威特　北京圣奥丰种子有限公司由国外引进的杂交一代早熟菠菜品种。播种后35天左右可采收。戟形叶，叶面光滑，叶色深绿光亮，叶片较大，叶肉厚。植株长势旺盛，株型直立，整齐度好，产量高，商品性极佳。抗病性强，耐抽薹，适合春季、秋季及越冬栽培。

（三）栽培技术

1. 整地　菠菜对土壤适应性虽强，但以在轻松、肥沃、好排水处生长最好。能耐盐碱。

菠菜生长期短，常抽空种于主作物之前或后，也常与蒜、小麦等行间作套种。主要根群分布范围小，耕深30多厘米即可；也有锄松后立即播种者，但肥要足，特别是越冬或春播的要多施氮肥，否则株小，叶黄，易抽薹。前作收获后，耕后耙耱平整，作成平畦，畦面要平，尤以伏菠菜为然。

2. 适时播种　菠菜的主要食用部分是绿叶，而构成个体产量的叶数及叶重受制于多种因素，尤其是温度和日照的影响。其影响首先表现在对生长锥的分化上，低温长日照可促进生长锥化分，但花芽分化所需的温度和日照范围很广。陆帼一等以无刺菠菜为材料，经分期播种实验表明：在自然条件下日照10～14.8小时，日平均温度0.2～27.8℃时，均可分化为花芽。但日照长度在花芽分化中起主导作用，如以10℃以下的温度作低温时，只要日照在12小时以上，即使没有低温也可以在较短的时间内（16～27天）分化为花芽。日照在12小时以下时，温度愈低，花芽分化需用的时间愈长。花芽分化的适宜温度约在15～21℃之间。当日照长，又有15～21℃的温度时花芽分化最快，若日照虽长，但温度在21℃以上或低于15℃时花芽分化减慢。生长锥分化为花芽后表示营养生长转向生殖生长。不同播期，花芽分化时的叶数受原始体分化速度及花原始体出现早晚的相互影响。当日平均温度由0.2℃上升至24.9℃时，叶数由7.2片增加至24.2片。但当特别有利于花芽分化或特别不利于花芽分化时，则会出现叶数增减与温度升降不完全适应的情况：即花芽分化早时，会限制叶原始体的分化使叶数减少；花芽分化受抑制时，叶原始体的分化期长，使叶数增加。实验还指出，菠菜叶面及干重增加的最适日平均气温为20～24.9℃，净同化率的最适日平均气温为25～29.0℃。因此，在排开播种中确定适宜播期的依据是：播后日平均温度在20℃左右。日照逐渐缩短，使叶原始体分生速度快，花芽分化慢，争取有较多的叶数。花芽分化后温度降低，日照缩短，延迟抽薹，增长叶部生长期，同时使叶部生长期尽可能处于有利于增大叶面积，提高同化率的温度范围内，以增加叶重。我国北方主要城市郊区菠菜排开播种期可参考表1进行。

秋菠菜是指8月播种，9月至10月上市的菠菜。播种的条件适宜，温度逐渐下降，日照缩短，产量高，品质好。越冬菠菜又称根茬菠菜、冻菠菜、白露菠菜，继秋菠菜之后尽可能早播，才能达到早采多收的目的。播种愈迟，出苗愈慢，植株小，次春温度升高，日照加长，很快抽薹，生长期短，产量降低。春播时

表 1 北方地区主要城市郊区菠菜的排开播种

（程智慧、陆帼一）

栽培方式	代表城市郊区	播种期	收获期	备注
越冬菠菜	西安、郑州	9月中下旬	2月上旬至4月中旬	设风障或用无纺布覆盖，收获期可提前
	北京、保定、济南、太原	9月中下旬	3月下旬至4月下旬	
	兰州、银川	9月上旬	4月下旬至5月上旬	
	沈阳、长春、哈尔滨、乌鲁木齐、呼和浩特	9月初	5月上旬至5月中旬	
埋头菠菜	西安、郑州	11月下旬至12月份	4月中旬至5月上旬	
	北京、济南	11月中下旬	4月底至5月上旬	
	银川、沈阳、长春	11月上中旬	5月中下旬	
	哈尔滨	10月中下旬	5月下旬至6月上旬	
春菠菜	西安、郑州	2月下旬至3月上旬	4月下旬至5月上旬	设风障播种时，播种期可适当提前
	北京、保定、济南、太原、兰州	3月上中旬	5月上旬至6月上旬	
	银川、沈阳、长春、哈尔滨、乌鲁木齐、呼和浩特	3月下旬至4月下旬	5月中旬至6月中旬	

（续）

栽培方式	代表城市郊区	播种期	收获期	备注
夏菠菜	西安、北京、保定、济南、太原	5月中旬至6月中旬	6月下旬至7月中旬	
	沈阳、长春	6月上旬至7月上旬	7月上旬至8上旬	
秋菠菜	长春、哈尔滨、乌鲁木齐、呼和浩特	7月上旬至8月上旬	9月下旬至10月中旬	
	其他地区	8月上旬至8月下旬	9月下旬至10月下旬	
冻藏菠菜	呼和浩特	8月上旬	10月中旬	
	沈阳	8月中旬	10月下旬	
	其他地区	9月上旬	11月上旬至12月上旬	

可在日平均气温达7℃左右时进行。过早，温度低，叶原基分生速度慢，叶少，产量低。夏菠菜的栽培中除了叶部生长期短以外，生长期间的高温也是限制单株产量提高的重要因素，故应注意降温。

菠菜的“种子”是胞果，果皮外层为薄壁组织，可以通气、透水。而内层则为木栓化的厚壁组织，较硬不易透水，发芽慢，尤其在高温或低温下播者更甚。新收的充分成熟的种子有休眠性，后熟两个月的种子发芽率可从3%上升到29%。凡能影响种皮和种胚的物理、生理、生化性质的因素均能影响发芽和活力。去皮、H_2O_2、GA_3、PEG渗透等化学处理，低温预处理及流水冲洗和超声波处理均能影响到休眠、发芽和成苗。据荻屋薰（1949）的试验，除去果皮的菠菜种子较未去果皮的发芽率和发芽势均有所提高。菠菜种子在高温中发芽慢，发芽率低，在

25 ℃中发芽率为 80%，发芽日数约 4 天；35 ℃发芽率仅 20%，发芽日数 8 天，故伏天播时宜行种子处理。上海地区将果皮用木臼弄破而后浸种催芽，或将种子用凉水浸泡 10～12 小时，再铺于地窖内或吊到井内水面上。在低温下播种时宜用温水浸种，置暖和处处理催芽，待出芽后再播。此外，用化学药剂处理果实对促进发芽也有明显效果。方法有两种：一是过氧化氢（双氧水、H_2O_2）浸种。用 5%双氧水浸种 16 小时，或用 30%双氧水浸种 1 小时。处理后果皮变薄，用水冲洗后，透过果皮可清晰地看到种皮，表皮浸泡程度适宜，再用自来水将种子冲洗干净，置 20 ℃左右温度下催芽，其发芽势（7 天发芽种子较一般用清水浸种 24 小时的方法，提高近 2 倍；发芽率（14 天内发芽种子）提高 85%。二是硫酸侵种：配成 50%硫酸溶液，放入菠菜果实，浸泡 15 分钟，取出，用自来水冲洗干净，然后在 20 ℃左右温度下催芽，其效果较双氧水浸种稍差。

越冬菠菜宜在大地封冻前 40～50 天播种。这样到冬前幼苗停止生长时有 5～6 片真叶，主根长 10 厘米左右时即可安全越冬，来春收获早。

菠菜一般用干籽撒播。行催芽者用落水播。667 米^2 播量4～6 千克。最难的是夏菠菜。夏菠菜又称伏菠菜，是在 6 月份至 8 月份上市的菠菜。高温和强光是夏菠菜种子发芽、出苗和植株生长的限制因素，造成减产、品质差。因此，夏菠菜栽培技术的重点解决在高温和强光中出苗、保苗和促进植株生长的问题。首先是选择耐热力较强的圆叶菠菜品种，如广东圆叶，夏翠，欧佳美、北丰、南京大叶等。播期安排在计划上市前 40 余天，尽可能安排在夏季最高温来临以前播种，使幼苗生长一段时期后再进入高温期。北方地区夏菠菜的最晚播种期多安排在小暑（7 月上旬）以前，但在 6 月至 7 月上旬之间，播种愈晚，产量愈低，所以在此范围内，播期宜早不宜晚。如陕西关中，6 月中旬至 7 月上旬，日均温为 25～27 ℃，如用干籽播种，不但出苗慢，而且出苗率很低。因此，播前应进行低温催芽：将种子淘洗干净，用凉水浸泡 24 小时，等果皮发黑后捞出，滤去过多的水，铺在地窖中催芽。种子量大的可铺 7～10 厘米厚，每天搅动 1 次，2～3 天胚根即可露出。也可将凉水浸过的种子装在麻袋中，吊在井内距水面 10～20 厘米处，每天将麻袋包沉入水中，将种子淘洗 1 次，2～3 天也可发芽。6 月中旬至 7 月上旬，北方地区地窖和井水中的温度常保持 16～18 ℃，是夏菠菜理想的催芽场所，特别适宜当前广大农村采用。夏菠菜播后 30 天左右就开始抽薹，为延缓抽薹，促进营养生长，一定要施足基肥，畦面必须平整，不可太长太宽。午后温度较低时用湿播法播种。

3. 管理 菠菜单株重等于叶数×单叶重，而单叶重是决定因素，只有单叶重相差不大的情况下，叶数的多少才对单株重有影响。影响单叶重的两个重要因素是叶面积和净同化率，而后两者又受温度、日照及肥水等的影响。在肥水基本一致时，起主导作用的是温度。菠菜叶面积及干重增加的最适日平均气温为 22.5 ℃左右，最高不超过 27.5 ℃，最低不低于－2.5 ℃或高于 17.5 ℃，净同化率的最适日平均气温 27.5 ℃左右，甚至更高，日平均最高气温达 32.5 ℃左右时仍有所提高，日平均最低气温不低于 2.5 ℃，17.5 ℃以上增高较快。

菠菜生长期短，生长速度快，要勤灌水，勤追肥，肥水结合，切勿干旱，否则营养器官不发达，易抽薹，尤其是土壤缺水时更甚。甚喜氮肥，氮肥充足时叶片肥厚鲜嫩，产量高。追肥，灌水要结合进行，掌握轻施、勤施、先淡后浓的原则。从真叶出现时开始施第一次，到 3～4 片真叶时再施一次。

应特别注意的是不同的肥料对菠菜的产量，硝酸盐和草酸的含量有交互作用。据 W. S 里根（1968）对菠菜的施肥试验，过多地施用氮肥和钾肥会致菠菜硝酸盐及草酸含量增加，增施磷肥会降低菠菜草酸的含量。Cantliffe（1972）的研究指出，菠菜对硝酸盐的积累与温度、光照和施用氮肥有关，不增施肥料时在

15 ℃以上才积累硝酸盐，土壤中氮的含量为 50 毫克/千克，在 10 ℃以上时菠菜硝酸盐的积累才增加，而当土壤中氮含量为 200 毫克/千克时 5 ℃时积累就增加，至 25～30 ℃时硝酸盐的含量反而降低。对生长在 731.5 勒克斯中的菠菜，收获前两周分别用 182.9、487.7、731.5 和 1 066.8 勒克斯处理，在增施氮肥的情况下，降低光度后由于硝酸还原酶活性降低而使菠菜总氮和硝酸态氮积累。因为硝酸盐本身对人毒性很小，但它在人体肠道内经细菌还原后会转变成亚硝酸盐，进而同胃肠中的含氮化合物，如仲胺、叔胺、酰胺及氨基酸等结合成亚硝胺，毒性试验表明，只要每千克食物中含有 1 毫克的二甲亚硝胺，就有明显的致癌作用。绿叶菜易于富集硝酸盐，过多地施用氮肥后会使菜体中的硝酸盐的含量大大增加，必然对人类的健康带来不良影响。所以施肥时应根据土壤含氮量、肥料种类及栽培季节等决定，以免硝酸盐积累过多。

越冬菠菜，在土壤大冻前要灌一次水，之后盖粪土，保护幼苗安全越冬，次春要适时灌好返青水，促进生长。

春菠菜播种后由于温度、日照均有利于抽薹开花，叶部生长期短，所以栽培中在适期播种的基础上更要足肥，足水，促进叶子生长。夏菠菜生长期正是高温季节，为了降温宜用小水勤浇，最好用井水，井水凉，有降温作用。而且可用黑色塑料遮阳网或银灰色遮阳网覆盖遮阳。播种后将遮阳网浮面盖在畦上，隔一定距离压网，防止风吹。这样可使地表温度降低 9～13 ℃，地下 5 厘米处地温降低 6～10 ℃。出苗后于傍晚至日光减轻后揭网。必须注意，出苗后要及时揭网，否则会使幼苗的胚轴伸长，形成细弱的高脚苗，而且苗顶还会钻进网眼，揭网时容易折断。揭网后立即用竹竿搭棚架，将遮阳网盖上，以后，根据天气灵活掌握揭棚时间，原则是晴天揭，阴天揭；白天盖，晚上揭，防止高温、高湿及弱光造成植株徒长、黄化、患病、减产。供贮藏用的菠菜于寒露节后，当苗高约 20 厘米时开始分次上土，直到霜降，共上7～8次，上土总量厚约7厘米左右。上土宜在晴天无露水时进行，先将地锄松后再上土。上土要均，切勿压叶。及时上土的菠菜是红头白帮，黄心，绿叶，不仅产量高，品质好，而且耐贮藏。

（四）采种

采种菠菜除专作抗热品种可于晚春播种外，一般均行秋播，播期约在秋分前后。过迟，植株发育不良，产量低。种株要加强管理，入冬前间一次苗，淘汰杂苗，弱苗。要灌好冻水，并用粪土覆盖。次春及时灌返青水，并择密处再间苗一次。留种菠菜在间苗过程中应尽量选择叶数多而密集、肥厚、短阔、纤维少者，或叶片虽长，但叶丛较为直立者。此外，在间苗中要注意到植株性别。

菠菜为雌雄异株，但亦有同株者。大致可分为绝对雄株，营养雄株，雌雄同株，二性花株和雌性株五类。菠菜的雌株花序都成簇状生于叶腋，而雄株花序多呈穗状生于茎的先端，或叶腋。雄株只供给花粉，而不结籽。通常雄株要占总株数之半，为提高种子产量宜早间除多余的雄株。特别是绝对雄株，花期短，产量低，无实用价值，可按其株形小，抽薹早，花薹先端的叶片狭小，呈鳞片状的特点将其全部拔除。营养雄株大，产量高，花期也与雌株相近，为保证雌株有足够的花粉，每平方米内留1～2株即可，其余也应除去。

菠菜种株易倒伏，特别是低洼处者更甚。除应注意早间苗，及时排水，施足肥料外，在苗期要适当控制灌水，蹲好苗。但开花期要加足肥水，促进生长，花谢后还要再追肥一次。菠菜种子在充分成熟后，休眠深，发芽慢，因此当其开始变黄，尚未充分成熟时即可割收，稍行堆贮后再脱出种子。

菠菜为异花授粉作物，自然杂交率很高，不同品种最少应隔1 000米。

（五）贮藏

当前我国北方经济实用的菠菜简易冻藏方法一般有两种方式，即无通风道的和有通风道的。

1. 无通风道冻藏法　在房屋或阴障北面的遮阴范围内与遮阴物平行挖数条沟，沟宽 25～30 厘米，深度与菠菜的高度相同或稍浅，沟与沟之间的距离为 20 厘米左右。将经过预贮藏的菠菜捆，根向下直立摆放在沟内，将干土撒在菜捆上，土的厚度以刚把菠菜盖住为准。以后随温度的下降，分次覆土，覆土要做到平实无缝，起到防风保湿作用。每次覆土不可过厚，以便迅速降温结冻。覆土的最终厚度根据不同地区冬季的低温程度决定。原则是：菜捆中的温度尽可能保持在－4～－6 ℃，使菠菜呈微冻状态。如果覆土薄，菜捆内温度过低，解冻后不易恢复新鲜状态；覆土过厚，菠菜又不易较长时间保持微冻状态，使贮藏期缩短（图 4）。

图 4　无通风道的菠菜冻藏法

（引自华中农学院主编的《蔬菜贮藏加工学》，1981）

2. 有通风道冻藏法　在房屋或阴障北面的遮阴范围内，与遮阴物平行，挖宽 1～2 米的冻藏沟，冻藏沟的深度与菠菜的高度相同或略低。在沟底与沟的走向平行，再挖数条宽 25 厘米、深 30 厘米的通风道，各通风道间的距离约为 25 厘米，通风道的两端露出地面。在通风道上横铺秫秸或苇秆。将经过预冷贮藏的菠菜捆根向下直立于秫秸或苇秆上，菜捆之间要有适当的空隙，以利于空气流通，防止菜叶发黄腐烂。整个冻藏沟摆满后，薄薄地盖1层土，以挡风保湿。以后覆土的方法和要求与上述无通风道的相同。

在贮藏初期，通风道口应日夜敞开，使菜捆内温度降低。如果天气转暖，白天将通风道口堵住，防止热空气进入；夜间将通风道口打开，使冷空气进入。待严寒来临时，通风道口要完全堵住，以防冻藏沟内温度过低。东北地区还需要在覆土上加盖秫秸或草，防止温度过低受冻害（图5）。

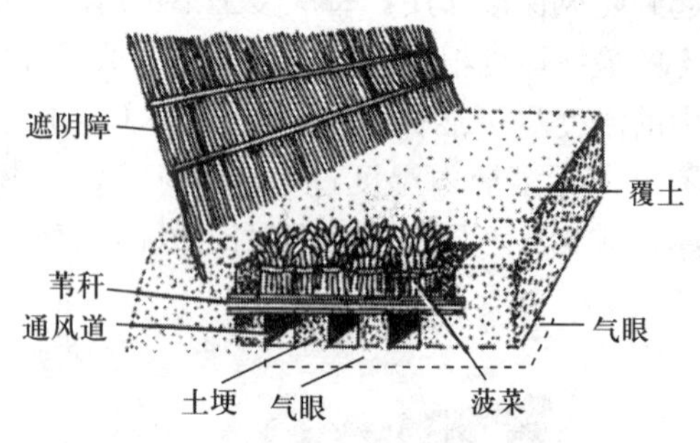

图5 有通风道的菠菜冻藏法

（引自山东农学院主编的《果实蔬菜贮藏加工学》，1961）

无论采用哪种贮藏方式，其共同的要求是：菜捆摆放到冻藏沟以后，必须使其渐渐冻结，冻结以后不再融化。如果在沟内一冻一消，菠菜极易腐烂。

经过冻藏的菠菜，上市前必须解冻，使其恢复新鲜状态。解冻的方法是，挖开覆土，从菜捆基部小心取出菠菜，放在温度为0～1℃的环境中慢慢解冻。在缓慢解冻过程中，菠菜植株组织细胞间隙中的冰晶逐渐融化，被细胞吸收，使细胞恢复原来状态，因而植株可保持原来的新鲜状态。经3～4天，菠菜完全解冻后，将黄叶、烂叶摘掉，用冷水冲洗后及时投放市场。切忌用高温急速解冻，否则，细胞间隙中的冰晶融化太快，细胞来不及吸收而外流，菠菜叶片萎蔫，好像用沸水烫过一样，不能恢复鲜嫩状态，并易导致腐烂。

上述简易冻藏法虽然设备简单，可就地取材，降低成本，但贮藏效果受气候条件的影响。遇到冬季异常温暖时常遭受损失，而且出售前需要从土中挖出菜捆，经解冻后才能上市。有冷藏库的地方，最好采用冷库贮藏。冷库贮藏的优点是温度可按要求自动控制，而且温度稳定，贮藏期长，产品质量高，损耗少，入库出库及管理都比较方便，可随时根据市场需求，调节产品吞吐量。

（六）加工

1. 脱水菠菜 选叶片肥厚、叶柄较短、干物质含量高、粗纤维少、品质柔嫩、色泽好的品种，秋播。采收后摘除枯黄老叶、病叶，从根茎部将根茎切掉，洗净，捆成把。锅内装清水，煮沸后将菠菜把放入锅内，烫 40～50 秒钟，捞出置冷水中冷却。冷却后将其直接摊放在水泥屋顶或地面上晒干，或放入人工干制的烘房，人工烘干机等中，温度保持 75～80 ℃，后降至50～60 ℃，经 3～4 小时烘干，每 100 千克鲜菠菜可制成 8 千克脱水菠菜。干燥后的菠菜及时包装，用小型电动封口机封上，贮藏温度最好为 0～2 ℃，不超过 10～14 ℃，空气相对湿度在 65%以下，并应避光。食用时将其泡在重量约为干重 14 倍的冷水里，待恢复新鲜状态后即可烹调。菠菜的复水率为 1∶6.5～7.5，即 1 千克的脱水菠菜，水浸泡后可得到 6.5～7.5 千克的水发菠菜。

2. 速冻菠菜 鲜品剔除黄老叶、病叶、虫叶、破损叶，从根颈以下 0.5 厘米处切去根部，冲洗，去除杂质。将其置 100 ℃沸水中烫 40～50 秒。热烫时，水中加入一定量的食盐（氯化钠）或氯化钙，柠檬酸、维生素 C，可防止氧化变色。热烫后将其置 3～5 ℃的冷水中浸漂、喷淋，或冷风机冷凉到 5 ℃以下，然后用振荡机或离心机等设备，沥去沾溜在原料中的水分后，分批倒在不锈钢板上或搪瓷盘中，剔除不合格的原料及杂质。为使原料快速冻结，通常采用盘装：将沥干水分的原料平放在长方形的小铁盘中，每盘 0.5 千克，共放两层，立即送入冻结机中，在－30～－40 ℃的低温下冻结，要求在30 分钟内原料中心的温度达到－0～－18 ℃。速冻菜从铁盘中脱离（称脱盘）以后，置竹筐中，再将竹筐浸入温度为 2～5 ℃的冷水中，经 2～3 秒钟提出竹筐，则冻菜表面水分很快形成一层透明的薄冰，可以防止冻品氧化变色，减少重量损失。挂冰衣应在不高于 5 ℃的冷藏中进行。然后包装，每个塑料袋装 0.5 千克，用瓦楞纸箱装箱，每箱 10 千克，冷藏于－18～－21 ℃，空气相对湿度 95％～100％，冻品中心温度要在－15 ℃以下，一般安全贮藏期为 12～18 个月。食用前放在冰箱的冷藏柜内（0～5 ℃）或冷水中或室温下，解冻后立即烹调。

3. **菠菜制绿色豆腐**　大豆用清水洗净，加 5 倍水泡 10 小时，带水磨成浆水，搅拌下加入到 3 倍量的煮沸清水中，煮沸 10 分钟，加入 2 倍于大豆量的菠菜汁，保温搅拌 3 分钟。搅拌下加入大豆量 4％的石膏，凝固后轻轻捣碎，舀去浮液，移入有孔形箱中，内垫滤布，可制得绿色豆腐。

4. **菠菜汁提取叶绿素**　菠菜快速清水洗净，沸水煮 2 分钟，捞出，甩干水分，冷却，捣碎，加入等体积 95％乙醇，搅拌提取 30 分钟，抽滤；滤渣再用 95％乙醇浸提 3 次，合并 4 次浸提液，加入等体积石油醚萃取，静置，充分分层，分出醚相。下层醇相再用石油醚萃取两次。合并 3 次石油醚萃取液，依次用 79.8％，90％乙醇各洗一次，最后用去离子水洗 3 次，用水溶加热醚液，减压蒸馏回收石油醚，将残液蒸干，得成品，收率 2％。

二、冬寒菜

冬寒菜 *Malva verti* Cillata L. 又称冬葵、滑菜、滑滑菜、冬苋菜、葵菜、马蹄菜、滑肠菜等。原产亚洲东部，广泛分布于东半球北温带及亚热带地区。冬寒菜在中国、日本、朝鲜自古就作为蔬菜种植，在非洲和欧洲也有分布。

中国青海、吉林、黑龙江、河南、江西、四川等省的村旁、路边、田埂、荒地，甚至在西藏 2 300～4 500 米的山坡也有。冬寒菜最早记述见于中国西周（公元前 1 000 多年）至春秋中叶的《诗经·豳风·七月》："七月亨葵及菽。"说明葵早已被人们蔬食。葵作为古蔬之王，为古籍广泛记载，并成为诗词歌赋的题材。《周礼·醢人》亦有记载，当时称为葵，并曾在六朝时（公元 6 世纪）栽培盛极一时。《内经》："脾之菜也。"《尔雅翼》："秋菜未生，种此以相接。"《王祯农书》称葵"诚蔬茹之要品，民生之资益也"。宋代苏颂《图经本草》"苗叶作菜茹，更甘美"。《研经堂葵考》："葵为百菜之王，古人恒食之。"明李时珍《本草纲目》称葵为滑菜。曰："言其性也，古者葵为五菜之王"、"古人种之为常食"。清吴其浚《植物名实图考》："冬葵，为百菜主，江西、湖南皆种之，……元朝人尚恒食葵，唐宋以后，食者渐少。"晋陆玑诗："无以肉食资，取笑葵与藿。"唐代李白诗："圆蔬煮露葵。"王维诗："烹葵邀上客。"白居易诗："中园何所有，满地青青葵"，"贫厨何所有，炊稻烹秋葵，红粒香复软，绿黄滑且肥"。杜甫诗："秋露接园葵。"苏轼诗："烂煮葵羹斟桂酒，风流可惜在乡村。"中国西南、华中、华南地区有栽培，如四川、湖南、贵州等地，植株露地越冬，于冬前采摘后盖一层厩肥防寒，第二年春季继续采摘。冬寒菜喜冷凉，忌高温。因此，除夏、秋季外，随时均可播种，从幼苗起直至开花初期均可采摘食用；冬寒菜春季抽薹比一般二年生蔬菜为晚，在长江流域各省适逢冬、春、秋季及4～5月份叶菜类抽薹开花，而缺乏叶菜期间上市，为供应期较长的一种绿叶蔬菜。冬寒菜春季抽薹晚，能在4～5月供应，炒食或做汤。营养丰富，每100克食用部分含蛋白质3.1克，脂肪0.5克，糖类3.4克，粗纤维1.5克，胡萝卜素8.98毫克，维生素$B_1$0.13毫克，维生素$B_2$0.30毫克，维生素C55毫克，钙315毫克，磷56毫克，铁2.2毫克。冬寒菜风味清香，口感滑润柔嫩，种子还可入药。但因冬寒菜生产期长，产量不高，一般只在地边或零星地栽培，云南昆明有冬寒菜和芥蓝混作栽培。

（一）生物学特性

冬寒菜属锦葵科锦葵属，二年生或一年生草本植物（图6）。直根系，较发达，直播主根深入土层30厘米，侧根水平扩展达60厘米。茎直立，植株高30～90厘米，摘梢后分枝生长力强。单叶互生，叶柄细长，叶片圆扁形，基部心形，掌状5～7浅裂，裂片短而广，钝头，有圆锯齿。茎和叶各具密茸毛，白色，特别是叶脉基部毛茸更多。花小，淡红色或紫白色。花柄短，簇生于叶腋。蒴果，扁圆形，由10～12个心皮组成，成熟时各心皮彼此分离，

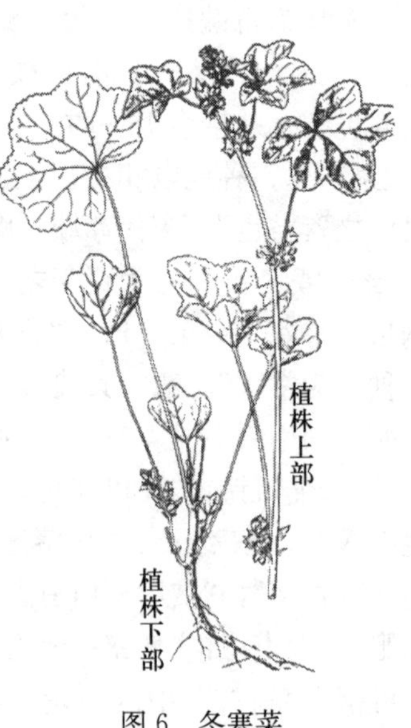

图6　冬寒菜

并与中轴分开，淡棕色，肾脏形，扁平，表面粗糙，千粒重8克。

冬寒菜喜冷凉湿润，不耐高温，抗寒力较强，生产适温15～20℃，种子8℃以上开始发芽，发芽适温25℃左右，气温30℃以上，病害严重，低于15℃茎叶生长缓慢。耐轻霜，在较冷凉温度下，梢叶品质好。夏季高温会促进茸毛增多增粗，组织硬化，品质降低。

对土壤要求不严，以保水保肥力强的土壤种植易获丰产。不宜连作，需间隔3年。需肥量大，耐肥力较强，应施足底肥，追肥以氮肥为主。

生长期光照要充足，才能形成健壮植株，但不喜光照过强。

（二）品种

1. 紫梗冬寒菜 茎绿色，节间及主脉均为紫褐色，叶脉基部也呈紫褐色。叶绿色，七角心脏形。主脉7条，叶柄较短，叶大肥厚，叶面皱。生长势很强，较晚熟，开花迟，生长期长。有重庆大棋盘、福州紫梗冬寒菜。

2. 白梗冬寒菜 茎绿色，叶较小而薄，叶柄略长，较耐热，早熟，适合早秋栽培。如重庆小棋盘、福州白梗冬寒菜。

（三）栽培季节

1. 北方地区 春露地：一般4月中下旬播种，6月上中旬收获。

春改良阳畦：一般2月份播种，4月开始收获。

秋冬日光温室：10月下旬至11月上旬播种，12月下旬至翌年1月中旬收获。

秋露地：8月上旬播种，10月收获。秋播可采用防雨棚加盖遮阳网的措施。

2. 南方地区 春露地：2月上中旬播种，4月上旬收获。

春小棚、大棚：1月下旬至2月上旬播种，3月中下旬收获。

秋冬季露地：8月中下旬至10月下旬播种，10月中旬至12月下旬始收，可采收至翌年3月。初秋播种应采用防雨棚加盖遮阳网并挖好排水沟，注意雨后排涝。

（四）栽培技术

一般采用平畦，撒播和穴播。穴播行株距25厘米，每穴6粒，间苗后留3～4株，播后用地膜覆盖，这样可提高湿度，提早出苗。

撒播的，在4～5片叶时，间苗，苗距16厘米，以2～3苗为一簇，苗高18～20厘米时，开始采收，直至抽薹开花期为止。春季采收应贴近基部留1～2节处割收，冬季采收约在贴近基部4～5节处割收。如留茬过短，易受冻害，使基部芽受冻伤。若春季留茬过高，萌芽过多，使养分分散，新发的叶梢不肥嫩，质量下降。

冬寒菜需肥量大，耐肥力也较强，播后可淋浇腐熟人粪作种肥，还能起到掩盖种子利于发芽的作用。冬季生长缓慢，植株小，需肥量不多，施肥不能过浓过量。春季生长旺盛，随着不断割收，消耗大量养分，此时植株耐肥力也增强，所以每次割收后，均应追施足够量浓厚肥料1次，同时结合浇水，满足生长所需。

（五）收获和留种

白梗冬寒菜早熟，抽薹早，冬前采收多；紫梗冬寒菜晚熟、抽薹晚，冬前采收少。苗高18～20厘米时开始采收，春季贴地面留1～2节割收，春播者7～10天采收1次，每公顷产15 000～22 500千克。秋播冬寒菜4月开花，6月种子成熟，连根拔起，晒干、脱粒，每公顷产种子675～750千克。

（六）病虫害防治

1. 霜霉病 主要为害叶片。叶片被害，叶面出现淡黄色小斑点，后扩大为不规则的淡黄色斑。严重时大片枯黄，病斑叶背面往往产生灰紫色霉层。一般通过气流传播，从气孔、表皮侵入，引起再侵染。低温高湿下发病较重。

防治方法　收获时彻底清洁田园，残株落叶要深埋或烧毁；施足肥料，增强抗病力；合理灌水，注意降低湿度。可喷75%百菌清对水500倍液，58%甲霜锰锌或64%杀毒矾对水400～500倍液，40%疫霜灵对水500倍液，50%多菌灵对水500倍液，每5～7天喷一遍，连喷2～3次。

2. 菌核病　是真菌性病害。主要为害茎、叶，或在近地面的基部发生。初为水渍状褐色病斑，以后扩大、腐烂，枯萎而死。潮湿时，呈软腐状，病斑上产生白色丝状物，后形成黑色菌核。春、秋季温暖多雨时发病重，浇水过多，发病重，高温不利于发病。

防治方法　清洁田园，进行深翻，将菌核埋入土层内。可喷施50%速克灵或扑海因对水800～1 000倍液，40%菌核净对水1 000倍液，50%多菌灵对水600倍液，每7～10天喷一遍，连喷2～3次。

3. 蚜虫　以成蚜和若蚜在叶背吸食汁液，轻者叶发黄，重者叶面卷曲，皱缩变形。蚜虫还能传播病毒病，严重影响蔬菜生长。可喷洒40%氧化乐果乳油对水1 000～1 500倍液，50%灭蚜松乳油对水1 000～1 500倍液，20%速灭杀丁乳油对水2 000倍液，40%菊马乳油或40%菊杀乳油对水2 000～3 000倍液，每隔5～7天喷一次，连喷2～3次。

三、芫荽

芫荽别名香菜、胡荽、胡菜、圆荽、原萎、莞荽、香荽、臭荽、莛荽、莛葛草、满天星，原产地中海沿岸。汉代张骞公元前119年出使西域时带回中国，现在南、北各地普遍栽培。俄罗斯、印度等国栽培较多。食用嫩叶及叶柄，具有特殊香味，可以凉拌、热炒、调味、腌渍或装饰拼盘。果实做香料和入药，根、叶、全草也可入药，有驱风、化淤、健胃、祛痰的功效。种子含油量达20%以上，是提炼芳香油的主要原料。

（一）营养价值和食疗作用

据中国医学科学院卫生研究所（1983）分析，每100克食用部分鲜重含蛋白质2克，脂肪0.3克，碳水化合物6.9克，钙170毫克，磷49毫克，铁5.6毫克，钾631毫克，胡萝卜素3.77毫克，维生素$B_1$0.14毫克，维生素$B_2$0.15毫克，尼克酸1.0毫克，维生素C41毫克，是含钙、铁、钾、胡萝卜素、维生素B_1、维生素B_2及尼克酸较多的蔬菜种类之一。芫荽中还含有α，β-十二烯醛和芫荽醇等挥发性香味物质，可作香料。

中医药学认为，芫荽辛温，归肺、脾经，内通心脾，外达四肢，辟一切不正之气，为温中健胃养生食品。日常食之，有消食下气、醒脾调中、壮阳助兴等功效，适于寒性体质、胃弱体质以及肠腑壅滞者食用，可用来治疗胃脘冷痛、消化不良、麻疹不透等症状。胡荽与荆芥，性味辛温，皆能发汗解表，宜肺透疹，为风寒外束，疹出不畅可用。然荆芥又入肝经，祛风止痉，疗疮止血。胡荽走胃经，醒脾开胃，消食下气，兼治不同。《本草纲目》

将其列入菜部，可做菜食。因其嫩茎和鲜叶具有特殊香味，常用作菜肴的提味，如做鱼肉时放些香菜，鱼腥味便会淡化许多。因它能祛除肉类的腥膻味，在一些菜肴中加些香菜，即能起到祛腥膻、增味道的独特功效。有发表透疹、消食开胃，止痛解表、化湿醒脾和中的功效。主要治风寒感冒，麻疹初期，痘疹透发不畅，食积，脘腹胀痛，呕恶，头痛，牙痛，脱肛，丹毒，疮肿初起，蛇伤等病症。

（二）生物学特征

芫荽属伞形科一、二年生草本植物。直根系，主根粗壮，白色，侧根较发达，主要分布在浅土层。营养生长期茎部短缩，子叶披针形，真叶为1～3回羽状全裂单叶，互生，叶丛半直立，叶片薄，绿色或带淡紫色。叶柄细长，绿色或略带紫色。花茎上的茎生叶为3至多回羽状深裂，裂片线形，全缘。花茎中空，有纵条纹。花茎顶端分枝，每个分枝顶端着生复伞形花序，每一个小伞形花序有3～9朵花。花型小，白色，花瓣和雄蕊各5枚，子房下位。双悬果，黄褐色，圆球形，果面有棱。每个单果含1粒种子（图7）。播种材料为果实。双悬果，千粒重8～9克，使用年限1～2年。

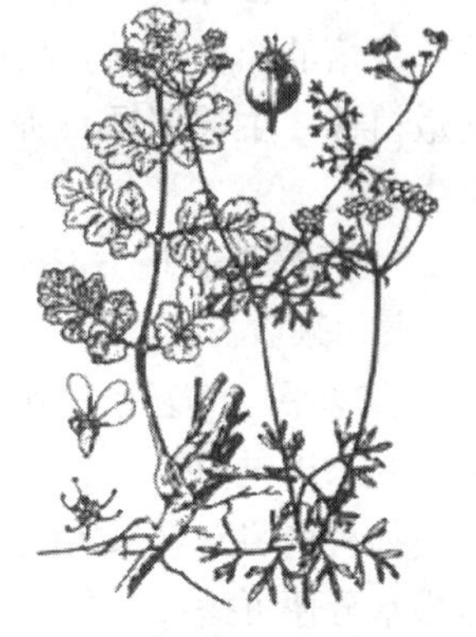

图7 芫荽植株、花序及果实（王贵臣）

芫荽性喜冷凉气候，耐寒力较强，种子发芽适温18～20℃，超过25℃，发芽率迅速降低，超过30℃，几乎不发芽。生长适温17～20℃，20℃以上生长缓慢。耐寒力比芹菜强，可耐－8～－10℃低温。在低温下通过春化，在高温、长日照条件下抽薹开花。芫荽对光照强度的要求不严格，在比较弱的光照下也可生长，但叶色较淡，叶柄变细长，香味淡；日照充足时，叶片深绿，植株矮壮，香味浓。

芫荽的根系分布较浅，在保水、保肥力强的壤土中生长良好。

（三）类型和品种

芫荽有大叶和小叶两种类型。大叶类型植株较高大，叶片大，缺刻少而浅，产量较高。小叶类型植株较矮，叶片小，缺刻深，香味浓，耐寒，适应性强，但产量稍低。

芫荽品种多以地方命名，应加强调查研究并做好整理工作。

（四）生产技术

芫荽性喜冷凉，北方地区露地栽培一般为春、秋两季，其中秋季栽培的产量较高，品质较好。但由于适应性强，食用部分为幼嫩植株，生长期短，所以采用多种栽培方式基本上可以做到周年生产。

1. 春露地栽培 3月下旬至4月上旬露地直播，5月下旬至6月上旬采收。

春季平均气温稳定在10℃以上时，在露地播种。播种过早，易引起未熟抽薹。

播种前将双悬果搓散，用40℃温水浸种24小时，洗去黏液，滗去水分便可播种。在1.2～1.3米宽的平畦中撒播或条播。撒播时，采用落水播种（湿播）。条播时，采用干播，按行距8～10厘米开沟，沟深约2厘米，播后覆土，镇压，浇水。土壤表层干燥时，再轻浇1次。667米^{2}播种量3千克左右。播后7～10天出苗。

苗高2～3厘米间苗，苗距3～5厘米。间苗后，结合浇水667米^{2}施尿素10千克，及时拔除杂草。幼苗期生长量小，浇水不宜多。当气温高至15℃左右，苗高达10厘米左右时，进入旺盛生长期，对水、肥的消耗增加，土壤应常保持湿润，并结合浇水施第二次追肥，667 米^2 施尿素 15 千克。

播种后 60 天左右，于 5～6 月收获。一般 667 米^2 产 1 000～1 500 千克。

2. 夏季栽培 5～6 月份播种，7～8 月份采收。

北方不同地区 5～6 月份的温度有限大差异，种子处理方法及播种后的管理可灵活掌握。例如，陕西中部 5 月份的平均最高气温为 25 ℃左右，6 月份的平均最高气温已达到 31 ℃左右，播种前种子应进行低温浸种催芽。将双悬果搓散后用凉水浸泡 24 小时，用纱布包好，放在冰箱的冷藏室中，低温控制在 10～14 ℃，每天淘洗 1 次，经 5～6 天便可发芽。有水井的地方，将种子包好吊在水面以上，催芽效果也很好。播种时，平均最高气温不超过 25 ℃的地区，可以只浸种不催芽。

前作收获后翻耕，667 米^2 施腐熟有机肥 3 000 千克左右，耙耱整平后做 1.2～1.3 米宽的平畦，采用落水播种。播种时，如温度偏高，可在畦面盖黑色遮阳网。667 米^2 播种量 4 千克左右。

为防除杂草，在播种后至出苗前，667 米^2 用 48％地乐胺 150 毫升对水 40 千克喷洒畦面。出苗后，揭开遮阳网，搭小棚，将遮阳网盖在小棚上。

幼苗期浇水不宜过多，苗高达 10 厘米以后，进入旺盛生长期，要勤浇水，经常保持土壤湿润。结合浇水，667 米^2 施尿素 10 千克。

一般出苗后 30 天，苗高 10 厘米以上时，便可间拔采收。采收后再追施 1 次尿素，667 米^{2}10 千克。如果是一次性采收，可在采收前 1 周用 20～25 毫克/千克的赤霉素溶液加 0.5％～1％的尿素混合液喷洒叶面，有提高产量和品质的作用。

3. 秋露地栽培 7～8 月份播种，10～11 月份收获。

播种期正值高温期，播前种子应进行低温浸种催芽，落水播种，覆盖遮阳网。具体操作方法参见夏季栽培，不同之处是，覆盖遮阳网时间的长短，要根据芫荽出苗后的温度变化情况确定。当平均最高气温下降到 30 ℃以下时，可将遮阳网全部撤掉。北方不同地区夏季温度有很大差异，例如陕西省西安市 7～8 月份平均最高气温经常在 30 ℃以上，而青海省西宁市 7～8 月份的平均最高气温很少达到 30 ℃，前者覆盖遮阳网的时间长，后者只需临时短暂覆盖，甚至可以不覆盖。

秋芫荽苗期，气温呈逐渐下降趋势，当平均气温下降到 20 ℃左右时，进入生育适温范围，生长加快，要加强水、肥管理，在生长旺盛期，每隔 10～15 天结合浇水施 1 次速效性氮肥，共追肥 2～3 次，667 米^2 每次施尿素 8～10 千克。10～11 月份整株挖起，剪去根，扎成小把上市。一般 667 米^2 产 1 500～2 000千克。准备贮藏的，适当晚收。采用沟藏法，可贮藏到春节上市。

4. 越冬栽培 8 月中旬至 9 月上旬播种，翌春抽薹前采收完毕。

越冬芫荽的生长期长达半年多，而且要经过 1 个冬季，保证安全越冬，减少死苗，是栽培技术的关键。其栽培技术要点如下。

第一，精细整地，达到土粒细，土面平。结合整地，施用腐熟有机肥做基肥，为培育壮苗打基础。

第二，适期播种。播期太早，越冬时苗太大，或播种太晚，越冬时苗太小，都使抗寒力降低，造成缺苗断垄，导致减产，适宜播期应安排在当地日平均气温下降到 20 ℃左右时。

第三，播种前用温水浸种 24 小时，滗去过多水分便可播种，也可在浸种后移至 20 ℃左右温度下催芽，待胚根露出时播种。667 米^2 播种量 4.5 千克左右。

第四，冬季不太冷，越冬期死苗不严重的地区多采取撒播，最好用落水播种，使种子覆土厚度一致。冬季严寒地区宜采取条播，按行距 8～10 厘米开沟，深 2～3 厘米，播种后覆土，浇水。

条播法种子覆土较厚，深度一致，有利于培养抗寒力较强的幼苗。

第五，冬前生长期适当控制浇水，使根系向土壤深层发展。及时间拔过密处的幼苗，防止徒长；结合浇水 667 米^2 施尿素 10 千克，叶面喷施 0.2%～0.3%磷酸二氢钾。

第六，立冬以后进入越冬期，要做好防寒工作。冬季平均最低温在－10 ℃以下的地区于土壤开始上冻时浇“冻水”，然后在畦面覆盖土粪或遮阳网，保湿增温。冬季严寒地区需加设风障。

第七，早春植株心叶开始生长后进入返青期，为了在抽薹前加速营养生长，当日平均气温稳定在 3 ℃左右时，浇返青水，结合浇水施尿素，667 米^2 施 15 千克。以后随气温上升增加浇水，再施 1 次速效性氮肥。

5. 保护地栽培

（1）日光温室栽培　主要在秋冬和冬春季栽培，可利用地边沿，空隙地，主要作物的前后茬，间套作等方法种植。播种时期要依市场需求及温室种植情况，宜在冷凉季节随时播种。播后 50 天左右，植株高 20～30 厘米时开始采收。

（2）大棚越冬栽培　播种一般在 9 月下旬至 10 月中旬，晚播的要在播前播后及时扣棚增温。冬前晚播的要扣严棚膜，提温促进出苗。11 月下旬要关严风口保温。若棚内湿度过大，中午要开顶部放风，时间要短。翌年 2 月返青后开始放风，白天温度 22 ℃以下，收获前昼夜放风。大棚芫荽 11 月底至 12 月初，要浇好冻水，并随水施粪加尿素 10 千克，促苗冬前生长健壮。翌春 2 月中旬浇返青水，以后每隔 7～10 天浇 1 次水，并适当追肥，一般 3 月下旬至 4 月就可收获上市。

（3）夏季遮花阴凉栽培　一般在 6 月上旬至 6 月下旬播种，在阳畦上搭遮阴防雨降温塑料棚，防涝排水，同时注意拔除杂草。

(五) 采种

芫荽的采种方法有老根采种和小株采种 2 种。

1. 老根采种 8～9 月份播种，翌年春季收获种子。

老根采种可结合越冬芫荽栽培进行，也可专设采种圃。种株的行距为 3 厘米，株距为 20 厘米。冬前及越冬期的田间管理同越冬栽培。浇返青水以后，中耕保墒，适当控制浇水，防止种株徒长、倒伏。进入开花期后，结合浇水施尿素，667 米^{2}10 千克，并叶面喷施 0.2%～0.3%磷酸氢二钾 1～2 次，促进种子发育。结实期中浇水不可过多，以免种株贪青，延迟种子收获期。6 月份种子成熟。667 米^2 可收种子 80～100 千克。

老根采种所得到的种子，产量和质量都比较高，是芫荽的主要采种方法。

2. 小株采种 小株采种又称春播采种。3～4 月份露地播种，当年采收种子。

小株采种可结合 露地栽培进行，也可单设采种圃。在不受霜冻的前提下，尽可能提早播种。播种愈晚，种株的叶片数愈少，种子的产量和质量随之降低。7 月份采收种子，667 米^2 可收种子 50～70 千克。

小株采种占地时间短，但由于种株小，营养积累少，种子产量和质量都不如老根采种高，而且连年采用小株采种时，种株无法进行严格的选择，又没有经受过严冬的考验，所以种子的纯度和抗寒力都会下降。在急需种子的情况下，可采用老根采种生产的种子，在早春播种，繁殖种子。

四、番杏

番杏又叫新西兰菠菜、夏菠菜、洋菠菜、蔓菜、蔓菠菜，为番杏科番杏属，以肥厚多汁嫩茎叶为产品的一年生半蔓性草本植物。原产澳大利亚、东南亚和智利等地，所以又叫新西兰菠菜，洋菠菜。亚洲、美洲、欧洲都有分布，主要在热带、温带栽培。我国 1941 年前后引入，但未得到民众认可，逐渐逸为野生，或只作草药用，其中或许与烹饪方法有关。番杏的食用部分为嫩梢和叶片，可以炒食、做汤或凉拌，口感极似菠菜。由于茎叶中含有单宁，烹调时须先用开水烫漂，去除涩味，多放油也可减轻涩味，也有利于胡萝卜素的吸收。然而很多消费者又受不了油气，实验证明，用湿淀粉勾芡，能使之滑嫩，口感更佳。

番杏营养价值较高，每 100 克可食部分含水 94 克，粗蛋白质 2.29 克，还原糖 0.68 克，脂肪 0.2 克，碳水化合物 0.6 克，纤维素 2.06 克，胡萝卜素 2.6 毫克，硫胺素 0.04 毫克，核黄素 0.13 毫克，维生素 C46.4 毫克，尼克酸 0.5 毫克，锶 0.43 毫克，锰 0.55 毫克，锌 0.33 毫克，铜 0.06 毫克，钾 221 毫克，钠 28 毫克，钙 97 毫克，铁 1.44 毫克，镁 44.4 毫克，磷 36.6 毫克。每百克鲜样中含硒 1.27 毫克、锶 0.43 毫克，抗菌素物质番杏素，抗酵母菌属。中医认为番杏有清热解毒、利尿、消肿、解蛇毒等功效，在《中国药植物图鉴》中记载番杏“治癌症、肠炎、败血病”。常用作治癌症、治肠炎、消化道、风热目赤，疔疮红肿等病症。

番杏适应性强，既耐热又较抗寒，栽培容易，生长旺盛。现在，我国广东、福建及北方各大城市都开始试种。采收期长，产量高，而且病虫害少，是一种很有发展前途的盛暑期淡季绿叶蔬菜。

（一）生物学性状

番杏根系发达，茎横切面圆形，绿色，半蔓性，易分枝，匍匐丛生，可长达数米。叶片肥厚，三角形，互生，绿色，叶面密布银色细粉。夏秋间叶腋着生黄色花。花小，不具花瓣，花被钟状，4 裂。坚果，菱角形。成熟后褐色，有四五个棱。每果含种子数粒，果实千粒重 80～100 克，使用年限约 4 年（图 8）。

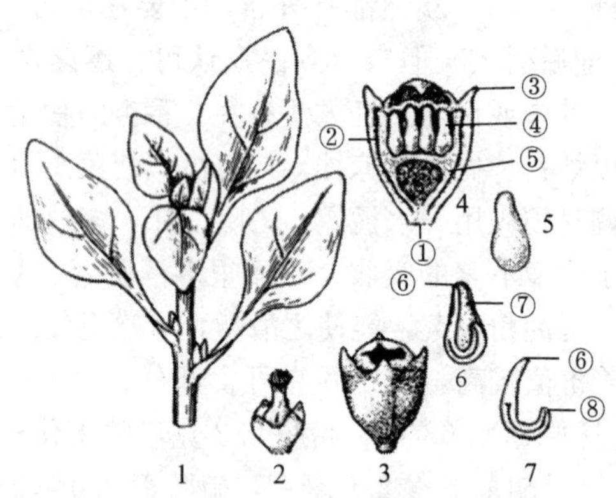

图 8　番杏侧枝、花、果及种子

1. 侧枝　2. 花　3. 坚果　4. 果实纵切面　5. 种子外形
6. 种子纵切面　7. 胚　①果柄　②果皮　③果实角
④种子　⑤髓　⑥胚根　⑦胚乳　⑧子叶

番杏对温度的适应范围较广，种子发芽适温为 25～28 ℃，适宜生长温度 15～25 ℃，在 30 ℃温度中可以正常生长，也可忍耐 1～2 ℃的低温，冬季无霜区可露地越冬。耐旱，忌涝，也较耐碱，在山东昌邑 0.128%全盐量的土壤种植并灌以 19 分西门子/米（约 1/3 海水）的盐胁迫条件，相对盐害率 30.1%，表现Ⅱ级耐盐；在河北省昌黎 0.814%全盐量的土壤种植，相对盐害率8.8%，表现Ⅰ级耐盐；在江苏赣榆近海滩涂种植成苗率在96%以上，生长旺盛，表现高度耐盐。土壤过湿枝条容易腐烂。属长日照作物，春播后，于夏季开花结实。对光照强度要求不严，强光或较弱光照中均可生长。土壤要湿润，干旱会严重影响生长，降低产量和质量。最喜肥沃的壤土或沙壤土，对氮肥和钾肥要求较多。

（二）栽培要点

番杏用果实繁殖，露地直播或育苗移栽均可，以前者为主。

1. 露地直播 番杏生长期长，采收期也长，对土壤养分的消耗量大，应重施农家肥作基肥。整地前667米^{2}施腐熟有机肥2 000千克，尿素10千克，草木灰50千克，深翻耙平。多雨地区作高畦，畦宽约60厘米，于畦中央点播种子一行，株距30～40厘米。少雨地区作平畦，畦宽1.2～1.4米，每畦点播两行，株距30～40厘米。每穴播种子3～5粒，667米^{2}播种量8～10千克。

露地直播的时期，依不同地区的气候条件决定，早者2～3月间，迟者4～5月间。春季，当10厘米深土温达15℃后尽量早播。

番杏果实皮厚，坚硬，吸水困难，发芽期长达15天以上才能出苗，所以播前应浸种催芽，用温水浸种24小时，取出置25～30℃条件下催芽，等部分种子露出白色胚根后播种。播后7～10天便可出苗。也可将种子与细沙混合研磨，使果皮略受伤，然后再浸种催芽。撒播，条播，点播都可以，以点播为主。宜春播。少雨处用平畦，多雨低湿处用高畦。

出苗后中耕除草。以4～5片真叶时结合定苗，每穴留1～2株，拔除弱苗上市。生长期间，分次追施速效氮肥，并及时灌水，始终保持湿润状态，但勿积水，否则茎叶易烂。也可扦插无性繁殖。

番杏是多次采收嫩茎叶的蔬菜，一般当长出十几片真叶后可开始采收，将上部嫩梢摘断。每一次采收后，主茎上发生很多侧枝，可将细弱的侧枝疏去，保留几条健壮侧枝，使养分集中，促使茎叶肥大。以后陆续采摘新发侧枝的嫩梢，直至霜降。每次采摘后及时追肥灌水。

2. 育苗移栽 为提早上市，可用温床或棚室育苗。露地栽培者，定植前 50～60 天播种。塑料拱棚栽培的，定植前 40～50 天播种。播种前 7～10 天浸种催芽。培养土厚 8～10 厘米，稍加镇压，浇水后按 6～8 厘米见方距离点播 2 粒种子，覆土厚约 2 厘米。番杏根系再生力较弱，为了提高成活率，最好用切块育苗或营养钵育苗。这样，起苗时根系不受伤害，定植后能较快恢复生长。

番杏病虫害较少，夏季偶有条灯蛾（*Alphaea phasma*）的幼虫为害叶片，要注意及时防治。有菜青虫为害，可用 20%溴氰菊酯乳油 20～30 毫升加水 50～75 升喷雾防治。番杏枯萎病为菠菜尖镰刀菌（*Fusarium oxysporum*）所致，要及时拔除病株，在发病期喷洒对水 500 倍的 50%苯菌灵可湿性粉剂或其他杀菌剂。番杏的病毒病为甜菜黄化病毒（*Beet yellows virus*），应及时防治蚜虫，减少病毒的传播途径，并在发病初期配合施用 5%菌毒清可湿性粉剂对水 500 倍液及其他药剂。生长期最多喷洒 3 次，最后一次喷药距采收期不得少于 3 天。

3. 留种 番杏一般以春播植株留种。在采摘嫩梢 2～3 次后，选择健壮植株作种株，任其生长，则各枝条的叶腋中，除基部 3～4 节处，都可着生花，而且大部分可以结实。果实呈褐色时采收。老熟果实易脱落，应分批采收，晒干后贮藏。

五、鱼腥草

鱼腥草又名蕺菜、蕺耳根、扯耳根、摘儿菜、赤耳根、岑草、菹菜、猪鼻孔，为三白草科蕺菜属多年生草本植物。因其茎叶搓碎后有鱼腥味，故名鱼腥草。原产亚洲、北美。世界上分布较广，尤以尼泊尔为多。它常生长在背阴山坡、村边田埂、河畔溪边及湿地草丛中，广泛分布在我国南方各省区，尤以四川、云南、贵州、湖北、浙江、福建地区较多，西藏察隅、波密海拔1 700～2 300米处也有。北方少有人知。《会稽赋》注："岑草，蕺也，菜名。撷之小而有臭气，凶年民劚其根食之。"《会稽志》："蕺山在府西北六里，越王尝采蕺于此。"《山阴县志》："蕺山在卧龙东北三里许，山多产蕺，蔓生，茎紫叶青，其味苦，越王勾践尝采食之，故名。"蕺作为野菜，至今已2 400多年了。以后，北魏贾思勰《齐民要术》有《蕺菹法》，经过出水，做成小菜，现在则生熟都吃。生吃在重庆最常见。有的作其他食品的配菜，如贵州人吃烤豆腐时，必须配以蕺菜。贵州吃蕺菜的办法比较多，有一种凉拌侧耳根，将蕺菜洗净，去掉节上的须根，掐成寸段，盐腌半小时左右，再洗一下挤干，加味调拌。黔味重辣香，是将干辣椒烤煳研成面，加酱油、味精调食。有时加进一种野葱，二野相配，饶有野趣。这种吃法饮酒下饭都可以。用蕺炒肉丝、炒腊肉，也是贵州的家常菜。《元诗钞》中所收汪复亨的《南楼客观乡友燕集》诗，有一联曰："墙荫绿长鱼腥草，楼外红解凤尾花。"蕺，确是有它的力量的。《遵义府志》："侧耳根……荒年民掘食其根。"清吴其浚《植物名实图考》："蕺菜以其叶覆鱼，可不速馁。湖南夏时，煎水为饮以解暑。"看来，叶可吃，茎可吃，根也可吃，还可作清凉饮料。又有一定的防腐作用。贵州、湖北、浙江、福建、四川、云南多人工栽培。蕺菜地下嫩茎和地上部的嫩叶都可作蔬菜食用，特别是地下茎洁白、粗壮、脆嫩、纤维少，辛辣味浓，口感好，可生食或炖食。

鱼腥草既是食品，又是药品，应用历史悠久。《吴越春秋》称其为岑草，《唐本草》称为俎菜，《救急易方》称紫蕺，都记载了其清热解毒、治疗疮疡的作用。李时珍《本草纲目》中首次使用鱼腥草之名。鱼腥草在民间食用已有数千年的历史，《本草纲目》记载："江左山南人好生食。"

鱼腥草营养十分丰富，每100克嫩叶含蛋白质2.2克、脂肪0.4克，碳水化合物6克，粗纤维18.4克，胡萝卜素2.59毫克、维生素$B_2$0.21毫克、维生素C56毫克、维生素P8.1毫克、钾36毫克、钠2.55毫克、钙123毫克、镁71.4毫克、磷38.3毫克、铜0.55毫克、铁9.8毫克、锌0.99毫克、锰1.71毫克，挥发油0.004 9%，主要成分是甲基正壬酮、月桂烯、癸醛、癸酸、蕺菜碱、异槲皮素。还有抗菌素成分的鱼腥草素。鱼腥草辛、凉、气腥，可用于治疗肺脓溃疡、肺热咳喘、热痢热淋、水肿、脚气、尿路感染、痈肿疮毒等症。鱼腥草微寒，有清热、解毒、利尿、消肿、软便、调节血压、排除毒性等作用。它有很强的利尿作用，可使毛细血管扩张，增加肾的血流量及尿液分泌，所以用来治疗尿路感染的频尿疼痛。

鱼腥草素是鱼腥草的主要抗菌成分，对卡他球菌、流感杆菌、肺炎球菌、金黄色葡萄球菌等有明显抑制作用。此外，鱼腥草含有的槲皮苷等有效成分，具有抗病毒和利尿作用。临床证明，鱼腥草对上呼吸道感染、支气管炎、肺炎、慢性气管炎、慢性宫颈炎、百日咳等均有较好的疗效，对急性结膜炎等也有一定疗效。鱼腥草还能增强机体免疫功能，增加白细胞吞噬能力，具有镇痛、止咳、止血、促进组织再生、扩张毛细血管、增加血流量等方面的作用。

（一）生物学特性

鱼腥草性喜温暖湿润环境，能在多种土壤中生长，尤以疏松肥沃的中性或微酸性沙土生长最为旺盛。怕霜冻，不耐干旱和水涝，耐阴性强，一年中无霜期间均能生长。长江流域各省露地正常越冬，12 ℃以上可发芽出苗。生长前期要求 16～20 ℃，地下茎成熟期要求 20～25 ℃，要求田间持水量 75%～80%，氮、磷、钾比例 1∶1∶5，钾肥要多，适宜的土壤 pH6.5～7.0（图 9）。

图 9　鱼腥草

鱼腥草茎细长，高 15～50 厘米，匍匐地下，上部直立，紫色。地下茎白色有节，粗 0.4～0.6 厘米，节间长 3.5～4.5 厘米，每节易生不定根。叶互生，心脏形或阔卵形，长 3～8 厘米，宽 4～6 厘米，先端渐尖，全缘，有细腺点，脉上稍被柔毛，下面紫红色。叶柄长 3～5 厘米，托叶膜质，条形，下半部与叶柄合生成鞘状。穗状花序生于茎顶，与叶对生，基部有白色花瓣状苞片 4 枚。花小，淡紫色，两性，无花被，有一线状小苞，雄蕊 3 枚，花丝下部与子房合生。雌蕊由 3 个下部合生的心皮组成。子房上位，花柱分离。蒴果卵圆形，开裂。种子球形有花纹。花期 5～8 月，果期 7～10 月。

鱼腥草按食用部分可分为食用嫩茎叶、根茎和食用浆果两大类。我国云贵、福建、湖北等地多食用嫩茎和根茎，尼泊尔等地以食用浆果。以食用嫩茎叶为目的，一般在春夏季采集，以食用地下根茎为目的的，可在秋后至早春萌发前采挖，夏季不宜采挖。采集地上茎叶和地下根状茎，均应采大留小，尤其是采收地下茎进行繁殖更是如此。

（二）栽培要点

1. 整地 选肥沃疏松、排灌方便、背风向阳的沙质壤土或富含有机质的地块，开沟，沟深50厘米、宽40厘米。沟与沟之间的距离30厘米，在沟内填入玉米秸秆或稻草，至沟深的三分之二止。然后在上面撒上农家肥或猪粪，667米^{2}施农家肥3 000～4 000千克作基肥，再盖上一点薄土，约3厘米厚。

2. 定植 冬、春、秋季均可栽培，但以冬季和春季栽培的，生长期长，产量高，生产上一般采用春栽。栽培时间以1～3月为宜，一般采用分根繁殖。首先选取粗壮肥大、节间长、根系损伤小的老茎，剪成10厘米的短段，每段有2～3个节，平放栽植沟内的两侧，株距5～8厘米。栽好后用开第二沟的土覆盖第一沟，以此类推，边开沟、边播种、边盖土。667米^{2}需要种茎100～150千克，栽好后浇透水，保持土壤湿润，出苗后可灌清粪水。

反季节栽培一般在5～12月播种。用地下茎以粗壮的老茎为好。将其从节间剪成4～6厘米小段，每段有2～3个节。夏季高温干旱时栽培，种茎每段3个节。将种茎按株距2～4厘米平放沟内，然后覆土，浇足水。

3. 田间管理 鱼腥草喜温暖阴湿环境，怕干旱，较耐寒，在－15℃以下仍可越冬。4～5月开花，6～7月结果，11月下旬开始谢苗，次年2月返青。适应性强，人工栽培667米^{2}可产3 000千克。

鱼腥草以氮，钾肥为主，对磷的需求较低。幼苗成活至封行前，每次除草结合追肥，667米^{2}施人粪尿1 000～1 500千克或尿素15～25千克。每年收割后，结合除草松土追肥，第一次收割后追氮肥为主，促进植株萌发，第二次磷钾肥为主，并培土以利越冬，为来年萌芽打好基础。

对生长过旺的植株，要摘心。为了使养分用在地下茎的生长，应在花蕾刚出现时即除去，以后随现蕾随除。如地上部生长过旺，需要在控氮肥、控水分的基础上摘花，必要时可用15%的多效唑可湿性粉剂1 000～1 500倍液作叶面喷雾，抵制地上部生长，促进地下部生长。

以采收嫩芽为目的时，为增加嫩芽长度，提高质量，可用秸秆覆盖措施，一般用稻草覆盖，厚10～15厘米，由于稻草覆盖具有保温、保湿、保肥、灭草的作用，有利于鱼腥草的萌发生长。待其露出草面时即可掀开稻草，收割鱼腥草嫩芽上市。同时适当追肥，一般667米^{2}用30%人粪尿300千克或尿素10千克即可，然后再用稻草覆盖。

人工栽培鱼腥草的地上茎直立可达60～80厘米，为防止植株倒伏，株高10厘米以上时，要及时多次培土护兜，又可使地下茎粗状白嫩。

主要病害有白绢病、根结线虫病、紫斑病和叶斑病。防治方法除采用土地轮作、土壤消毒、开沟排水等措施外，还应挖除和烧毁病株，并结合药剂防治。白绢病可用25%粉锈宁1 000倍液，每隔10天喷一次，共2～3次。根结线虫病用线虫必克，667米^{2}1 000～1 500克，与适量农家肥或土混匀施入作物根部。紫斑病用1∶1∶160波尔多液或70%代森锰锌500倍液喷洒2～3次。叶斑病用50%托布津800～1 000倍液或70%代森锰锌500倍液喷洒2～3次，蛴螬、黄蚂蚁等害虫，可用90%晶体敌百虫800～1 000倍液喷根杀灭。

4. 适时采收 食用嫩叶，可在7～9月分批采摘。食用地下茎，可在9月至次年3月挖掘。以药用为主，可周年收获。挖掘地下茎时，可用刀割去地上茎叶，然后挖出抖掉泥土，洗净即可。

（三）设施栽培

一般在12月至翌年3月进行，采用双层薄膜覆盖栽培，种植后在畦面覆盖内膜，平铺畦面并每隔50厘米，膜下放一行竿，用土块将薄膜四周压住，使薄膜保持水平。外层膜采用小拱棚方式覆盖。这样覆盖栽培，里层薄膜保湿，水蒸气不会散发出来，并结露在平放的薄膜上，然后又会均匀地滴到畦面上，减少了浇水次数，外层薄膜能很好地保温。双层覆盖栽培宜在覆膜后每10～15天检查1次，并拔去杂草。如果发现畦面干燥，要及时浇水。幼苗出土后揭去里层薄膜。

（四）鱼腥草加工品的制备

1. 鱼腥草营养液加工工艺

鲜鱼腥草→清洗→粗碎→热烫→榨汁→过滤→杀菌→鱼腥草汁→调配→定量混合→加澄清剂→压滤→灌装→杀菌→贴标→成品

2. 鱼腥草汁的制备 制备鱼腥草汁可以鲜鱼腥草为原料，亦可用晾干的鱼腥草为原料。

（1）清洗 将经挑选、除杂的鲜鱼腥草进行充分的清洗，采用振动式喷淋清洗机（或用人工漂洗方法）清洗。洗净后用果蔬洗涤剂浸泡3～5分钟，以除去虫卵等，然后用清水漂洗干净。

（2）粗碎 将清洗后的鱼腥草进行适当破碎，长度为0.3～0.5厘米（太小影响出汁，太大影响榨汁）。

（3）热烫 将破碎的鱼腥草加入0.01%维生素C（以防褐变），用水蒸气热烫3～4分钟，提高出汁率，更重要的是有利于风味物质的浸出，且抑制酶的活性。

（4）榨汁 将热烫后的鱼腥草马上投入榨汁机中进行榨汁。

（5）过滤 粗滤后行离心过滤。

（6）杀菌 将滤液通过高温瞬时灭菌机进行杀菌，即得鲜鱼腥草汁。

以干鱼腥草为原料：将洗净、晾干的鱼腥草粉碎后，加入适量水（以淹没鱼腥草为宜），浸泡30分钟后，煮沸10分钟，共提取两次，合并后过滤。

3. 调配 称取优质砂糖，加入处理水，在不锈钢夹层锅中通入水蒸气加热，同时不断搅拌。煮沸 5 分钟灭去糖浆内的微生物，然后过滤，冷却。

4. 配方调配

配方 1：鲜鱼腥草汁 82%，蔗糖 10%，蜂蜜 7.5%，柠檬酸 0.35%，维生素 C0.1%，香精适量。

配方 2：干鱼腥草汁 81.6%，蔗糖 10%，蜂蜜 7.5%，柠檬酸 0.3%，维生素 C0.1%，香精适量，爽口剂 0.2%。

5. 压滤 调和营养液用处理水定溶，用压滤机进行压滤。

6. 灌装 用洗净灭菌的 10 毫升锁口瓶灌装。

7. 杀菌 将灌装锁口好的瓶子，在沸水中煮沸 15 分钟，取出冷却。

六、青菜（小白菜）

青菜也称小白菜、普通白菜、不结球白菜、油菜或鸡毛菜。小白菜与大白菜的主要区别在于小白菜不结球，有明显的叶柄而无叶翼。青菜富含维生素、矿物质等营养物质，是最常见的蔬菜之一，深受消费者青睐。青菜原产我国，性喜冷凉，在我国全年各地都可栽种，产量巨大，每年都有大量的运销中国港澳，东南亚及欧洲。特别是夏季，更受消费者欢迎。整个植株可供鲜食，也可腌渍制成干菜。

青菜营养价值很高。据中国医学科学院卫生研究所（1981）分析，每 100 克食用部分鲜重含蛋白质 1.6～2.6 克，脂肪0.2～0.4 克，碳水化合物 2.0 克，粗纤维 0.5～1.0 克，钙 107～141 毫克，磷 29～62 毫克，铁 1.4～3.9 毫克，胡萝卜素（维生素 A 原）1.30～3.15 毫克，硫胺素（维生素 B_1）0.2～0.8 毫克，核黄素（维生素 B_2）0.11～0.25 毫克，尼克酸 0.6～0.9 毫克，维生素 C（抗坏血酸）47～58 毫克。在鲜食蔬菜中青菜是属于含钙、磷和维生素 C 比较丰富的蔬菜。

中医学认为，青菜性辛、温、无毒，入肝、肺、脾经，茎、叶消肿解毒，有通利胃肠、消食下气、治痛肿丹毒、血痢、劳伤吐血功效，常食青菜，饮青菜汁，喝青菜粥，不但可补充人体营养，而且可健胃消食。种子行滞活血，治产后心、腹诸疾，恶露不下，蛔虫肠梗阻。

（一）生物学特征

青菜是十字花科芸薹属白菜亚种中的一个变种——普通白菜

变种。根系较浅，须根发达，再生力强，适合育苗移栽。在营养生长时期，茎短缩，茎上着生莲座叶。叶片有圆、卵圆、倒卵圆、椭圆、匙形等。边缘全缘，波状或锯齿状，叶面光滑或有皱缩，浅绿、绿或深绿色，叶柄肥厚，白、绿白、浅绿或深绿色，一般无叶翼，横断面呈扁圆或半圆形。叶部直立生长或在近叶身处的叶柄紧密抱合，呈束腰状。花茎上的叶片一般无叶柄，抱茎或半抱茎。花茎的顶芽和侧芽发生许多总状花序，总状花序上又发生1～3次分枝，形成复总状花序。花为全完花，花冠黄色，花瓣4枚，十字排列；雄蕊6枚，花丝4长2短，故称4强雄蕊；雌蕊的柱头圆盘状。虫媒花，异花授粉。果实为长角果，内有种子10～20粒，近圆形，红褐色、黄褐色或黑褐色，千粒重1.5～2.2克。角果充分成熟后易开裂。种子使用年限为3年（图10）。

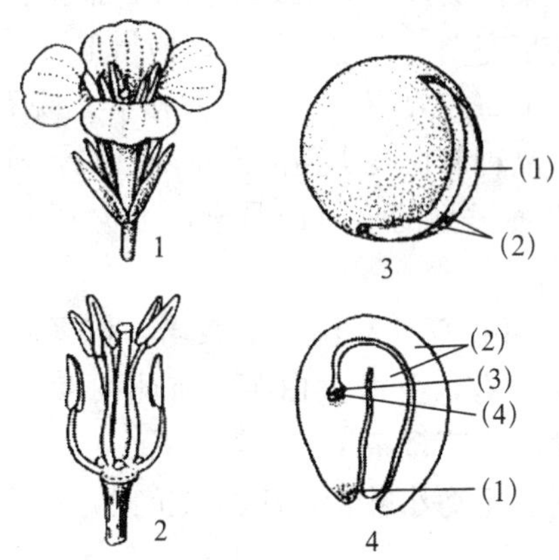

图10　青菜花器及种子结构

1. 花的外观　2. 雄蕊及雌蕊　3. 种子　4. 胚

(1) 胚根　(2) 子叶　(3) 胚芽生长锥　(4) 胚芽

（二）类型和品种

我国青菜品种资源非常丰富，根据形态，生物学特性及栽培特点可分为秋冬青菜，春青菜和夏青菜三大类，各类又包括不同类型和品种，要根据栽培季节和栽培方式选用相应的品种。

1. **秋冬青菜** 秋季播种，当年冬季或翌年早春采收。株型直立或束腰（植株中部细，茎部粗），耐寒力较弱。依叶柄颜色，分白梗与青梗两种。白梗类型的叶柄为白色，代表品种有南京矮脚黄，南京高桩，南京二白，常州短白梗，常州长白梗，无锡矮箕大叶黄，无锡长箕白菜，广东矮脚乌叶，广东中脚黑叶，合肥小叶菜等。青梗类型的叶柄为绿白色至浅绿色，代表品种有上海矮箕，无锡小圆叶，杭州早油冬，苏州青，常州青梗菜，上海矮抗青，上海冬常青（178－09）等。

2. **春青菜** 晚秋播种，翌年春季供应。株型多开张，少数直立或束腰。耐寒力强，产量高，按春抽薹的早晚和上市期，分为早春菜和晚春菜两类。早春菜为中熟种，抽薹较早，代表品种有白梗类型的南京亮白，无锡三月白，扬州梨花白等；青梗类型有杭州晚油冬，上海二月慢，上海三月慢等。晚春菜为晚熟种，抽薹较晚。代表品种有白梗类型的南京四月白，杭州蚕白菜，无锡四月白等和青梗类型的上海四月慢，上海五月慢，合肥四月青等。

3. **夏青菜** 可在夏秋高温季节栽培，抗高温、抗病虫害能力较强。代表品种有，上海火白菜，杭州荷叶白，广州马耳白菜，成都水白菜，南京矮杂1号，夏冬青J、17号白菜，华王青菜，正大抗热青，上海小叶青，江苏热抗白，江苏热抗青等。

（三）生长发育需要的条件

青菜种子发芽的适温为20～25℃，发芽最低温4～5℃，最高温40℃。植株生长适温为18～20℃，在平均最低气温－4～5℃的地区可发安全越冬，有的品种能耐－8～－10℃的低温。耐热力一般较弱，在25℃以上的高温和干燥条件下生长缓慢，生长势弱，易感染病毒病，但近年来已育成一些耐热力较强，可以在夏季高温季节栽培的青菜品种。

青菜在种子萌动和植株生长期间，在0～15℃的温度下，经10～40天完成春化，苗端分化花芽，叶数不再增加，在长日照和较高温度下抽薹开花。不同品种的花芽分化，抽薹开花对温度和日照长度的要求程度有差异。

青菜对土壤要求不严，但由于青菜以叶部为食用部分，生长期短，生长迅速，除了适宜的温度和日照外，还需要充足的土壤湿度和较高的肥力，所以最好选择富含有机质、保水保肥力强的砂质土和壤土。对水分和养分的需要量随植株生长的加快而增多。水分、养分不足时生长慢、组织老化、纤维增多，品质下降。氮肥对产量和品质的影响很大，施用尿素或硝酸铵效果较好。

（四）周年生产技术

1. 春青菜 春青菜是3～5月份收获的青菜。如果是以菜秧（鸡毛菜）上市，可在早春播种，当年采收；如果是以大棵菜上市，则在先一年秋季播种育苗，初冬定植，翌年春季采收。北方地区早春温度有很大差异，生产苗秧时，根据早春气候状况，于2月上旬至4月上旬在露地直播。早春温度低的地区，为了提早上市，也可提早在塑料拱棚中播种。

（1）品种选择 青菜在种子萌动期和植株生长期遇0～15℃的低温，经10～40天完成春化，春化后在长日照和较高温度下抽薹开花。所以早春播种的青菜，抽薹开花是必然现象，但是如果在植株未达到采收标准时就抽薹开花（称“早期抽薹”或“未熟抽薹”），则大大降低商品价值。因此作为春青菜品种，不但要求有一定抗寒力，而且要求在比较低的温度下经过较长的时间才完成春化，分化花芽（冬性强）。所以应选择抽薹晚的品种，如上海四月慢，上海五月慢，南京四月白，无锡四月白等。

（2）整地 早春播种时，选择避风、向阳、平坦的地块，前作收获后及时冬耕，耙耱保墒。冬季严寒，有积雪的地区，可在冬耕后不耙耱（称“立茬过冬”或“冻垡”），使土壤充分风化，结构变疏松。早春土壤解冻后及时整地做畦。一般采用平畦，要求土壤松软，土粒细碎，畦面平整，保证浇水后土壤水分均匀，出苗期一致，菜苗生长整齐。667 米^2 施腐熟圈肥 3 000 千克做基肥。秋播生产大棵菜时，先在苗床育苗，然后定植到大田。每10 米^2 苗床，施腐熟圈肥 50 千克和硫酸钾 200 克左右。

(3) 播种 北方春季播种的青菜，播期比较严格。播期不当，植株长不大就抽薹。要使秧苗达到上市规格，产量产值的综合效益最大，必须总结本地区的经验，确定行之有效的适宜的播期。

早春播种时，由于温度低，出苗慢，而收获期又受抽薹的限制，所以生长期较短。为了促进出苗，提早采收，增加产量，保证质量，可采取浸种催芽“落水播种”的方法：用纱布将种子包好，放在 30 ℃左右温水中浸泡 3～4 小时，取出种子包放在温度为 20～25 ℃的地方催芽。种子刚“露白”（胚根刚伸出种皮）就可播种，如果因下雨不能播种时，可将种子包放在冷凉处（4～5 ℃）抑制胚根绅长。“落水播种”的方法是：播种前，先在畦内浇水，待水渗完后均匀撒播种子，然后覆土，厚约 1 厘米。播种前浇的水称“底水”，必须浇足，确保幼苗出现 1～2 片真苗前不需要再浇水。如果底水不足，出苗不久又需要浇水，不但使地温降低，而且小苗上沾满泥浆，易形成弱苗或死苗。掌握覆土的厚度也很重要，覆土太薄，保墒保温效果不佳，影响出苗，而且出苗后主根上部露出土面，浇水时易倒伏，影响幼苗生长；覆土太厚，出苗延迟，秧苗生长细弱。

春青菜的播种量应根据播种期的早晚有所增减。早春播种的667 米^2 播种子 0.75 千克，随播期的推迟，温度逐渐升高，出苗率较高，播量可适当减少。切忌播种量过大，又不间苗，致使秧苗密集在一起，形成早抽薹的徒长苗，降低产量和品质。

秋播翌年春季采收的春青菜，一般采用育苗移栽的方法。由于秧苗定植到大田后要经过一段越冬期，掌握适宜的播期，对菜苗的安全越冬和防止早期抽薹至关重要。北方地区秋播期为8～9月，具体播期根据不同地区秋、冬季节的温度情况确定，温度较高地区的播期应比较低地区晚。适期秋播，越冬时幼苗有6～7片真叶，可以安全越冬，播种太早，越冬时苗大；播种太晚，越冬时苗小，都会降低抗寒力，造成大量死苗。苗床采取落水播种，10米^{2}苗床面积播种子10克左右。出苗后间苗1～2次，留苗距离4～5厘米，土壤湿度不可过大，避免苗子徒长，抗寒力降低。

幼苗长出7～8片真叶，于10～11月定植。一般采用平畦，定植距离20～25厘米见方。冬季严寒地区可定植在风障前或塑料拱棚中，保护越冬。

(4) 田间管理 春播的青菜当幼苗出现1～2片真叶后，选晴天浇水，水量要小，流速要慢，以免冲倒幼苗，造成缺苗。幼苗有3～4片真叶时，随浇水施用尿素，667米^{2}施10千克左右。为了生产出清洁卫生的青菜，最好不要用人粪尿做追肥。播种后40～50天便可上市。

秋播的青菜定植后浇水1～2次，以利于发根缓苗。当苗子长出新叶后，中耕保墒。露地定植的，在土壤开始冻结时浇“冻水”，必要时可用每平方米重15～20克的无纺布或SZW-8型遮阳网进行浮面覆盖，保温防寒。翌年春季温度开始稳定上升时浇返青水。返青水不要浇得太早，以免降低地温，影响苗子生长。以后随植株生长的加速，增加浇水，并随浇水施用速效性氮肥1～2次。3～4月份采收。

2. 夏青菜 夏青菜是指5～7月份播种，6～8月份收获的青菜。北方称“伏小菜”，南方称“菜秧”、“鸡毛菜”。一般以幼嫩苗上市。可每隔7～10天播一批，播种后25天左右上市。也可以育苗移栽，以大棵青菜上市。

(1) 品种选择 夏青菜的整个生长期虽然只有30多天，但处在一年中的高温季节，而且不时有暴风雨袭击，所以选择抗逆性强，特别是耐热性强、生长迅速的品种，是夏青菜栽培成功的关键。目前可供选择的品种有南京矮杂1号、2号、3号及绿星青菜、热抗青、华王青菜、正大抗热青等。另外，结球白菜（大白菜）中的早熟、耐热力强的品种，如北京小青口、北京小白口、天津白麻叶、郑州早黑叶等，也可以在夏季作为菜秧栽培。

(2) 栽培方式及方法 为了减轻夏季烈日高温给青菜出苗和菜苗生长造成的不利影响，可采取覆盖遮阳网或防虫网和实行间作套种两种栽培方式。

①遮阳网或防虫网覆盖栽培 夏青菜采用遮阳网或防虫网覆盖栽培，应掌握以下几个重要环节：

第一，科学选网。5～7月份播种的夏青菜，由于播期不同，菜苗生长期间的光照强度和温度有差异，所以应根据不同栽培时期当地的自然光照强度和温度，选择适宜的覆盖材料及遮光率适宜的规格。遮阳网和防虫网都具有降低光照强度．防暴雨，抗强风，防虫，防病毒病发生的作用，但防虫网的降温效果不如遮阳网。防虫网的防虫作用在于人为设置屏障，阻止害虫侵入，必须全生长期密闭，因此棚内空气流通不畅，加上遮光率较遮阳网低，所以温度较高，湿度较大，可根据当地具体情况加以选择。如果病虫害是影响夏菜生产的主要问题，可选择防虫网；如果强光和高温是影响夏菜生产的主要问题，可选择遮阳网。气温在30℃以下时宜用防虫网，气温在30℃以上时宜用遮阳网。

目前，生产上使用较多的遮阳网的规格是SZW－12和SZW－14型。SZW－12型的黑色遮阳网，遮光率为35%～55%，银灰色遮阳网为35%～45%。SZW－14型黑色遮阳网，遮光率为45%～65%，银灰色遮阳网为40%～55%。

防虫的遮光率与网眼的稀密（目数）有关。网眼密（目数多），防虫效果虽较好，但通风较差，棚内湿度较露地高。白色防虫网比银灰色或黑色防虫网增温更多，对青菜生长不利。网眼稀（目数少），起不到防虫作用。根据有关试验研究，认为选用 22 目或 25 目银灰色防虫网比较好，其遮光率为 25%左右。

北方地区盛夏季节晴天的光照强度往往超过 10 万勒克斯，而青菜生长的适宜光照强度为 2 万～3 万勒克斯。为了增强遮光降温效果，也可以选用遮光率较高的黑色遮阳网或防虫网，所生产的青菜含水量增高，纤维素含量降低，外观品质较鲜嫩，但维生素 C 和蛋白质含量降低，硝酸盐含量增高，应在青菜采收前 4～5 天揭掉。

第二，选用适宜的覆盖方式。夏青菜的全生长期只有 30～40 天，而且是分期播种，所以，可充分利用当地各种保护地设施的空闲时期进行遮阳网或防虫网覆盖栽培。

我国北方多利用塑料大棚、中棚或小棚的骨架作支撑物，上盖遮阳网或防虫网栽培夏青菜。盖遮阳网时，距地面要有一定的距离，以利于通风。为了节约使用遮阳网，还可利用大、中棚骨架，在棚内距地面 0.8～1.0 米处将遮阳网悬挂在畦面上。如果覆盖防虫网，最好利用大棚，因为小棚覆盖防虫网后，增温增湿的效果较大棚明显，在高温、高湿环境中，易发生烂籽、烂苗、徒长等问题，生产出的青菜叶色淡，植株纤细。为了增强防虫网的防虫效果，覆盖防虫网后要将四周压严，棚架间用压膜线压紧，留好进出的门。如果采用中、小棚覆盖防虫网，则实行全生长期全封闭覆盖，直至采收。

夏季雨水多的地区，应在大棚顶部盖塑料薄膜，外加遮阳网或防虫网，可减少雨水传病的机会，防病效果较好。

第三，播前进行土壤消毒。为了减轻农药污染，覆盖遮阳网或防虫网的拱棚，一般不再喷药或很少喷药。但土壤中还会潜伏有杂草种子、病苗和害虫，播前最好进行土壤消毒。在盖网以前 667 米^2 施用 3%米乐尔颗粒剂（杀虫剂）1.5～2.0 千克，或喷 50%多菌灵乳油剂（杀菌剂）800～1 000 倍液，或 48%氟乐灵乳油剂（除草剂），667 米^2 用 100～150 毫升加水稀释后喷洒土面，随即耙入土中。

第四，适当稀播。在遮阳网或防虫网的覆盖下，温度和湿度比较适宜，种子发芽率、出苗率和成苗率都比较高，而且菜苗生长快，个体生长旺盛，如果沿用露地的播种量，会使菜苗过早出现郁闭状态，不但生长细弱，而且有利于病害蔓延。一般应较同期露地播种的用种量减少 20%左右。

第五，加强田间灌水及排水设施。高温和暴雨造成死苗是夏青菜高产稳产的主要威胁。在防止高温危害的同时，必预防止暴雨的侵袭。采用平畦栽培时，一般畦长不超过 5 米，畦宽不超过 1.2 米，畦面要平坦；采用高畦栽培时，畦长不超过 8 米，畦面呈弧形，宽不超过 1.5 米，畦高 20 厘米左右。这样便于及时灌水和排水，既可贯彻夏青菜需要勤浇、轻浇的技术要求，又可减轻因暴雨造成土壤积水，菜秧根系腐烂乃至全株死亡的损失。

第六，正确运用施肥、灌水技术。夏青菜的施肥和灌水技术，不但要满足菜秧生长对养分和水分的需要，而且要有利于改善菜秧生长的环境，特别是有利于温度的降低。

施肥以基肥为主，最好施用腐熟的凉性肥料——猪粪，667 米^2 2 000 千克左右或用有机生物菌肥中的叶菜类专用肥，667 米^2 施 100～120 千克。根据菜秧生长情况，可以随流水施 1 次尿素，667 米^2 施 10 千克左右，或将尿素加水配成 0.2%～0.5%的水溶液，喷在叶面上，进行根外追肥，也可以不追肥。切忌施用未充分腐熟的人、畜粪尿，以免地温升高，病虫害蔓延。

夏青菜浇水的原则是勤浇、轻浇，经常保持土壤湿润状态。灌水技术要围绕一个“凉”字，即灌溉用水要凉，用井水浇，不用渠水浇：浇水要在清晨或傍晚天凉、地凉时进行；阵雨骤晴后，要及时轻浇井水，降低地温。有条件的可在棚内每隔 2 米铺一条喷灌管道，安装微喷头，可利用喷水降低棚内及叶面温度。

第七，灵活掌握遮阳网揭、盖技术。覆盖遮阳网的主要目的是为了防止光照过强和温度过高对青菜生长造成的不利影响，所以应当根据天气变化情况，灵活进行揭、盖。其原则是：晴天盖阴天揭，白天盖晚上揭，前期盖后期揭，切忌一盖到底。最高气温在 30 ℃下时，不宜覆盖遮阳网。

防虫网原则上实行全生长期全封闭覆盖，以发挥防虫功效。可节省揭、盖花费的劳力，降低生产成本。

②间作套种　利用生长期较长的果菜类蔬菜的枝、叶，为青菜出苗和菜秧生长创造比较阴凉湿润的环境。在生产实践中，行之有效的方式有以下几种：

第一，茄子间作夏青菜。选用早熟茄子品种如北京六叶茄、杭州红茄、北京线茄、成都竹丝茄、成都三月青等。茄子于 1 月中下旬至 2 月上旬在阳畦、电热线加温温床或日光温室中播种育苗，4 月下旬至 5 月上旬定植到露地。先做成宽 1.4～l.5 米的平畦，畦中按行距 70～75 厘米开两条定植沟，深约 12 厘米，将育成的茄苗按株距 30 厘米定植在沟内。以后随茄子植株的生长，分次培土，最后取畦埂土培成高垄，再将茄子行间的土壤浅锄耙平，变成平畦，准备播种青菜。6 月下旬至 7 月上中旬将青菜籽撒播在畦内，用钉齿耙耙一遍，将种子埋入土中，667 米^2 播种量 0.5～0.75 千克。播种后立即浇水。出苗以后的水、肥管理按茄子的需要进行。茄子于 6 月中旬至 8 月上旬采收，青菜于 7 月下旬至 8 月中下旬采收。

第二，豇豆套夏青菜。选用早熟豇豆品种，如四川红嘴燕（一点红）、上海小白豇、广东细花猪肠豆、山东青丰豇豆、浙江之豇 28－2 等。

4 月中旬至 5 月中旬按行距 67 厘米、株距 27 厘米挖穴点播豇豆，每穴播种子 3～4 粒。出苗后间苗，每穴留 2 株。6 月下旬至 7 月上旬在豇豆架下套种青菜。套种前先将豇豆基部老叶摘除，浅锄后撒播青菜种子，667 米^2 用种量约 0.7 千克。播后用钉齿耙耙一遍，然后浇水。青菜出苗后的水、肥管理按豇豆的需要进行。青菜于播种后30天左右开始间拔采收，正值高温期上市。豇豆于播种后60天左右开始采收，采收期约60天。青菜的全生长期处于豇豆枝叶较繁茂时期，豇豆为青菜的生长创造了较为阴凉湿润的环境。

第三，春甘蓝套种夏青菜。春甘蓝是指秋、冬季播种育苗，早春定檀，初夏采收的甘蓝。套种青菜的方法是：甘蓝采收时只砍掉叶球，保留外叶，待大部分叶球采收后，将基部老叶砍掉，撒播青菜种子，用小锄浅锄一遍，使种子埋入土中，然后浇水。甘蓝的宽大外叶为青菜荫棚。青菜出苗后，经常保持土壤湿润。但浇水必须在清晨或傍晚天凉时进行，降低气温和地温。一般不追肥，更不要施人粪尿，以免菜秧腐烂死亡，青菜播后30～35天采收。

采用育苗移栽生产大棵夏青菜的，播种后至出苗前用黑色遮阳网覆盖。部分种子子叶出土后搭小拱棚，改用防虫网覆盖。苗龄15～20天定植到覆盖防虫网或遮阳网的大棚中。定植后30～35天可陆续采收上市。

3. 秋青菜　秋青菜是指8～9月份播种育苗，9～10月份定植，10～11月份采收的青菜。

（1）品种选择　8～9月份播种的青菜，因温度适宜，生长速度快，又不存在早期抽薹问题，采收期长，所以比较容易达到高产、优质，对品种的选择也不严格。前述不同类型中的各个品种都可以用于秋、冬青菜栽培。当然，不同地区根据消费者的不同爱好，在不同播种时期，各有比较适宜的品种。播期较早，收获期也较早的，可选择较耐热但耐寒力较弱，充分成长后适宜作腌菜的品种，如南京高桩、杭州瓢羹白、常州长白梗、无锡长箕白菜、台肥小叶菜等。播期较晚，收获期延至12月至翌年1～2月份的，可选择耐寒力较强的品种，如南京矮脚黄、常州青梗菜、上海四月慢及五月慢等。

（2）整地　秋冬青菜的前作多为番茄、黄瓜、菜豆等夏菜。

前作收获后及时浅耕，耙耱保墒。667 米^2 施入腐熟圈肥 300 千克左右，再浅耕一遍，使肥料与土壤充分混合，耙平后做平畦，畦宽 1.3～1.4 米。

（3）育苗及定植　8 月份播种时，温度仍偏高，苗床应选择阴凉通风处，干籽撒播后浇水，或采取“落水播”。必要时，在播种后还要覆盖遮阳网或无纺布，提高出苗率和成苗率。刚出苗时不宜浇水，以防泥浆埋没菜心，影响秧苗生长。长出 2 片真时后浇第一次水，以后间苗 1～2 次，留苗距离 6～7 厘米，防止徒长。按照见干见湿的原则浇水。一般在播种后 20～25 天菜苗有 5～7 片真叶时定植到大田。气温较高时苗宜小；气温适宜时苗子可稍大。定植时选择健壮、须根发达、无病毒症状的苗子。定植距离，根据品种株型大小和栽培目的决定。株型小的品种、采收幼嫩植株以提早上市的，定植距离适当缩小，一般为 20 厘米见方；株型较大的品种、采收成株以延后上市的，定植距离可适当增大，一般为 25 厘米见方。定植深度以苗子的心叶露出土面为度，栽植过深，浇水后淤泥埋住心叶，易引起腐烂。

（4）田间管理　菜苗定植后，根据气候情况轻浇 1～2 次水，促使发生新根。心叶开始生长后中耕保墒。菜苗转青，开始进入旺盛生长期，在行间开浅沟，撒入尿素或碳酸氢氨等速效性氮肥，覆土后浇水。根据土壤肥力状况，667 米^2 施用尿素 10～12 千克或碳酸氢氨 25～30 千克。菜苗生长旺盛期，667 米^2 追施氮磷钾复合肥 30～40 千克。

（5）采收　秋冬青菜的采收期比较灵活，可根据市场需求分期分批采收，直至严冬植株轻微受冻时。腌青菜宜在早霜来临前后采收。

（五）青菜的采种方法

1. 成株采种　成株采种又称大株采种、老根采种。是在秋季播种育苗，苗龄约 1 个月时定植。冬前选采种株，翌年春夏之交采收种子。

北方地区于8～9月播种育苗，9～10月按20厘米见方的距离定植，11～12月选择生长健壮、符合本品种特征特性、无病害的优良植株做种株，按行距60厘米、株距40厘米的距离移栽到采种田。地冻前在根部周围培土或盖草防寒。露地越冬有困难的地区，可将种株移栽到阳畦或日光温室中。

翌年春暖后，除去覆盖物，进行中耕、锄草、浇水、施追肥、防治蚜虫等管理工作，并拔除过早抽薹的植株。花薹抽出后浇水，中耕蹲苗，防止因花薹生长柔嫩而倒伏。始花期结束蹲苗，随浇水施用氮磷钾复合肥，667米^{2}约20千克。开花期不可缺水，待主花茎和侧花茎上的花大部已凋谢，结成角果后，适当减少浇水，以免种株不断发生细弱的侧花茎（“贪青”），延缓种子成熟，使不充实的种子增多，降低种子质量。大部分角果开始变黄时停止浇水，促进种子成熟。完全变黄的角果易开裂，种子落在地上，造成减产。所以，要提前在清晨露水未干时将种株从地面割下，堆放在晒场上后熟7～10天，然后脱粒，清选，晾晒。后熟期间注意防雨淋。667米^{2}采种量约100千克。成株采收的种子质量较高，可用作秋冬青菜栽培及小株采种用的播种材料，

2. 半成株采种 一般较成株采种晚20天左右播种育苗，幼苗长出5～6片真叶时连根挖起，囤在风障北侧的沟中，盖上土，土上盖柴草保护越冬，也可囤在阳畦中。翌年早春定植到风障南面，或搭建塑料拱棚防春寒，春暖后撤除。种株田间管理同成株采种。

半成株采种的成本较低，种子产量较高，但因植株未充分成长就抽薹开花，对种株不能进行严格的选择，种子质量不如成株采种。但可以与成株采种相结合，即用成株采种所得种子作半成株采种的播种材料，半成株采种所得种子可供生产“鸡毛菜”用。

3. 小株采种 又称直播采种。是在早春播种，当年采收种子。一般不专设采种田，而是结合春菜栽培，在田间去杂去劣，选优株采种。早春播种时，在种子萌动及幼苗期经受短期低温，通过春化后，在温度逐渐升高，日照逐渐加长的环境中，苗子生长很少几片叶便抽薹开花结籽。由于营养基础差，种子产量低，质量差，而且其后代易发生早期抽薹，所以不宜连年采用小株采种。但它可以作为青菜品种提纯复壮的一种手段，即利用春播易抽薹的特性，淘汰抽薹早的植株，选留抽薹晚的植株做种株，所得种子再用成株采种法繁殖种子。

（六）贮藏保鲜

青菜性喜冷凉，产量巨大。但由于其采后新陈代谢仍然活跃，货架期较短，一般不超过 3 天，且贮期内品质恶化迅速，易失水萎蔫和黄化腐烂，目前我国每年由于保鲜处理不当或未处理导致损耗约占 30%。关于青菜采后保鲜研究已有一些报道，包括 1 - MCP、一氧化氮、钙处理、冷藏、热处理和气调包装等。梁凤玲等人（2012）在常温下研究，6 -苄基腺嘌呤（6 - BA）浓度、ClO_2 浓度、$CaCl_2$ 浓度及浸泡处理时间等对青菜贮藏期间失重率、呼吸强度、维生素 C 含量、褐变度和感官品质的影响，结果表明，影响青菜贮藏期品质的因素，主次为 6 - BA 浓度＞ClO_2 浓度＞$CaCl_2$ 浓度＞浸泡处理时间。较优的青菜保鲜工艺为 6 - BA 浓度为 25 毫克/升，ClO_2 浓度为 20 毫克/升，$CaCl_2$ 为 1%（W/V），浸泡处理时间为 20 分钟。该工艺可显著降低青菜贮藏期间的失重率，减缓维生素 C 的减少，延缓叶片褐变，延长货架期。

相对湿度是影响果蔬外部质量传递的重要推动力。定量地研究相对湿度对果蔬失水的影响将会对果蔬失水机理提供一定的数据基础和理论基础。谭万利等人（2012）为探讨相对湿度对果蔬失水的影响，利用恒温恒湿箱，在不同相对湿度下对小青菜进行定量的失水性实验研究。通过对小青菜比表面积的测量，表明质量在18～28克之间的小青菜的比表面积可以看作一个定值，约为2.07米^2/千克。同时，在40%，80%与99.9%相对湿度下比较了小青菜的相对失水率、失水率，结果表明，小青菜的失水率在某一时段内均有一个增大的过程，但出现时间有差异，40%与80%之间的相对失水率差异不如80%与99.9%之间的差异明显，表明提高相对湿度能明显改善小青菜的耐藏性。此外，还对小青菜外层叶片的失水性进行了研究，结果表明，在贮藏前期，增大小青菜暴露率会加剧水分损失。

青菜鲜嫩，喜冷凉怕炎热，贮藏时适宜的低温以1～2℃为宜，在0℃下可贮藏3～4周。相对湿度以85%～90%为宜。但随着温度上升，贮期急速缩短，在25℃下，只能贮藏1～2天。高湿可防止叶片凋萎、黄化，但不能有凝聚水，否则加速腐烂。

采收无严格的标准，一般春、夏季栽培的30～35天就能收获，秋冬的则要延长到60～80天采收。另外，还随市场需要而定。入贮前进行整理，除去老叶、烂叶。青菜贮藏期的病害中软腐病可造成严重损失，软腐病是由细菌引起的。为了减少小白菜贮藏中的损失，在采前要保持菜面的干净卫生，并在收获前2～7天使用杀菌剂扑海因500～1 000毫克/升，或速克灵500～800毫克/升进行喷洒。同时用防落素40毫克/升沿菜帮茎部向上均匀喷雾，有防止贮藏中脱帮的效果。

青菜采收后放入塑料筐中并置预冷库中预冷，然后转入冷库贮存。无预冷库的也可直接放入冷库预冷，然后在1～2℃中作短期贮藏。运贮中最好用聚苯乙烯泡沫箱装，码垛后再在垛上覆盖一层塑料薄膜，贮存期约20天。无冷藏设备的短期贮运，也可在泡沫箱内放置一层冰块，用塑料袋装好，尽可能使温度维持在10℃以下。转冷后，将菜连根带土挖出，假植至阳畦内，浇透水。初期中午盖席防晒，待成活后，每天早揭晚盖，前期防热，后期防冻，天气过冷时，席下加一层塑料膜。上市前2～3

周要加厚覆盖，进行软化，俗称“捂心”，软化的条件为温度0℃，无光，湿润。上市时要整修，削根，摘除黄、烂叶，露出黄色心叶，产品即为“油菜心”。

青菜冻藏时需选择耐寒性较强的品种，如青帮油菜、青白帮油菜。适宜采收期在“小雪”前后，此时叶片在夜晚及清晨有轻微冻结，晾晒1～2天即可入贮。在背阳处挖宽0.5～1米的浅坑，南侧设荫障。将油菜紧码在坑内，用已冻结的小土块轻撒在菜叶上，再用湿细土填满冻土块的间隙，以盖严菜叶为度。以后随外界气温下降分3～4次覆土，每次厚约5～6厘米。在贮藏沟温度保持在0℃左右，精细管理条件下，油菜可从“小雪”贮至“立春”。油菜适合于低 O_2 贮藏，O_2 浓度为2%～4%，可贮藏60天，重量损失30%左右。

七、乌塌菜

乌塌菜又叫太古菜、黄心乌、塌棵菜、黑菜、菊花菜或瓢儿菜，是不结球白菜的一个变种。十字花科芸薹属二年生草本。原产我国，以墨绿色鲜嫩的整株供食用，尤以经霜雪后味甜鲜而著称。耐寒力强，耐热性较弱。由于莲座叶塌地生长，在低温季中夜间地面散热，叶丛附近温度较高，能减轻低温为害，因此在－10 ℃还不致冻死。在温度 28 ℃以上高温及干燥条件下，生长衰弱，易受病毒病为害。叶片近圆形，墨绿色，叶片含叶绿素较多，在日间较低的温度下也能维持较强的光合作用。对光照要求较强，阴雨弱光易引起徒长，茎叶伸长，长日照及较高温度下，有利抽薹。乌塌菜的株型有半塌地和塌地两类。南方普遍栽培，尤其是江苏、浙江地区，每年从 12 月至第二年 2 月随时上市。北方地区露地秋播秋收或保护地播种，供春秋两季市场。如上海的中八叶乌塌菜，株型塌地，叶片近圆形，墨绿色，叶面多皱缩，有光泽，全绿，四周向外翻卷，叶柄浅绿色扁平，狭长，生长期较长，耐寒，叶质地较嫩，稍有纤维，品质中上，经霜后风味甜美。此外，还有常州乌塌菜，上海大八叶，小八叶，南京瓢菜等。

乌塌菜虽较抗寒，但需要充足的光照，才能旺盛生长。一般在 8 月中旬至 9 月上旬播种育苗，出苗后及时间苗，苗龄 25 天即可定植，密度 18～22 厘米见方。一般定植后 30～40 天可陆续采收，要采收充分长大的植株，最好定植在阳畦或改良阳畦。主要供鲜食，一般不加工。近年南方的乌塌菜大量远销北方，为北方冬春淡季增添绿色蔬菜，起到重要作用。适宜在 0 ℃条件下贮藏，贮藏 3～4 周，但随着温度上升，贮期急速缩短，在 25 ℃下仅能贮 1～2 天，每年入冬后，江、浙地区将乌塌菜装筐，应用保温车向北方运输。运输中需高湿，但不能凝集水，否则会加速腐烂。

八、紫菜薹

紫菜薹又称红菜薹、红薹菜、红菜尖、红油菜、芸薹菜。十字花科芸薹属白菜亚种的变种，一二年生植物。原产中国，由芸薹演化而来，主要分布在长江流域，以湖北武汉和四川成都栽培较多。以鲜嫩花薹供食。花薹风味独特，营养丰富，每 100 克鲜菜中含蛋白质 1.6 克，脂肪 0.3 克，碳水化合物 4.2 克，粗纤维 0.7 克，胡萝卜素 0.9 克，维生素 C 79 毫克，核黄素 0.1 毫克，烟酸 0.8 毫克，钾 200 毫克，钠 33 毫克，钙 135 毫克，磷 37 毫克，铁 0.8～1.3 毫克。紫菜薹可分早熟、中熟和晚熟三种类型。早熟种耐寒，较耐热，适宜温暖季节栽培；晚熟种耐热较差，较耐寒，腋芽萌生力较弱，侧薹少；中熟种适应性适中。长江以北 9 月在阳畦播种育苗，11 月中旬即可上市。长江流域，早熟种 8 月至 9 月播种，11 月中旬到次年 3 月上旬上市；晚熟种 9 月至 10 月播种，12 月至第二年 3 月上旬采收，供冬、春季市场。武汉洪山紫菜薹不仅畅销国内各省市，包括港澳地区，还畅销日本、美国、荷兰等国。优质紫菜薹长 15～20 厘米，粗细比较一致，无药点、虫斑和虫子，菜薹粗壮，颜色正，色泽鲜艳，无中空、不老化，花丛肥嫩整齐，顶端仅带 1～2 朵花，长度不超过叶的顶端。紫菜薹采后呼吸旺盛，易失水萎蔫老化，适宜鲜销，不宜久贮。临时周转或运输时可作短期贮藏。适宜贮藏温度 0～6 ℃，相对湿度 90%～95%。气调贮藏时气体成分为 O_2 3%～5%，CO_2 5%～10%；贮藏期一般为 20～40 天。贮藏时应注意以下几点：

(1) 适时采收 红菜薹采收过早，产量低，过晚花蕾开放，质地粗糙。一般主薹长到30～40厘米，花不开放为采收适期。采收时应在花薹基部刈取，保留少数腋芽，保证侧薹粗壮。切口略倾斜，以免积有肥水，引起软腐病。

（2）生长 花蕾为红菜薹的生长点，采后基部养分上移，花蕾开放，薹茎空心并纤维化，同时失去水分萎蔫。

（3）常温保鲜 将红菜薹装入0.06毫米厚的PE袋中，每袋装量1千克，可贮藏15天。若采收后用0.1%赤霉素溶液喷洒处理，晾干后装入0.08毫米厚的PE袋中，于普通房内可贮藏30天，并保持采收时的新鲜状态。

紫菜薹可清炒、蒜蓉、肉炒，也可白灼或炒虾仁等。紫菜薹炒腊肉，紫菜薹250克，腊肉100克，植物油，精盐、姜末少许。腊肉放蒸锅内蒸25分钟，取出后切薄片。紫菜薹去老梗，切成段。炒锅内加油置旺火上，下姜末稍煸，放入切好的腊肉片煸炒至肥肉变透明，肉片微卷曲，捞出。原锅连同余油置旺火上烧热，倒入紫菜薹，加少许精盐，翻炒，再加入炒好的腊肉，翻炒几下即可出锅。

清炒紫菜薹，紫菜薹400克，干红辣椒、植物油、精盐、鸡精、葱末、蒜末、香油少许。紫菜薹剥除老茎皮，控干水，切段；干红辣椒拍碎；炒锅中加入植物油，上火烧热，下葱末、蒜末和辣椒，煸出香味，然后下紫菜薹翻炒，加入精盐、鸡精淋入香油，炒匀，即可。

九、菜心（菜薹）

菜心别名菜薹、广东菜薹、广东菜、菜花等，为十字花科芸薹属白菜亚种中以花薹为产品的变种，一二年生植物。菜心的叶片绿色或紫色，广卵圆或近圆形，叶缘常有不规则的钝锯齿，叶柄狭长具叶冀，抽薹力强，食用花薹，可连续采收。主要分布广东、广西及台湾，香港、上海、北京、南京、成都等地也有。菜心以花薹为主食部分，品质柔嫩，清新可口，风味独特，被人们被之为“菜中之后”，是我国著名的特产蔬菜之一。菜心在广东种植最多，广东人又喜爱食用，故又称“广东菜”，每年有大量运销中国港澳和国外，成为出口的主要蔬菜。

菜心是以柔嫩的花薹供食用，可炒食或用开水烫后凉拌，品质嫩。按生长季节长短和适应性可分为早熟、中熟和晚熟三类。早熟类型，生长期短，抽薹快而整齐，耐热耐湿能力强，对低温敏感，温度低容易抽薹。株型小，短缩茎不明显，菜薹较细，腋芽萌发力强，以采收主薹为主。主要品种有广州四九菜心，黄叶早心，桂林柳叶早菜心，油叶早心及吉隆坡菜心。中熟类型对温暖的反应与早熟种类似，生长期比早熟种长，株型中等，有短缩茎的生长。腋芽有一定的萌发力，以收主薹为主，兼收部分侧薹，菜薹品质佳。主要品种有黄叶中心，大花中心，青梗中心，青柳中心等。晚熟类型对温要求较严格，不耐热，生长期长，抽薹迟，株型较大，短缩茎明显，基生叶片较大。腋芽萌发力强，主薹、侧薹兼收，产量较高，667 米^2 产量约 1 500 千克。主要品种有青圆叶迟心，青梗大花球，黄梗大花球，青柳叶迟心，三月青菜心，迟菜心 2 号等。

菜心种子发芽和幼苗生长适温为 25～30 ℃，叶片生长适温为 15～25 ℃，菜心形成适温为 15～20 ℃。温度显著的影响菜心花芽分化的早晚。前期温度过低，营养生长期弱，菜薹细瘦，产量低，品质差。温度对菜薹的形成和品质也有明显影响，在10～15 ℃的条件下，菜薹发育缓慢，现蕾至采收约需 20～30 天，品质较好。在 20～25 ℃下约需 10～15 天，但菜薹细小，品质较差；25 ℃以上菜薹品质更差。因此苗期保持稍高温度，使植株有适当的营养生长后再转入生殖生长，后期温度降低，有利于菜薹形成。因此先建起一定大小的同化系统，然后适时进入发育，从营养生长转入生殖生长，是菜心优质丰产的关键。

菜心属长日照植物，但多数品种对光周期要求不严格，光照长短对现蕾开花没有明显影响。养分供应与菜薹形成关系密切，植株显蕾前后需充足肥水，促进叶片生长。如植株发育迟缓，不能及时现薹，可少施或不施肥，促进抽薹，但现薹后应及时追肥。主薹收后再给充足肥水，促进侧薹生长，延长采收期。

菜薹长到叶片顶端且先端有初花时，俗称“齐花口”，为适宜采收期，应及时采收。如未到齐口花则太嫩，产量低；超过后采收则太老、品质差。中晚熟品种易发生侧薹，采收时则在主薹基部留 2～3 片叶摘主薹，使之发生侧薹。留叶过多，侧薹发生多而纤细，质量差。只收主薹的，采节位可略低 1～2 节。

菜心喜凉怕热，在贮藏中小花蕾容易长大，开放，茎基部绿叶容易老化，故贮藏中要求稳定的低温条件，同时注意保湿，减少叶片失水萎蔫，并防止茎切口变色腐烂。

菜心收获的标准一般是菜薹高及叶的先端，并已初花时为宜，即菜农所说的“齐口花”，这时质量较好。收获宜在早晨进行，始收和末收期可隔天收一次，盛收期每天收一次。收获后装入塑料筐中，放入－17 ℃低温快速预冷，也可放置在 1～5 ℃冷库中预冷，使菜温尽快降至 5 ℃以下，包装贮运。预冷时表层及上层筐最好覆盖一层湿毛巾被保湿。预冷后，将菜心分装于聚苯乙烯泡沫箱中，在 1～2 ℃下贮运，可保鲜 20 多天。

十、芥蓝

芥蓝，又称芥蓝菜、绿叶甘蓝，京津一带有人叫“盖蓝”，是广东方言的译音。为十字花科芸薹属1～2年生草本植物，是甘蓝的一个变种。茎直立、绿色，比较短缩。叶互生，叶形有长卵形，椭圆形或近圆形。叶色有绿色或灰绿色，叶片光滑或皱缩，被蜡粉。原产我国南方，是我国著名特产蔬菜。主要分布于我国广东、广西、福建和台湾等地，畅销于中国港、澳，并已传入日本、东南亚及欧洲、美洲、大洋洲。芥蓝主要以花薹为产品，幼苗及叶片均可食用，品质脆嫩，清甜，风味别致。

（一）营养价值

据张慎好等对中迟登峰芥蓝等6个品种的花薹（包括嫩茎叶）的营养成分测定，每100克鲜品中，含蛋白质1.41～2.28克，膳食纤维0.61～0.73克，维生素C 72.1～114.5毫克，磷44～56毫克，铜0.08～0.13毫克，铁0.95～2.24毫克，锌0.32～0.42毫克，锰0.46～0.61毫克，葡萄糖146～198毫克，果糖114～137毫克，蔗糖9～29毫克，硒0.928毫克，锶1.01毫克，被誉为“营养蔬菜”。除此之外，芥蓝中还含有一些特殊成分，如有机碱，使芥蓝带有一些苦味，能刺激人的味觉神经，增进食欲。还可加快胃肠蠕动，有助消化。金鸡纳霜是芥蓝具有的独特的苦味成分，能抑制过度兴奋的体温中枢，起消暑解热作用。芥蓝中还含有丰富的硫代葡萄糖苷，其降解产物萝卜硫素，是迄今为止所发现的蔬菜中最强有力的抗癌物质。萝卜硫素是常见抗氧化剂，在西蓝花、芥蓝等十字花科植物中含量较丰富。萝卜硫素具有治疗癌症和杀死白细胞的功效。研究表明，某些硫代葡萄糖苷的降解产物对肺癌、大肠癌、肝癌和胃癌具有保护性预防作用。

（二）生物学特性

芥蓝根系浅，有主根和须根，主根不发达，深 20～30 厘米，须根多，主要根群分布在 10～20 厘米的耕层内，根再生能力强，易发生不定根。茎直立，绿色，短缩，较粗大，有蜡粉，茎部分生能力强。每一叶腋处的腋芽均可抽生成侧薹，主薹收获后，腋芽迅速生长，侧薹采收后，其基部腋芽又可迅速生长，故可多次采收。叶为单叶互生，叶形为长卵形、近圆形、椭圆形等，叶色有灰绿、绿，有蜡粉，叶面光滑或皱缩，有叶柄，青绿色。芥蓝初生花茎肉质，节间较疏、绿色，脆嫩清香，薹叶小而稀疏，有短叶柄或无叶柄，卵形或长卵形。花为完全花，花白色或黄色，以白色为主。总状花序，异花授粉，虫媒花。芥蓝的果实为长角果，含有多粒种子，种子细小，近圆形，褐色或黑褐色，千粒重 3.5～4 克。

芥蓝的发育过程分种子发芽期，幼苗期，叶丛生长期，菜薹形成期和开花结实期五个时期，前四个时期与蔬菜生产密切相关。

种子发芽期，从种子萌动至子叶展开，约需 8～10 天。子叶下胚轴为青绿色或紫绿色，子叶心脏形，绿色，对生。幼苗期。从子叶充分展开至第五片叶展开，这个时期形成初步的同化器官和根系，茎端开始花芽分化，在 20 ℃时期迅速发育，在较高温度下幼苗仍可良好生长，此期约需 20 天。叶片生长期，自第五片真叶展开至植株现蕾，约需 20～25 天，植株可长至 8～12 片叶，奠定菜薹发育的基础。茎较短，节间密，叶片较大，叶柄明显。芥蓝自种子萌动，便可感应温度而顺利发育，其冬性不强，温度稍低即迅速发育，可在幼苗期或仅有很短的叶长生长期就现蕾。这样由于营养生长期短，营养不足，就转入菜薹形成期，必然影响菜薹质量。菜薹形成期是从植株现蕾到菜薹采收，约需 25～30 天。主薹采收后，侧花薹陆续形成和多次采收，约需35～40 天。一般主薹较大，侧薹较小，但品质较好，次侧薹更小，质量也不如侧薹，如管理良好，侧薹产量比主薹产量高。

芥蓝的产品主要是菜薹，而菜薹的发育是植株由营养生长向生殖生长转化的结果。所以，菜薹的产量和质量与幼苗期和叶片生长期营养生长状况密切相关。幼苗期和叶片生长期是菜薹发育的基础阶段，因此，培育壮苗，加强前期管理，是芥蓝高产优质的保证。开花结果期，留种植株花茎不断伸长，产生分枝，花蕾不断形成，逐渐开花，花期约 1 个月左右。自初花到种子成熟约 2.5～3 个月。芥菜开花后易与甘蓝类其他蔬菜天然杂交，要注意隔离。

芥蓝喜温和气候，气温在 10～30 ℃范围内均能良好生长。可忍耐短期－2 ℃的低温和轻霜，忌高温炎热。整个生育期内以 15～25 ℃最适宜。发芽期的适温为 25～30 ℃，20 ℃以下发芽缓慢。幼苗期生长适温 20 ℃左右，在 28 ℃以上或 10 ℃以下，也能缓慢生长，但影响花芽的正常分化。花芽分化适温 15 ℃左右为好，并要求日夜温差大。所以，芥蓝商品栽培适于从较高温度逐渐向较低温度变化，这可使叶片生长良好又能适时发育。芥蓝属长日照植物，喜光不耐阴。若光照不足，光照弱，会抑制生长，造成徒长细弱，易感染病害，菜薹质量差，产量低。芥蓝喜湿润，不耐干旱，特别在菜薹形成期，必须保持适当的湿度，土壤湿度 70%～80%，空气相对湿度 80%～90%。芥蓝不耐涝，土壤过湿影响根系生长，过分干旱则茎易硬化，品质差。芥蓝对土壤适应性强，在砂土、壤土、黏壤地均可种植，以土质疏松，保水保肥好的壤土最适宜。随植株长大，对土壤水肥吸收量增加，到菜薹形成期是需水肥量最多的时期。芥蓝比较耐肥，生长前期对氮肥需要量大，菜薹形成期对磷、钾需要量增加，追肥以氮肥为主，适当增施磷、钾肥。

（三）类型与品种

芥蓝品种很多，依花的颜色分白花芥蓝和黄花芥蓝两种类型。黄花芥蓝很少栽培，白花芥蓝栽培面积大，分布广。按熟期，分为早熟种、中熟种、晚熟种。早熟种耐热性较强，在较高温度 27～28 ℃，花芽也能迅速分化，形成菜薹。适于晚春、夏秋栽培，播期为 4～8 月，产量高，从播种至采收 60 多天，持续采收期 35～45 天。中熟种耐热性不如早熟种，对低温适应性又不如晚熟种，适于秋冬季栽培，7～10 月播种。播种至初收 60～70 天，延续采收 40～50 天，采收期从 11 月至翌年 2 月。晚熟种。不耐热，耐寒性较强。较低温度和延长低温时间能促进花芽分化。花薹生长发育快，质量好，植株基生叶较密，叶片较大，花薹粗，侧芽萌发力较弱。从播种到初收 70～80 天，连续收获期 50～60 天。主薹采薹期 1～6 月，适宜冬、春季栽培，一般 10 月至翌年 2 月播种。

（四）栽培季节

1. 春季

（1）改良阳畦 可采用中熟种。在温室 11 月下旬至翌年 1 月初播种育苗，苗龄 35 天。1 月初至 2 月上旬定植。定植后 70 天左右，连续收获 40～50 天，即 3 月上中旬至 5 月下旬收获。

（2）塑料大棚 采用中熟种。1 月中下旬温室育苗，2 月下旬至 3 月上旬定植，4 月上旬至 7 月上旬收获。

（3）春露地 采用耐热早熟品种。2 月上旬至下旬温室育苗，3 月中旬至 4 月上旬定植。定植后 60 多天可以收获，延续采收期 35～45 天，5～7 月中旬收获。

2. 夏季 夏季平原地区可利用塑料棚架覆遮阳网栽培。山区露地栽培更宜。采用早熟耐热品种，5 月上旬至下旬育苗，6 月上旬至下旬定植，7 月中旬至 9 月下旬收获。

3. 秋季

(1) 秋露地 采用中熟种，6 月上中旬改良阳畦育苗，7 月上中旬定植，9 月中下旬至 11 月上旬收获。

(2) 塑料大棚 采用中熟种，6 月中旬至 7 月初改良阳畦育苗，7 月中旬至 5 月初定植，9 月下旬至 11 月中旬收获。

(3) 改良阳畦 采用中熟种，7 月上旬至下旬改良阳畦育苗，8 月上旬至下旬定植，10 月上旬至 11 月下旬收获。

4. 冬季 日光温室，采用耐寒晚熟种。8 月上旬至 10 月上中旬育苗，前期露地播种，后期改良阳畦播种。9 月上旬至 11 月中下旬定植，或者 11 月中下旬直播，可在 11 月中下旬至 3 月上旬收获。

(五) 栽培技术

1. 育苗 芥蓝可直播，也可育苗，以育苗移栽为多。芥蓝根系再生能力强，适合育苗移栽，忌与其他十字花科蔬菜连作。

直播 先翻地，作 1 米宽平畦，浇透底水，水渗后播种。早熟种划 5 条沟，中熟种划 4 条沟条播，667 米^2 播种量 0.2～0.3 千克，出苗后间苗，苗距 10 厘米，4～6 片叶时定苗，早熟种株行距 30 厘米见方，中熟种 25 厘米见方。

育苗 整地、施肥、做好育苗畦，浇透水后均匀撒播。播种量 667 米^2 地用种 1 千克，可满足 10 倍地定植用苗。子叶长足真叶露心时分苗，苗距 6～7 厘米见方，2 片真叶时中耕、浇水，追肥。温度保持 25～28 ℃，幼苗 35 天达 5～6 片时定植。

2. 定植 整地、施肥、作畦，同直播。定植宜浅，密度早熟种株距 16～18 厘米，行距 18～20 厘米；中熟种株距 20～25 厘米，行距 20～25 厘米；晚熟种 25～30 厘米见方；露地栽培密度可稍稀些，栽苗后要及时浇足定植水。

3. 田间管理

（1）浇水 定植水后 5～7 天再浇缓苗水。夏季和早秋气温高、干旱，定植水后 2 天浇缓苗水，隔 2～3 天再浇一水。缓苗后，叶丛生长至植株现蕾前要适当控制浇水。适当中耕。进入菜薹形成和采收期，要增加浇水次数。若叶片较小，颜色深绿，发暗，蜡粉多，是缺水的表现，应及时灌水。

（2）追肥 芥蓝须根多，分布浅，吸收力中等，植株叶片多，生长采收期长。除施足底肥外，要多次追肥，应早追、勤追、适量追。第一次在幼苗定植缓苗后 3～4 天，667 米^2 施尿素 5～10 千克，或腐熟人粪稀 600～800 千克。第二次在现蕾后菜薹形成期，施尿素 10～15 千克。第三次在大部分主薹采收后为促进侧薹生长，再追 1～2 次，施尿素 10～15 千克或使用腐熟鸡粪等 1 000 千克，开沟施入株行间。对中熟芥蓝，由于冬性较弱，营养生长期较短，易抽薹，管理上要以促为主，追肥应及早进行。晚熟芥蓝冬性强，生长前期要适当控制肥水，追肥时要少施、薄施，以控制叶片旺长，促进植株现蕾抽薹，抽薹后再施重肥，促进花薹生长。

（3）中耕培土 芥蓝前期生长较慢，植株较小，株行间易生杂草，要及时中耕除草。随着植株的生长，茎由细变粗，基部细，上部较大，头重脚轻，重量增加，稍有风吹，植株倒斜或折断，应结合中耕进行培土、培肥。

（4）采收 采收位置与主薹质量有关，同时还影响侧薹的发育与产量，为兼顾主薹和侧薹，主薹采收时，早熟品种保留 3～4 片健壮叶片，中晚熟品种保留 4～5 片健壮叶片。以这些叶做功能叶，进行光合作用，促进侧薹的生长发育。主薹采收节位过高，留下叶片多，形成侧薹多，营养分散，侧薹细弱，质量降低。主薹采收节位过低，仅留 1～2 片叶或不留，侧薹不易形成，直接影响产量。在促进侧薹形成上只要管理得当，第一次侧薹采收后保留 2 片好叶，还可形成第二次侧薹。采收标准要求花薹与基生叶等高时称“齐口花”，花薹粗度在0.5～1厘米以上，应去掉下部的叶片，捆成长20～25厘米的小把，每把重0.5千克左右，侧薹长度应达到15～20厘米时采收。

(5) 芥蓝保护地栽培温、湿度管理要点 定植至缓苗，白天25～26℃，不超过30℃，夜间16～17℃，不超过20℃。缓苗后，叶丛形成至现蕾前，白天温度20～22℃，夜间12～15℃。现蕾至花薹采收，白天温度18～20℃，夜间10～12℃。湿度依不同生育期对湿度的要求浇水追肥，浇水后据天气变化灵活进行通风换气、降湿、防病。保护地光照较弱，要在温度得到满足的条件下，早拉席，晚盖席，延长光照时间，多见光。

(六) 采收

芥蓝可周年供应市场。优质芥蓝色泽浓绿，挂白霜，质嫩，纤维少，大小整齐，无黄叶，无喷洒农药和虫噬痕迹。当花薹生长到与基生叶等高时，俗称“齐口花”，花薹直径约1～1.5厘米，长度在20～25厘米时及时去掉下部的叶片，割下花薹，侧花薹长度达15～20厘米时采收，捆扎成小把。

芥蓝以鲜销为主，只宜作短期贮藏和中短途调运，贮藏最适温度0℃，在0℃下可贮藏25～30天，10℃下仅4～7天，25℃下只可存放1～2天。长期处于0℃以下会出现冻害，相对湿度宜在95%以上。温度升高，贮期缩短。冷库中短贮或在适温下运输，都需装筐，并注意通风换气。

十一、莴笋

莴笋是一种茎用莴苣，又叫千金菜、莴苣笋、青笋、莴菜。莴苣原产地中海沿岸，由山莴苣即野生莴苣演化而来。这种莴苣分布在欧洲南部，亚洲东部和南非，它的茎、叶有毛刺，味很苦，由于东方人、西方人对莴苣食用部分的选择部位不同，形成了茎用莴苣和叶用莴苣两大类。中国人选择的是膨大的肉质茎，由此演化为东方特有的莴苣（莴笋），属茎用莴苣。西方人选择方向是发达的叶部，从而演化为叶用莴苣，由于主要作生食用，所以又叫生菜。西方现在栽培的茎用莴苣是从东方引入的，而东方栽培的叶用莴苣又是从西方引入的。

莴笋为半耐寒蔬菜，是早春和秋冬季的主要蔬菜之一，我国南北各地普遍种植。莴笋为菊科莴苣属的一个种，种下面包括 4 个变种，即茎用莴苣（莴笋）、长叶莴笋（散叶莴苣）、皱叶莴苣和结球莴苣，后面的 3 个变种统称为叶用莴苣。

莴笋为一年生或二年生草本植物，主要食用肉质茎。肉质茎的质脆、味美，除能凉拌炒食，干制或腌、酱、酸、泡等作成各种加工品，嫩叶也可食用。江苏省邳县土山地区的台干菜就是莴笋的干制品，为江苏名产，外销南洋和中国香港等地。陕西潼关的酱笋也是国内外的名产品。莴笋的叶子不仅可以食用，而且可养蚕，莴笋内含乳状液，有橡胶、醣、甘露醇、树脂、蛋白质、莴苣素（$C_{11}H_{14}O_4$ 或 $C_{22}H_{36}O_7$）和各种矿物盐，莴苣素是一种苦味物质，有催眠作用，在医药上有一定的疗效。莴笋的适应性强，好栽培，产量高，供应期也长，除盛夏外均可种植，特别是春莴笋和秋莴笋对改善淡季供应更为重要。

（一）生物学性状

莴笋的根属直根系，主根长可达 150 厘米，经移栽后由主根上发生多数侧根，密布土壤表层 20～30 厘米范围内。幼苗期茎短缩，随植株生长逐渐加长，加粗。茎端分化花芽后，在茎伸长和加粗的同时，茎部继续加粗生长，最终形成肉质嫩茎（笋），这就是莴笋的主要食用部分。莴笋的肉质茎包括由胚芽轴发育而成的茎和由花芽分化后生成的花茎两部分构成，两者的比例因品种和栽培季节而异。花茎在整个笋的生长中占的比例，早熟品种较中、晚熟品种大。同一品种，秋莴笋较越冬春莴笋占的比例大。笋的形状有长棒形、长圆锥形、短棒形、鸭蛋形、牛角形、鸡腿形等（图 11）。叶片互生。形状有披针形，长椭圆形或长倒卵形。叶色淡绿、绿、深绿或紫红。叶面平展或有皱褶，全缘或有缺刻（图 12）。花茎分枝，呈圆锥形。头状花序，花托扁平。每一头状花序中有小花 20 朵左右。头状花序外围有总苞，总苞的苞叶由下至上呈卵形至披针形，淡绿色。花瓣淡黄色，内着生 1 枚雄蕊。苞叶数、花瓣数、雌蕊数与小花数相等。子房单室。萼片退化成毛状，称冠毛（图 13）。日出后开花，1～2 小时后花冠紧闭，不再开放。开花后 11～13 天，果实成熟。全株花期可持续 1 个月。果实为瘦果，扁平，细长，呈披针形，黑褐色或灰白色。果实两面有浅棱，成熟时果实顶部附有丝状冠毛，形同雨伞，可随风飞散。通常播种所用的种子，实际是果实。果实的千粒重为 0.8～1.5 克（图 14）。莴笋的瘦果内包括 1 粒种子，种皮极薄，剥去种皮后看到两片肥大的子叶，胚位于种子的尖端，藏在两片子叶中间，无胚乳。果脐位于种子基部，发芽孔位于种子尖端，与脐的方向相对。

莴笋为半耐寒的蔬菜植物，喜冷凉，忌炎热，又较耐霜冻。据吴光远等（1957）分期播种试验结果，莴笋种子发芽温度范围为 5～28 ℃，在此范围内，升高温度有促进发芽之效，最适宜发芽温度为 15～20 ℃，但若高于 30 ℃则发芽受阻。莴笋茎叶生长的适宜温度为 11～18 ℃，温度在 22 ℃以上时会引起过早抽薹或减低产量。但不同品种间引起过早抽薹的温度差异很大，如早熟种中上海小圆叶早种，小尖叶早种等在月平均气温 20 ℃以上时会过早抽薹，而晚熟种，南京紫皮香，上海尖叶晚种等生长期间温度高至 24～26 ℃时亦有一定产量。因此在不同季节应选用适宜的品种。

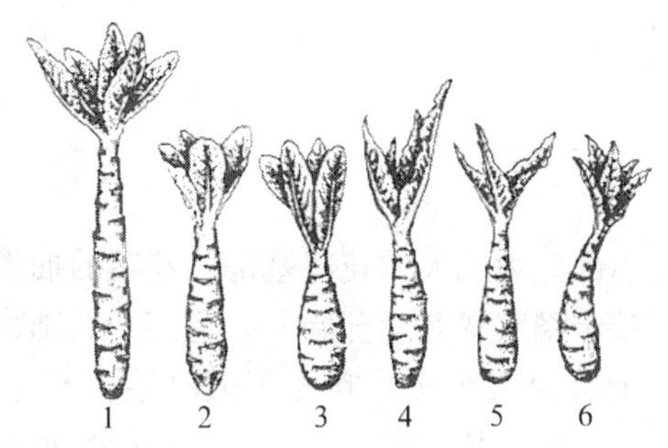

图 11　莴笋肉质茎的形状

1. 长棒形　2. 短棒形　3. 鸭蛋形　4. 鸡腿形　5. 长圆锥形　6. 牛角形

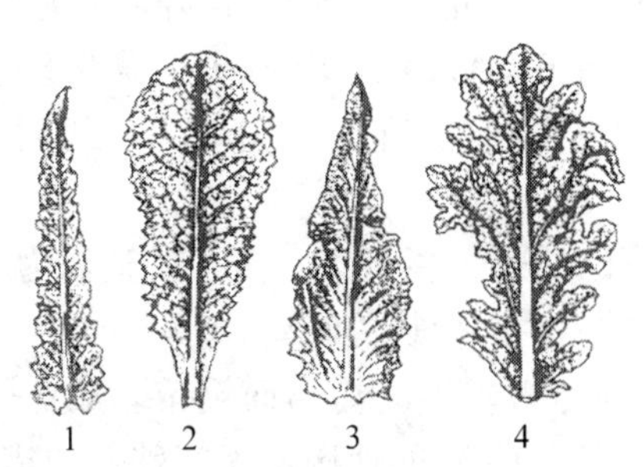

图 12　莴笋外形

1. 披针形　2. 长倒卵圆形　3. 宽披针形　4. 花叶形

图 13　莴苣的花茎和花序

1. 圆锥状花茎　2. 头状花序

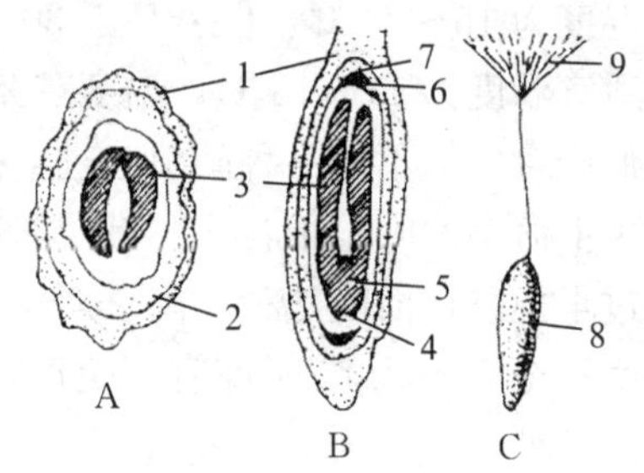

图 14　莴笋的瘦果

A. 横断面　B. 纵断面　C. 外形

1. 果壁　2. 珠被　3. 子叶

4. 胚　5. 下胚轴　6. 胚乳

7. 胚珠　8. 瘦果　9. 冠毛

莴笋的食用部分为肥大的花茎基部。花茎的抽生肥大是在叶数的增加速度趋于稳定状态时开始的。茎部开始肥大时叶面积对个体及群体产量有很大影响，叶面积大时茎重有相应增加的趋势。但生产中也发生叶片肥大但茎部细小的徒长植株。所以从干物质生产角度看，莴笋的单位面积产量=叶面积指数（LAI）×净同化率（NAR）×干物质向茎部的分配率。LAI 与 NAR 呈负相关，如果 LAI 大，互相遮阴则 NAR 降低，尤其是在生育后期地上部徒长，提高了 LAI 时 NAR 减少。随着干物质生产减少的同时，向茎部分配的干物质也相应减少，从而影响到产量的提高。

幼苗可耐－5～－6 ℃的低温，生长的适温为 12～20 ℃。日平均温度达 24 ℃左右时生长仍旺盛，29 ℃时生长缓慢，当地表温度达 40 ℃时幼苗根轴因受灼伤而倒苗。成株的耐寒力减弱，冬季最低气温低于－10 ℃的地区，无特殊保护措施时难以在露地越冬。茎叶生长期的适温为 11～18 ℃，在 12.2 ℃中幼苗生长慢，但健壮。夜温较低（9～15 ℃），温差又大时有利于茎的肥大。如果日平均气温达 24 ℃以上，夜温长时间在19 ℃以上时，呼吸作用加强，养分消耗增多，光合产物向肉质茎中的分配率降低，使肉质茎长得又长又细，这就是农民所称的“窜”。幼苗能忍耐－6 ℃的低温，但叶片有冻伤。莴笋的孕蕾、抽薹开花，不需经过低温阶段。花芽分化是莴笋从营养生长向生殖生长的形态变化标志，日平均气温从 5～25 ℃，莴笋苗端都可以分化花芽，在一些范围内，温度愈高，花芽分化需要的天数愈少，花茎伸长的也愈快，这就是夏播秋收的秋莴笋为什么容易发生未熟抽薹（或早期抽薹）的重要原因。所谓未抽薹是指产品器官尚未充分长成以前就抽生花茎的现象，其结果形成又长又细，没有食用价值和商品价值的等外品。刘日新（1959）研究指出，影响莴笋早抽薹的主要原因是长日照条件，莴薹的早、中、晚熟品种，无论经过春化或未经春化，长日照处理的比短日照处理的抽薹都早，生长在不同温度下的莴笋均呈长光照反应，随着光照长度的增加，显著地加速由营养生长转向生殖的过程，其中早熟及中熟品种对光照长度的反应更为锐敏。

（二）品种

莴笋的品种很多，大致有尖叶、圆叶两类，尖叶笋叶披针形，先端尖，叶簇小，节间稀，晚熟，苗期较耐热，可作秋季栽培或越冬栽培。园叶笋叶长倒卵形，顶部稍圆，早熟耐寒，不耐热，品质好，多作越冬栽培。在园叶与尖叶类型中，不同品种又有早熟、中熟、晚熟之别。早熟种生长期短，叶片稀而开展变小，叶茎比值小、产量低，而晚熟种则恰相反。也有依茎色分为青笋、白笋的。一般早熟种皮、肉色绿，而晚熟者皮、肉为绿白色或白色。早熟种感温性强，在月平均温度 20 ℃以上时易抽薹、纤维多品质差，作春笋效果好，晚熟种对高温不敏感，抽薹晚，温度升至 24～26 ℃时仍有一定产量，故秋栽效果亦好。莴笋呈长光照反应，且随着温度的提高发育速度加快，尤以早熟种比中熟种、中熟种比晚熟种更甚。所以，根据栽培目的，选择适宜品种是获得丰产的前提，特别是秋季栽培时更应选择晚熟类型，如渭南圆叶、武功尖叶、户县倭笋及汉中圆叶白笋等抽薹较晚。

现将几种常用品种简介如下：

1. 尖叶莴笋（柳叶笋） 北京、陕西、内蒙古栽培普遍。四川大白尖叶笋也属于这一类型。生长健壮，株高 50～60 厘米，开展度 50～60 厘米，叶呈宽披针形，长约 30 厘米，宽 8～10 厘米，淡绿色，叶面有皱纹，笋呈棒状，白绿色长 33～50 厘米，横径 5～6 厘米，单株重 500 多克，大者 1 000～1 500 克。中熟，肉细质脆，水分多，品质好，质量高，抗霜霉病力差。较耐寒，苗期较耐热，适宜我国北方及长江流域，可春秋两季栽培。

2. 紫叶莴笋 陕西、北京、山东都有栽培。株高 40 厘米，开展度 55 厘米，叶片披针形，长 42 厘米，宽 14 厘米，叶面多皱。成株的心叶及大叶片的边缘为紫红色，大叶片的其他部分为淡绿色。茎棒状，一般长 51 厘米，横径 6 厘米，外皮白色，单个重 1 000 克左右。中晚熟，较耐热，抽薹迟，抗霜霉病。肉质脆，水分较少，品质上。春季栽培较多，夏秋季也可种植。西安于 9 月中旬露地育苗，11 月真叶 4～5 片时定植，行株距 33 厘米见方。次年 5 月中下旬采收，667 米^2 产 3 500 千克。

3. 挂丝红 又叫洋莴笋，四川成都的农家品种，适宜长江流域及黄河流域栽培，引入陕西试种表现好。作过冬莴笋栽培时，春季生长迅速，茎部肥大快。比“尖叶白笋”提前 10～15 天上市。

叶片倒卵圆形，绿色，嫩叶边缘微带红色，叶表面有皱褶。茎皮色绿。叶柄着生处有紫红色斑块，茎肉绿色，质脆。单株重 500 克左右。耐寒性和抗病性均较强，不耐热，抗旱力中等，耐肥，不易抽薹，适宜我国北方和长江流域等大部分地区。适宜秋播作过冬春莴笋栽培，也可作冬莴笋栽培。

春笋一般在白露至寒露播种，立冬至小雪定植，春分后开始采收。冬笋立秋处暑间播种，寒露后采收。

4. **鲫瓜笋** 北京市农家品种。植株矮小，叶长倒卵圆形，浅绿色，叶白多皱。笋中下部稍粗，两端渐细，似鲫鱼状。茎长16～20厘米，横茎4～5厘米，单株重约250克。茎皮白绿色，较薄，纤维少，肉质浅绿色，质地脆嫩，水分少，略有涩味。耐寒，不耐热，早熟，适宜冬春保护栽培。

5. **雁翎笋** 北京、天津栽培较多。株高60厘米，开展度40厘米，叶色浅绿。肉质茎长榛形，长约50厘米，单株重300克。晚熟、笋肉致密，嫩脆。耐寒性及耐热性均较强。适宜春秋两季栽培。

6. **上海尖叶莴笋** 上海市农家品种。叶簇小，节间密。叶片较小，披针形，浅绿色，叶面略皱。茎皮与肉质浅绿色。早熟，适宜冬春保护地栽培。

7. **二白皮密节巴莴笋** 成都市农农品种。叶直立，倒卵圆形，浅绿色，叶面微皱。笋粗、节密、茎皮草白色，肉浅绿色，耐热，不易抽薹，适宜夏秋保护地栽培。

8. **咸宁圆叶莴笋** 湖北咸宁市农家品种。早中熟，夏播定植后35天采收，秋播定植后50天采收。株高50厘米，开展度40厘米，叶倒卵圆形，叶面光滑。肉质茎棒槌形，长25厘米，横径6厘米，皮白绿色，肉绿白色，质地脆嫩，单株重0.8千克，最大1.5千克。抗病性较强，耐热，夏秋栽培不易抽薹，667米^{2}产量3 500～5 000千克。长江流域均可种植。春莴笋10月下旬播种，夏秋莴笋7月中旬至8月上旬播种，冬莴笋8月下旬播种。

9. **玉溪绿叶莴笋** 云南农家品种。叶长椭圆形，淡绿色，叶面皱缩，节间较密。笋棍棒形，茎皮绿色，长30～50厘米，横径约6厘米，肉质质地脆嫩，单株重约600克。抽薹晚，适应性强，雨季不易裂口，667米^{2}产3 000千克左右。

（三）生产技术

1. 栽培季节 根据莴笋对生活条件的要求，主要栽培季节为春、秋两季，其中又以春莴笋为主。我国农民和蔬菜工作者，通过长期实践和科学实验，在一些大、中城市效区已基本实现了排开播种，周年供应（表2）。按其收获期可分为春莴笋，夏莴笋、秋莴笋和冬莴笋4类。

表2 莴笋排开播种周年供应表

栽培季节	代表城市	播种期	定植期	收获期
春莴笋	成都、贵阳、长沙、武汉、南京、上海、杭州、合肥	9月下旬～10月上旬	10月下旬～11月下旬	3月下旬～4月上旬
	西安、济南、郑州	9月上旬～9月中旬	10月下旬～11月上旬	4月下旬～5月中旬
	北京、保定、太原	9月下旬～10月上旬	3月份	5月中旬～6月中旬
	银川、兰州	12月中下旬～翌年1月上旬	3月下旬～4月上旬	5月下旬～6月上旬
	沈阳、呼和浩特、乌鲁木齐	2月	4月中旬～4月下旬	6月上旬～6月中旬
夏莴笋	成都、贵阳、长沙、武汉、南京、上海、杭州、合肥	2月下旬～3月中旬	4月上旬～4月下旬	5月下旬～7月上旬
	西安、太原、兰州、银川	3月中旬～3月下旬	4月下旬～5月上旬	6月中旬～7月下旬

（续）

栽培季节	代表城市	播种期	定植期	收获期
秋莴笋	成都、杭州	7月下旬～8月上旬	8月中旬～8月下旬	9月中旬～10月上旬
	武汉、合肥	8月上中旬	9月上中旬	10月上旬～11月中旬
	北京、太原、济南、郑州、西安、兰州、银川	7月上旬～7月下旬	8月上旬～8月下旬	10月上旬～10月下旬
	呼和浩特	7月上旬～7月下旬	8月上旬～8月下旬	10月下旬
	乌鲁木齐	6月下旬	7月下旬	9月下旬
冬莴笋	成都、贵阳、长沙、武汉、南京、上海、合肥	8月中旬～8月下旬	9月上旬至9月下旬	11月下旬～12月下旬
	北京、西安、济南、郑州	8月上旬	8月下旬～9月上旬	11月上旬至翌年2月份

春莴笋是指春季收获的莴笋，要求供应期尽量提早，以缓解春淡蔬菜市场供需矛盾。这茬莴笋，一般采用露地栽培，如能利用塑料棚室栽培，采收期可比露地早1个月左右，效果更好。在能够越冬的地区，春莴笋应在秋季播种，秋末冬初有6～7片真叶时定植，露地越冬后翌年春季采收。因要越冬，所以死苗缺株严重，这是值得注意的。

夏莴笋是指6～7月份收获的莴笋。这茬莴笋生产中存在的主要问题是未熟抽薹。过早抽薹的莴笋，肉质茎细而长，商品性差，产量低。

秋莴笋是指秋播冬收的莴笋。除有未熟抽薹现象外，主要问题是播种育苗期正处于高温期，种子必须经过低温处理才能迅速发芽。

冬莴笋是指秋播冬收的莴笋。其播种期和收获期均比秋莴笋晚，但播种育苗期温度仍然偏高，收获期晚，遇到 0 ℃的低温后容易受冻，所以应在日平均气温下降至 4 ℃左右时采收。采收时最好带根，将其假植贮藏后陆续上市，可一直供应到春节前后。

2. 育苗与移栽 莴笋多行育苗移栽栽培法。常用撒播法，干籽趁墒播种，或落水湿播均可。干播时，苗地整好后撒入种子，浅锄，搂平，轻踩一遍，使种子与土壤紧结合，然后再轻搂一遍，使表土疏松，既有利于保墒，又便于幼苗出土。落水湿播时，先在苗畦灌水，水渗完后撒入种子，再覆细土，厚 0.5 厘米。

播种量要适当，667 $米^2$ 苗床约播 600 克种子，可供 10 000～15 000 $米^2$ 栽植之用。出苗后分次间苗，也可在 3～4 片真叶时分苗 1 次，使苗距保持 4～7 厘米。

特别应注意的秋莴笋播种期正值高温季节，不仅对发芽不利，且常因胚轴灼伤而引起倒苗。所以这时行低温处理有促进出苗之效。莴笋的阶段性虽强，但 5 ℃的短期低温处理对过早抽薹的影响并不大。秋莴笋的过早抽薹主要是由于感温性强的品种，受高温影响所致。低温处理时先将种子用凉水浸泡 8 小时，捞出后用纱布包起吊于井内约距水面 30 厘米处，或放到水缸后背阴处，每日用凉水洗浇一次，在 5～10 ℃中处理 2～4 天，或 10 ℃中处理 3～4 天，当大部分种子发芽露白后于下午落水播种。播后用苇箔等覆盖，既能保持土壤水分，又能防止阳光直射，避免温度过高。

莴笋出苗后，当其有 1～2 片真叶时开始间苗。到 3～4 片真叶时 4～6 厘米见方留苗，除去病苗、弱苗，早间苗、匀留苗，使其保持较大的苗距是养成壮苗的重要环节。因为徒长苗容易抽薹，所以，早间苗对秋莴笋更加重要。

莴笋根系较强健，但分布浅，主要集中在20厘米左右的土层中，对深层肥水吸收能力较弱，而它的叶面积又大，故宜择肥沃、保水力强的土壤。春笋的前作多为十字花科、茄果类及豆类，而秋笋则以早黄瓜、甘蓝等为主。多用平畦，地要整细。一般夏播后约30天，秋播后约50～60天，当其有3～5片叶时定植。栽植深度以埋没根颈为度，过深不易发苗，过浅易受冻。越冬莴笋更要多带宿土，尽量少伤根，务必于小雪节前后栽完，否则扎根不稳，容易受冻。

3. **田间管理** 莴笋喜湿润、忌干燥，管理不当时，植株细瘦，产量低，品质差，甚至会过早抽薹，失去食用价值。这种现象俗称“窜”，它不论是在莲座叶形成期或是在莲座叶形成之后，茎部伸长肥大期，都能发生，尤其是在莲座叶形成之前发生对产量影响更大。因这时尚未形成良好的同化器官，茎部不可能再肥大。实践证明，养分不足，水分过多或过少等都是引起窜的主要因素，因此，加强肥大管理是提高莴笋产量，增进品质的主要措施。另外，可在茎部开始膨大时，用0.05％～0.1％的丁酰肼，或0.6％～1％的矮壮素，或0.05％多效唑喷洒叶面1～2次，可推迟抽薹，增产30％以上。

莴笋在苗期对肥水的吸收利用较少，为促进根系发育，定植成活后应轻施速效肥一次，之后，为使苗子蹲实，健壮，应掌握在茎未充分生长前要多中耕，适当控制肥水。莴笋在零下6℃时叶片上常会出现冻伤斑点，尤以晚熟者更甚。因此，越冬莴笋更要加强管理：宜于大雪前后灌冻水、盖粪，保护幼苗安全越冬。开春后要做好蹲苗，勤中耕，提温保墒，促进壮苗，早发、稳长，使其尽早地形成强大的莲座叶。当其叶片已充分长大，茎部开始膨大时开始灌头水。莴笋的叶序为3/8，当其有两个叶环，心叶与莲座叶，略呈平行时叶片已充分肥大，茎部开始肥大，应及时开始灌头水，促进生长。这次水切勿过早，否则容易引起徒长，苗高、茎细。而且灌水后苗子也易感染霜霉病。当然过度控水，叶子难以扩大，也不利于茎部的肥大，而且长期干旱后再加大肥水，茎部易裂口。莴笋灌头水后开始进入旺盛生长期，特别是在抽薹前后，茎的伸长和增重更为显著，对肥水要求甚为迫切，缺水时不仅生长慢，而且味苦。故当嫩叶密集，茎部开始膨大时要重施一次肥，最好顺水灌人粪尿或趁墒 667 米^2 施化肥 15～20 千克，促进发叶、长茎。若果这时日温较高，夜温较低时更有利于养分的累积，抽薹慢，茎粗，产量高。若果温度过高，特别是夜温过高时呼吸作用加强，抽薹快、茎细、产量低。茎肥大后期水不宜过多，否则产生裂茎，易生软腐。

莴笋的主要病害是霜霉病，春、秋均可发生，尤以当植株封垄后，雨多时更是如此。除适当摘除下部老叶、枯叶，加强通风外，应及时喷布波尔多液等防治。

（四）留种

莴笋属菊科一、二年生作物，在短日照下开花迟，故多用春笋留种。

应选无病，抽薹晚，茎粗、节短、无傍枝，不开裂的作种株。因生长期内遇湿极易发病腐烂，宜在高燥，排水良好处作留种田，种株间应保持较大的距离。留种时一般是先按普通食用密度栽植，之后，再行隔株采收留种。抽薹后设支柱防倒状。

莴笋开化结实要求较高的温度。从留种实践中看出它在始花后 10～15 天就进入盛花期，再经 16～21 天种子即可成熟。这时若果气温在 19～22 ℃以上时，可以收到种子，若低于 15 ℃时则会妨碍开花结实。

莴笋的花序为圆锥形头状花序，花托扁平，花浅黄色，每一花序有花 20 朵左右。因花期长，不同部位的种子成熟度差异很大，同时，种子又轻，附有冠毛，雨天，种子吸水花序胀开后更易散落，所以一般应于 7 月份当种子上面带有白毛，果皮呈灰色时，要及时整株割下，晒干，搓出种子，簸净贮藏。

莴笋为自花授粉，但有时也能异花授粉，特别是在气候干燥时品种间和变种间都能相互杂交，采种时应行隔离。

莴笋的种子为瘦果，长椭圆形，呈灰白色或黑褐色，扁平而细小，每克有 1 000～1 200 粒。含油量高，在 30 ℃以上时易变质。发芽能力虽可达 5 年，但 2 年的陈籽发芽率即约降至 50%，故宜将其妥贮于通风干燥处，尽量使其寿命长些。

（五）采收贮藏

由于莴笋在肉质茎伸长的同时，就已形成花蕾，很快抽开花，所以采收期很集中。若迟收，则因耗费了肉质茎内的养分，不仅茎皮粗厚，不堪食用，也易空心。若采收过早，产量又低。一般认为以在花蕾出现前当心叶与外叶平，采收为宜。但为了延长供应，抽薹后除可将其截除能抑制伸长外，肉质茎开始膨大时用 0.05%～0.1%的 MH（青鲜素）或用 350 毫克/升的矮壮素喷洒叶面也有一定效果。但喷的不能太早，浓度也不要太高，否则会因过度抑制而减产。

莴笋含水多，采收后应及时上市，放置过久，肉质茎会失水变软，外层增厚，品质降低，故多不贮藏。但秋莴笋，除了直接上市外，还可在入冬时进行贮藏，留在冬季陆续上市，让人们在严寒的冬季也能吃到新鲜的莴笋。

莴笋属耐寒蔬菜，但受冻后恢复能力差，故不宜采用冷冻贮藏。适宜的贮藏温度为 0～2 ℃，相对湿度 90%～95%。气调贮藏，控制氧气为 3%～5%，二氧化碳低于 2%的条件下，可延长贮藏寿命。

收获期防止受冻，收获时，连根拔起，在阴凉处做短期晾晒和预冷。

莴笋贮藏的方法如下：

1. 假植贮藏　北京等地将莴笋进行假植贮藏称作“围莴笋”，方法是：准备假植的莴笋，比秋季上市的要适当晚播，应掌握在立秋前后3～5天内播种育苗，白露前后定植。立冬前后收获时连根拔起，稍经晾晒或背阴处短期预冷。假植场所多采用阳畦，也有挖南北延长，宽1～3米，深0.8米（地下部分0.5米，地上部分0.3米）的假植沟。剔除伤病莴笋，剥掉下部叶片，留顶端7～8片嫩叶，假植于阳畦或沟内，覆土埋没莴笋三分之二，将露出来肉质茎带根全埋在土里，一棵紧挨一棵，两棵笋茎之间有空隙，要填上土，用土隔开，只把有叶片的部分露在土外。囤好一沟后，用脚贴着囤好的一沟踩一遍，使畦土与根部密接，然后紧挨着开第二沟……一般1.6米宽的畦心可囤9～10沟，一个6.6米长的阳畦可囤笋1 000～1 200棵。囤栽时阳畦土壤湿润的，不必再浇水，如土干，可在囤后1个月用浇水的方法补充水分，一个6.6米长的阳畦，要泼水250～300千克。水落下后检查一遍，如有被水冲露出笋茎的地方，要用湿土盖严，防止受冻。刚囤上，天气还不太冷，最好先不夹风障，白天阳光强时盖上蒲席或草苫遮阴。如果白天日光又晒，畦内温度升高，极易引起莴笋抽薹和糠心，夜间把席卷开不盖，防止热害，畦内控制温度0～2℃，相对湿度90%～95%。大雪节前后气温明显下降，应把风障夹好，夜间加强保温。冬至后夜间要把席盖严，白天也不打开。此法可贮藏到翌年2月上中旬，甚至到清明节。

2. 机械冷藏库贮藏 将去叶后的莴笋用水立即冲洗茎部，否则流出汁液的叶痕处容易变褐。然后沥干或甩干浮水，后用薄膜（0.03毫米厚）密封包装，每袋装3～5个，装箱，并立即放入0～3℃冷库贮藏。贮藏25天，好菜率可达98%，叶子鲜绿，外观及鲜度与采后当时基本相似。

3. 塑料袋贮藏 选茎粗，无空心，不抽薹的莴笋。小心摘去叶片，用清水洗去泥土，在室内放置3～4小时，装入塑料袋中，扎紧袋口，冬季可在0～1℃的凉台上，根据气温变化可用草帘或麻袋覆盖，或揭盖调节温度，避免太阳光直射。有冰箱的居民，可将袋置于冰箱中。此法可贮藏半月左右。

4. 冷藏法 用真空速冻技术，在密闭容器内降温，同时使莴笋温度由 20 ℃在半小时内降至 2 ℃，然后把它放入降温容器中贮藏。进行时，将莴笋冲净沥干，用 0.03 毫米厚的塑料薄膜袋密封包装，装后置 0～3 ℃下贮藏 25 天，鲜好菜可达 98%，取出后叶子鲜绿。

5. 家庭简易贮藏 将茎粗、无空心、未抽薹的莴笋，洗去泥土，在室内放置 4～5 小时，装入食品袋，扎紧袋口，放冰箱中冷藏，保存时间可达 15 天。冬天可将莴笋放在 0～1 ℃凉台上，用草帘或麻袋覆盖或揭开来调节温度，保存中切勿让太阳晒到莴笋上。也可用木箱，竹筐、硬纸盒等作盛器，先在底部铺一层 8～10 厘米的细河沙，沙要保持一定湿度，然后将莴笋竖排于沙上，排满后再盖 8～10 厘米的细沙，也可在箱底铺一层稻草，然后将笋竖排在沙上，排满后盖一层稻草，最后用稻草封顶，草上可喷点水，但水不能往下滴。

（六）加工

莴笋的加工品有酱莴笋、薹干莴笋、蜜饯莴笋、莴笋罐头及莴笋饮料等。

1. 酱莴笋 陕西潼关酱莴笋始于清朝康熙年间，迄今已有 300 多年的历史。所制酱笋色泽鲜亮，褐中适黄，酥脆爽口，气味芳香，咸甜适度，畅销全国，因酱笋上保留 1 层内笋皮，所以又叫“连皮甜笋。”

（1）品种选择及栽培技术特点 选用潼关县农家品种铁杆莴笋（尖叶青笋），该品种株高 60～66 厘米，株幅 36 厘米，叶片呈宽披针形，长 30 厘米左右，宽 10～13 厘米，深绿色，叶面皱褶少，着生较密。笋长棒形，长约 60 厘米，横径 4.5～6 厘米，外皮及肉均为淡绿色，单株重 1 000 克左右，大者可达 1 500 克。肉质致密酥脆，水分少，适宜加工制作酱笋。生长期长，为晚熟品种，夏播不易抽薹，主要用作秋播越冬栽培。9月下旬撒播，栽667米^{2}地需要34米^{2}的苗床。大田栽培做宽1.6米的平畦，11月上旬至下旬挖苗定植，行距40厘米，株距33厘米，一畦4行。如土壤水分充足，栽时可不浇水，还苗后隔行开沟施腐熟人粪尿1 500～2 000千克，然后封土。翌年3月下旬至4月上旬在株、行间重施农家肥，667米^2 4 000～5 000千克，促使叶丛发达，生长健壮，为肉质茎的肥大积累营养物质。4月下旬前后灌第一次水，隔4～5天灌第二次水，并随水追施尿素，667米^{2}约5千克。以后地皮白即灌水，促使肉质茎肥大。植株高约60厘米时打顶。打顶后发生的侧枝及时掰掉。这样可使笋粗状，笋的梢部与茎部粗度相当，而且肉质细，利于加工腌制。6月中旬，当植株叶片呈黄绿色，笋皮变青白色时即可采收。

(2) 酿造面酱 酱菜所用的酱料有豆酱、面酱、酱油、酱汁等。潼关酱笋用的是面酱，用标准面粉50千克，倒入蒸汽和面机内，加清水16～20千克，蒸拌4～5分钟，出机后摊开送进发酵房，摊在架上，厚5厘米左右。发酵房内的温度保持在35℃左右，品温不超过40℃，如超过40℃须通风降温，当块变为黄绿色时，表明发酵完毕，装入缸中，每50千克面粉加盐8千克，然后加水搅成糊状，停3～5天后翻搅，置阳光下晒，每天翻搅1～2次，晒到面酱由金黄色变为黑红色时止。晒酱可排在夏季，约2个月即成。每50千克面粉可出成品酱87.5千克。

(3) 酱制 酱莴笋的加工工艺流程为：准备原料—刮皮剁节—盐水浸泡—存放—清水拔盐—第四道酱—第三道酱—第二道酱—第一道酱—成品。

莴笋收获后选择无疤，无裂口，不空心，笋粗壮，上下粗细度匀称，外皮发白，内皮变硬，笋梢掐不动的笋做原料。用小刀将外面的软皮刮掉，去根切梢，剁成13～15厘米长的节，倒在浓度为18波美度以上的盐水缸中腌渍，每天用木棍翻搅2次，使盐水上下浓度均匀，防止变质。腌的作用在于去除菜体中苦涩等不良风味，利用食盐抑制有害菌类的活动。腌制到10天左右，盐水中的白沫冒尽，呈黄色时，笋坯制成。笋坯制成后如需长期保存，可在20波美度盐水中贮存或在腌过莴笋的面酱（当地称“乏酱”）的缸中保存。“乏酱”呈稠面汤状，盐度为12～13波美度。将笋坯放入缸中压实，上边盖酱，厚10～13厘米。夏天烈日暴晒后，酱中水分蒸发，须将上层硬结的酱挖去，再摊一层稀乏酱，并经常检查，防止雨水进入缸内。如此，笋坯保存1～3年不变质。

酱制时，将存放在乏酱中的笋坯捞出，放入清水缸中漂洗，每天翻搅2～3次，2天后注入另一清水缸中，泡一天后捞出，检出细的，碎损的笋坯。清水漂洗的作用是除掉乏酱中的苦味和异味，减轻盐度，使口感咸中带甜。

酱制的过程是从低浓度的面酱缸中逐步向较高浓度的酱缸中倒，称“倒缸”。一般分四级，先将笋坯驻入第四道酱中，让它经受日光蒸晒，每天翻搅一次。各时期倒缸所须时间：3～4月份为10～15天；5～8月份为7～10天；9～11月份为10～15天；12月份停止倒缸。然后依次驻入第三道酱，第二道酱，最后将在第二道酱中的笋坯取出，放入第一道新面酱中存放，存放30天左右即可出售。如温度低可多放几天。在新酱中存放的时间为3个月左右，时间过长笋发红变咸，有老酱味。出售后夏季可保存半个月不变质，冬季可保存1个月不变质。每50千克鲜笋可制成笋坯35千克；每50千克笋坯用盐10千克，新面酱43千克，可制成酱笋55千克。

2. 薹干莴笋 薹干莴笋是莴笋的干制成加工品，又名薹干菜、响菜、贡菜。安徽合肥的尖叶薹干，安徽洛阳县义门的秋薹干，江苏睢宁的薹干莴笋品种都是加工薹干菜的专用品种。薹干菜在我国大陆、台湾、香港及东南亚等地十分畅销，是一种有广阔开发前景的蔬菜加工产品。薹干莴笋原来在淮河流域一带，有300多年的栽培历史，薹干菜很早便是南方人喜食的一种干菜。由于它具有特殊的风味，有健胃消食，通便利尿的功效，运输方便，可增加蔬菜花色品种，引起了北方蔬菜科技工作的重视。1991 年甘肃省白银市农技中心从江苏睢宁引进薹干莴笋试种成功，露地生产两茬，春季 4 月上旬播种，6 月底采收；秋季 7 月上旬播种，9 月底采收，667 米^2 产量薹干菜 125～150 千克。

薹干菜的民间加工方法较简单。当薹干莴笋植株外叶与心叶平齐时为最佳采收时间。采收过早，产量降低；采收过迟，为空心老化，品质降低。采收后摘去中下部叶片，留顶部 5～6 片叶，切去根，用刮刀从肉质茎的基部向上刮去外皮，保留笋长 1/5 的顶梢（称花梢），然后用小刀从茎部以上 1.4～1.6 厘米处取中心线向梢部纵向切开，一般划 2～3 刀，粗笋划 3～4 刀。把划好的莴笋顶梢朝下，挂在绳子上晾晒 1～2 天后收起，在颈部捆成小把即可上市。如果遇到阴雨天，应及时烘烤，以防霉烂变质。

3. 蜜饯莴笋 蜜饯莴笋的加工工艺流程是：原料洗涤→削皮脱水→漂洗→切块→预煮→糖渍→调整糖液浓度→糖煮→上糖粉→冷却。

将莴笋洗净削皮后，按笋肉重加 1%的食盐腌 6 小时，脱去部分水分，然后用水漂洗脱盐，切成 3 厘米×3 厘米的小块，投入沸水中煮 2～3 分钟。再将预煮过的莴笋放入煮沸的糖溶液中进行糖渍，糖液与莴笋块的容量比为 1∶10，最后进行糖煮，糖煮过程中糖液浓度 30%→40%→50%→60%递增，每隔 12 小时加糖 1 次，当糖液与莴笋块共煮糖液呈糖丝时，捞出莴笋块，沥去糖液，上糖粉，包装后贮藏于干燥冷凉处。

4. 莴笋饮料 据纪丽莲（1994）的研制，莴笋饮料的加工工艺流程是：新鲜莴笋预处理→护色浸提→打碎→过滤→调配→杀菌→无菌灌装→封口→冷却→成品→检验。

选叶片大而厚的莴笋，剁下叶片，将茎叶洗净。削去笋皮，切成厚 1～2 厘米的圆片，置沸水中烫 1 分钟，叶片切成长 2 厘米的长条，置沸水中烫 40 分钟后，放在 40×10^{-6} 亚硫酸钠（Na_2SO_3）及 200×10^{-6} 甲酸混合液的护色浸提中浸提，而后绞碎，过滤，调配，杀菌和灌装。调配的最佳配方为：蔗糖 6%，苹果汁 0.1%，藻酸丙醇酯 0.4%。杀菌温度 115 ℃，杀菌时间 5 秒钟。

十二、结球莴苣

结球莴苣又叫结球生菜、包心生菜、卷心莴苣，或西生菜。因常生食而得名。原产中近东内陆小亚细亚或地中海沿岸，北美、南美、西欧、澳大利亚、新西兰、日本等许多国家地区都是快餐中不可缺少的重要家常蔬菜，栽培极普遍。在美国是仅次于番茄的第二大蔬菜作物。如加州是美国乃至世界重要的生菜生产地，结球生菜生产在 62 000 公顷左右，散叶生菜在 18 000 公顷左右，分别占全美 83%与 89%。大约在 5 世纪传入我国，我国以往栽培的生菜主要是皱叶生菜和直立生菜，20 世纪 70 年代后才逐渐引进和发展结球生菜。起初，主要是供应大宾馆，随着改革开放，旅游事业发展，人民生活水平日益提高，对生菜的需量日益增加。目前，在沿海及内地的大城市已逐渐被广大消费者接受，栽培已较普遍。

生菜以叶球或嫩茎叶供食。生菜属低糖、低脂肪蔬菜，富含维生素、矿物质、含有苹果酸和琥珀酸等有机物质，以及莴苣素、天冬碱、精油、甘露醇和酶、甲状腺活动激素等。食用简单，便捷，营养丰富，每 100 克可食部分含蛋白质 1.3 克，脂肪 0.1 克，碳水化合物 2.1 克，粗纤维 0.5 克，钙 40 毫克，磷 31 毫克，铁 1.2 毫克，胡萝卜素 1.42 毫克，维生素 B_1 0.06 毫克，维生素 B_2 0.08 毫克，尼古酸 0.4 毫克，维生素 C10 毫克。

此外，叶片和茎部断裂时，会出现丰富的乳状汁。乳状汁中含有橡胶、甘露醇、树脂和一种叫莴苣素（$C_{11}H_{14}O_4$ 或 $C_{12}H_{36}O_7$）的物质，味苦能刺激消化，增进食欲等功效，是一种低热量，富含营养的蔬菜。

生菜质地脆嫩，味苦甜，爽口清鲜，不论生食、炒食、凉拌，都别具风味，同时也是“火锅”和“沙拉”的上等原料，在吃涮羊肉时可以代替大白菜等蔬菜，食用方法很多。生食时可蘸盐，酱，汁，也可快速炒食。但方法很讲究，一般不用刀切，以免产生锈色，多用木刀或用手掰，盛的器具也以木器为佳。

生菜有镇痛、降低胆固醇、开胸膈、利气、坚筋骨、去口臭、白齿、明目、通乳、镇定、催眠、驱寒、消炎、利尿治贫血、神经衰弱等作用。生菜含铁量高，在有机酸和酶的参与下，易被人体吸收，适宜贫血病症患者及体弱病人食用。生菜含钾量高，而含钠量低，钾、钠比例适宜，有利于体内水分平衡，可增加排尿和增强血管张力，适于高血压，心脏病人食用。生菜中有碘、氟、锌等，对人体也有好处，碘参与组成甲状腺激素，氟有助于牙釉质，骨骼的形成，锌是胰岛素的激活剂。此外，生菜中还含有可抑制人体细胞癌变和抗病毒感染的干扰素诱生剂，对癌症患者的健康有明显的改善。但应注意，干扰素诱生剂不耐高温，只有生食才能发挥作用。因此，每天食用生菜，特别是生食对人体健康大有益处。但不宜多食，《南本草》上说：“常食目痛，素有目疾者切忌。”近年来，国内也有报道，连续一段时间以莴苣为食者，发生夜盲症，停食后眼睛又恢复了正常。

生菜在美洲、欧洲、大洋洲等许多国家均为主要蔬菜。近年来在中东、非洲、日本和中国生产量也迅速提高。

生菜长速度快，生长期短，适应范围广，不仅适合土栽，也适宜无土栽培，露地，保护地都可种植，如能广泛采用营养液膜栽培，则农药、人畜粪便等对食用部位的污染大大减少，生菜的品质提高，洁净卫生，成为重要的无公害蔬菜，所以是很有发展前途的新兴蔬菜。

（一）生物学性状

属菊科 1～2 年生草本蔬菜。种子为瘦果，白色、褐色或黑色，纺锤形，长 3～4.5 毫米，宽 0.8～1.5 毫米，厚 0.3～0.5 毫米。根系浅，须根发达，主要根群分布在地表 20 厘米土层内。茎短缩，叶互生，披针形、椭圆形、倒卵形等；叶色有嫩绿、黄绿或紫色。有休眠性。有结球和非结球之分，以结球种发展较快。叶片薄，长圆形，圆形或椭圆形，全缘，波状或锯齿状，表面平滑，或皱缩，叶色有淡绿、浓绿和红色种种。

结球莴苣在叶球将达到采收时花芽分化，以后迅球抽薹开花，生殖生长与营养生长重叠的时期不长。在南方地区，因日照长，温度高，所以花芽分化快，抽薹开花也快；在北方地区，因气温低花芽分化也慢，不易抽薹开花，需用激素处理。

种子发芽的适温为 15～20 ℃，耐低温，在 1 ℃时即可开始发芽。忌高温，在 25 ℃以上的温度中，发芽率很低，甚至引起休眠。不过经催芽处理而发芽后，再置高于 25 ℃的温度中也可生长发育。生长发育的适宜温度是 15～20 ℃，高于 25 ℃时会徒长，低于 10 ℃时生育缓慢。幼苗有 6～7 片真叶时，对高温或低温的感染力较强，若逐渐使温度降低到 −10 ℃时也不枯死。在高温长日照中容易引起花芽分化和抽薹。种子发芽时喜光，红光对生育和茎的伸长有良好作用。

食用叶片（球），组织脆嫩多汁，所以整个生育期中必须供给充足而均匀的水分，才能保证叶片含水量高，品质好。但进入结球期，尤其到了结球后期，灌水量不能太大，最忌干旱后突然浇大水，否则会引起叶球爆裂；水分太多，湿度过大还易引起病害。

根系分布在土层 15～20 厘米内，根系较发达，对土壤的适应性强，但耐酸力弱，生育最低的酸碱度 pH 4.7～5.2，pH 5.5～8.0 以内生育均好，其中以 pH 6.6～7.2 最好。当 pH 低于 5 或高于 7 时，均不适宜种植。耐干燥，但在地下水位高的地方，生育也好。地宜肥，特别是苗期对磷肥的反应良好。如苗期缺磷，叶色发暗，幼苗生长不良，瘦弱；如缺钾时则影响抱球，叶球松散品质下降，产量低。据报道，667 米^2 生产 1 500 千克的生菜吸收氮 3.8 千克，磷 1.8 千克，钾 6.7 千克。生菜还需钙、硼、镁、铜等微量元素，对钙非常敏感，当缺钙时，常引起心叶干腐，严重时大面积干枯，俗称干烧心，继而使叶球腐烂；缺镁常使叶片失绿，可通过叶面喷肥来补充微量元素。叶面追肥应在莲座期进行，如包球后再追施，其吸收差，缺钙多发生在丛叶期，所以要早进行微量元素的补给。

（二）品种介绍

结球莴苣的主要特点是：它的顶生叶形成叶球，叶球呈圆球形。由于供食器官主要是叶球，质地特别鲜嫩。根据叶片质地不同，又分作脆叶型和绵叶型两大类型。前者的叶片较厚，叶球大而坚实，生长期较长，产量高。不易抽薹，采种较困难。这类品种质地脆嫩，甘甜爽口，风味极佳，最受广大消费者的欢迎。

绵叶型结球生菜，或称软叶型结球生菜。这类品种的叶片较薄，叶球较小，生长期短，产量较低，抽薹和采种均容易。这类品种外叶和球叶的质地均绵软，口感柔嫩，味道清淡微苦，品质不如脆叶型品种。但欧洲有些国家的人民喜欢食用这类生菜，种植较多。20 世纪 80 年代以前北京郊区栽培的团儿生菜就是这一类型的品种。

1. 大湖 659　引自美国。叶片绿色，外叶较多，叶面有皱褶，叶缘缺刻。叶球较大，单球重 500～600 克，产量高，品质好。耐寒性较强，不耐热，适宜春秋季露地栽培和冬季保护地栽培。中晚熟，定植后 50～60 天开始收获。

2. 前卫 75　引自美国。中熟，定植后 45～50 天叶球长成。叶片肥大，叶色深绿，叶面较平滑。叶球大，单球重 500～700 克，圆球形，球形规整美观，产量高。品质脆嫩，风味极佳。耐寒性强，生长健壮，抗霜霉病和病毒病。适于冬季保护地栽培和春秋露地栽培。

3. 萨林纳斯 引自美国。早熟，定植后45天叶球长成。外叶深绿色，叶缘波状粗锯齿。叶球绿白色，圆球形，结球坚实，球重400～500克，品质较脆嫩，耐热性一般，适宜春秋季栽培。

4. 皇帝 引自美国。早熟，定植后45天开始采收。外叶较小，叶片有皱褶，叶缘缺刻。叶球中等大，结球坚实，单球重500克，球形整齐，品质优良。耐热性较强，适合春秋季栽培，也可用于早夏、早秋气温较高季节栽培。

5. 皇后 由美国引进的中早熟品种，略抗热，抽薹晚，较抗花叶病毒和顶端灼焦，适合春秋露地和保护地栽培。植株生长整齐，叶片中等大小，深绿色，叶缘有缺刻。叶球扁圆形，结球坚实，浅绿色，平均球重550克，质地细而嫩，风味好。生长期85天，从定植到收获50天，株行距30厘米见方，667米^{2}产量2 000～3 000千克。

6. 玛米克 引自荷兰。早熟，定植后45天开始收获。叶片绿色，叶面微皱，叶缘波状缺刻。叶球扁圆形，浅绿色，包球紧，单球重约500克，净菜率较高，品质脆嫩。耐热抗病，适于早熟栽培。

7. 碧绿 香港引进。耐热、早熟、适应性广，适合夏季和春秋露地栽培。叶色碧绿、美观，外叶偏少，稍直立，结球大而紧实，高产，单球重约800克，肉质脆嫩，味美，易采收，耐运输，生育期80天。

8. 千胜生菜 北京市农业技术推广站选育的中早熟结球品种。全生育期80～90天。定植后50天成熟。株型紧凑，生长势旺盛。叶片较厚，叶缘缺该较稀。叶球扁圆形，整齐一致，单球重500～600克。外叶少，叶球整齐，净菜率可达70%，运输中不易损失水分，特别适宜加工贮运。耐热性好，春、夏季露地栽培，抗烧心能力强，抗霜霉病和灰霉病能力较强。

适宜全国各地冬春保护地和初夏露地种植。在较低和较高温度下均可正常生长。株行距30厘米×30厘米。全生育期注意肥水均衡供应，保护地注意通风管理。

9. 京优1号生菜 北京市农业技术推广站选育的优良结球品种。极早熟，全生育期70天左右。一般定植后40天完全成球。长势旺盛，整齐，叶片翠绿色，叶缘缺刻深而且细密。外叶平展。叶球圆形，抱和紧实，耐热性强，抗抽薹，抗菌核病，灰霉病，顶烧病能力较强。口感好，品质佳。单球重500～600克，667米^{2}产量可达2 000千克。适应全国各地种植，种植季节最高气温不高于32℃。北方地区最适春、夏、秋露地栽培。

10. 百胜生菜 北京市农业技术推广站选育的中早熟结球品种。全生育期约75天。叶片亮绿色，叶缘缺刻，且皱缩。叶球中等大小，圆形，顶部较平，紧实，生长整齐一致，平均单株重600克左右。耐热、耐抽薹性突出，抗病性好。适应季节和种植范围广，667米^{2}产量可达3 000千克。

适宜全国各地春秋和夏初露地和保护种植。苗期30天，定植株行距30厘米×30厘米。

11. 东方福星生菜 由东方正大种子有限公司从泰国引进。株高18厘米，开展度30厘米。叶阔扇形，绿色，叶面微绉，叶缘波状。叶球纵径16厘米，横径约15厘米，单球重500～800克，定植后50～60天采收。质脆嫩，长势强，结球性能好。抗病、耐寒、产量高。

适宜北京、河北、湖北、福建等地及其生态相似地区种植，春秋露地和保护地均可栽培，一般6月下旬至翌年2月上旬播种，定植株行距约30～40厘米，肥水供应要充足。

12. 申选3号 上海市农业科学院园艺研究所选育的耐热、抗抽薹结球生菜品种。籽黑褐色，外叶深绿，较开张，叶缘浅裂，株型紧凑，在较高温度下结球紧密，不易抽薹，丰产。适合长江流域初夏、夏秋季栽培。初夏栽培叶球重0.42千克，夏秋季栽培叶球重0.75千克。

（三）栽培季节与茬口

1. 栽培季节 结球生菜喜冷凉湿润的气候，生育期 90～100 天。一般华北和长江流域，夏季炎热，冬季寒冷，生菜多为春播夏收及秋播冬收；在华南地区，除夏季外，多从 9 月至翌年 2 月随时可以露地播种，11 月至翌年 4 月收获；长江中下游地区，春播宜在 1 月下旬至 2 月中、下旬温床育苗，3 月中旬定植露地，5 月上、中旬采收；秋播 8 月中旬至 9 月上旬播种，9～10 月定植，11～12 月采收；一般东北和西北的高寒地区，多为春播夏收。近年来，随着设施栽培的发展，秋冬季利用日光温室、大棚等保护设施分期播种，冬春可随时上市。生菜怕热，夏季栽培病多，肯焦边烂球，易徒长抽薹，结球不良，但只要选择耐热、抗抽薹的品种，采用遮阳网防雨降温，高畦渗灌等措施，也可取得较好效果。特别是南京，用生菜残株培养再生幼苗成功，为亚热带和热带地区及北方夏季高温期生菜栽培找到了一个新途径。加之，生菜生长期短，极适宜无土栽培。这样，只要选择适宜的品种，合理地利用露地及保护设施，可以达到四季生长，周年供应。现以北京为例，将其周年生产方式列于（表 3）。

表 3 北京生菜周年生产表

栽培季节	播种期	定植期	收获期	栽培方式
春茬	10 月中旬	11 月中旬	2 月上、中旬	日光温室育苗及定植
	11 月上旬	12 月上旬	2 月下旬～3 月上旬	日光温室育苗及定植
	12 月上旬	2 月上旬	4 月上、中旬	日光温室育苗及定植
	1 月下旬	3 月下旬	4 月下旬～5 月上旬	日光温室育苗，定植于日光温室或改良阳畦或大棚

（续）

栽培季节	播种期	定植期	收获期	栽培方式
春茬	2月上、中旬	3月中旬～4月上旬	5月中下旬	日光温室或改良阳畦育苗，定植于小拱棚或日光温室
夏茬	3月上旬～3月下旬	4月中旬～5月	5月上旬～6月上旬	阳畦或露地育苗，定植于露地或棚室阳畦或露地育苗，定植于露地或荫棚育苗，定植于露地
	4月下旬～5月上旬	5月中下旬	6月中下旬	
	5月下旬	6月上旬	7月下旬	
秋茬	6月下旬～7月上旬	7月上旬～8月上旬	8月中旬～9月下旬	荫棚育苗、定植
	8月	8月下旬～9月下旬	10月上旬～11月上旬	荫棚或露地育苗，定植改良阳畦或日光温室
冬茬	9月中下旬	10月中旬～11月上旬	11月上旬～1月上旬	日光温室育苗、定植

2. 茬口安排

(1) 春季露地栽培 1月下旬至3月，在大棚内播种育苗，苗龄40～50天，3月中旬至4月定植露地，5～6月采收供应。春季为提早上市，可利用大棚、阳畦、小拱棚等进行覆盖栽培，12月播种育苗，翌年2月初定植，4月中旬开始采收，供应市场。

(2) 夏季遮阳网防雨棚覆盖栽培 在4月下旬至6月播种，苗龄25天，5月下旬至7月定植，定植后30～40天采收。一般采收小苗上市，也可直播拔小苗分批上市。要选择耐热、抗病、早熟、高温不易抽薹的品种，并利用遮阳网覆盖栽培。夏季还可利用气候凉爽的山区作为生菜的生产基地，效果也很好。

(3) 秋季露地栽培 秋季最适宜生菜生长，播种期为7～8月，露地育苗，播种早的需遮阴育苗，9～11月定植，定植后45～50天收获，最迟11月上旬收获完毕。

(4) 冬季大棚栽培 冬季主要利用大棚、日光温室等保护设施栽培，宜选用耐寒性强的品种。大棚9月露地育苗，苗龄30～40天，10月露地定植，10月下旬上棚盖薄膜，12月中旬开始采收；利用日光温室栽培，可在10月至11月初播种，12月定植，翌年2月中下旬开始上市。

例如南京市用意大利耐抽薹生菜选择了4种茬口进行生产，取得了较好的效益：

① 辣椒—意大利耐抽薹生菜—秋莴笋—越冬矮脚黄 辣椒选用苏椒5号或大果早丰，上年10月上中旬保护地育苗，3月底至4月上旬地膜定植，5月中旬至7月中旬采收，667米^{2}产2 000千克，产值1 800元。意大利耐抽薹生菜，6月下旬育苗，7月下旬定植，9月初收获，667米^{2}产1 500千克，产值1 000元。秋莴笋选用特耐热二白皮，8月上旬遮阴育苗，9月中旬定植，11月上中旬采收，667米^{2}产量2 000千克，产值1 600元。矮脚黄可用宁矮3号，或六合兔子腿，9月下旬至10月上旬播种，11月中下旬定植，12月下旬至翌年2月下旬分批收获，产量1 000千克，产值600元。全年总产值5 000元。

② 越冬甘蓝—早熟西葫芦—意大利耐抽薹生菜—伏菜秧 越冬甘蓝品种选用“惊春983”，于8月中旬育苗，9月中下旬定植，翌年1～3月采收上市，667米^{2}产量3 000千克，产值1 800元。西葫芦选用“早青一代”或“黑美丽”，于2月上中旬育苗，3月下旬小棚定植，5月上中旬采收上市，667米^{2}产量2 500千克，产值1 200元。意大利耐抽薹生菜5月上中旬育苗，5月下旬至6月上旬定植，7月中旬至8月上旬收获，667米^{2}产量800千克，产值1 000元。伏青菜品种选用“绿星”，8月中旬田间直播，9月上旬采收上市，667米^{2}产量700千克，产值800元。

该茬口全年总产值 4 800 元。

③ 春茄子—伏豇豆—意大利耐抽薹生菜—春甘蓝　茄子品种主要选用“黑珊瑚”、“皇太子”、“长野狼”等，10 月中旬至 11 月下旬播种育苗，次年 4 月中旬定植，6 月上旬至 7 月上旬采收，一般 667 $米^2$ 产量 2 000 千克，产值 1 500 元。伏豇豆品种可选用“宁豇 3 号”，7 月中下旬至 8 月上旬田间直播，9 月中旬至 10 月上旬采收，667 $米^2$ 产量 1 500 千克，产值 1 500 元。意大利耐抽薹生菜 9 月下旬播种育苗，10 月下旬定植，11 月中下旬至 12 月采收上市，667 $米^2$ 产量 1 000 千克，产值 800 元。春甘蓝于 12 月下旬播种育苗，翌年 1 月上旬分苗，1 月底定植，3 月底至 4 月上旬收获，一般 667 $米^2$ 产量 3 000 千克，产值 1 200 元。该茬口全年总产值 5 000 元。

④ 意大利耐抽薹生菜大棚冬季栽培—大棚春苋菜—防虫网菜秧　意大利抽薹生菜 10 月初至 11 月在大棚内播种育苗，11 月至翌年 1 月定植在大棚内越冬，3 月下旬至 4 月上旬采收，667 $米^2$ 产量 600 千克，产值 2 000 元。春苋菜选用红苋菜或青苋菜，4 月下旬播种，5 月下旬至 6 月下旬分批间苗上市，667 $米^2$ 产量 1 000 千克，产值 1 000 元。防虫网菜秧品种选用“绿星”，7 月下旬至 8 月下旬分批播种，8 月中旬至 9 月中旬分批上市，667 $米^2$ 产量 2 000 千克，产值 2 500 元。该茬口全年总产值 5 500 元。

（四）露地栽培

1. 播种育苗　在国外，如美国加洲多数种子已丸粒化，采用精量播种机播种，很少进行移栽。目前，我国生菜主要还是育苗移栽的方式栽培。

露地主要播种期为春、秋两季。据王小素等试验，陕西关中春播栽培育苗的最佳播期是 2 月中旬至 3 月上旬。在此范围内，随着播期的延迟，产量有所降低，而发病率则有增加趋势。关中地区夏季露地栽培的最佳播期为8月上旬，苗龄30天左右。播种过早，抽薹率高，如7月底播种的抽薹率可达21.3%～38.0%，而8月初播种的抽薹率只有1%～3%。

夏秋季节，播种时，正值高温期，种子发芽困难，宜行低温处理：将种子晾晒消毒后，置冷水中浸泡5～10小时取出，吊放到井中近水面处，温度保持5～18℃，见光催芽，2～4天发芽后再播种；或者将种子从井中取出后摊在湿纱布上或湿毛巾上，种子上盖一层湿网状覆盖物保湿，进行室内自然见光催芽，一般一昼夜后播种。

苗床地要肥沃，疏松，整平，耙细，作成平畦。每平方米苗床播1～3克，667米^{2}地需苗床6米^2。可以用干籽趁墒播种，条播或撒播均可。

育苗床土用50%腐熟马粪和50%园田土，每立方米床土再加尿素20克和过磷酸钙200克，过筛后混匀，在苗床上平铺5厘米厚。也可用基质配制育苗土，将草炭与蛭石按3∶1比例混合，每立方米加尿素20克，磷酸二铵60克，过筛混匀，装于长宽高为60厘米×30厘米×5厘米的育苗盘中。

播前向苗土或基质浇足底水，水渗后向种子内掺入细沙，拌匀，使粒粒分散后撒入，覆土厚0.5厘米。播后遮阴，夏季加盖无纺布，冬季加盖塑料薄膜，如无上述材料，盖上一层麦草也行。经常保持疏松，湿润状态。鉴于莴苣种子在高温期需见光发芽，因此，在播种时只要土壤湿度够，以不盖土出苗更好。

播后一般过3～5天即可出土。

幼苗出土，等子叶肥大，植株开始吐真叶时，撤掉覆盖物，并随即浇水。幼苗3片真叶时可按5～6厘米距离间苗，或6～8厘米距离分苗。苗床温度白天控制18～20℃，晚上8～12℃，约经25～35天6～8片真片时即可定植。

2. 定植　定植前要制定种植计划，安排好每茬生菜的前后茬衔接，并根据种植面积选定地块。最好在淤泥土和沙壤土上种植。生菜生长速度快，春秋露地栽培，从定植到收获只有40～50天，根系又分布在浅土层中，吸收力弱，栽植密度大，需肥多，因此特别要施足基肥。

生菜吸收氮、磷、钾的比例为1∶0.47∶1.76，平均每吨产品需吸收氮素2.53千克，吸收P_2O_5 1.2千克，吸收K_2O 4.4千克。基肥应是质量好，充分腐熟的畜禽粪，667米^{2}施入4 000～5 000千克以上，过磷酸钙50千克，缺钾时还可施硫酸钾20千克。施后及时翻地，使肥、土掺匀。

整地要精细，土壤细碎，地面平整。结球生菜高温期遇雨或大水漫灌，水漫叶球基部后极易引起烂叶、脱帮，所以最好用高畦栽培，或平畦栽培，定植后培土，以便渗水灌溉。

一般用平畦，宽1米。秋、冬季为了提高地温，可提前1周覆膜烤地，当地温稳定在8℃以上时定植。定植时行距25～30厘米，株距25厘米。栽植散叶品种株距可为15厘米左右。按一定株行距用打孔器打孔，或手铲挖穴栽苗，然后培土并稍加镇压，将畦面耧平，浇水，水量要能渗透土坨。

栽苗时应尽量保护好幼苗根系，并根据天气采取灵活的栽植方法：夏秋高温季节定植的，应在当天上午搭好棚架，覆盖遮阳网，下午4时后移栽。冬春低温期定植，可采用地膜覆盖后栽苗。春、夏、秋季露地栽培，可采用挖穴，栽苗后灌水的方法。冬春保护地栽培，可采取水稳苗的方法，即先在畦内按行距开定植沟，按株距摆苗后浅覆土，将苗稳住，在沟中灌水然后覆土，将土坨埋住。这样，可避免全面灌水后降低地温，给还苗造成不利影响。

栽苗深度不宜过深，掌握苗坨的土面与地面略低一些，略埋住土坨为度。过深发苗慢，并易发生软腐病。

3. 田间管理

浇水　定植后及时浇水，合墒时中耕。结球前7～10天，控制灌水，保持见干见湿，促进莲座叶生长，以利结球。结球期生长速度快，切勿缺水。结球后期，适当控制灌水，防止裂球及软腐病的发生。应特别注意的是，结球期地面应经常保持湿润，防止忽干忽湿。缺水时不可大水漫灌，避免积水，否则，极易引起裂球及烂球。

中耕除草　秧苗定植，浇过2～3次水后，苗已还过，开始生长。为促进根系发育，宜行中耕，使土面疏松，增强透气性，同时除尽杂草。再次浇水后，如果还未封垄，应中耕第二次，既可保持土壤水分，延长浇水间隔日期，又能使植株健壮生长。以后不再中耕。但若有草，应及时除掉。中耕宜浅，尤其近株周，更应浅，以免伤根。结合中耕，向根部培土，可以促进茎部生根，并防止倒伏，发生畸形球，而且灌水时水不漫根，病少。

施肥　莴苣吸肥动态呈“S”形曲线。生长初期生长量少，吸肥不多。随生长量的逐渐增大，对氮、磷、钾的吸收量也逐渐增加，尤其是结球莴苣播后90天后（越冬栽培）吸肥量呈“直线”猛增，此时恰为莴苣的生长盛期（结球期）。结球莴苣对氮、磷、钾的吸收量以钾为最大，氮居中，而吸收的磷为最少。氮是对莴苣生长影响最大的营养元素。加藤氏（1965）研究认为，生育初期缺氮，外叶数和外叶重显著减少，及时补充氮肥后，生育还能恢复。但在莲座期，结球始期和结球中期缺氮，则对产量的影响逐渐加大。因此，结球莴苣于团棵以后，应重视氮素的施用。

磷的吸收量在三要素中是最少的，但磷对莴苣的生育具有重要作用。生育初期缺磷对莴苣的影响最大，其外叶数、外叶重、产量均显著降低，即使生育中期补足磷素，生育也不能恢复；生育中期，结球始期和结球期缺磷，对莴苣均有不同程度的影响，但影响的程度随生育期的推进而逐渐减少。由此认为，莴苣的幼苗期（生育初期）对磷的要求最敏感，是需肥的临界期，此时缺磷肥对结球莴苣的生长发育和产量影响最大。一般中等肥力地块上莴苣施磷水平，667 米^2 不能低于11.75千克，才能获得理想的产量。

钾是莴苣吸收量最多的矿质元素，对生育和产量影响最大。生育初期和生育中期缺钾，对外叶数，外叶重及产量影响也较小，但结球始期和结球期缺乏时，虽对外叶数和叶重影响较小，但对叶球重影响甚大。因此，栽培结球莴苣时，在其生长的中后期，尤其是结球始期应重视钾肥的施用。

加藤在研究了氮、磷和钾，对结球莴苣生长和产量的综合影响后认为，结球莴苣开始结球时在充分吸收氮磷的同时，必须保持适当的氮钾平衡，使生产干物质输送到叶球中，则外叶虽然不重，但叶球重。如果氮多钾少，干物质多分配到外叶中去，外叶虽重，但叶球轻，表现徒长状态，叶变细长，叶球也变长。

生菜喜氮素肥料，特别是生长前期更甚。氮肥以尿素和铵态氮较好，可以减少叶片中硝酸盐的含量。一般追肥三次，定植后5～6天，结合浇还苗水，667米^{2}施尿素5～10千克，促进幼苗生长。定植后15～25天，约产品器官形成前后，再重施一次氮肥，667米^{2}施尿素15～20千克，或复合肥15～20千克，若基肥未施速效钾肥，此时可追施硫酸钾20～25千克。然后蹲苗7～10天，促进莲座叶生长。定植后一月，开始进入结球期后，667米^{2}再施复合肥10～15千克，促进结球。

另外，莴苣除需氮、磷、钾三要素外，还需要钙、镁、硫、铁、铜、锌、氯、硼和钼等大量和微量元素。

硒是人体必需的微量元素，适当的补硒有延缓衰老，消除体内自由基，增强机体免疫力，维持正常神经功能，抗癌防癌的奇特功效。一般来说，低浓度硒对植物生长有刺激作用，过量硒对植物有毒害作用。不同的盐处理下，生菜生长前期和中期，加低浓度的硒（Se≤0.6毫克/千克）能促进生菜的生长，加高浓度的硒（Se≥1.5毫克/千克），则抑制植株的生长。在生长后期，加低浓度的硒（Se≤1.5毫克/千克）能促进生菜生长，加高浓度的硒（Se≥3.0毫克/千克）则抑制植株的生长。在盐害作用下，硒使生菜植体内一系列生理生化指标发生变化，增强植株对盐胁迫的抗性，特别是生菜生长前期和中期对高盐的缓解作用比低盐的缓解作用大。

生菜叶片薄而柔嫩，追肥时应尽量避免肥料与叶片接触，或进入心叶，防止烧叶腐烂。另外，要特别注意无公害生产时，在采收前 30 天停止施用速效氮肥，防止叶片内积累硝酸盐过多。

4. 留种 春茬包心生菜收获以前，选择符合原品种特征、特性，外叶少，结球早而紧实，不裂口，顶叶盖得严，抽薹晚，叶球圆而整齐的无病植株，把底部老叶摘掉，然后培土，叶球顶部用刀划十字，助花薹伸出。花薹伸长后插杆防倒伏。开花前施一次复合肥。开花后不可缺水，顶部花谢后减少灌水，防后期萌发花枝消耗养分。开花后 10～15 天，种子变灰白色或褐色，上面着生白色伞状冠毛时应及时收割，后熟 5～7 天，然后采收种子。若成熟后不及时采收，遇风雨种子飞散，产量会受损失。

（五）改良阳畦栽培

改良阳畦是一种小型的日光温室，一般改良阳畦北面有一道土墙，高约 1～1.2 米，两侧还可筑山墙，夜间可以盖草帘，所以其防寒保温能力比塑料棚拱还强，无论是春早熟还是秋延后，提早定植的时间和延长收获的时间，比塑料拱棚要多 1 个月左右。在晴好天气，改良阳畦的温度在日出后很快上升，达 25 ℃时就要通风换气。要及时通风，高温期到来后，要及时拆除薄膜和草帘。秋冬季以防寒保温为主，但也要注意通风换气，降低空气湿度，尤其遇到连阴雪天时，在中午气温相对较高时，要放风降湿，否则叶球易腐烂。

（六）温室土培

冬春寒冷季节供应的生菜主要是利用温室进行生产。因生菜生长期要求温度不高，只要 15～25 ℃即可，一般不用加温温室，而用日光温室，当外界温度降至－15 ℃以下，室内夜温低于15 ℃时，可采用二层幕或临时用小拱棚覆盖增温。

这一茬次可根据不同地区的温度状况，或在露地育苗，定植到日光温室中；或在日光温室中育苗及定植。生产中的主要问题是定植后莲座期和结球期温度偏低，生长缓慢，但在北方冬季晴天多，日照充足处，日光温室内的温度完全可以满足需要，能够生产出高产优质的产品。其栽培要点是：

1. 品种选择 应选择耐寒、耐湿的品种。结球莴苣可选用团叶生菜，大湖118，大湖659，大湖366，凯撒，玛莎659等。散叶莴苣可选用花叶生菜，牛利生菜，火速生菜。皱叶莴苣可选用东山生菜，特快TBR，肯苦沙拉生菜和绿波生菜等。据李萍萍（1998）用意大利全年耐抽薹生菜、意大利耐热耐抽薹生菜、美国Waya beade、日本春红皇、日本皱叶生菜、美国greenweb和九江玻璃生菜等7个品种，从6月至次年6月在自动控制温室内试验，综合考虑产量、抗逆性和品质等因素，确定周年栽培中适宜的品种。生菜在高温长日照下容易抽薹，所以选定耐热品种时务必同时要耐抽薹。本试验选定的意大利生菜、春红皇、皱叶和玻璃生菜均属耐热品种，生长速度以春红皇最快，其次为意大利高华和宁苏的意大利耐热耐抽薹生菜。温度光照仅有自然光强的70%，各品种在温室栽培中均比露地早抽薹10天以上，只有意大利两个品种单株150克以前，未发生抽薹。

组合从春季至秋季8～9茬，选用意大利耐热耐抽薹品种。从深秋至早春的2～3茬选用Waya beade品种。采用本研究中的育苗、分苗和定植三阶段栽培技术，使作物在穴盘、分苗床和定植床上的时间分别各占1/3左右。在冬季不加温条件下，1年共栽植11茬，比常规的穴盘育苗后直接定植的多栽4茬。根据周年11茬的试验结果，生菜每一茬的0～22 ℃有效积温约为1 600 ℃，春、秋季每月可播1茬，夏季3个月可播4茬，冬季只能种1茬。三阶段栽培技术，加上品种优化组合，11茬的产量总计可达40千克/

米²，基本接近发达国家蔬菜工厂化生产的水平。

2. 播种育苗 结球生菜苗龄一般为25～35天，定植后45～60天左右可以采收，可根据苗龄，定植期，收获期每隔7～10天播种一次，分期上市。华北地区，温室生菜播种期，按供应期决定，如北京8月中旬播种的，9月上旬至10月上旬定植，11月中旬至12采收；8月下旬至9月下旬播种的，10月上中旬定植，12月至1月中旬采收；9月上中旬播种的，11月上中旬定植，1月下旬至2月上中旬采收；9月下旬至10月上、中旬播种，12月初至1月初定植，3～4月采收。长江流域，9月中旬至12月下旬，其中9月中旬至10月中旬在露地播种，其他时间在温度中播种。

干籽播种或浸种催芽后播种。干籽播种时，先用种子干重0.3%，即1 000克种子用3克75%的百菌清可湿性粉剂拌种，拌种后立即播种。浸种催芽播种的，先用20℃左右的清水浸3～4个小时，搓挣，控干水后装入纱布袋或置瓦盆中，瓦盆内上下垫湿麦草，将种子放在当中，置20℃处催芽，2～3天可齐芽。催芽时若外界温度过高，可吊放入井内，距水面约30厘米处，或放入窑洞中，使温度保持15～20℃。

选肥沃砂壤土作苗床。栽667米² 地需苗床6～8米²，种子30～50克。每平方米苗床用过筛农家肥10千克，磷酸二氢钾50克，施肥后浅耕，整平，作畦。播前浇水，水渗后撒入种子，覆土厚0.3～0.5厘米。播种后温度保持15～20℃，高温期育苗时，温度超过25℃，苗床上须遮阳降温，防雨。播后约经3～5天，出芽后除去覆盖物，白天保持18～20℃，不高于25℃，夜间8～10℃，地温15℃左右。幼苗2叶一心时间苗，苗距3～5厘米。间苗后喷500倍磷酸二氢钾一次，并喷75%百菌清可湿性粉剂600倍液，或70%甲基托布津可湿性粉剂600～800倍液一次，防治病害。

3. 定植 定植前7～10天整地。按667米² 收获1 500千克产量计算，需氮 9～12 千克，五氧化二磷 10.8 千克，氧化钾 12 千克，折合化肥硫酸铵 45～60 千克，过酸酸钙 50 千克，氯化钾 20 千克。如果土壤肥力高，又进行地膜覆盖，施肥对生长影响很大，缺氮时不结球或结成小球，氮过量时，外叶大，结球不紧。磷肥对根系生长影响大，钾对产品质量影响较大。生菜吸收钾、钙量大，氮、钾浓度高时，常使吸收钙受阻。生菜喜有机肥，一般 667 米^2 应施有机肥 4 000～6 000 千克。当有机肥施用量多时，可减少化肥用量。施肥时可将磷钾肥全部作基肥施入，60％氮素化肥作基肥，其余 40％的氮肥作追肥用。

地平整后，南北向作成小高垄，也可作成平畦。幼苗 5～6 片真叶时带土定植。散叶生菜按行距 20～25 厘米，结球生菜 30～40 厘米定植，深度以土坨顶部与畦面平为宜。最好用地膜栽培，膜下放滴灌管。

因生菜较耐低温，植株也高，种植黄瓜、番茄的温室，可将生菜种植到温室的前排南侧。

4. 田间管理 冬春季栽培，温度低，定植还苗后要尽量少浇水。无地膜覆盖的应及时中耕保墒，适当蹲苗。生菜根浅，中耕不宜过深，结合中耕向根周培土。还苗后，7～10 天，667 米^2 施硝酸铵 5～10 千克，再过 10 天，667 米^2 施硝酸铵 10～20 千克。结球期灌水要均匀，防止忽干忽湿，引起裂球。此期严禁喷灌，以免引起叶球腐烂。

生菜生长期间对温度要求不高，一般以 15～25 ℃较为合适。冬季当外界温度降低到－15 ℃，室内夜间低于 15 ℃时，采用二层幕或临时小拱棚覆盖方法提高温度。为增加光照，可于温室后墙上或后柱挂上东西向垂直反光幕。从还苗后开始，每天上午日出后进行二氧化碳施肥。

（七）拱棚栽培

拱棚指在拱圆型支架上覆盖塑料薄膜（网）进行栽培的方

式。大棚一般宽 6～15 米，高 2～3 米，长 30～60 米，通常为南北延长，其顶部为屋脊形或拱圆形，有 2 个相等的采光屋面。比大棚窄小，但人可进入操作的，为中棚；再小的，人不能进入操作的，则谓之小棚。利用拱棚栽培生菜，有 3 种方式：

1. 春提早栽培　适用耐寒早熟品种如大棚 659、凯撒、北京青白口等。严冬期开始在高效节能塑料日光温室，或大小暖窖或温室里育苗，苗龄 35～40 天。早春日平均气温回升到 5 ℃左右，开始定植于单层覆盖大棚里。如果大棚套小棚可提早 10 天左右定植。地要早耕翻，并按 667 米^2 施优质农家肥 3 000 千克，过磷酸钙 40～50 千克，碳酸氢铵 25～30 千克。用平畦时，畦宽 1.2 米，畦作好后，盖好地膜。

棚内地温稳定在 5 ℃时带土定植。平畦每畦 3 行，垄畦每畦 2 行，株距 25～30 厘米。定植后封闭大棚，尽量使白天气温达到 25～30 ℃，促进还苗。还苗后白天温度保持 23～25 ℃，温度超过 25 ℃时通风。肥水管理上按促前、控中、攻后的原则进行，早期以追氮肥为主，促进生长；中期适当控制肥水，防止徒长。

2. 拱棚夏秋季栽培　夏秋季大棚栽培，正值高温、强光照和多雨季节，栽培中应选耐热、抗病、适应性强的品种，如奥林达亚、皇帝、凯撒等，可在大、中棚内育苗，棚四周掀开通风，棚上覆盖遮阳网，降低温度和减弱光照。如北京等地 6 月下旬至 8 月中旬播种，7 月下旬至 9 月下旬定植，采收期 9 月上旬至 11 月中旬。

生菜属半耐阴性蔬菜，高温季节要减弱光照，降低棚温，可用遮阳网及旧农膜扣棚，遮阳造阴。如果能用转光膜覆盖效果更好。转光膜是由北京瑞德米有限公司，1992 年从俄罗斯科学院引进的，它的转化材料是一种稀土螯合物，能将作物不能吸收利用的紫外光转变成可吸收利用的红橙光，提高光合作用，从而达到抗病，增产的目的。庞明德等人（2003 年）曾以高优它 52～70 为材料，用其覆盖，结果覆盖转光膜的温室内株高比用普通农膜的高出 3.7 厘米，叶数多 1.2 片，去叶后可食部分高度增加 3.2 厘米，单株质量增加 102 克，产量增加 587 千克，增产率 23%。而且叶色浓绿，空心少。

(八) 无土栽培

用无土栽培，尤其是水培方法生产，大大缩短生长期，产量品质好，清洁卫生，可以直接进入超级市场的货架、经济效益高。所以目前我国沿海大城市，水培面积不断增加。

1. 水培技术

(1) 品种选择 温室设施栽培环境下，一年中大部分时间最高气温都在 25 ℃以上，由于高温，容易造成缺钙，所以许多露地栽培表现好的品种，不适合温室。温室应选用早熟、耐热、抽薹晚的品种，如北山 3 号、民谣、凯撒、大湖 366、大湖 659、前卫 75 等。其中北山 3 号最为理想，在 23 ℃下，结球率仍达 100%。北京近郊除 6～8 月份外，可周年栽培。民谣、大湖 366，耐寒性比北山 3 号强，适宜早春栽培。

(2) 育苗 选厚 3 厘米的海绵，切成 3 厘米见方的块，切时相互间连一点，便于码平，放于不漏水的苗盘中。国外有一种育苗盘，由 30 厘米宽，60 厘米长，3 厘米深的聚苯板制成，重量轻，便于移动。

种子用清水浸泡一夜或放 15～20 ℃低温处催芽：将浸泡的种子用手直接抹于海绵块表面，每块 2～3 粒。然后，将育苗盘中的水加足，至海绵块表面浸透。播后，每天用喷壶喷雾 1～2 次，使种子表面湿润，2～3 天即可齐苗。播后 10 天，真叶展开，开始浇 2.0 毫西门子/厘米浓度的营养液。真叶顶心后间苗，每个海绵块留 1 株。河南农业大学林学园艺学院潘杰等人（2003 年）对 4 种水培生菜育苗基质的特性进行研究，并通过对苗期形态和生理指标的差异显著性分析，认为使用蛭石育苗最好，工业岩棉次之。但蛭石在水中需要使用定植杯，因杯体透气差，而导致根系生长变慢，发育迟缓。工业岩棉作为一种育苗基质在无土栽培中已应用成熟，其保水能力强，应用简便，且在试验中仅次于蛭石，所以工业岩棉代替农有岩棉有广阔的发展前景，是最适宜的水培生菜育苗的基质。哈尔滨市农科院选用岩棉包苗后定植。岩棉可向专业生产农业岩棉公司购买，也可去当地的岩棉厂或保温厂购买价格较便宜的散棉，将其置于水桶或水盆中，浸泡24小时以上，中间换1～2次，去除岩棉中的有害物质，即可包苗：将浸泡好的岩棉撕成宽2～3厘米，长约5～6厘米，厚2～3毫米的长方状，用缠绕的方式将根系包住，插入定植钵。

(3) 栽培床准备 栽培床可根据当地条件，挖成深12～20厘米的长方体，或用砖和水泥砌成长条状水泥槽，也可用木板钉成长方体。里面铺上塑料布，防止漏水。液面上放定植板。定植板可使用较坚硬的白色聚苯乙烯板，厚度为2～3厘米。板上按定植株体的尺寸打成圆孔，用来承载定植体。一般孔径3厘米，孔间距15～20厘米。

先向床内加满营养液，并试着用泵循环。检查营养液槽是否漏水，回液量大小等。苗龄一般20～30天，有2～3片真叶为好，最多也不超过4～5片真叶，将其栽入栽培床的板孔中。

(4) 营养液的配制 许多营养液配方均可用于生菜生产。例如山崎莴苣配方、园试配方等。

北京地区生菜营养液的配方是硝态氮（NO_3-N）200毫克/升，铵态氮（NH_4-N）10毫克/升，磷110毫克/克，钾367毫克/升，钙100毫克/升，镁18毫克/升。配方用肥是硝配钙[$Ca(NO_3)\cdot 4H_2O$]589.3克/吨，硝酸钾886.9克/吨，硝酸铵57.1克，硫酸镁（$MgSO_4\cdot 7H_2O$）182.5克/吨，硫酸钾53.5克/吨，磷酸223毫升/吨。微肥的配方是：螯合铁16克/吨，硼酸3克/吨，硫酸锰2克/吨，硫酸锌0.22克/吨，硫酸铜0.08吨/克，钼酸铵0.5克/吨。

辽宁省无土栽培莴苣所用营养液的配方为A配方。A配方的标准营养液浓度，其电导度为 1.7 毫西门子/厘米，pH 值为 6.6，配制营养液用水的电导度为 0.2 毫西门子/厘米，pH 值为 6.0。配方用肥为沈阳农业大学生产的辽宁省无土栽培全价专用肥，每吨营养液 1 号肥 1.5 千克，2 号肥 1 千克，分别配制母液后加入营养液中。营养液浓度影响着莴苣对水分和养分的吸收。莴苣整个生育期内对钙镁的需求变化不大，尤其对镁的需要一直维持在 3 000 毫克/千克左右，而对磷钾的需求不同生育期变化很大，应随时调节，生育初期营养液浓度为 1/2～2/3A 浓度标准营养液，生育中期 2/3～1A 浓度标准营养液，生长后期为 1A 浓度标准营养液。

研制有两种方法：一种是先将营养液配成 100 倍的浓缩液，置遮光的桶内，其中钙盐要与硫酸盐和磷酸盐分开盛放，微量元素可单放一个桶内，酸另外放存。避免因浓度过高产生沉淀，影响稀释后该元素离子的浓度。另外一种是根据栽培床容纳的营养液体积，直接称量，在定植前溶解后加入栽培床中。

使用前按母液浓度及栽培床容积大小量取母液。加入栽培床前，先在栽培床内注入二分之一至三分之二容积的水，并依次加入母液。一种母液搅拌均匀后，再加另一种母液及酸。固体药品在称量时要将钙盐与含有硫酸和磷酸根的药品分开称量，分开溶解，均匀撒入栽培床后加酸，搅匀。

用酸调整营养液的 pH 值在 5.8～6.5 之间。

若 pH 值过高，不调酸，会影响阳离子，尤其铁的吸收，使生菜因缺素而生长缓慢，全株黄化。一般用磷酸调酸，把磷酸作为磷肥进入配方，也可用硫酸或硝酸调配，用氢氧化钾调碱。定容深度为 12～15 厘米，即可进行生产。如夏季蒸发量大，待到生菜要成熟时，栽培床中营养液面较低，可少量补充清水，使生菜生长到采收时即可。

水培生菜从定植到进入结球初期（10～11 叶），营养液浓度以电导度 2.0 毫西门子/厘米为宜，进入结球期后以 2.0～2.5 毫西门子/厘米。但不同品种间，其适宜的营养液浓度略有不同：北3号，凯撒地上部鲜重以2.0毫西门子/厘米的处理的高2%～5%，而民谣和大湖366地上部以2.5毫西门子/厘米的处理高。叶色一般以2.5毫西门子/厘米的处理更深一些。另外，营养液浓度与栽培季节也有关，冬季电导度在1.6～1.8毫西门子/厘米，夏季在1.4～1.6毫西门子/厘米。

生菜水培时，一般上午8时将泵打开，下午5时停泵，夜间不循环。营养液循环的主要目的在于增加营养液中的溶氧量。一般从定植到采收，如无出现大的生理病害，营养液不用进行更换，只是每周补充1～2次所消耗的营养液量。生菜全生育期每株约耗液2～2.5升。

（5）采收 结球生菜一般冬茬约在播种后90～100天，春茬在20～80天，夏季在50～55天，即可采收。采收时，将株体连定植杯提出定植板外，将已备好的苗重新放入定植孔中定植，随收随种。随收随种时，应将定植板揭出，冲洗掉残根和灰尘，并将液中断根捞出，清理好后盖回定植板，再移入新苗，如此，可连续种植4～5茬。

采收后如不及时销售，可放0～5℃冷库中，贮存一周左右。

2. 砂培工厂化生产

（1）砂培的形式 根据铺设状况分地面床式，高架床式和全面辅砂式几种。地面床式是在温室地面上，用木板，砖块，水泥等材料砌成槽状床，床底两侧高，中部低，呈船状，并具一定坡度。上铺塑料膜，再在床中部最低处，沿床上铺硬质塑料排水管道，在管道下每隔20厘米开孔口，以便排除床内积液。床体大小因作物而异：生产绿色蔬菜时，床宽1.2～1.3米，生产果菜时床宽40～50厘米。床长10～30米，床内铺砂，厚25～30厘米。营养液经渗灌管埋入沙中，或在表面铺设滴液管供液。地面床式设计简单，取材方便，成本低，但砂滞水性强，重力排水不足时，特别是排液管被堵后容易引起涝渍，通气不良，影响根系吸收。

全面铺砂式是在温室地面上铺一层黑色或银色塑料薄膜后，上面铺砂，厚35～40厘米，栽苗后用滴灌或渗灌法供给营养液，营养液不再循环利用。利用这种方式栽培时，要掌握好供液量及供液时间，防止供液不足或过量。另外因受下层薄膜阻隔的影响，容易积液，需隔一定距离向下打孔排液。长期栽培后，砂中盐类积累需要清洗排盐，加之残根及枝叶积累，也会发生连作障害，隔几年需换砂。

高架床式砂培是近几年发展较快的栽培方式。这种方式是在高架金属网上放置一定厚度的砂层进行栽培，透水、透气性好，根层不会发生积液和滞水现象。栽培过程中和栽培后也容易用水冲淋清洗，即使多次栽培，也不会发生连作障害。

（2）高架床式砂培的系统构成 高架床的构造是用管径为40毫米的钢管或合金钢管组成，支架一般高90～100厘米，架底距地面约20厘米，宽130厘米，中间设一支柱，上面放置两张栽培床。床底用8＃钢丝焊结成网状，网眼大小为5厘米见方。床底两侧高7厘米，底宽60厘米，长度与支架相同。网床上铺两层窗纱。网床及钢材均应镀锌或涂银粉防锈。栽培用砂的粒径为0.6～2.0毫米的海砂或河砂，最好用石英砂，较耐风化，可以多年使用。在砂基质中掺入有机肥，管理时只浇清水或简易营养液，初期效果好，但随着有机肥的腐熟及残根的累积，会出现生理障害。蛭石或珍珠岩，易破碎不持久。砂层厚以7～10厘米较好，砂层过厚，支架负担重；太薄，保水保肥能力差，扩散范围小，水肥不匀，温度变化大，根系范围窄。低温期栽培时底温低，栽植前可在床面覆盖一层黑色地膜，稳定根际温度，并减少水分蒸发。

营养液系统，包括水泵，限压阀，稀释器，过滤器或滤液器，贮液池等。井水或脱去氯气的自来水，经水泵抽提，在出水口与肥料稀释器相连，将原液罐中原液与水混合配制成生产用培养液。配制浓度通过限流阀控制。配好的营养液直接进入供液管，由限压阀调节使之具有一定压力，进入各支管，经微管供液。滴液微管的先端固定在拉直的铁丝上。

供液用水泵一般采用1.5～2.0千瓦的离心泵，可供1 000～1 500米^{2}温室生产用。肥料稀释器是利用高速液流产生的吸力，从原液罐中吸收一定量的高倍液而配制生产用液。限压阀主要是限制滴灌液量，压力高时，流速快，供液多；反之，则少。过滤器或滤液器安装在吸水口及配液前，配液后的管通系统中，防止滴口堵塞。贮液池也可用水泥制作，也可用硬质塑料容器，除水电不正常时应急供液外，还可贮藏稀释好的溶液，使之进一步缓冲溶解，防止浓度不匀。

控制系统，包括EC，pH的自动控制和供液控制，它们分别由其检测器测定后通过对原液或提水管中水的流速控制来实施。滴液量或速度的控制主要是通过限压阀。滴液时间，频度分布由时间控制器完成。大面积生产时常由计算机与气象要素测定值等自动控制。

(3) 砂培工厂化生产生菜　生菜品种类型很多，适宜工厂化生产的是皱叶型和结球型之间的中间类型即半结球型，如奶油生菜，夏绿等，生育期短，株型小，宜密植，品质好，易实施循环生产，均衡上市。

常用4种方法育苗；农用海绵方块育苗，播种前用清水浸泡海绵方块，放入苗盘，快速播种，每穴1～2粒，喷水后覆盖透明塑料膜保湿，置20℃弱光区，发芽后见光绿化，浇营养液，每穴留一株，拔除多余苗。培育7～10天，3～4片真叶时分块定植。以岩棉作基质，用塑料泡沫板育苗盘育苗；用PVC泡沫板制成育苗盘，育苗盘长60厘米，宽32厘米，厚4厘米，上面有10×20个孔眼，孔径约25毫米。将厚4厘米的农用海绵切成小方块，中央凹下，各方块连成一体，呈方块团，置育苗盘中，播入种子。砂培育苗，即在有孔或育苗盘中盛沙，播后浇水，上盖报纸，遮光保湿，出苗后分栽于苗钵或其他苗盘中。成型苗盘育苗：在成型苗盘中填入基质，用播种器播种、浇水、覆土，出苗后见光，4 片真叶期定植：用小铲或打孔器开穴，将苗栽入，用喷壶浇水。60 厘米宽的床栽 3 行，株距 20 厘米。为充分利用床面，也可采用多次分苗，扩大栽植距离的方式栽植。

生菜无土栽培营养液的配方很多。砂培中氮、磷、钾三大肥料作为液肥施用，其他肥料可作基肥施入或从砂中溶解出来。

表 4　生菜用营养液的组成

（毫克当量/升）（当量浓度为非法定计量单位）

处方名	硝态氮	磷	钾	钙	镁
山崎处方	6	1.5	4	2	1
千叶大处方	12	4	8	4	2
荷兰处方	10	4	10	9	3

定植后的管理主要是对营养液的管理和生产环境控制两个方面：

①营养液管理　营养液管理主要是 EC、pH、供液量和液温管理几个方面。不同品种对 EC 的反应不同，罔山生菜用日本园艺试验场配方（每升含氮 16 毫克，磷 4 毫克，钾 8 毫克，钙 8 毫克，镁 4 毫克，每 1 000 升使用的肥料量是 $KNO_2$808 克，$Ca(NO_3)_2 \cdot 4H_2O$944 克，$MgSO_4 \cdot 7H_2O$492 克，$NH_4H_2PO_4$ 152 克，络合铁（EDTA－Fe）30.0 克，硫酸镁 5.0 克，硼酸 4.1 克，硫酸锌 1.1 克，硫酸铜 0.9 克，钼酸铵 0.9 克时，以标准液的 0.5～1.5 倍液生育良好，而夏绿则以 1～1.5 倍液较好。适宜的电导度值受日射量影响大，夏季光照强，光照时间又长，电导度应低，以 2.5±0.2 毫西门子/厘米为宜。春秋季节，电导度以 3.6 毫西门子/厘米较好，防止生长过快，引起钙相对不足，造成缘枯。严冬期弱光短日照期间，蒸腾拉力小，水势低，生长慢，电导度以 2.4 毫西门子/厘米为宜。生菜喜偏酸环境，pH

值以6左右为宜。生菜嗜锰，pH低于5.5时，锰的有效性提高。pH过低，易发生锰过剩症。根温对生长有显著作用，床温冬季保持18～20℃，夏季25～27℃较适宜。砂基质有一定的持水保肥能力，但供液也应均匀，具体供液量及供液时间，依日射量和生菜生育阶段而定。冬季日照时间短，温度低，供液量少，一般每天3～4次（上午、下午、夜间），每次15分钟，一日滴液量0.8～1.2升/米^2。盛夏每天6～7次（上午三次，下午两次，夜间二次）每次15～30分钟，一日供液2.5～3.5升/米^2。

②生产环境控制　生菜喜阴耐弱光，其光饱和点为2.0～2.5万勒克斯，光照不足时生长慢，中心叶直立，结球不良。所以冬季光照弱时要选择透光性好的材料覆盖，有条件的可进行补光栽培。夏季高温中，生菜极易抽薹开花，日照12小时以上，气温超过24℃，几天后叶停止分化，生长点形成花芽，再过7～10天就抽薹开花。结球生菜形成叶球最少要有50～60片叶，苗期很难形成这么多叶，所以不适合夏季栽培。半结球型品种“夏绿”，为叶重型速生生菜，有30片左右的叶片，就能形成产品，所以适合夏季栽培。育苗时应采用遮光帘，降低光照度和缩短光照时间，降低温度等促进叶片分化，加速生长。生菜耐寒，冬季利用温室生产比较安全，但生长慢，宜密植。夏季温度高，较难种植，宜采用遮光帘或透明覆盖材料涂石灰液降温，或顶端喷淋冷水降温的方法栽培。

3. 深池浮板水培技术　这里主要介绍美国Cornell大学农业与生命科学学院的生菜深池浮板栽培技术。该系统占地1 500米^2，生菜生长期35天，栽培设施循环利用，天天播种，天天采收，每天产量1 200株，最大年产量43.8万株，折合每平方米产量406株，相当于每公顷产量1 135.8～1 160.5吨，而相同面积的露地只有33.3～49.4吨。最适宜的生菜种类是波士顿，该生菜生长速度快，质量好，是目前世界上最先进的生菜水培技术之一。

这一技术有两种类型，一种是在地面上建多个水培池进行栽培，用草炭蛭石育苗；另一种是建地下式大形水培池，每间温室中建 1 个水培池，池口与地面相平，用岩棉育苗。这两种类型栽培技术基本相同，这里主要介绍前者。

（1）栽培设施

① 育苗区　生菜前 11 天的生长是在育苗区完成的。用潮汐式栽培，床内安放育苗盘，定期供营养液，通常每天供液 2～4 次，每次 15 分钟。贮液罐用玻璃钢材制作，一个容积约 250 升的贮液罐中的营养液，足够供应一个育苗床上 2 000 株的幼苗 11 天生长的需要。用荧光灯作补充光源，也可用高压钠灯，但高压钠灯所产生的热必须及时排出。不要使用白炽灯，因为白炽灯所产生的红色光，会使幼苗茎伸长。而荧光灯产生的大量蓝色光，则可起到蹲苗作用。

将灯均匀安装在育苗区上方，为幼苗生长提供一致的光照强度。

在蔬菜冠层上方，悬吊一个传感器保护盒。保护盒内是各种与计算机相连的传感器。保护盒的下方有一个风扇，使空气通过各种传感器。计算机与温室内的传感器相连。

设定温度，白天 24 ℃，夜间 19 ℃；相对湿度 30%～70%；二氧化碳浓度，白天每升 1 000 毫克，夜间 350 毫克；光强 17 摩尔/（米^2 · 天）；营养液溶氧量（DO），高于每升 4 毫克；pH 5.6～6.0；电导度 1.15～1.25 毫西门子/厘米。

② 水培区　水培池面积，如果每天生产 1 000 株，需 660 米^2 的面积。水培池内，生菜要长 21 天，栽培密度从每平方米 97 株，变为 38 株。营养的配方为：大量元素，氮 125 毫克/升，磷 31 毫克/升，钾 215 毫克/升，钙 84 毫克/升，镁 24 毫克/升，硫 35 毫克/升；微量元素，铁 0.94 毫克/升，锰 0.14 毫克/升，硼 0.16 毫克/升，锌 0.13 毫克/升，铜 0.03 毫克/升，钼 0.03 毫克/升。

浓缩液的配制：A液，按如下用量将肥料加入300升去离水中：硝酸钙29 160.0克，硝酸钾6 132.0克，硝酸铵840.0克，Fe DTPA(10%Fe)562.0克。B液，按如下用量将肥料加入300升去离子水中：硝酸钾20 378.0克，磷酸二氢钾8 160.0克，硫酸钾655.0克，硫酸镁7 380.0克，一水硫酸锰（25%锰）25.6克，一水硫酸锌（35%锌）34.4克，硼酸（17.5%硼）55.8克，五水硫酸铜（25%铜）5.6克，二水钼酸钠（39%钼）3.6克。

配制栽培液时，等量取A、B浓缩液，分别加入去离子水中，以最终电导度到达1.2毫西门子/厘米为宜。

水培池可以建造于地下，表面露于温室地面；也可建在温室地面上。水培池内表面可贴无纺布，无纺布内铺较厚的（0.5毫米）聚乙烯塑料薄膜防渗。

水培池中，生菜生长的第11～21天，栽培密度要从每平方米97株变为38株。第21～35天，生菜在同定的水培池内，密度不变地生长2周，直至上市出售。

适宜的光照强度范围是100～200微摩尔/(米^2·秒)，也就是说每天自然光照及补充光照的累积光量应达到17摩尔/(米^2·天)。在水培区，应采用高压钠灯补光。

在水培池的上方安装湍流风扇，将空气垂直吹向植株，促进植株的蒸腾作用。如果没有湍流风扇，就必须降低光照强度，这样就会使生菜生长速度变慢。

(2) 栽培技术

① 育苗区生长阶段　先配制育苗基质，用草炭15.5升，蛭石15.5升，加入含有白云石的石灰石65毫升混配，石灰石可以调整基质的酸碱度。大量配制时，可用混凝土搅拌机，手工配制时要注意将基质混合均匀。按上述用量配制的基质可供12个128孔穴盘使用，每天播种，现用现配。配好的基质积存期，不应超过7天，不要大量积存基质。

装盘前用去离子水将基质弄湿。装盘后播种，每穴播1粒。

播后喷去离子水，将基质浇透。而后将穴盘放置在潮汐式育苗床上。每 12 小时，穴盘被浸润 15 分钟。在最初的 24 小时里，光照强度保持在 50 微摩尔/(米^2 · 秒)，促进发芽。温度控制在 20 ℃。在穴表面覆盖保湿布（无纺布），提供空气湿度，避免基质干燥。

生长的第一天，只需进行环境调控。从播种后 24 小时开始灌溉营养液，浓度为 1.2 毫西门子/厘米，pH 值调整至 5.8，如果过酸，可加入 KOH。温度升到 25 ℃，光强升到 250 微摩尔/(米^2 · 秒)，以后一直保持这一指标。1～6 天内，每 12 小时浇一次营养液，24 小时连续照光。

第二天降低湿度，揭去湿布。这一天生菜开始发芽，幼根伸入基质。

第三天和第四天，间苗。有的穴内播了 2 粒种子，而且都发了芽，必须间去 1 苗。

第五天，选苗。根据幼苗每一片真叶的大小及展度（1 厘米）进行选苗，剔除不合格的幼苗。通常应剔除 20%～30%的幼苗。这一时期留下的幼苗，将来都行移栽。

第六天，增加供液次数，每 6 小时一次，每次 15 分钟。

到第十一天，幼苗叶片相互交迭，根系伸展到穴盘外面，此时可移栽。

移栽时，将幼苗运到栽培室内，移栽到水培池里。将幼苗放到聚苯乙烯泡沫塑料浮板中，使其飘浮在水培池里。聚苯乙烯泡沫塑料浮板呈边长 10 厘米的正方式，中部有 1.9 厘米的孔。移栽完后，每株的位置都固定了，整个水培池表面完全被浮板覆盖。

② 水培池生长阶段　水培池生长阶段最理想的环境因子是：温度白天（8.00～18.00)24 ℃，夜间 19 ℃；营养液 pH 值 5.8；电导度 1.2 毫西门子/厘米，溶氧量（DO)，大于 4 毫克/升：光照强度 17 摩尔/(米^2 · 天)；营养液温度 24 ℃；相对湿度低

于70%。

移栽后生菜将有足够的空间接受光照，伸展叶片。到第18天，生长叶片超过浮板宽度，叶片总重量超过10克，以后的7天中，叶片、根系将生长得更大。

到第二十一天，生菜总叶重达21克，叶片相互交迭，拥挤不堪，需在浮板之间加入聚苯乙烯泡沫塑料板，使密度每平方米97株降低到38株。

到第二十五天，生菜重量达到47克，整个水培池几乎都被生菜叶片覆盖。

第三十二天，生菜重接近114克；第三十五天，达150克，此时即可采收。

③ 病虫害防治　通常无爆发致命的病害，但要注意通过调整各种环境因素，使其健壮生长。一旦发生病害，不能用喷药的方法解决，而是将水培池，贮液池内的营养液排干，牺牲掉所有生菜植株，用漂白粉溶液对栽培池进行彻底消毒。穴盘、浮板等各种设备，在下一次使用前要进行消毒处理。不要向温室内带其他植物残体。贮液内的营养液不能见光，以免滋生长藻类。藻类虽然不会对植物直接危害，但会削弱植株生长势，降低抗病能力。

因生长期短，虫害很少。但由于连续种植，也有发生虫害的可能。对此，需采取预防措施，例如在门口，通风口外挂防虫网，防止外界虫进入温室。由于生菜生长快，为安全起见，不允许使用化学杀虫剂，虽然可使用生物杀虫剂，但效果通常不理想。

④ 采收与采后处理　播种后35天采收，去掉根部，将其从浮板上取下，每棵去根后重量约150克。可直接包装，也可放置一会儿，预冷后再包装。如保鲜膜包装，透明硬质塑料盒包装，封口袋包装，泡沫塑料托盘包装等均可。

如果采收后不立即进行冷却处理，散发掉叶片中的热量，贮存期间叶片极易受损。理想的贮存温度为1℃，但贮存期不应超过7天。

4. 营养液膜栽培 营养液膜栽培，又叫薄膜水栽培，是由Nutrient Film Technigue简称NFT的译名而来，是水培的一种栽培方式。它是用浅水层营养液流过植物根系，流动的营养液层浅，像一层水膜，因此被称为营养液膜技术。它是由英国爱林库伯于1965年首创，1973年介绍并大面积用于生产。1979年英国温室作物研究所的Allenl. Cooper在此基础上进行了改良，确立了NFT应用技术体系。其后，作为无土栽培的主要方式，在世界范围内开始生产应用。我国无土栽培技术应用刚刚起步，且多侧重于有机生产型栽培模式，对NFT技术应用报导较少。近年来随着设施农业和菜蓝子工程建设的发展，对周年供应，无公害绿叶蔬菜，提出更高要求。对我国大中城市近郊应用无土栽培技术生产生菜、水芹、蕹菜等绿叶蔬菜，对克服人多地少及连作障碍，实现周年高效生产具有重要意义。特别是生菜，已成为世界各国NFT栽培最为普遍的蔬菜。营养液膜栽培的特点是，使植物裸露的根须在浅层流动着或间歇流动着的营养液中生长发育，能较好地协调水、肥、气三者的矛盾，及时地供应蔬菜各生育期所需要的营养物质。同时，这种栽培方式使用的营养液数量少，储液池体积小，省电省液，生产成本也相应减低。

(1) NFT设施 营养液膜栽培的设施主要包括输液槽、盖板、贮液池、供液、排液管道及控制供液、调节液温、气温等自动控制系统。通常分为大型作物如番茄、黄瓜等和小型作物如莴苣等栽培两种。大型作物栽培槽的槽体长度一般为10～20米，槽底宽20～30厘米，槽高20厘米。底面平实，坡降1∶75左右。槽底铺一层黑白双色塑料膜，黑色在上，白色在下，将育成的苗块按株距摆在槽中成行，然后将两边薄膜兜起，使模断面呈三角形，植株露于上面，两边用夹子夹住固定，防止营养液及根系曝光。在槽的一端装供液管，营养液由贮液罐通过供液装置，流入栽培床沟槽，经作物根部，到排水沟再回流到营养液罐中，循环使用（图 15）。小型作物的栽培床由聚乙烯制成，呈坡形，包括栽培床、盖板、电泵及时间控制器四部分。栽培床长 300 厘米，宽 101 厘米，高 50 厘米左右。用床腿支撑，平放地面。床体呈波形，波形沟深 5 厘米，101 厘米宽的床面上，设波状沟6～7行，下垫隔热材料，上覆盖板，顺坡沟打上栽培孔，用以固定作物（图 16）。目前，NFT 栽培在我国发展很快，一般是在地面上挖槽，宽 30 厘米，深 5～10 厘米，长 10～15 米，上铺厚 0.1 厘米的聚乙烯薄膜，坡降为 1∶75，上盖硬质塑料板——盖板，板上按作物株行距打孔，以固定作物，并且防止灰尘落入和光线射入输液槽。槽底铺以塑料薄膜，防止渗漏。再用一层黑色聚乙烯薄膜铺垫在输液槽底部和两壁，构成一个营养液流通的渠道。

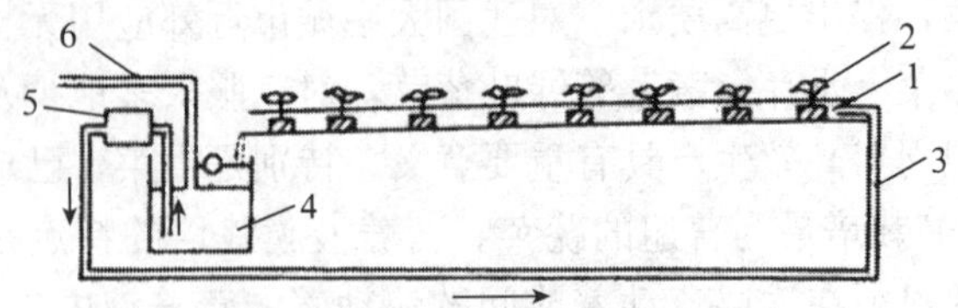

图 15　NFT 基本装置纵面图

1. 栽培槽　2. 作物　3. 供液管　4. 贮液槽　5. 泵　6. 添液管

栽培槽一端，设供液管及供液管头，每分钟供液量保持 2～4 升，使形成很浅的营养液膜。槽的另一端，设回水管，将流经栽培槽的营养液通过回水管流回至贮液槽中。营养液的输送、回收，由输液设施。另有加温装置，加酸装置，自动报警装置等方面组成装置，控制营养液的正常输送回收。

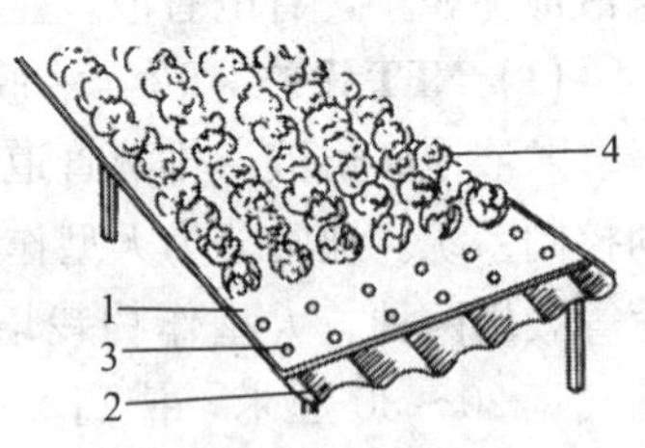

图 16　小型作物营养液膜栽培示意图

1. 带孔板　2. 波形板

3. 栽植孔　4. 结球莴苣

我国现在一般 667 米^2 的温室设 20～25 米^3 的贮液池，可用铁罐，水袋或水泥池。贮液池要防渗漏，并且要加盖。池内设水位标记。回水槽的管口位置要高于营养液面，利用落差将营养液注入溅起的水泡给营养液加氧。贮液池内安装不锈钢螺丝管，用于循环热水或冷水调节营养的温度。

用 NFT 栽培，能更好地用现代化技术，控制营养液和根系的环境，简化了供液技术解决了水气矛盾，该法目前主要用于栽培生菜、草莓、芹菜及果类蔬菜，受到各国重视。

（2）营养溶液 比利时蔬菜研究的营养溶液成分：

每升含毫摩尔量：NO_3 17.9，H_2PO_4 2，K11，Mg1，SO_4 1，Ca4.75；

每升管微摩尔量：Fe40，Mn10，Zn4，Cu0.75，B30，Mo0.5。

营养液 pH 5.8～6.2，导电值 1 毫西门子，最高 2 毫西门子。溶液流量，定植初期，每天流灌数分钟已足够，之后进行间歇式流灌，灌 1 分钟，停 4 分钟，每个灌口每分钟控制在 2 升，溶液收集箱 40 米^3/公顷。荷兰是采用少量溶液缓冲连续流灌（4.5 米^3/公顷）。注意对溶液成分进行监测植株生长至封行时 K/Ca 比以控制在 4.4/4 毫摩尔为适，结球时以控制在 11.4/4.75 毫摩尔为宜。全培育过程 K/Ca 比值为 1.1 时会出现顶烧病。不同微量元素之间成分很重要，过量锌会损害植株对铁和镁的吸收，开始结球时会吸收较多的钾，此时宜提高铁和硼的剂量。

范双喜、伊东正以日本 NFT 水培散叶生菜专用品种“绿生”为材料，育苗后定植于 NFT 栽培床。在双屋面连栋塑料大棚中设床，培养液以园试配方为标准浓度，试验设计浓度分别为 1/4 倍、1/2 倍、3/4 倍、1 倍、5/4 倍、3/2 倍园试标准液，营养液组成及营养液电导率如表 5。结果，随着生育进程各处理叶片分化与生长呈相同的增长趋势，单株叶鲜重 5/4 倍＞1 倍＞3/4 倍＞3/2 倍＞1/2 倍＞1/4 倍，各处理间株高相近。随着营养液浓度的提高，单株根数逐渐增加，茎重及茎干鲜比与根系生长也有类似规律。栽培终了时，单株采收，叶片和根系分别称重，烘干，测定无机成分含量。结果除3/2倍处理外，随营养液浓度提高，叶片和根系中N，P，K，Ca，Mg含量均有不同程度地提高，同一处理叶片中各无机成分含量均高于根系。试验中还发现，3/2倍浓度区部分新叶叶缘褐变，叶片内卷，呈现缺Ca症状，而Ca浓度较低的1/4倍区未发现缺Ca植株。这可能与培养液浓度过高，特别是K，Mg浓度过高，抑制了Ca的吸收有关。说明，由于栽培因子控制不当，引起Ca吸收和运转不良，较培养液中Ca缺乏更易引起生菜缺钙症，应用时须引起注意。水培生菜产量以5/4倍最高，其次为1倍，3/4倍，但三者无显著差异，1/4倍产量最低。叶片中叶绿素含量增加，叶色由浅递深，单位面积叶重则降低，其差异主要是叶片厚薄不同所致。

表5 营养液组成、营养液电导率及对产量的影响

（范双喜、伊东正，2002）

浓度	营养液组成毫摩尔						电导率 毫西/厘米	叶绿素 毫克/克	单位面积叶重 毫克/克	折合产量 千克/公顷
	NO_3-N	P	K	Ca	Mg	S				
1/4倍	4.0	0.33	2.0	1.0	0.5	0.5	0.62	0.78aA	23.6a	28 095A
1/2倍	8.0	0.67	4.0	2.0	1.0	1.0	1.23	0.92bA	22.5a	35 505B
3/4倍	12.0	1.00	6.0	3.0	1.5	1.5	1.85	1.16cB	21.2ab	42 615C
1倍	16.0	1.33	8.0	4.0	2.0	2.0	2.46	1.23cB	20.3ab	43 845C
5/4倍	20.0	1.66	10.0	5.0	2.5	2.5	3.04	1.27cB	19.7b	44 775c
3/2倍	24.0	2.00	12.0	6.0	3.0	3.0	3.66	1.30cB	18.8b	37 050B

营养液组成和浓度的选择是生菜NFT栽培的基础。培养液浓度为5/4倍园试均衡营养液时，生菜生育最好，产量最高。其次为1倍和3/4倍浓度。由于三者差异不显著，因此从降低生产成本、大面积应用角度出发，宜选择3/4倍浓度。

NFT栽培系统中，腐霉病是较为常见的病害之一，但往往没有病症，且常和产量降低有关。加热、臭氧，沙滤和应用紫外线消毒是发达国家常见的营养液消毒方法。李国景等人（2001）应用营养液冷却（至10℃和14℃），紫外线消毒蓄液池外设功率为25瓦，有效长度60厘米，所用波长254纳米，流量1.5升/分的BEEKMAN－C型紫外线消毒仪，通过供液水泵将蓄液池中的营养液从消毒仪下端泵入，再从上端流回蓄液池，进行不间断消毒，和接种拮抗真菌处理NFT生菜营养激，结果表明，应用紫外线对营养液进行消毒比对照生菜产量高，质量好，根系坏死症状不明显。将营养液冷却至10℃或14℃后，植株生长受抑。接种拮抗菌Trichoderma可减轻病原菌对植株的感染从而促进植株生长。还发现拮抗菌Trichoderma有很强的根系共生能力。证明应用紫外线消毒接种拮抗菌可作为NFT系统防治根系病害的经济有效方法。

(3) 基质 以泥炭钵为基质较适合，岩棉同样适用，但对早期生长有些影响，且费用稍高。

(4) 光照 每平方米用100支高压水银灯，从上午2时照至10时，有利于植株的生长，但采收前3星期必须停止，否则叶球松散。

(5) 硝酸盐问题 一般而言，NFT培育的叶球莴苣含硝酸量高于土壤培育的，两者对比约为$3\,500\times10^{-6}$对$1\,600\times10^{-6}$。温室硝酸盐主要在冬季成为问题，与春秋季对比约为$2\,500\times10^{-6}$对$3\,000\times10^{-6}$。目前卫生限制硝酸盐含量是：

比利时	$3\,500\times10^{-6}$；	法国	$4\,000\times10^{-6}$
荷兰	$3\,500\times10^{-6}$；	冬季	$4\,500\times10^{-6}$
德国	$3\,000\times10^{-6}$；	瑞士	$3\,500\times10^{-6}$
澳大利亚	$3\,500\times10^{-6}$；	冬季	$4\,000\times10^{-6}$

重型叶球比轻型叶球含硝酸盐较低，所以比利时莴苣硝酸盐含量比荷兰轻。同样较老植株的叶球比嫩植株的含硝酸盐较低。

用不同方法降低叶球硝酸盐含量相对有限。选种须慎重考虑，通过选种降低硝酸盐含量有限，而品质下降反而更多。用氨代替硝酸盐不能明显降低硝酸盐含量，反而增加了顶烧病的危险。用氯化物取代硝酸盐，会使植株较易吸收钙和镁，但氯的最高允许量为3毫摩尔。增加溶液中CO_2含量有时会降低硝酸盐含量，但试验是在适宜条件下进行的，用白炽灯在采收前一天增加全日照不会降低硝酸盐含量。

5. 生菜无土栽培再生技术 再生技术，是指利用原有无土栽培中生长的生菜，通过收获时保留其短缩茎，仅采收栽培床地上部分叶片，使其短缩茎萌芽继续生长，达到一茬栽培，再茬收获的效果。据江苏省常熟市无公害蔬菜研究组华建峰报导，再生栽培具有省工，省种，一茬两收的效果，而且生长强劲，不需还苗，可提前采收10天。

再生的方法是等生菜长到可以收获时，用刀割法采收。沿栽培床割去短缩茎以上部分叶片。刀割时应平割，使剖面与栽培床平行。注意不要割得太浅或太深。太浅易使叶片散落，无商品性；太深则使短缩茎萌芽能力减弱，甚至不萌芽。在距离栽培床表面2～3厘米处割效果最好。采后管理主要是营养液管理。营养液以静态管理为主，不需循环，不需添加营养液，但需确保营养液面保持在5～10厘米高度。采收后10～15天，生菜短缩茎将会萌发出3～5个新芽，1周后观察，选留生长最好的新芽，余尽去掉。

（九）采收与贮藏

1. 采收 结球生菜的品种，生长条件和采收的生长度与贮藏性密切相关，表面叶片糖含量高，蛋白质含量低的品种耐藏性好。施用有机肥和多施磷肥的产品耐藏性好，施用氮肥多的不耐贮藏。多施氮肥的产品与施用有机肥和磷肥的相比，采后叶绿素损失较多，容易腐烂。生长过度的叶球耐藏性差，嫩叶球采后保鲜效果较好。叶球贮藏中往往会有外层1～2片叶良好，但内部3～4片以内却发生腐烂的情况，应予以注意。

结球生菜采收前10天，叶球生长量占叶球总量的36%～60%。因而掌握好采收期对叶球产量的影响很大。结球生菜成熟后要及时采收，尤其春茬，后期温度高，花薹伸长快，采收稍迟，花薹伸长，甚至将叶球顶裂，球叶会白化失绿，失去新鲜感，降低品质。对结球生菜质量的要求是：球叶脆嫩，外叶无任何污点；叶片主脉无被压破的横裂；紧实度适中，过熟者叶球太硬，容易爆裂和腐烂，未成熟者叶球过于松散，运输中受挤压后容易破损。

结球生菜从开始结球到抽薹前，都可收获。采收应在无雨天进行。采收前1～2天，停止灌水，雨后1～2天内不得采收。采收最好在上午露水干后进行，用手掌轻压叶球顶部稍能承受，而不觉膨松，或坚硬者，为适宜采收的植株。用刀从地面处割下，剥除外部老叶，仅留3～4片外叶保护叶球。如果长期贮存或运输时，可多留几片外叶。采收的叶球充分发育，清洁，新鲜，完整，色泽正常，无腋芽萌发，无损伤，霉斑，腐烂，病虫害及附着水。收后立即上市，严防暴晒和挤压。

采收过程中的伤口，或刀口处会流出白色汁液，可用清水洗去或用棉布抹去，防止褐色黏液四处沾黏。

散叶生菜采收较灵活，植株长成后除一次性收获外，也可分次剥收外层嫩叶。

2. 贮藏 随着现代化蔬菜批发市场的建立和发展，蔬菜由批发市场向各种类型销售网点的周转，需要一定的时间。因此，批发市场应当有冷藏库设备，供蔬菜在周转过程中进行短期贮藏之用。在大城市中，涉外宾馆、饭店为适应旅游业发展的需要，要求能够不间断地供应叶用莴苣，因此，冷库贮藏尤为重要。

产品收获后要移至冷凉处预冷，使菜体的温度下降，以减轻冷库的能耗及产品在高温下的损失。预冷可采用真空预冷，要求在25～30分钟内达到0～2℃；强制通风，要求尽快使品温降至0～2℃；冷库预冷，要求库温为0℃，使品温尽快降至0～2℃。如果收获后直接进入冷库，应分期分批进入，以防库温骤然上升后不易回落。入库的产品必须进行严格的挑选，剔除老叶及有病虫伤害的叶片，并按质量标准分级，用一定规格的容器包装，以便堆放，增加库容量。包装容器外面标明品种名称，产地，入库日期及数量等。

生菜含水量高，组织脆嫩，冰点为－0.2℃，容易受冻害，贮藏温度以0～3℃为宜，相对湿度应在98%以上。在2℃下贮藏，用药物处理以扑海因蘸根为最好，能保鲜35天以上。用果蜡蘸根效果不明显，只能保鲜15天。生菜采收后用0.03～0.05毫米厚，聚乙烯薄膜袋单球包装，每袋打6～8个孔，孔径0.3厘米，装入瓦楞低箱内，每箱24个，重约20千克。如果不用单果包装，也不施药，在2℃下结球生菜保鲜期不超过10天。如果贮藏期超过15天，其重量将下降15%。所以结球生菜低温保鲜，必须用单果包装。这样，可以减少水分损失，保持叶球新鲜，饱满。用速冻方式贮藏，容易产生冻伤，而且解冻时产品疲软，易流汁，因此只能用低温贮藏（表6）。

表6　2℃温度下药物处理对结球生菜保鲜效果的影响

（黄绍力，2005年1月）

处理	贮藏时间/天				
	5	10	15	25	35
扑海因	切口微变黄	切口变黄	切口变黄、外叶基部叶脉微变黄	外叶有黄色斑点	外叶黄化但叶球良好
果蜡	切口微变黄	切口和外叶变黄	外叶软化，有些腐烂		

结球莴苣零售时必须脆嫩，外叶绿色，且无任何污点，因此收获后，贮藏前先用0～5℃的温度预冷，再置5℃中贮藏，这样经过7天，叶子也不会腐烂。最好用真空冷却法，向表面喷水，迅速降温到1～3℃，预冷温度为1.1℃。气调贮藏维持含氧量1%～8%，以3%～5%最适。低于1%，高于10%都有受害的危险。贮藏的二氧化碳浓度必须低于2%，在正常运输期间最好低于1%，因为莴苣暴露于二氧化碳1%至2%，经1周即受伤。如果运输贮藏经1个月时，以2%的二氧化碳较好，所以贮藏1个月或更久时，适宜的大气成分为2%二氧化碳及3%的氧，二氧化碳勿超过3%，否则会严重伤害。

生菜还可进行假植贮藏。入冬前，一般当日平均温度下降到5℃左右，气温降到0℃以前，将露地生菜连根拔起，稍晾，使叶片稍蔫后，第二天可囤入阳畦内假植；散叶生菜一棵挨一棵囤入，结球生菜株间应稍留空隙通风。用土埋实，不浇水。隔15～20天检查一次，发现黄叶、烂叶，及时清除，白天支棚通风，夜间半盖或全盖，使不受冻，不受热，又不能让阳光直射。散叶生菜可贮一个月左右；结球生菜可贮10天。

不要将结球生菜和苹果，梨或其他易产生乙烯的产品贮藏在一起，因为乙烯会使叶球产生锈斑。

3. 贮藏方式对洁净生菜品质的影响 生菜在采后，由于蒸腾作用，其自然损耗大，新鲜度下降很快，表现在叶片萎蔫、枯黄、干卷或腐烂、重量减轻，还原糖和抗坏血酸含量等也随之减少。生菜的货架寿命主要受贮藏环境的温度、空气相对湿度和光照等因素的影响，所以，选择一种合适的包装方法贮藏生菜显得尤为重要。王宏等人研究贮藏方式对生菜品质的影响。他用3种方法贮藏：未包裹一将生菜均匀地竖放于塑料筐内；薄膜包裹生菜，根部与头部各露出薄膜1厘米左右，摆放形式按未包裹处理；以散堆在塑料筐中的生菜为对照。贮藏温度为17±2℃，相对湿度70%，荧火灯功率40瓦，灯管距生菜叶片顶部40厘米，光照时间 24 小时/天。贮藏时间 4 天。

采用称重法测定失重率，采用静置法测呼吸强度，用叶绿素计测叶绿素含量，用 3，5-二硝基水杨酸法（DNS）测定还原糖含量；用 2，6-二氯靛酚滴定测定法测定抗坏酸含量；参照席屿芳的方法测相对电导率。结果表明：用筒状透明塑料薄膜包裹的生菜贮藏期间的呼吸强度、相对电导率均低于未包裹的和散堆的生菜，叶绿素、还原糖含量则高于未包裹的和散堆的生菜，抗坏血酸和失重率介于两者之间。

采摘后的生菜仍然具有生命活力，还要进行呼吸作用等生理代谢活动，在 O_2 充足的环境中进行有氧呼吸，即生菜从环境中不断吸入 O_2，同时呼出 CO_2、水和放出热量。呼吸所放出的热量在有表面覆盖物存在情形下不容易散出，导致热量大量积累，使得生菜周围环境的温度升高。散堆的生菜其相对电导率升高的最快，生菜的细胞膜损伤比处理的严重。呼吸热对生菜叶绿素含量的影响很大，这是由于蔬菜中叶绿素对光和热都非常敏感，较高的贮藏温度加速了叶绿素的破坏，所以散堆的生菜叶绿素含量低，叶片黄。生菜散堆时，气体交换不充分，周围空气中 O_2 含量相对偏低，CO_2 大量积聚，明显抑制呼吸作用，所以散堆的生菜呼吸强度低于筒状透明塑料薄膜包裹的生菜。

生菜在呼吸的同时进行的蒸腾作用等生理活动，生菜中的水分不断从其叶片表面的气孔中蒸发出去。竖放于塑料筐内的生菜，因为完全裸露在空气中，受光线照射的叶片表面温度较高，水分从叶片表面转移比较容易，蒸腾失水比散堆的生菜多。植物中的抗坏血酸在氧气、光照存在的条件下易被氧化破坏，所以竖放于塑料筐内的生菜抗坏血酸损失最为严重。筒状透明塑料薄膜包裹的生菜因外面的塑料薄膜阻挡了大部分叶片，只有两端开口处与外界空气接触，所以其抗坏血酸保存比竖放的生菜好。生菜在光线照射条件下贮藏时，叶绿素可通过光照合成。叶绿素合成过程中，植物中原脱植基叶绿素只有经过光照才能顺利地合成叶绿素，在这种动态平衡中光照的生菜中叶绿素的下降速度比散堆的生菜慢。生菜采收后呼吸作用旺盛，干物质消耗多，还原糖含量下降也就比较迅速，而叶绿素含量高的生菜其还原糖保存率也高。

荣建华等人（2007）采用常温（20 ℃）贮藏，低温（库温2～7 ℃，湿度90%～99%），贮藏，泡沫箱加冰贮藏3种方式，观察其对采后新鲜生菜食用品质的影响，结果生菜采后，感官品质随贮藏时间的延长而下降，失重率和亚硝酸盐含量上升；低温贮藏能明显减缓生菜的失重率和亚硝酸盐的生成量，降低呼吸强度，推迟呼吸高峰的出现；泡沫箱加冰贮藏的效果差于低温贮藏，略好于常温贮藏。

4. 不同化学处理对切割生菜品质的影响　切割生菜加工后容易发生褐变，使品质迅速下降或完全失去商品价值。为有效控制切割生菜贮藏过程的褐变问题，王莉姜等人（2004）用北京当地生产的美国皇帝结球生菜，采收当天将外层破损老叶去除后，用不锈钢刀切成0.5～0.8厘米宽的切割生菜，分别①1%NaCl+1%VC；②1%NaCl+1%柠檬酸；③0.01%NaClO；④0.01%$NaHSO_3$；⑤自来水（CK）中浸泡3分钟，离心甩干后装入聚乙烯泡沫块餐盒中，用普遍保鲜膜（0.2毫米厚）包裹密封，在0 ℃下贮藏。

结果用$NaHSO_3$或NaCl+VC浸泡处理切割生菜，能有效的抑制褐变现象，延缓切割生菜在低温贮藏期间的品质下降。

切割生菜褐变与酚类物质的氧化有关，$NaHSO_3$或NaCl+V_C处理切割生菜抑制褐变的同时，抑制了PPO（多酚氧化酶）活性，这可能是$NaHSO_3$溶解于水后形成了具有强还原作用HSO_3，因而在一定程度上抑制了PPO对酚的氧化作用；NaCl溶液产生的高渗透压和VC导致酸性环境也有抑制PPO活性的作用。

微生物生长引起的腐烂也是导致切割生菜品质迅速下降，或完全失去商品价值的一个主要因素。低温贮藏能有效抑制微生物的生长繁殖。但即使在 0 ℃下贮藏时间较长时，也会发生比较严重的腐烂。$NaHSO_3$ 或 $NaCl+V_C$ 处理，有效地抑制切割生菜在低温贮藏期间微生物的生长繁殖，降低了微生物导致的危害性。

生菜鲜嫩易腐，不宜长途运输。中短途运输也需要先预冷。运输时间在 1～2 天以内时，要求环境温度为 0～6 ℃；运输时间 2～3 天时，应保持 0～1 ℃相对湿度在 95%以上。运输过程中，一定不可挤压，否则容易诱发赤褐斑病，导致腐烂。运输期一般不超过 10 天。

生菜是大江南北普遍食用的蔬菜，吃的方法有多种，可凉拌，炒食，也可腌制。诗人杜甫赞莴苣：“脆添生菜美，阴益食策凉。”指的是凉拌生菜，将其洗净，用香油、酱油、醋、盐，稍加一些白糖拌食，味道鲜美甜脆。

十三、油麦菜

油麦菜是近几年在北方蔬菜市场上出现的绿叶菜新品种，食用部分是叶片，嫩茎，质地脆嫩，纤维少，可凉拌、热炒或做汤，有香米似的浓厚香味，颇受消费者喜爱。油麦菜的生长期短，适应性强，容易栽培，病虫害少，可以周年生产，特别是在绿叶菜稀缺的夏季上市，价格远比其他绿叶菜高，所以种植面积不断扩大。

（一）生物学性状

油麦菜属菊科莴苣属蔬菜，其根、茎、叶折断后均分泌出白色乳液。主根粗而长，有两排侧根，根表皮黄褐色。营养生长期茎短缩，梢膨大，呈圆柱状。茎上着生披针形叶片。叶长30～35厘米，宽5厘米左右。浅绿色，叶片上半部的叶缘为全缘，下半部的叶缘有稀疏细锯齿。主叶脉白色，有浅沟。成株有叶片40枚左右，嫩株有叶片10枚左右。

油麦菜属半耐寒性蔬菜，喜冷凉湿润的气候。种子发芽适宜温度为15～20℃，25℃以上发芽率降低，发芽最低温度为4℃。茎叶生长期的适宜温度为15～25℃，但耐寒和耐热力均较强，在10～30℃范围内仍可正常生长。对光照强度没有严格要求，较耐弱光，适宜密植和日光温室生产。从砂质壤土到黏质壤土都可栽培，适宜的土壤pH值5～6。不耐干旱。全生育期吸收的氮和钾比较多，磷较少。幼苗期以氮、磷为主，配合少量钾肥，促进根系发育和叶片分化，避免偏施氮肥，防止幼苗徒长。成株期随叶数的增多，叶面积的扩大，需要的氮素量也增多，施肥以速效性氮肥为主。叶部的肥大需充足的土壤湿度，但在幼苗期需水量较小，浇水过多时，根系生育不良，而且幼苗容易徒长。

（二）品种介绍

1. 纯香油麦菜 株高 30～40 厘米，开展度 20～30 厘米。叶绿色，披针形，长约 40 厘米，宽 6～10 厘米，叶面光滑，美观。抗寒、耐热、耐抽薹，生长速度快，适应性强。口感脆香，品质好，可生食、炒食、做汤。除炎热的夏季外，在春秋露地、保护地及冬保护地均可栽培。育苗移栽苗龄 30～40 天，4～5 片叶时定植，平畦栽培，株行距均 15 厘米，定植后 20～30 天收获，十几片叶后也可根据市场需要随时收获上市。因生长速度快，定植还苗后应保证肥水供应。667 米^2 用种量 20～25 克。

2. 登峰生菜 又称立生菜，广东栽培较普通。植株直立，稍斜生。高约 30 厘米，株幅 36 厘米。叶近圆形，长、宽各约 31 厘米。淡绿色，叶缘波状，心叶不抱合，单株重 0.6～0.7 千克。

3. 帕里伊落兰科斯（Parris lsland TBR） 美国品种。株高 20～25 厘米，叶大而薄，直立生长。外叶绿色，主叶脉白色，叶面微皱，叶缘波状，内部叶片愈向内颜色愈淡，渐次为淡绿→白绿→奶油色。质地脆嫩，品质佳，耐莴苣病毒病及顶烧病。抽薹慢。从播种至收获 70 天。

4. 牛利生菜 广州栽培较多。叶簇较直立，株高约 40 厘米，株幅约 49 厘米。叶簇生，叶片倒卵形，青绿色至黄绿色，叶缘波状，叶面微皱，心叶不抱合。适应性较强，微苦涩，品质稍差。生长期 65～80 天，耐寒不耐热，较耐瘠，单株重 300～350 克，667 米^2 约产 2 000 千克，华南地区适宜播种期为 8 月至翌年 2 月。

5. 岗山沙拉生菜 引自日本，又叫沙拉生菜或奶油生菜。叶肥大，浓绿色，全缘，长出 12～15 片叶时，心叶开始抱合，形成松散的圆筒形叶球。叶片质地脆嫩，可做沙拉原料。耐热，抽薹晚，为极早熟种，可周年栽培。

6. 火速生菜 引自日本。株高23～25厘米，株幅27～30厘米。叶片较直立，不规则长椭圆形，叶缘缺刻深，上下曲折呈鸡冠状。心叶不抱合，叶片质地较脆嫩，略带苦味，品质较好。播种至采收60～70天，平均单株重约500克，667米^{2}产2 500～3 500千克，适宜春、秋季露地和保护地栽培。

7. 夏荷生菜 自韩国引进。不结球，中熟。叶长18～22厘米，叶宽20～24厘米，绿色。不易抽薹，适宜夏季栽培，耐热。叶片可从根部逐次采收。采收期长，叶片脆嫩，风味极好。

8. 罗莎散叶生菜 北京市农业技术推广站选育。株型漂亮，叶簇半直立，株高25厘米，开展20～30厘米。叶片长圆形，叶缘红色，皱状。茎极短，不易抽薹。喜光照及温和气候，从播种至收获70天左右。667米^{2}产2 000千克。

9. 生菜王 中国农业科学院蔬菜花卉研究所，从地方品种乌兰浩特的混杂群体中经单株系统选育而成。为速生叶用型，植株生长势强，株高20～30厘米，开展度40厘米。叶卵圆形，黄绿色，叶面较平滑，叶肉组织厚，商品性好。叶长、宽各约20厘米，单株质量300～500克，口感脆嫩，味微苦，或无苦味，稍甜香。生、熟均可。种子银灰色，千粒重约1克。耐寒、抗病、耐热，生长速度快，丰产性好。北京地区从定植到采收，春露地35天，秋露地20～25天，667米^{2}产量1 500～2 500千克。

（三）周年生产技术

油麦菜耐寒，耐热，生长期短，露地栽培结合保护地栽培，可以周年生产，四季供应。

1. 露地栽培 3～9月份露地直播，每隔40～50天，播1期，5～11月份陆续采收。

（1）春播 3～5月份播种，5～7月份采收。

播期早，温度偏低时，为提早出苗，播前进行浸种催芽，将种子用 25 ℃左右温水浸泡 6 小时，放在 20 ℃左右的温度下见光催芽，胚根露出果皮后播种。播种时如气温已达到 15 ℃以上时，只浸种不催芽。

整地后做 1.2～1.3 米宽的平畦，畦内撒施氮磷钾复合肥作基肥，667 米^2 施 30～40 千克，翻均耙平后落水播种，覆土厚不超过 0.5 厘米。出现 2 片真叶后轻浇 1 次水，4～5 片真叶时，结合浇水，667 米^2 施尿素 10 千克。此后，土壤要保持湿润。播种后 40～50 天，苗高 20～30 厘米时陆续间拔大苗上市。

(2) 夏播 6～7 月份播种，8～9 月份采收。

播种时，气温已上升到 25 ℃左右，播前种子应进行低温浸种催芽。种子用冷水浸泡 5～6 小时后淘洗干净，用纱布包好置于电冰箱的冷藏室内，在 14 ℃左右低温下催芽，胚根露出果皮后落水播种。也可将种子包吊在井中水面以上催芽。播种后，畦面覆盖遮阳网或草帘，保湿降温，出苗后撤除。

(3) 秋播 8～9 月份播种，10～11 月份采收。

播种时，如气温仍为 25 ℃左右，播前种子须进行低温浸种催芽；如气温已下降至 20 ℃左右，则可用干种子播种，或只浸种不催芽。

浸种催芽及只浸种不催芽的种子，采用落水播种；用干种子直播的可于撒播后覆土，浇水，也可采用落水播种。

秋播油麦菜出苗后，约有 1 个月的时间处在叶面生长的适宜温度范围内，在此期间要加强水肥管理，结合浇水施尿素 1～2 次，667 米^2 每次施 8～10 千克。

当幼苗高 30 厘米左右时，开始间拔上市，可陆续采收至霜降前后。秋播的植株生长旺盛，产量高，667 米^2 可达 4 000 千克左右。

2. 露地早熟栽培 2 月份在阳畦或日光温室中播种育苗，3～4 月份定植到露地，4～5 月份采收。

播种前，种子进行浸种催芽。

阳畦或日光温室中的幼苗，每 10 米^2 面积施腐熟有机肥 50 千克及过磷酸钙 1 千克，翻匀耙平后，落水播种。畦面覆盖地膜，保温保湿。

播种后，白天温度保持在 20 ℃左右，夜间 15 ℃左右。出苗后揭开地膜，白天温度降至 18 ℃左右，夜间 13 ℃左右。幼苗出现 1～2 片真叶后间苗，苗距 3～4 厘米见方，出现 4～5 片真叶，外界最低气温达到 8 ℃左右时，便可定植到露地。

整地后，做 1.2～1.3 米宽的平畦，畦内撒施氮磷钾复合肥，667 米^{2}40～50 千克，翻匀耙平后，按行株距各 15 厘米栽苗，栽苗深度与苗子土坨平，栽后即浇水。土面发干时浇缓苗水。

缓苗后，合墒中耕，适当蹲苗，以利根系发育。植株生长加快后，结合浇水，667 米^2 施尿素 15 千克。以后，随气温上升增加浇水次数，使土壤经常保持湿润状态。株高 25～30 厘米时采收，可陆续采收到抽薹现蕾前。上市期较露地春播的提前 1 个月左右。

3. 秋延后栽培　9～10 月份在露地、中棚或阳畦中播种育苗，10～11 月份定植到大棚或日光温室中，12 月份至翌年 3 月份陆续收获。

9 月份平均气温为 17～20 ℃的地区，可在露地播种育苗；温度较低的地区，或在 10 月份播种时，需要在阳畦或中棚中播种育苗。

外界最低气温降低到 8～10 ℃，幼苗具有 4～5 片真叶时，按行株距各 15 厘米定植到大棚或日光温室中。

定植后，白天温度保持在 23 ℃左右，夜间 17 ℃左右。缓苗后，白天温度降低至 20 ℃左右，夜间 15 ℃左右。浇缓苗水后，中耕保墒，以后适当控制浇水。只 6～7 片真叶时，结合浇水施尿素，667 米^2 约施 15 千克。

当苗高 20 厘米左右时，根据市场需求情况，分期分批上市。

元旦至春节前后正值秋延后栽培油麦菜采收旺季，收益较高。

(四) 采种

1. 春播采种 2月份在阳畦或日光温室中播种育苗，3～4月份定植到露地或塑料大棚中。行距30～40厘米，株距20～25厘米。定植后浇水，合墒中耕。缓苗后浇水，中耕、蹲苗。

采收时，进行种株选择，将不符合种株标准的植株采收上市。种株选择的标准是，株形、叶形、叶色、叶缘符合原品种特征，生长快，叶片多，抽薹晚，无病虫害。

种株开始抽薹时要少浇水，防止花茎生长细弱而倒伏。抽薹后，在种株行间开沟施氮磷钾复合肥，667米^{2}约50千克，然后培土、浇水、促使花茎多发生侧枝。开花前插支柱，防止花茎倒伏或被风、雨折断。开花后经常保持土壤湿润，主花茎上的花谢后，减少浇水，防止种株基部重新萌发新枝，消耗养分，降低种子产量。

油麦菜种株上不同部位花序的开花期不一致，种子成熟期也不一致，应分期分批采收。

春播采种的优点是时间短，成本低，但由于种株未充分长大，叶片数较少，开花结实期较晚，往往遇到高温多雨天气，种子产量和质量受影响。

2. 秋播采种 10月份在阳畦中播种育苗，翌年3～4月份定植到露地。

秋播采种的种株有充分生长发育的时间，植株生长健壮，叶片数多，花茎粗，分枝数多，开花结实期较早，可避过高温多雨季节，所以种子产量较高，质量较好。

十四、落葵

落葵（*Basella alba* L.）又名木耳菜、藤菜、藤葵、豆腐菜、软菜叶、软姜子、染浆叶、篱笆菜、紫豆菜、胭脂菜、胭脂豆、天葵、非洲菠菜、皇宫菜、红果儿、繁露、紫葛叶等。原产中国和印度，世界各地均有分布，以中国和非洲栽培较多。我国南方栽培较普遍。近年来，在北方一些地区，落葵的栽培逐渐增多，成为夏季重要的绿叶蔬菜之一。

落葵的幼苗、嫩梢和叶片滑润多汁，可以热炒、做汤、凉拌或沾鸡蛋面糊油炸，味道清香脆嫩，像木耳一样爽口。该菜的叶绿素既非脂溶性，又非水溶性，煮后绿色不褪。但如果煮的时间过长，口感黏滑。

（一）营养价值及食疗作用

据中国医学科学院卫生研究所（1981 年）分析，每 100 克落葵的食用部分含水分 92.7 克、蛋白质 1.7 克、脂肪 0.2 克、碳水化合物 3.1 克、热量 87.864 千焦、粗纤维 0.7 克、灰分 1.6 克、钙 205 毫克、磷 29 毫克、铁 2.2 毫克、胡萝卜素 4.55 毫克、硫胺素 0.08 毫克、核黄素 0.13 毫克、尼克酸 1.0 毫克、维生素 C 102 毫克。维生素 C 含量仅次于辣椒、甜椒和青花菜（绿菜花）；胡萝卜素含量比黄胡萝卜高 25.7%，比红胡萝卜高 237%。所以落葵是富含维生素 A 和维生素 C 的蔬菜。

中医学认为，落葵味甘酸，性寒，无毒，有润燥滑肠、清热、凉血及解毒的功效，常用鲜落葵煮食或做菜，治便秘，小便短涩，阑尾炎。捣烂敷患处，可治外伤出血，烧烫伤，痈毒。鲜落葵50克，猪蹄一个或老母鸡一只，加酒水各一半炖服，治手足关节痛。

（二）生物学特性

落葵是落葵科落葵属一年生蔓性植物。种子发芽时子叶出土，根系发达，侧报分布深而广。茎柔嫩多汁，绿色、淡紫色或紫色，光滑无毛，分枝能力强。横断面为圆形，茎高可达3～4米，具左旋缠绕性。茎部接触潮湿土壤时，容易发生不定根，可以进行扦插繁殖。叶为单叶，互生，卵圆形，心脏形或近圆形，顶端钝尖或渐尖，全缘，无托叶。叶片深绿色，叶脉及叶边缘为紫红色，光滑无毛，有光泽。时柄长2厘米左右，少数可达3.5厘米，中央有凹槽。叶腋中着生穗状花序，长5～20厘米，1个花序上着生的花数少者10朵左右，多者达30余朵。两性花，小花无花梗，无花瓣，萼片4枚。萼片下部白色，上都淡紫色至浅红色，或全部萼片为白色。萼片基部连合成管获。雄蕊4枚，着生在萼片管口处。雌蕊有花柱3枚，基部合生。花期从6月份可延续到10月份，1个花序上的花由基部陆续向上部开放，所以晚发生的花序上所结的种子不能成熟。果实为浆果，广卵圆形或扁圆形，纵径0.5厘米左右，横径0.9厘米左右。果面光滑，初期为绿色，老熟时呈紫红色。果肉紫红色，多汁。果实内有种子1粒。种子球形，直径0.4～0.6厘米，千粒重25克左右（图17，图18）。

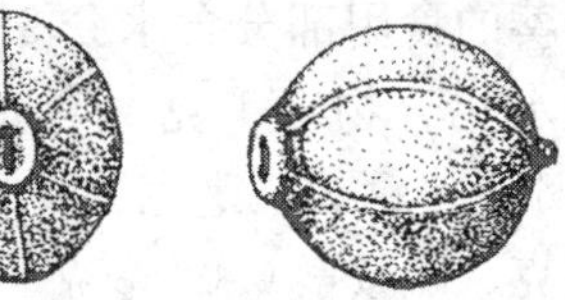

图17　落葵种子外形

落葵喜温暖，耐高温高湿。种子发芽适宜温度为20℃左右，露地播种时，土温在15℃以上才能发芽出土。生长适宜温度25～35℃，20℃以下生长缓慢，35℃以上只要不缺水，仍能正常生长。耐高温，高湿，不耐寒，遇霜冻茎叶枯死。适宜夏季栽培。

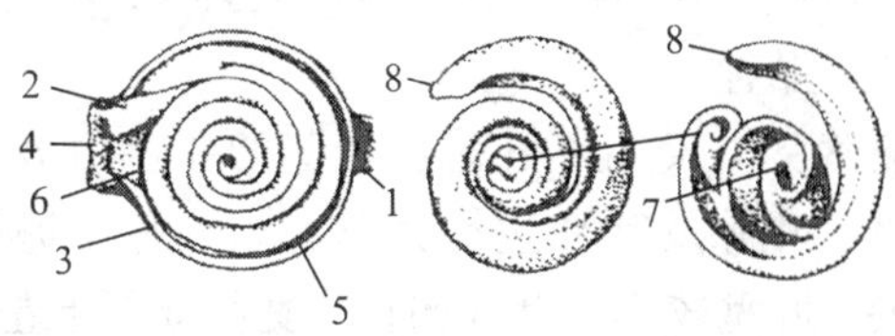

图 18　落葵种子剖面

1. 果柄　2. 发芽孔　3. 果皮　4. 花柱残余

5. 种皮　6. 胚乳　7. 子叶　8. 胚根

耐湿性强，但积水易发生沤根。因叶面积大，蒸发量大，对水分需求量也大。

落葵为短日照植物，所以春季播种时，要到秋季日照缩短后才开花结实。光照要充足，增强光照，延长光照时间，有利营养生长。但较耐阴，在保护地中，配制在支架下层也能生长。

落葵虽然有一定耐瘠薄能力，但在肥沃疏松的沙质壤土上生长良好。土壤以微酸性（pH 6.0～6.8）为宜。对肥料的需求量大，以氮肥为主，在种植前宜多施有机肥及复合肥。

落葵从播种到开花结果，一般需 90～120 天。分枝性强，新叶长出快，可不断摘叶采收或进行摘心，促使发生新枝新叶。除当地习惯吃嫩梢必须摘心外，如果只采收嫩叶不必过多摘心。整株落葵的茎叶重量比为 1∶3 左右。落葵叶柄处出现花蕾，标志着植株由营养生长转入生殖生长，商品价值已经开始下降。

（三）种类及品种

落葵按花色可分为红花、白花和黑花 3 个种，菜用多为前两种。

1. 红花落葵　红花落葵又名红落葵、红梗落葵。染色体数 2n=4x=48。红花落葵花萼上部为紫红色或淡红色，而花萼筒下部为白色。但茎及叶的特征有变异。根据茎、叶的主要特征又可分为以下 3 个品种：

（1）红梗落葵 又叫红叶落葵，茎的颜色由淡紫色至紫红色，叶片深绿，叶脉及叶片边缘为紫色。叶片呈卵圆形至近圆形，顶端钝尖。叶型较小，叶片的长、宽约 6 厘米左右。穗状花序的花梗长 3.0～4.5 厘米。

（2）青梗落葵 为红梗落葵的一个变种。茎为绿色，其他特征与红梗落葵相近。

（3）广叶落葵 原产我国南部。嫩茎绿色，老茎局部带粉红色至淡紫色。叶片深绿色，心脏形，顶端急尖，叶型大，叶片平均长 10～15 厘米，宽 8～12 厘米，叶柄有明显腹沟，平均单叶重约 19 克。穗状花序的花梗长 8～14 厘米，又称大叶落葵，是优质高产的落葵品种，如贵阳大叶落葵、江口大叶落葵及从江口大叶落葵中选出的“江口大叶 76－13”品系。该品系平均单叶重可达 22～24 克，每株平均有 60～80 片叶，耐热性强，35 ℃高温仍能正常生长，耐旱、耐瘠薄，病虫害少。大叶落葵 667 米^2 产一般 3 000 千克左右，高产者可达 5 000 千克。

2. 白花落葵 又名白落葵、细叶落葵。染色馋数 2n＝5x＝60。茎淡绿色，叶片绿色，花白色。叶片卵圆形至长卵圆形，基部圆，埂端尖，叶边缘波状。叶型小，平均长度 2.5～3.0 厘米，宽 1.5～2.0 厘米。穗状花序的花梗较长，着生的花数较少。以采收嫩梢为主，栽培较少。

（四）栽培技术

1. 栽培季节 露地栽培时，自春季终霜后至夏末可以分期播种，但以 4～5 月份和 7～8 月份播种的产量较高，品质较好。如果为了提早采收期，春季可以比露地提前一个月在塑料大棚中播种。

2. 栽培方式及方法 根据食用要求的不同，有直播和育苗移栽两种栽培。

(1) 直播 以采食幼苗为主时多采用直播方式。为了分期上市，第一茬可在土温稳定在 15 ℃左右时，在塑料大棚或日光温室中播种。春暖后在露地分期直播，播种后 40 天左右可以开始间拔幼苗上市。

落葵的种子厚而硬，春季如用干籽播种，往往要十几天才能发芽，应当进行浸种催芽处理。将种子在 25～30 ℃温水中泡1～2 天，然后放在 30 ℃温度下催芽，种子露白时播种。夏、秋季播种时，因温度高，种子发芽出土快，不需要浸种催芽，一般播种后 3～5 天就可出苗。

南方多雨地区采用深沟高畦直播，畦宽（连沟）1.4 米左右。北方少雨地区多采用平畦。播种前 667 米^2 施腐熟堆肥 1 500～3 000 千克。可以撒播、条播或穴播。撒播的 667 米^2 播种量 7～8 千克，条播的为 5～6 千克。以采摘嫩叶为主的，也可以采用穴播，行距 20 厘米，株距 15 厘米，每穴播 3～4 粒种子，667 米^2 播种量 4～5 千克。播种后浇足底水，畦面盖草帘或遮阳网，然后再盖一层塑料薄膜，保持土壤湿度以利种子发芽。出土后，在整个生长期随浇水勤施少量速效性氮肥，促进茎叶迅速生长。幼苗长出 5～6 片真叶后，可开始陆续间拔上市。间拔后留下的幼苗，可在长到约 25 厘米高时，留基部 3～4 片叶采摘嫩梢，每次采摘后 667 米^2 施尿素 10 千克左右，可连续采摘数次。

(2) 育苗移栽 以采食嫩叶及嫩梢为主时，多采用育苗移栽方式。技术措施要点如下：

① 育苗 根据栽培季节可以在露地、温床、塑料拱棚或温室中播种育苗。在露地育苗时应选择高燥向阳、排灌方便的地方，做成宽 100～160 厘米的畦，干旱地区用平畦，多雨地区用高畦。一般采用撒播。

在保护地中播种育苗的，在保证幼苗生长所需适温的同时，应注意逐步进行通风锻炼，使幼苗生长健壮，定植后可以迅速恢复生长。

② 定植 春播落葵的定植期根据当地终霜期的早晚决定。终霜期过后，土温达到接近根系生长的低温界限（15 ℃）时，便可定植。南方一般在 4 月上旬定植，北方可适当延迟。

定植的株行距根据栽培目的决定。主要用做采摘嫩叶及留种的植株，需要搭架，行距为 40～60 厘米，株距为 27～40 厘米，每穴栽 1～5 株。主要用做采摘嫩梢的植株，不需要搭架，行距为 20～27 厘米，株距为 13～20 厘米，每穴 1～3 株，也可以采用宽窄行定植，以利管理和采收。

③ 田间管理 除了及时进行中耕、除草、浇水、追肥等项管理工作外，还要特别注意直接影响产量和品质的采收方法和整枝方法。

以采摘嫩梢为主的整枝、采摘方法：苗高约 30 厘米时，基部留 3～4 片叶采割嫩梢上市，待叶腋发出侧芽后，选留两个健壮侧芽，使其长成两个 1 级侧枝，将其余芽抹去。第二次采割嫩梢后，在 1 级侧枝上选留 2～4 个健壮侧芽，使其长成 2～4 个 2 级侧枝，抹去其余侧芽。进入生长盛期后，在 2 级侧枝上选留 5～8 个健壮侧芽，使其长戒 5～8 个 3 级侧枝。生育后期植株长势减弱，选留侧芽数应减少到 1～2 个，使其长成较健壮的茎梢和肥大的叶片，并将时腋中出现的花序及早摘除，减少养分消耗，提高产量及品质。

春播一般 667 米^2 产 3 000～4 000 千克，高产者可达 4 500～5 500 千克。

以采摘嫩叶片为主的整技、采摘方法：定植后，苗高达 30 厘米左右时搭架。为了使植株空间分布均匀，增加叶片受光面积，最好搭直立栅栏形支架。搭架后开始整枝，在主蔓的基部选留 2 个健壮侧芽，使其长成两条 1 级侧蔓，主蔓和两个 1 级侧蔓统称为骨干蔓，长到架顶时摘心，再从骨干蔓的基部各选留一个健壮侧芽（其余侧芽抹去）使其发育成侧蔓，作为骨干蔓的预备蔓。当骨干蔓上的叶片采摘完后，从靠近预备蔓着生处，将骨干蔓剪掉，使预备蔓代替骨干蔓继续生长。生育后期为使植株的营养集中，可根据植株长势减少留蔓数，并且要及时摘除花序，减少养分消耗。

采用以上方法整枝，植株上的叶片数虽然较少，但叶片肥厚柔嫩，单叶重量大，品质好，商品价值高，总产量和总产值也随之提高。

（五）落葵嫩茎叶的生产

选红梗落葵或青梗落葵，广叶落葵和白花落葵等，择土质肥沃的土壤，667 米^2 施入腐熟有机肥，深翻后做 1 米宽的畦，浇足底水，覆盖地膜。用新种子，清水淘洗干净后播种，出苗后选粗壮无病的主枝或侧枝，截成 15 厘米左右的插条，每条插条上有 3 个节，顶芽上留 1 厘米平切，底芽第三节下留 0.5 厘米向下 30 度角斜切。用生根粉醮一下，按 45 度角直接插入苗床，顶端覆盖细沙土，厚 2 厘米，镇压后浇透水，支小拱棚遮光培养。保持温度 28 ℃，7～10 天扎根发芽后逐渐降温，增加光照。生长期间温度保持 22～23 ℃，空气相对湿度 80%，每天浇水 1～2 次。幼苗 6 叶期，随水追施尿素 10 千克，复合肥 10 千克，以后每采收一次，追肥 1 次。落葵分枝性强，茎叶生长快，要不断摘叶、摘心，促进新芽生长。采收时只留基部 3 节，促进腋芽生长，7～10 天采收一次。

（六）留种

落葵是自花授粉植物，留种栽培可以不加隔离。一般从春播育成的苗中，选茎粗、叶片大而肥厚、无病害并符合原品种特征特性的苗，定植到大田。行距 50～60 厘米，株距 30～40 厘米，每穴栽 2～3 株。株高达 30 厘米左右时搭架，架高约 2 米。蔓伸长后及时摘心，使其发生侧蔓。为使留种植株生长健壮，要少摘或不摘嫩叶。开始出现花序时，疏去生长细弱的侧蔓，拔除不符合本品种特征特性的植株，追施氮磷复合肥。落葵的花期长，除了不断满足水分和肥料的需求外，还要适时摘心，控制茎叶生长，并摘除后期发生的花序，使养分集中到所留的花序中。

落葵的穗状花序由基部向上陆续开花结实，果实陆续成熟。当果实呈紫红色时种子成熟，果实变为黑紫色时容易自行脱落，所以应当在果实出绿色变为紫红色时，分次及时采收。

果实采收后放在容器中，搓揉出汁液，发酵 3～5 天后淘洗，或搓出果肉后直接用水淘洗，放在通风、阴凉处晾干贮藏。成熟种子的发芽力可长达 5 年左右。

（七）病虫害防治

1. 病害 落葵的主要病害有蛇眼病、灰霉病和炭疽病。

（1）蛇眼病 又名鱼眼病。主要危害叶片，整个生育期都有发生。被害叶片最初在叶表面出现紫红色、似针尖大小的斑点，以后扩大为圆形，直径 2～6 毫米。病斑的四周为紫褐色，中央为灰白色，稍凹陷，质薄的圆点，其直径最初约占整个病斑直径的 1/2，随病斑的扩大，中央灰色部分几乎扩大到整个病斑。病斑一般不穿孔，但当田间湿度大时易穿孔。发病严重时，一片叶上有多个病斑，影响品质，而且叶片受害后会提早枯黄，降低产量。

落葵蛇眼病的病原菌属半知菌亚门尾孢属真菌。分生孢子梗短粗，淡褐色，分生孢子线状，基部稍膨大，无色，具 4～6 个横隔膜。病菌附着在种子上或随病残体遗落在土壤中越冬，第二年产生分生孢子，进行初侵染，借气流和雨水传播。田间管理粗放、土壤排水不良、施用氮肥过多的田块或雨水多的季节，发病严重。

防治方法：

第一，避免和藜科蔬菜（菠菜、叶菾菜、根菾菜等）、落葵科蔬菜（红花落葵、白花落葵）连作。

第二，冬前深瓣。

第三，播种前种子用福尔马林100倍液浸泡0.5～1.0小时，杀灭种皮上附着的病菌。

第四，搭直立栅栏形支架，改善田间通风透光条件。

第五，发病前喷1（硫酸铜）∶2（生石灰）∶200～300（水）波尔多液预防。发病初期，喷75%百菌清可湿性粉剂600～700倍液，或25%多菌灵可湿性粉剂400～500倍液。

第六，出现病叶时及时摘除；清园时将病株残体烧毁或深埋。

（2）灰霉病 一般发生在落葵生长中期，病菌侵染叶片、叶柄、茎及花茎。叶片和叶柄染病时，开始出现水浸状斑点，当温湿度适宜时，病部迅速扩大，导致叶片萎蔫腐烂。茎和花茎上染病时，产生褪绿色、水浸状、不规则斑点，继而出现灰色霉层（病菌繁殖体），导致茎折倒或腐烂。

灰霉病病原菌属半知菌亚门真菌。分生孢子梗束生，直立，梗基部细胞较膨大，老孢梗较粗，具5～6个横隔膜，深褐色，梗顶着生孢子处具数十根无色或淡褐色小梗。分生孢子无色透明，单孢，椭圆或近圆形。

灰霉病以分生孢子在病残体上及土壤中越冬，成为第二年的初侵染源。病菌发育适温20℃，分生孢子形成适温15～20℃，7～8℃也可以产生分生孢子。在低温、高湿、通风不良的环境中易发病。

防治方法：

第一，清除病株，集中深埋或烧毁。

第二，避免种植过密，搭架栽培时最好采用宽、窄行栽植，改善田间通风透光条件。

第三，发病初期喷洒50%速克灵可湿性粉剂1 500～2 000倍液，或30%甲基硫菌灵悬浮剂500倍液。

第四，保护地中要注意通风排湿。发病时可施用5%百菌清粉尘剂，667 米^2 每次1千克，或施用10%速克灵烟剂，每次250克。

(3) 炭疽病 炭疽病主要危害叶片，有时也可危害茎和叶柄。叶片感病后，最初产生圆形或椭圆形或不定形病斑。病斑边缘褐色至紫褐色，略隆起，病斑中部最初为黄白色，以后变为灰白色，略下陷，有时可以看到不明显的轮纹，湿度较大时还可以看到稀疏的小斑点。病斑易破裂或穿孔。茎部及叶柄感病后，出现梭形或椭圆形病斑，略下陷。

炭疽病病原属半知菌亚门真菌，病菌以菌丝或分生孢子在病株或病残组织和种子上越冬，第二年春暖后，分生孢子借风、雨传播蔓延。南方周年种植落葵的地区，病菌在植株上辗转传播，没有越冬期。发病的环境条件是高温高湿，气温25～30 ℃，空气相对湿度在80%以上的阴雨天气，连作地发病严重。

防治方法：

第一，从无病种株上采收种子或播种前用50 ℃温水浸种30分钟进行种子消毒。

第二，选地势高燥处种植，多雨地区田间应有排水沟，大雨后及对排水。

第三，炭疽病病菌在土壤里的病残组织上可存活1年多，所以在同一地块，最好隔2年再种落葵。

第四，发病初期，喷75%甲基托布津可湿性粉剂800倍液，或50%苯菌灵可湿性粉剂1 500倍液，或75%百菌清可湿性粉剂600倍液。将50%苯菌灵可湿性粉剂2 000倍液与75%百菌清可湿性粉剂1 000倍液混合施用，效果更好。

2. 虫害 落葵静主要虫害是小地老虎。

小地老虎又叫土蚕、地蚕、黑土蚕、黑地蚕。幼虫将幼苗近地面的茎咬断，造成缺苗、减产。

成虫是暗褐色的蛾子，体长16～23毫米，翅展42～54毫米，前翅有2对“之”字形横纹，翅中部有黑色肾形纹，外侧有

3个三角形黑斑。后翅灰白色。成虫喜食糖蜜。白天躲在土缝、草丛等阴暗处，夜间飞翔，取食，交配，产卵。

雌蛾多在刺儿菜、灰菜、小旋花等杂草上产卵，也可产在菜叶上或土块下。散产或成堆产。卵长0.5毫米，半球形，上有射状隆起，初产卵为乳白色，后渐变为黄褐色。

初孵化出来的幼虫群集在心叶及幼嫩部分，吃成小孔或缺刻，危害不大。4龄以后食量大增，白天潜入表土，夜出活动。尤其是天刚亮，露水多时为害最凶。苗小时齐地面咬断嫩茎，或爬上菜棵咬断幼嫩部分（图19）。

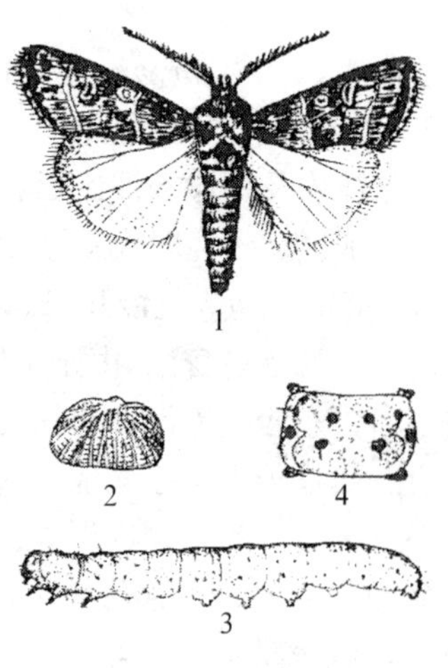

图19　小地老虎
1. 成虫　2. 卵　3. 幼虫
4. 幼虫第四腹节（背面观）

防治方法：

（1）清园　早春清除菜田及周围杂草，防止成虫产卵。如发现1～2龄幼虫，应先喷药后除草，以免幼虫入土隐蔽。

（2）用黑光灯或糖醋液诱杀成虫　糖醋液的配方为：糖6份、醋3份、白酒1份、水10份、90%敌百虫1份，装在盆中调匀，在成虫发生盛期分放在田间。用泡菜水加适量农药，也有诱杀成虫效果。

（3）用毒饵诱杀幼虫　在播种或定植前，选择小地老虎喜食的杂草（灰菜、刺儿菜、小旋花、苦麦菜、苜蓿、艾蒿、青蒿、白茅、鹅儿草等），用90%敌百虫400倍液泡10分钟后，于傍晚撒在田间诱杀。

（4）药剂防治　小地老虎1～3龄幼虫期抗药性差，面且暴露在寄主植物或地面上，可喷洒90%敌百虫800倍液，或50%辛硫磷800倍液，或2.5%溴氰菊酯3 000倍液。

十五、孜然

孜然 *Cuminum yminum* L. 又叫安息茴香，为伞形科孜然芹属 1～2 年生草本植物。

原产埃及、埃塞俄比亚、地中海沿岸、前苏联、伊朗、印度及北美地区。圣经时代就开始人工种植。在阿拉伯的帝国建立以后（7 世纪）迅速流传开来。在唐朝中叶，它被传入中国的高昌回鹘（维吾尔前身）。由于那时吐番占据了河西走廊，丝绸之路被阻断，东西交流没有唐朝前那么频繁。因此很长一段时间，孜然没有大量传入中原地区。孜然作为调料，一直没有在中国内地传播开来，因为中国内地主要以米面为主食，对其需要量不大。在唐朝时主要拿它做药物。《唐本草》记载，将孜然炒熟后研磨成粉，就着醋服下，可以治疗心绞痛和失眠。我国新疆是最主要的产地，“乌鲁木齐”一词的意是美丽的牧场。这个城市有众多的美食，其中考羊肉串就是一大特色食品。羊肉串讲究鲜嫩，用铁丝串好，架在槽上烧烤，然后撒上各种调料。调料中最重要的就是孜然，没有它烤羊肉串就失去了那浓郁的香味。孜然名称来自维语，意思是可息茴香。当地维吾尔族、回族、克尔克孜、哈萨克等各族群众，将其果实磨成粉末用作食品调料。孜然在我国仅产于新疆和甘肃河西走廊，在国外，印度及南亚地区是其重要出口地。孜然在西方仅次于胡椒的第二大香料，许多菜肴都用到孜然或由它调配而成的咖喱粉。孜然做调料可以让牛羊肉祛腥解腻，使肉质更加芳香，增加人们的食欲。孜然生吃、熟吃都可以，生的一般用做烧烤。熟的一般直接撒在做好的食物上。大家不要认为孜然只是做肉食，其实烹饪素菜的时候也可以放一些，可以让菜肴有一种奇异的香味。

中医认为，孜然气味甘甜，辛温无毒，具有温中暖脾、开胃下气、消食化积、醒脑通脉、祛寒除湿等功效。明太祖五子周定王主持编写的《普济方》中，就有用孜然治疗消化不良和胃寒、腹痛等症状的记载。因此，有胃寒的人，平时在炒菜时可以放点孜然，以祛除胃中的寒气。但孜然性热，不宜多吃。

随着新疆美食文化的普及，那诱人的烤羊肉串、拌面、大盘鸡，让许多人口水直流，这也就使孜然被更多的人认识。

孜然一般株高 30～40 厘米，单株分枝 6～9 个，生育期80～90 天，具香味。籽色淡黄，千粒重 2 克以上。近年来托克逊县种植面积扩大，年产量达 1 300 吨以上，味香色艳，质量上乘。

（一）播前准备

孜然适应性强，耐旱怕涝，对土壤要求不严。一般选择脱盐彻底的沙壤土种植较好。前茬作物以小麦、蔬菜、瓜类或棉花等为宜，忌重茬。前茬作物收获后及时耕翻平整，灌足底墒水，来年早春土壤解冻 10 厘米后及时精细整地，做到齐、松、净、碎、墒、平，打成小畦，并在地边备细沙。孜然耐瘠薄，忌高水肥。播种前结合整地 667 $米^2$ 施优质有机肥 1 500～2 000 千克，磷酸二胺 10～15 千克，均匀混施于土壤中。春播前结合整地，667 $米^2$ 用 80～100 克氟乐灵乳油对水 30 千克，在无风条件下均匀喷施地表，及时耙地，使土药均匀混合。耙地后及时耱平待播。

（二）播种技术

选择籽粒饱满，色泽黄亮无病虫种子进行人工精选，除去杂质。播前用“立克秀”拌种，3 月上旬用 1.5～2 千克精选处理的种子，在无风条件下，均匀交叉撒两遍，然后在种子表面覆盖 1～2 厘米沙子。也可将沙子散开，用播种机浅播，行距 15 厘米，播后拂平地表。

孜然生育期短，田间可套种棉花等秋作物。4月中旬按行距60厘米，株距20厘米点种棉花。孜然收获后及时给套种作物追肥灌水，加强管理，使之生长良好。

孜然也可育苗。辽宁凌海市职教中心马文海研究用草炭＋蛭石（2.3∶1）（对照），棉籽壳＋珍珠岩＋蛭石（2.5∶1∶1.5），棉籽壳＋蛭石＋沙子（2.5∶1.5∶1），棉籽壳＋炉渣＋蛭石（3∶1∶1）和棉籽壳和蛭石（2.3∶1）5种复合培养基，采用72孔育苗盘中育苗，结果后者对孜然芹幼苗的地上部分和根系生长具有较明显的促进作用，尤其处理2和4对幼苗地下部鲜重、干重和体积的促进作用最为明显。

（三）田间管理

孜然播种后及时灌水压沙。孜然喜旱怕湿，湿度过高可造成大面积死亡，采取少量多次的灌法，保持地块不干旱。抽薹后，灌苗水，开花期灌二水，灌浆期灌三水，全生育期灌水2～3次。灌水应在阴天或傍晚进行。深不过3.3厘米，浇灌不淹苗。田间积水须及时排除。

结合灌苗水，667米^{2}施尿素3～5千克，抽薹后，叶面喷施磷酸二氢钾、喷施宝等叶面肥2～3次。

孜然幼苗顶土弱，播后灌水待地表发白及时用耙子松土，破除板结，助苗出土。幼苗出土后拔除杂草，保持田间干净无草。

孜然幼苗生长缓慢，幼苗出土显行后及时间苗，3片真叶后定苗。要做到间苗狠，定苗早，保苗密度4万～5万株，田间分布均匀。

（四）适时收获

6月上旬，孜然大部分枝叶发黄，籽粒饱满成熟及早收获。收获分批进行，随熟随收。收获时连根拔起，放在场地晾2～3天，进行后熟，然后脱粒，扬筛干净入库。

十六、苋菜

苋菜又叫米苋、苋、青香苋、红苋、赤苋、彩苋、荇菜、刺苋。原产印度，中国也是原产地之一，世界各地均有分布。有栽培和野生两类，古人把苋菜分为白苋、紫苋、五色苋、人苋、马苋，统称六苋。六苋均能当菜食用，亦能药用。现只有我国和印度作蔬菜栽培。我国种植时间很长，甲骨文中已有“苋”字；以后《列子》、《管子》等书中都提到它。自有记载至今，少说也有三四千年了。明《救荒本草》收载过它；《野菜谱》有歌曰：“野苋菜，生何少，尽日采来充一饱。城中赤苋美且肥，一钱一束如贼草。”在中国诗文中大都将它和藜（灰菜）并提。陆游就有这样的诗句：“书生岁恶甘藜苋”、“枵然痴腹肯贮愁，天遣作盎盛藜苋”、“喟然语儿子，勿愧藜苋腹”。栽培种主要分布在中国。中国自古栽培苋菜，在汉初的《尔雅》中称为“蒉”、“赤苋”。明李时珍《本草纲目》：“苋并三月撒种……细苋即野苋也，柔茎细叶，生即结子，味比家苋更胜。”

苋菜在中国各地均有，尤以长江以南栽培普遍。近年来，北方一些大中城市开始引种栽培，是夏秋淡季上市供应的重要蔬菜。

苋菜以嫩茎叶作食用，将食油烧热后投入蒜米或蒜片，然后加苋菜炒食，别有风味，也可做汤。我国浙江宁波、绍兴一带还取苋菜老茎，用盐腌渍后蒸食。广东、广西、湖南群众还有采摘野生苋菜的习惯。栽培苋菜每 100 克嫩茎叶中含蛋白质 1.8 克，脂肪 0.3 克，碳水化合物 4.4 克，粗纤维 0.8 克，钾 577 毫克，钙 190 毫克，磷 46 毫克，镁 74.1 毫克，铁 4.1 毫克，胡萝卜素

1.91 毫克，硫胺素 0.04 毫克，核黄素 0.15 毫克，尼克酸 0.7 毫克，维生素 C 33 毫克。栽培种苋菜的营养价值主要表现在有比较丰富的钾、钙、镁、铁、胡萝卜素和核黄素。核黄素又叫维生素 B_2，它是一种有助于人体生长的维生素，人体如果缺乏维生素 B_2 眼睛易疲劳，怕光，角膜充血，口角发炎，还容易患皮肤炎，产生鳞片状皮屑。另外，红苋菜还是天然食用红色素（β-花青素）的来源，夏季播种的红苋菜每 1 000 $米^2$ 土地生产的茎叶，可提取 4.5 千克（干重）的红色素。

特别一提的是野生苋菜的一些重要成分，普遍高于栽培种，尤其突出的是含有丰富的胡萝卜素和维生素 C。据广西玉林地区土肥站唐业昌报道，野生苋菜每 100 克食用部分鲜重的胡萝卜素含量为 12.2 毫克，是栽培种 6.4 倍，而且比蔬菜中胡萝卜素含量较高的冬寒菜（9.98 毫克）还高 35.9%。野生苋菜每 100 克食用部分中维生素 C 含量为 157 毫克，是栽培种的 4.8 倍，其含量仅次于维生素 C 之王之称的青色尖辣椒（185 毫克/100 克食部鲜重）。野生苋菜中的核黄素含量为 0.36 毫克，是栽培种的 2.4 倍。苋菜叶中蛋白质含量多，很多国家已建立了提取叶蛋白的工厂，使植物蛋白直接为人类利用，既经济又易于消化。每天食 50 克苋菜就可满足人体对两种维生素的需要。

中医学认为，苋菜属寒性，有清热、泄火、解毒、补气、明目、滑胎、利大小肠的功效。内服可治疗痢疾肠炎、咽喉肿痛、白带、胆结石、胃肠出血、甲状腺肿、毒虫咬伤等症。苋菜嫩茎与米煮成粥，有治疗痢疾初起的功效。应特别注意的是，苋菜对硝酸盐的吸收量较大，加之含有草酸，草酸与矿物质综合形成不易被人体吸收的物质，所以食用时最好用开水焯过，除去硝酸盐和草酸后再烹调。

（一）生物学性状

苋菜为苋科一年生草本植物。茎肥大，质脆，分枝多，高2～

3米。叶互生，全缘，先端尖或纯圆，有披针形、长卵形或卵圆形。叶面平滑或皱缩，绿、黄绿、紫红或杂色。穗状花序，花小，顶生或腋生。种子极小，圆形，紫黑色而有光泽，千粒重0.7克，使用年限2～3年（图20）。

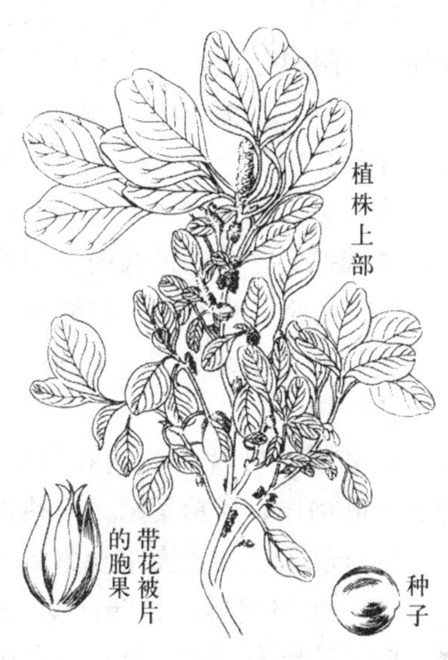

图20　苋菜

喜温暖、较耐热、不耐寒，种子发芽适温25～35℃，10℃以下很难发芽。生长适温23～27℃，20℃以下生长缓慢。在白天温度30℃，夜间温度25℃条件下，营养生长最旺盛。短日照，在高温短日照（日照时间为12小时左右）条件下，容易抽薹开花。在温度适宜，日照较长的春、夏季栽培，因抽薹晚，茎、叶能充分生长，因而产量高，品质柔嫩。不择土壤，但在保水、保肥力强的微碱性土壤上生长良好。具有一定的耐旱能力，不耐涝，排水不良的田块生长差。对氮肥的吸收量较大，满足其需要，可使生长迅速，茎叶柔嫩，产量高。

（二）类型和品种

苋菜约有40种，我国有20多种，大部分野生。按食用器官不同可分为茎用，籽用和菜用三大类。茎用苋的主茎发达，粗壮高大，不大分枝，以食用茎部为目的。籽用苋亦称谷粒苋，穗型生长，食用种子。菜用苋除栽培种外，还有野生种。菜用的栽培苋种类很多，按叶色，可分为绿苋，红苋和彩苋（又称花苋）3个类型。

1. 绿苋 叶和叶柄绿色或黄绿色，叶面平展，食用时口感较硬，但耐热性强，适宜春秋季节播种。

白米苋 上海市农家品种。叶卵圆形，先端钝圆，叶面微皱，叶及叶柄黄绿色。较晚熟，耐热力强，适宜春播或秋播。

柳叶苋 广州市地方品种。叶披针形，长 12 厘米，宽 7 厘米，先端锐尖，叶的边缘向上卷曲呈匙形。叶片绿色，叶柄青白色。耐热力强，也有一定耐寒力。

木耳苋 南京市地方品种。叶较小，卵圆形，叶色深绿发乌，有皱褶。

2. 红苋 叶片、叶柄和茎均为紫红色。叶片卵圆形，叶面微皱，叶肉厚，质地柔嫩，耐热性中等，适宜春季和秋季栽培。

圆叶红米苋 上海市地方品种。侧枝生长弱。叶片卵圆形或近圆形，基部楔形，先端凹陷，叶面略有皱褶，紫红色，有光泽。叶片边缘有绿边，叶柄红色带绿。叶肉厚，质地较柔嫩。早熟，耐热力中等。

大红袍 重庆市地方品种，叶卵圆形，叶面微皱，正面红色，背面紫红色。叶柄浅紫红色，早熟，耐旱性强。

红苋菜 昆明市农家品种。茎直立，紫红色，分枝多。叶片卵圆形或菱形，紫红色，叶面微皱。

3. 彩苋 又名花红苋菜。叶片边缘绿色，叶脉附近紫红色。质地较绿苋柔软。早熟、耐寒性较强，适宜早春及夏季栽培。

尖叶红米苋 又叫镶边米苋，上海市地方品种。叶片长卵形，先端锐尖，叶面微黄，叶边缘绿色，叶脉周围紫红色，叶柄红色带绿。较早熟，耐热力中等。

花圆叶苋 江西南昌市地方品种。叶阔卵圆形，叶面微皱，叶片外围绿色，中部呈紫红色，叶柄红色带绿，叶肉较厚，品质中等。抽薹早，植株易老。耐热力中等。早熟，从播种到采收 40 天左右。江西地区 3～6 月份均可播种。

尖叶花苋 广州市地方品种。叶长卵形，先端锐尖，叶面较平展，叶边缘绿色，叶脉周围红色，叶柄红绿色。早熟，耐寒力强。

鸳鸯红苋菜　湖北武汉市农家品种，因叶片上部绿下部红而得名。叶片宽卵圆形，叶面微皱，叶柄淡红色。茎绿色带红，侧枝萌发力强。早熟，品质好，茎、叶不易老化。

（三）栽培技术

1. 栽培季节　从春季到秋季，无霜期内都可栽培。春播抽薹开花迟，品质柔嫩；夏秋季较易抽薹开花，品质差。为春季提早上市，可采用地膜覆盖栽培，拱棚栽培等方式，使采收期提前15～20天，收益随之增加。

2. 整地播种　选地势平坦，排灌方便，杂草少的田块种植。以采收嫩苗为主的，用种子直播；以收嫩茎为主的，可以育苗移栽。播前667米^{2}撒施腐熟有机肥1 500～2 000千克，浅耕，深15厘米，耙碎，耱平后做畦，畦面要平整细碎。种子小，千粒重仅0.7克，多撒播。667米^{2}用种量春季3～5千克，夏季2千克，秋季1千克。

播后浅耙踏实，或浇足底水，撒播后覆土，厚1厘米。播后春季8～12天，夏、秋季4～6天出苗。采收茎为主行育苗者，按行株距30～35厘米距离定植。

春季温度低，为促进早出苗，需进行浸种催芽：将种子装入织布袋中，放温水中浸泡3～4小时，取出置30℃左右条件下，催出芽后再播。低温，土壤干燥时，宜先灌水，水渗后撒入种子，然后盖粪土，厚0.4厘米。若温度适宜，土壤墒情好，可在撒入种子后，盖粪土，或撒入种子后用十齿耙轻轻耧耙，将种子埋入土中。若土壤水分不甚充足时，撒入种子后用十齿耙反复耧耙，将种子埋入土中，再轻踩一遍，或用锨拍实，使种子与土壤紧密结合，再用十齿耙轻耧一遍，使表土疏松。这样土壤较紧实，能借助土壤毛细管作用，将土壤下层的水分提升到表皮，促进发芽；又因地表疏松，有利于保墒，所以出苗好。

苋菜除单独种植外，可以套种在瓜、豆架下，或与茄子等间作。一般先种苋菜，在预留的空行中，适时定植主作物；也可在主作物生长后期，在行间播种苋菜。

3. 管理 苋菜播种后，春季需10天，夏、秋季需4～5天开始出苗。当其生长到2片真叶时开始追肥，4～5片真叶时再追肥1次，以后每收1次，追肥1次，每次667米^{2}施尿素5～10千克。结合施肥，进行浇水。加强肥水管理是苋菜高产优质的主要措施，肥水不足时，生长慢，容易抽薹，品质差，产量低。

4. 采收 一般是一次播种，多次采收。苗高7～10厘米时开始间收大苗及密生苗。以后根据苗情再间收1～2次，使苗距达13厘米左右。当苗高25厘米左右时，基部留5～10厘米，割收嫩梢。待侧枝长到12～15厘米时再继续采收。

春播苋菜，播种后50～60天开始采收，一直采收到6～7月份，667米^{2}产1 500～2 000千克。夏秋季苋菜，播后30天开始采收，只收1～2次，667米^{2}产1 000千克左右。

5. 病虫害防治 主要病害是白锈病。该病由苋白锈菌引起，主要危害叶片。叶片上初现不规则褪色斑块，叶背生圆形至不定形白色疱状孢子堆，直径1～10毫米。叶片凹凸不平，终至枯黄，不堪食用。病菌以卵孢子随病残体遗落于土中越冬，翌年卵孢子萌发，产生孢子囊或直接产生芽管侵染致病。借气流或雨水飞溅传播。阴雨多，偏施氮肥时发病重。可用25%甲霜灵可湿性粉剂800倍液，或64%噁霜·锰锌可湿性粉剂400～500倍液，或64%甲霜铝铜可湿性粉剂500～600倍液喷洒。

主要虫害是蚜虫，可用40%乐果乳油1 500倍液，或50%马拉硫磷乳油1 000倍液，或2.5%氯氟氰菊酯乳油2 000倍液防治。

6. 留种 直播或移栽的，春播和夏播的都可留种。苗期注意去杂，使株行距保持 25～30 厘米。春播的 6 月份抽薹，7 月份开花，8 月份种子成熟。夏播的 7 月上旬播种，10 月份种子成熟。种子呈黑色时，收割，晒干脱粒，667 米^2 可收种子 70～100 千克。

(四) 保护地栽培

1. 播种 2 月中旬播种，播前 15～20 天扣棚增温。大棚要密封，棚两边设薄膜裙子以便通风。苋菜种子细小，整地必须精细，做到地平、土细，以利出苗。大棚苋菜应选耐寒的深红色品种。做深沟高畦，4～6 米宽大棚做两条畦，中间管理沟深 15 厘米，宽 30 厘米。种子掺细沙撒播，每公顷播种量 60～75 千克。播后覆营养土厚 0.5～1.0 厘米，轻拍镇压浇透水。在畦面上横放几根竹竿，然后覆盖一层薄膜保温、保湿，并在畦面上搭小拱棚，覆膜升温，夜间加盖草帘保温，促进早出苗。

2. 管理 播种 7～10 天后出苗。子叶出土后，揭去薄膜，但夜间仍保留小拱棚薄膜覆盖。白天温度高，可揭去小拱棚薄膜，充分接受日照，及时拔除杂草。播种前浇底水的，以后一般不浇水。土壤较干，可以浇 0.3%～0.5%尿素液，或以稀薄人畜粪尿追施。当有两片真叶时，除草、间苗、施清水粪。此时，高温、高湿、高肥有利于生长。

苋菜长到 5～6 片叶、10～15 厘米高时，间大苗上市。每采收一次，追一次肥水。一般浇 4～5 次，均施以氮肥为主的稀薄液肥。施肥后注意通风，温度较低时施肥在上午 10 时后进行，有利于保温和降低空气湿度，防止病害发生。

3. 采收 播种后 40～50 天采收。4 月上旬第一次采收，采收后小拱棚可拆除。第二次可行挑收，也可拔收，然后扎成小捆上市。每采收一次，施一次清水粪。第一次采收多与间苗结合，要掌握收大留小，留苗均匀，增加后期的产量。以后采收可行割收，每次收割嫩头，收获 4～5 次换茬。每公顷产 15 000～

22 500千克。

（五）苋菜套作蕹菜

1. 培肥整畦 选地势平坦、土层深厚、土壤肥沃、富含有机质、保水保肥能力强的地块，每公顷施腐熟有机肥 97 500～105 000 千克及蔬菜专用复合肥 750～825 千克作基肥。整地做畦，6 米宽大棚做两个畦，畦面宽 2 米，畦高 10～15 厘米。两边人行道 70～80 厘米，中间走道 50 厘米。

2. 播种 选用早熟、耐寒、丰产的红苋菜和吉安大叶蕹菜。播前 7～10 天，搭大棚并覆盖暖棚。1 月上中旬选晴天中午播种，先将苋菜种子撒播于大棚畦内，覆土镇压，然后将蕹菜按穴距 15 厘米播下，浇透水，盖薄膜，搭小拱棚。

3. 田间管理 当苋菜有 70%出苗时，可揭去薄膜，充分接受日照。苋菜与蕹菜采用大棚膜加小拱棚膜双层覆盖，白天棚温保持 30 ℃左右，中午开小口适当通风，夜间设法提高地温，寒流来临时，在小拱棚上再加盖一层薄膜。

生长期保持土壤湿润，畦面干时，可于晴天中午喷水。

及时追肥，每采收一次，追肥一次。每公顷施腐熟有机肥 10 500～12 000 千克，整个生长期需追施有机肥 67 500～75 000 千克。

4. 当苋菜苗具有 7～8 片叶、12～15 厘米时，即可间苗扎捆上市，拔大留小，于 3 月上旬上市，4 月中下旬结束。蕹菜苗高 20～25 厘米，即行采收，一般采收留植株基部 2～3 节，使其萌发嫩枝，3 月下旬上市，6 月份结束。

十七、菊花脑

菊花脑又叫路边黄、菊花叶、黄菊仔、草甘菊、菊花郎，原产于我国，云南、湖南、贵州、江苏、浙江等地多有野生和栽培。现在苏南、苏北及沪、杭等大中城市菜区也开始种植。每100克菊花脑含蛋白质3克，脂肪0.5克，碳水化合物6克，粗纤维3.4克，钙178毫克，磷41毫克和铜、锰、锌等微量元素。此外还有多种氨基酸、维生素 B_1、黄酮类和挥发油等芳香物质。以嫩梢、嫩叶供食，可炒食、凉拌或做汤或涮食。茎叶性苦、辛、凉，具有菊花清香气味，有清凉解暑，润喉，平肝，明目，开胃，治便秘，口苦，降血压、头痛、目赤等作用。

（一）生物学性状

菊花脑为菊科草本野生菊花的近缘种。茎直立，高25～100厘米，茎细，直立或匍匐生长，分枝性强。叶卵圆形或椭圆形，绿色，叶缘具粗大复齿状或羽状深裂，先端尖，叶柄具窄翼。枝顶着生头状花序。舌状花，黄色。瘦果，灰褐色，千粒重0.16克，可作种子。

耐寒，忌高温。冬季地上部枯死后，根系和地下匍匐茎仍然存活，越冬后翌年早春萌发新株。成株有一定耐热力，夏季可正常生长。耐干旱，耐瘠薄，对土壤适应性强，田边、地头都可种植。成片栽培时应选富含有机质，排水良好的肥沃地块，才能提高产量，增进品质。

种子在4℃时萌发，适温15～20℃，幼苗生长适温12～20℃，成株在高温季节也能生长，但供食部分品质差。20℃时采的嫩茎嫩叶品质最好。5～6 月份和 9～10 月份为春秋采收的最佳季节。

菊花脑不耐贮藏，采后迅速衰老，5 天后有近 1/3 的黄化，失水萎蔫，10 天后腐烂变黄，失去商品价值。10 ℃条件下贮藏 10 天以上，0 ℃可贮藏 20 天以上。家庭冰箱中可保存 7 天左右。

（二）品种

菊花脑按叶片大小，分为大叶种和小叶种两类。大叶种又叫板叶菊花脑，叶片卵圆形，先端较钝，叶缘缺刻细而浅，品质好，产量高。小叶种叶片较小，叶缘裂刻深，叶柄常呈淡紫色，先端较尖，产量低，但适应性强。

（三）栽培技术

1. 播种与育苗 菊花脑可作为一年生栽培，也可作多年生栽培。一般用种子繁殖，也可用分株繁殖或扦插繁殖，一次栽培多次收获。种子小，千粒重仅 0.16 克，667 米^2 用种量 0.5 千克。南方 2 月份播种，华北 4 月上旬播种。土壤要疏松，细碎，平整，趁墒播种或落水播种。出苗前保持土壤湿润，苗高 5 厘米时间苗，并随水追施速效氮肥。苗高 10～15 厘米时开始用剪刀剪收。收两次后，茎已粗壮，可用刀割取嫩梢。育苗移栽时，最好初春用阳畦或塑料拱棚播种，苗出齐后间苗，苗距 5 厘米。苗高 6～8 厘米时定植，穴距 10～15 厘米，每穴 4～5 株。4～10 月份采收，可连续采收 3～4 年，之后再行更新。

2. 扦插与分株 菊花脑在整个生长期内都可扦插繁殖，其中以 5～6 月份扦插的成活率最高。扦插育苗的方法是：用清洁的沙质壤土、河沙、泥炭各 1 份混匀，或直接用沙质壤土，浇透水。取菊花脑嫩枝，长 6～7 厘米，摘去基部 2～3 片叶，插入床土中，深 3～4 厘米。遮阴，保湿，约经 15 天即可成活，成活后移植大田。选择中下部插条，日光温室中一年四季均可进行，露地以3～5月份，春夏季为好。

分株繁殖大多在春季地已解冻，新芽刚长出时进行。将老桩菊花脑根际的土壤刨开，露出根颈，将部分老根连同其上的侧芽一起切下栽植。栽后及时浇水。分株繁殖的，植株生长快，但苗量小，适宜小面积繁殖用。

近年来，菜农利用竹支塑料大棚栽培，使菊花脑上部期比露地提早35～45天，667米^{2}产值可达8 000多元。定植前深翻晒袋，整平地面，做成宽1.5～2.0米的平畦，做到三沟配套，即中沟、围沟和畦沟配套，防止田间积水。一般中间宽50～60厘米，深35厘米；围沟宽50厘米，深30厘米，畦间宽30厘米，深25厘米。苗床面积与大田面积为1∶10，3月上旬育苗，定植667米^{2}大田需种子0.5千克，每千克种子拌细砂5千克，播后用锹轻拍，然后浇透水，盖小拱棚。播后约7天出苗，移栽前7～10天降温炼苗，苗龄55～60天。5月上旬定植，株距7厘米，行距15厘米，每穴栽2～4株。

菊花脑耐旱，但在生长期遇旱仍要浇水，多雨季节须防涝。7月中旬至10月中旬可陆续采收，这样做还可抑制开花，结籽，有利于提高大棚产量。每采1～2次，结合浇水在两穴之间深施1次追肥。

一般于12月中下旬将老株平地割除，同时进行浅松土和施肥，然后浇水，5～7天后扣盖大棚，同时畦面用地膜平地浮面覆盖，大棚四周压紧压实。大棚内晴天白天控制15～20℃，阴雨天比晴天低5～7℃，夜间棚内温度控制在10～15℃，温度过低生长不良。棚内空气相对湿度控制在70%～80%。菊花脑为多次采收蔬菜，每采收一次，在两穴之间深施一次追肥，667米^{2}施尿素10～15千克，施肥时将地膜揭开，施完后再盖上，到3月底把地膜完全揭掉。

3. 适时采收与留种 菊花脑以嫩茎叶供食用，最早从3月份开始采收，一般从5月上旬开始采收。株高10～15厘米时剪收嫩梢，每15天1次，直至9～10月份现蕾开花时为止，采后扎成小捆上市。采收时注意留茬高度，春季留茬高3～5厘米，秋季6～10厘米，667米^{2}产4 000～5 000千克。

留种时，夏季过后不再采收，任其自然生长。10～11月份开花，12月份种子成熟时剪收晒干脱粒，667米^{2}收种子约10千克。

4. 病虫害防治 菊花脑病虫害较少，天旱时有蚜虫为害，可用40%乐果乳油1 000倍液防治，最后一次用药距采收期不可少于7天。

多年生老桩菊花脑常有菟丝子危害，可用微生物除草剂鲁保1号喷洒防治。使用浓度一般要求每毫升菌液含活孢子2 000万～3 000万个。最好在高湿天气或小雨天施药，以利于孢子萌动和侵入菟丝子，使之感病死亡。

（四）菊花脑体芽生产法

菊花脑体芽生产是利用其宿根，枝条等的潜伏芽培育的芽球、芽等。体芽生产设施较简单，只要有塑料大棚或日光温室等用于育苗即可。如果早春提前生产上市，最好定植在塑料大棚或日光温室内。也可进行露地生产。

早春3～4月份，地下匍匐茎刚刚萌动时，将植株挖出来，截成10厘米长的根段。最好将根的最上端单独存放，以便单独栽培。一般席地做畦，土培法生产。选择含有机质多，土层肥厚的园田土，掺上一半细沙，在育苗床上铺30厘米厚或者在地上做1米宽的畦，当作育苗床。3月下旬至4月上旬，当床土温度稳定在10℃以上时，每2～3株一丛，株行距30～40厘米定植，将根的顶端和其他根段分别定植，使根段粗头方向一致，按30度角斜插入畦内，深度以根段刚露地表为度，然后稍镇压，用温水浇透底水，覆盖2厘米厚的潮湿细沙，最后覆盖地膜保温保湿。一般10天左右可长芽生根，这时可揭掉地膜，支小拱棚保温保湿。

为了进一步促进生根，还应适当松土并及时除草。幼苗出土后，应追肥浇水，一般 667 米^2 施尿素 10 千克。如果想多茬采收，则每次采收后都要浇 1 次肥水，保证下茬的产量。

幼苗出土时往往一丛一丛地呈丛生态而形成菊花脑芽球，当芽球变绿时即可采摘。此外，呈丛生状态的主茎生长较快，由于它的伸长形成嫩枝芽的幼苗，当幼苗高 15～20 厘米时，趁其未纤维化时采摘嫩枝芽。一般 4 月底至 5 月份开始采收，直至秋季开花时至。一般菊花脑播种后，可连续采收 3～4 年。

在菊花脑芽球生长过程中，一般是根的顶段培育的芽苗生长较快可以先采摘。采摘 2 次后植株就已长高，这时可用刀割嫩梢。每次割收的时候都要保留嫩梢底茬 8～10 厘米长，保证连续收获，每 10 天左右采收一茬。

（五）菊花脑种芽生产方法

菊花脑（芽）适宜生产的温度范围为 15～25 克，一般当室外平均气温高于 18 ℃时即可露地生产，当室外平均气温高于 25 ℃时，如用塑料大棚生产，则需在大棚上覆盖双层遮阳网遮阴，避免太阳光直射；勤喷水，保持一定湿度。冬季、早春，可在大棚或日光温室生产，晚上在育苗盘上加盖无纺布保温，确保棚室温度在 12 ℃以上，满足生长所需的温度。菊花脑种芽生产，可用立体栽培，栽培架设 4～5 层，层间距 40～50 厘米。育苗盘长 60 厘米，宽 25 厘米，高 5 厘米。种芽生产的基质可选用珍珠岩、蛭石、泥炭或水洗砂，其中以珍珠岩和蛭石以 2∶1 混合最好，其优点是基质质量轻，通透性好，而又有一定的持水能力，并且珍珠岩和蛭石都经高温灼烧而得，使用前无需进行基质消毒。

先将种子放冷水中浸泡 5～6 小时，再放入 55 ℃温水中烫种 15 分钟，然后用清水反复清洗，用纱布包裹，放在 22～25 ℃中催芽，每天用温水搓洗一次。30％种子露白时播种，一般每平方米播干种子 5 克左右；将育苗盘用清水冲洗干净，在纸上铺一层白纸或无纺布，再于纸上铺一层厚度 2.5～3 厘米的珍珠岩和蛭石的混合基质，用喷壶浇透底水，然后将种子播入，上覆一层厚 0.5～1 厘米的基质，然后再喷湿基质表层。一般播后 5～7 天种芽可伸出基质，此时管理的关键是注意定期喷水，空气相对湿度保持 80％～85％，促进种芽生长。一般 15～20 天后，当其高达 10～12 厘米时可采收上市。将种芽连根从基质拔起，抖去基质，用剪刀剪去根部，清洗干净，用塑料盒包装上市。一般菊花脑的产量与种子重量之比为 4∶1。

种芽生产也可用土壤，667 米^2 施优质粗肥 2 000 千克，耕翻后做 1 米宽的育苗畦，浇足底水，盖上地膜保温保湿，当土温稳定在 10 ℃以上时播种。

可以干种直播，也可催芽湿播。667 米^2 播量为 500 克，按行距 10 厘米在畦内开沟条播，覆细潮土 0.5 厘米厚，最后覆地膜，保温保湿促进出苗。

当幼苗出土时揭掉地膜，支小拱棚保温保湿，适当浅中耕松土，促苗生长，及时除草，待幼苗 3 叶期时定植或定苗，穴行距为 15 厘米，每穴定苗 3～4 株。

十八、芹菜

芹菜别名芹、旱芹、药芹菜、野圆荽，古代称胡芹，一般认为是汉代通西域时传入的，至今河南拓城的芹菜仍有人叫葫芹。伞形花科芹属中形成肥嫩叶柄的二年生草本植物。染色体数 2n＝2x＝22。

芹菜的野生种从瑞典东部、阿尔及利亚、埃及、埃塞俄比亚的湿润地带到小亚细亚、高加索、巴基斯坦、喜马拉雅都有分布，可以认为原产地中海地区。2 000 年前古希腊、罗马时代做药用或香料。17 世纪末到 18 世纪在意大利、法国、英国进一步改良，18 世纪中期在瑞典已进行穴仓贮藏，这样一来，叶柄变得肥厚，臭味减少，可供应做沙拉。在美洲早期大部分是易软化的黄色种，近年绿色种迅速增加，由两种交配的中间种也育成了。在欧亚大陆，像中国、朝鲜、印度都分布有很多地方品种。中国芹菜汉代由高加索引入，自古栽培，并逐渐培育成细长叶柄型。它是我国南北广泛栽培的一种重要蔬菜，但在 20 世纪 50 年代以前发展很慢，近年来，国内新品种的选育成功，栽培技术不断提高，栽培设施不断增加，我国已形成大面积种植，生产消费增加很快，现已成为我国七大重点蔬菜种类，并且有逐年扩大生产和消费的趋势。芹菜在我国南方一年四季均有种植，北方地区由于保护地面积的增加，也可四季生产，周年供应。芹菜的耐寒性好，栽培较容易，产量很高，运输方便，种植效益好，已在我国形成冬天南菜北运，夏季北菜南运的重要蔬菜种类，对调剂淡季蔬菜市场起到很好的作用。芹菜营养丰富，每 100 克可食部分（含茎、叶）含蛋白质 2.2 克，脂肪 0.3 克，碳水化合物 1.9 克，粗纤维0.6克，灰分1克，胡萝卜素0.11毫克，维生素$B_1$0.03毫克，维生素$B_2$0.04毫克，尼克酸0.3毫克，维生素C 6毫克，钙160毫克，磷61毫克，铁8.5毫克，钾163毫克，钠328毫克，镁31.2毫克，氯280毫克。还含有黄酮类、芹菜苷、叶绿素、丁基苯酞、佛手柑内酯、有机酸等物质。特别是芹菜叶的营养物质更丰富，千万不能丢弃。

最近西芹已引入中国，并且面积日渐扩大。西芹的营养成分据北京蔬菜研究中心分析，佛罗里达683芹菜叶柄和叶片100克鲜重的铁含量分别为0.283毫克和2.94毫克，铜含量分别为0.047毫克和0.127毫克，锌含量分别为0.098毫克和0.647毫克，锰含量分别为0.115毫克和0.763毫克，锶含量分别为0.301毫克和1.00毫克。

（一）生物学性状

芹菜为浅根蔬菜，主要根群分布在土面下7～10厘米处，不耐旱涝。在营养生长期，茎短缩，叶着生于短缩茎的基部，叶为二回奇数羽状复叶，叶柄发达是主要食用部分。叶柄中有纵向分布的维管束，各维管束间及维管束内侧都充满着贮藏物质的薄壁细胞，包围在维管束韧皮部外侧的是厚壁组织，在叶柄外侧接近表皮处有发达的厚角组织，这些厚角组织比维管束有更强的支持力，是叶柄中的主要机械组织。优良的品种，维管束、厚壁组织及厚角组织不发达，纤维少，品质好。但栽培条件也会引起叶柄构造的变化，水、肥充足，温度适宜时，叶柄的薄壁细胞发达，充满水分和养分，质脆味浓，反之常因薄壁细胞破裂造成空洞，同时厚角组织的细胞加厚，纤维增多，品质下降。在维管束附近的薄壁细胞中分布着油腺，分泌出挥发油，使芹菜有香味。复伞形花序，花小，白色。虫媒。果实为双悬果，果实内也含有挥发油，外皮革质，透水性差，发芽慢。

芹菜为半耐寒性蔬菜，喜冷凉、湿润的气候条件，遇严霜和冰冻会受冻害。因此，成长的植株不能露地越冬。经过锻炼的幼苗，能忍受零下 4～5 ℃的低温。成长植株可耐－7～－10 ℃的低温。最适宜芹菜生长的温度是 15～20 ℃，20 ℃以上高温会阻碍生长，品质变劣，因此栽培芹菜宜在冷凉季节。

种子发芽的最低温度为 4 ℃，适宜 15～20 ℃，温度过高发芽困难。芹菜种子细小，果皮革质，又有油腺，发芽慢，一般要经过 12～15 天才能发芽。

芹菜要求在低温条件下通过春化阶段，长日照下通过光照阶段，属绿体春化型。据汤姆生的试验，未充分长成的植株在 4.4～10 ℃的低温下经 15 天，便抽薹开花，但在 15 ℃的温度下未见抽薹。浙江农学院 1960 年的试验说明，芹菜萌动的种子不能通过春化阶段，具有 3～4 片叶的幼苗可接受低温的影响而通过春化阶段。通过春化阶段后在长日照下才能抽薹开花，越冬和早春播种的幼苗都能在初夏长日照下抽薹，但如温度过高如达 25～30 ℃以上时，则会抑制抽薹。

（二）类型和品种

芹菜有本芹和西芹（洋芹）两类。本芹叶柄细长，洋芹叶柄宽肥。我国栽培者为多本芹。西芹在上海、北京、天津等地有种植者。

芹菜按叶柄颜色主要有绿色和白色之分，绿芹叶片较大，叶柄粗，植株高大，强健，产量高；白芹株型较小，叶色淡，叶柄黄白色，产量较低，但品质好，适于软化。芹菜叶柄按充实与否可分为实心和空心。叶柄外侧面具有厚角组织，内有纵维管束，优良的品种厚角组织和维管束不发达，而薄壁细胞发达。目前西安栽培的品种有：实秆绿芹，实秆白芹和空心芹菜三种。实秆绿芹，生长健壮，植株高大，叶浓绿，柄肥，心实，晚熟，丰产，品质好，盛行栽培。实秆白芹，植株较小，叶淡绿，叶柄白色，心实，中熟，组织脆嫩，品质好，但产量低，耐藏性也差。空心芹菜，为较老的品种，叶柄细，色绿，产量低，生长快，易分枝，病害少，春季易抽薹，但抗热性强，宜夏季栽培，在远郊尚有种植者，常作春芹，行多次割收。

西芹又名洋芹、欧洲芹菜，属欧洲类型。叶柄肥厚而宽扁，宽达 2.4～3.3 厘米，多为空心，味淡，脆嫩，纤维少，单株重 1～2 千克，耐热性不及中国芹菜。主要品种如犹他系列，文图拉、佛罗、里达、意大利冬芹，康乃尔 619、嫩脆，荷兰西芹等。

（三）栽培技术

芹菜喜冷凉、湿润、能耐寒，但不耐高温，而且芹菜的种子不能接受低温完成春化阶段，当其有 3～4 真叶时才易接受低温通过春化阶段。之后，再于长日照下抽薹。按照芹菜生长发育的这种特性，在安排播种期时要尽可能地在避免早期抽薹的基础上，把其产品器官的旺盛生长期布置到冷凉季节。目前芹菜栽培虽有露地、阳畦，软化等多种方式，但主要的还是露地栽培，在露地栽培中按供应季节主要有春芹菜、早秋芹菜（半夏芹菜）、秋芹菜及越冬芹菜四种（表 7），其中以秋芹菜最为重要。

表 7　西安地区芹菜排开播种表

栽培方式	播种期	定植期	收获供应期	备　注
秋芹菜	6 月中、下旬	8 月上中旬	10 月下～11 月上中	假植贮藏可供应到次年 1 月～2 月上旬
越冬芹菜	7 月下～8 月上	10 月中下旬	4 月上～4 月下	直播的在 8 月下旬
春芹菜	2 月下～3 月上	—	5 月下～6 月下	露地直播，割收的可收获至 10～11 月
早秋芹菜	4 月下～5 月上	—	8 月～9 月	直播

秋芹菜在 5 月下旬到 6 月下旬播种，立秋后开始定植，9 月

下旬到10月中旬天气凉爽，很适于生长。所以秋芹不仅产量高，而且品质好，同时还能进行贮藏软化，一直供应到次年一、二月，因此秋芹菜是最主要的栽培方式。其次，由于芹菜能耐寒故又常行露地越冬栽培。越冬芹菜，多在7月下旬育苗，10月下旬定植。第二年立冬前、后于抽薹前采收。由于春季气候凉爽，也较适于生长，而且其上市期正是缺菜之际，故栽培面积也较大。至于在3月上旬到4月上旬播种的春芹菜——即麦芹菜，稍长之后即遇高温，故品质差、产量低，仅在远郊有少量种植。

芹菜可以直播，也可育苗。但其种子小，发芽慢，苗期长，也不耐强光照射，为经济利用土地，好管理，特别是秋冬芹菜最好育苗。

芹菜定植时秧苗应高13～18厘米，有6～7片叶，要达到这种苗令约需70～80天。适期定植是提高产量的关键，在关中秋芹宜于立秋定植，而越冬芹需霜降栽培，因此秋芹要在小满，越冬芹菜应在大暑播种。

秋、冬芹菜育苗时正值高温季节，为促进发芽和幼苗生长，西安菜农常用套种法行遮阴育苗，一般有两种形式：一种是将其套播于黄瓜、番茄、甘蓝、玉米等地中。播前先将前作下部老叶摘去，拔净杂草，整好畦面，667米^{2}用籽1 000克，撒入后再用小锄锄松、打碎、搂平、盖好种子。出苗后逐渐增加光照。当黄瓜、番茄等高架作物收获完毕后，先把其从地面剪断，待干枯后再进行清除。之后，灌入淡粪水，经常保持土面湿润。另一种是与速生小菜如大青菜，小白菜等进行混播。利用速生小菜发芽早，生长快的特点，尽早覆盖地面，为芹菜创造适合发芽生长的条件。尤其是与大青菜混播的，因其叶较直立，空间大，效果更好。用平畦，“落水播种”。播后要经常保持湿润，旱时用小水轻浇，以免冲籽伤苗。为了促进发芽，宜行催芽：先将种子在凉水中浸12小时，握干、稍晾，然后用纱布包起置阴凉处或吊进入井内，每日用清水淘一次，经6～7天出芽后再播。用1 000毫克/千克硫脲或5毫克/千克赤霉素浸种12小时左右，可代替低温浸种催芽。

芹菜属浅根系，主要根群分布在土表16厘米深处，特别是在密植、湿润的条件下根常露于地面，吸收范围小，不耐旱，宜选保水力强，富含有机质的肥沃土壤种植。前茬收获后翻耕、耕细、作畦。

芹菜植株小，且较直立，适于密植，一般行株距为13～16厘米。栽的深度以埋没根茎为度，太深浇水后易浆住生长点；过浅，根易外露，生长不良。越冬芹菜为防冻害可稍栽深些。定植后需连灌2～3水，尤其是立秋前、后栽的为然。

供培土软化的芹，一般是按行距60～75厘米开宽16厘米，深6厘米的沟，每沟栽2～3行，株距10厘米，栽时苗要放端正，根要直展，且宜在阴天或傍晚进行。

芹菜营养生长最快的时期是日平均温度14～20℃，这一时期一般仅30天左右，在旺盛生长期内必须保证供给充足的肥水。加之芹菜的主要食用部分是叶柄组织，叶柄组织以嫩而脆者好。而叶柄组织的质量又以其内纵向的维管束和外侧的厚角组织的强度而转移，在高温、干旱、缺肥时，会使叶柄品质降低。所以芹菜定植后一经封垄，开始旺盛生长时，就要轻肥、勤施、小水、常灌，要多施氮肥，最好用腐熟人粪尿。如能在蹲苗后667米^{2}施100千克油渣，不仅能提高产量，而且叶柄肥嫩，风味好。加藤的实验指出，任何时期缺乏氮、磷、钾都比施用完全肥料的生育差，而初期和后期缺氮的影响最大，初期缺磷比其他时期缺磷的影响大，初期缺钾的影响的影响小，后期缺钾的影响大。缺氮不仅使生育受阻碍，植株长不大，而且叶柄易老化空心。空心是生育进程中细胞的老化现象，失去了活性的细胞随着果胶物质的减少，在细胞膜内产生了空隙，于是开始从输导组织与输导组织之间的大的薄壁细胞形成了空心。当然高温、干燥或低温受冻，使干物质的运输、分配受阻碍也会引起空心。芹菜甚需硼，否则叶柄发生“劈裂”。

越冬芹菜，冬前要灌冻水，之后，再撒一层厩肥，保护幼苗越冬。春天，当气温稳定后浇返青水，促进生长。

芹菜的主要病害是斑枯病，先在叶片上产生黄褐色多角形斑点，以后全叶枯死，尤其在多雨潮湿时更易发生，可用波尔多液，退菌特防治。主要害虫是蚜虫，从幼苗至成株均可危害，可用50%乐果乳剂2 000倍液防治。

应特别提及的是芹菜的培土软化栽培。培土软化又叫雍芹，用垄沟，沟距约65厘米，沟底宽约16厘米，垄顶到沟底深33厘米。4月上旬播种，有直播和栽苗两种，直播者将种子直接播入沟中，栽苗者于6月浆栽，每沟两项，棵距7～10厘米。立秋后，特别是在白露前后重施肥一次，之后，开始分次平沟，培土软化俗称壅黄。小雪节后隔沟扒垄采收或卖或贮均可。余者再培土，到大雪节用土连梢盖住，直至春节再挖出应市。这种软化办法占地长，植株老，常有腐烂者，产量也低，现用者少。汉中的行子芹是在处暑到白露将其按10厘米的株距，每三行栽到宽16厘米，深7厘米的浅沟中，沟距66～75厘米。芹菜培土需在气候转凉，植株正旺盛生长时进行。先扶正植株，将土打碎培于株侧，以埋没叶柄为度，勿伤叶，压叶。最后一次培土要在霜冻前完成。培时要把土培到叶片下边，将叶柄挤紧埋好，封住口，尽量使全叶柄都能软化。南方有些地方除培土软化外，有的还用夹木板或缠绕纸片等方法进行软化。前者是在收获前2～3周，于行的两侧夹木板，只露出上部叶片行光合作用；后者是在每丛植株的中下部用纸片缠绕几层，上面叶片露出行光合作用。

另外，还应提及，春芹菜生长期较短，产量低，为延长供应期可用500～1 000毫克/千克的青鲜素（MH）喷叶能抑制抽薹。收获前15～20天，用220毫克/千克的赤霉素溶液喷洒，10天后植株可明显增高，茎叶颜色变淡。至于寒害，一般除于寒流前在菜田的西、北面设小风障。或撒少量稻草覆盖外，目前上海郊区是在寒流来临前，在浇足肥水的基础上喷 20 毫克/千克的赤霉素溶液后覆盖塑料环棚，可防冻、保湿，还可加速生长，可增产 30%～40%。

芹菜的采种，一般多在越冬芹菜中剔除病弱者后作为留种田留种。但为保持品种特性，最好于秋芹收获时行单株选择，选取生长健壮、无病、叶数中等，根小，特别是叶柄肥，实心，质脆，不分蘖者更为可贵，连根挖起后，留 10～13 厘米长的叶柄，截去顶梢，贮藏。春 2 月上中旬解冻后，按行、株距各 33～50 厘米的密度栽植。芹菜在抽薹显蕾期，易分杈生枝，要多中耕，控制灌水，这样可使节间缩短、杆硬，开展度增大，籽粒饱满；否则会引起徒长，结籽反而减少。由于芹菜为复伞状花序，能陆续开花结果。因此，当头 1～2 层花序开花结籽后，应及时加足肥水才能提高种籽产量。芹菜同株种子，上、下成熟早、晚差异很大。一般可于 7 月中、下旬，当下部种子变黄时即可整株割下，晒干、脱粒。芹菜为双悬果，成熟时开裂成两半，各含一粒种子。种子小，暗褐色，每克约 1 700 多粒。667 米^2 产约 75 千克，发芽力 2～3 年。

芹菜通常为异花授粉，虫媒，自花也能结实。采种时不同品种应隔离。

（四）芹菜的保鲜贮藏

1. 贮藏特性　芹菜在收获前一些昆虫和老鼠的蛀食和肯食及收获时人为的机械损伤，直接损坏芹菜外观品质，也给病菌侵入提供条件。所以收获前应及早进行病虫害的防治，收获和运输时应小心谨慎，减少损伤。

芹菜喜凉湿润，较耐寒，但忌霜冻，受冻后叶子变黑，耐藏性降低。适宜贮藏的温度为－2～0 ℃，叶片能忍耐－3 ℃的低温，但在这种温度中叶柄易受冻害，受冻后叶呈暗绿色，或根部也受冻，而且受冻后很难恢复。贮藏温度过高时，呼吸作用加强，蒸腾量也大，叶片很快变黄、萎蔫。根茎部耐寒力差，低于0℃时可能受冻。贮藏的适宜空气相对湿度为90%～95%，在高湿微冻环境中能有效地延长保鲜期。空气干燥时，失水萎缩严重。萎蔫的芹菜，质地粗硬，不堪食用。

贮藏中空气要畅通，避免呼吸热积聚。在低温（0～1℃）、高湿，3%氧气和5%二氧化碳中贮藏，可降低腐烂，延迟褪绿。芹菜冬季贮藏是活体贮藏，必须保持新陈代谢活动正常进行。微弱光也可以，但绝不能无光。如果长时间不见日光，芹菜就会黄化，降低商品价值。贮藏期定期使叶片见光，保持绿色不褪。用冻藏法，叶片在－2～－3℃的冷冻条件下，长时间不见光，叶片仍然保持绿色。

芹菜分为实心种和空心种两大类，每类中又有深绿色和浅绿色的不同品种。实心色绿的芹菜品种耐寒力较强，较耐贮藏，经过贮藏后仍较好地保持脆嫩品质。空心类型品种贮藏后叶柄容易变糠，纤维增多，质地粗糙，故不适宜贮藏。

脆度是芹菜最重要的品质特征，同时应呈绿色（芹黄则为奶油色），叶柄直立且排列紧密。花梗、大的髓腔，是老化与品质低下的标志，西洋芹应无髓。黄叶（芹黄除外）、叶片上的斑点以及叶柄的机械伤都应避免。

供贮藏的芹菜，要适期晚播。在栽培管理中要间开苗，单株或双株定植，并勤灌水，降温。要防治蚜虫，控制杂草，保证水充足，使芹菜生长健壮。

生育期浇水太多，偏施氮肥，植株徒长、柔嫩，这样的植株不耐贮藏。在中午高温期采收，植株体温高，含水量少，易萎蔫，不耐贮藏。故应在早晨或傍晚阴凉时采收。采收期的早晚对贮藏性能也有很大影响，采收过早，芹菜幼嫩，生理活动，蒸腾作用旺盛，贮藏期营养消耗多，不耐贮藏。采收过晚，叶柄老化，纤维增多，亦不利于贮藏。贮藏用的芹菜切忌霜冻，遭霜冻后芹菜叶子变黑，耐贮性大大降低。收获时要连根铲下，摘掉黄枯烂叶，捆把待贮。

2. 贮前预处理 芹菜仅耐轻霜冻，一般应在霜冻前采收，严防受冻。

芹菜收获前2～3天浇一次水，可增加产量，改善品质，还可除去根茬带的一些泥土，以便贮藏。

采收时要连根铲下，除假植贮藏者连根带土外，其余贮藏方法带根要短，并弄净泥土。选生长健壮，叶柄宽厚，质地脆嫩的，摘除黄叶、病叶、伤裂叶，按贮藏要求打成小捆，置阴凉处，预贮散热。用草席等物盖严，防止风吹日晒，引起失水萎蔫。夜温过低时，增加覆盖物，防止受凉。

3. 贮藏方法

(1) 微冻贮藏 黄淮中下游地区，冬季不太冷，一般用地上窖，辽宁常用半地下窖，黑龙江则用地下窖。在风障北侧修建地上冻藏窖，窖宽2米，窖的四周用夹板填土打实，筑成土墙，厚50～70厘米，高1米。打墙时，在墙中心每隔0.7～1米，立一根直径约10厘米粗的木杆，墙打成后拔出，使之成一排垂直的通风筒。然后在每个通风筒的底部，挖深、宽各约30厘米的通风沟，穿过北墙在地面上开进风口，使每一个通风筒，通风沟和通风口联接成一个通风系统。通风沟上铺两层秆秸，一层细土。芹菜捆成捆，每捆重5～10千克。根向下，按45～60度倾角一排一排斜放。每排中上部横放一层秸秆，使后排芹菜的叶片压住前排的叶柄。贮满后，在芹菜上盖一层细土，至菜叶似露非露的程度。白天盖上草苫，夜晚取下，次日晨再盖上。以后视气温变化情况，加盖覆土，总厚度不超过20厘米。

初入窖后，进风口和出风口全部打开，使外界冷空气顺利进入贮藏沟，以便尽快降温冻结。最低气温在－10℃以上时，开放全部通风系统，低于－10℃时，堵死北墙外的进风口，并加厚覆土层，使窖温处于0～2℃，叶片呈微冻状态。

出售时，将菜取出，放0～2℃中缓慢解冻，使之恢复解冻状态。也可在出窖前5～6天拔去南侧阴障，改设于窖北，再在窖面上扣塑料薄膜，将覆土化冻一层，铲去一层，最后留一层薄土，使窖内芹菜缓慢解冻。解冻温度不宜超过7℃，在高温中迅速解冻，易使芹菜迅速脱水，而不能恢复新鲜状态。

(2) 假植贮藏 太原、北京、天津、西安、辽宁等地常用此法。挖浅坑，宽约0.7～1.5米，一般深1～1.2米，三分之二在地面下，三分之一在地面上，使芹菜假植时，顶部距覆盖物有0.5米左右的距离即可。坑的地上部用土打成围墙。坑挖好后，将坑底土挖松打碎。芹菜带根铲下，根长约10厘米，抖去泥土，选健壮植株，摘除黄叶、病叶后，按大小分级，根向下假植沟内。捆与捆间留些空隙，以利通风散热。也可不捆成把，将其单株或双株栽于沟中。栽植深度以不埋住心叶为度，每平方米可假值50千克左右。为便于沟内通风散热，每隔1米左右，在芹菜间横架一束秫秸把，或在沟帮两侧按一定距离挖直立通风道。假植后立即灌水，稳苗，使根部可以继续从土壤中吸收水分，进行微弱的生长。以后，视土壤干湿情况，酌情灌水。沟上盖草帘，或在沟顶盖棚，覆土，棚顶酌留通风口。

入沟后初期，要尽量通风。如覆盖一天一夜不通风，茎叶就会变黄。为了不使芹菜受热，白天避免阳光照射，只要把覆盖物打开进行通风。整个贮藏期间温度保持1～5℃，防热，防冻，低于－1℃就容易受冻。这个温度是和国外威特沃等进行芹菜贮藏试验所取得的结果相一致。威特沃把芹菜放在5℃，10℃，20℃等温度下，贮藏2、4、6、8周4个时间进行试验，证明温度越高，时间越长，品质下降越快。同一品种在5℃温度下贮藏6周（42天）品质变坏的占8%，贮藏8周（56天）品质变坏的达64%；而在10℃条件下贮藏四周品质变坏的达64%，在21℃条件下贮藏两周品质变坏即达70%以上，说明温度越高，品质变坏越快，贮藏时间变短。贮藏期间，如果天气晴朗，无风，温度不太低，中午可将覆盖物打开，晾晒一次，防止闷菜变黄。一般可贮藏80天左右，整个冬季可陆续以鲜嫩芹菜上市，损毫率20%～25%。

(3) 冷库贮藏 芹菜装入有孔聚乙烯膜衬垫的板条箱或纸箱中。堆积于冷库中，箱间留出空间，以利通风散热，温度保持0℃，空气相对湿度98%～100%，可贮存2～3个月。也可将芹菜装入厚0.08毫米，大小为100厘米×75厘米的聚乙烯薄膜袋中，每袋10～15千克，松松地扎住袋口，分层摆放在冷库菜架上，温度保持0～2℃。利用塑料袋贮藏后，约经1周，当袋内氧气含量降低到2%左右，或二氧化碳气超过5%时，打开袋口，通风换气后再扎紧；或扎袋口时略扎松些，即扎口时，先在袋口插入一直径15～20毫米的圆棒，扎口后将圆棒拔出，使扎口处留一小孔隙。贮藏中不需人工调节气体含量。这样从10月开始，可贮藏到春节，商品率达85%以上。

采用塑料袋小包装贮藏时，最好在采收前用1～10毫克/千克的BA（6-苄基腺嘌呤）保鲜剂喷洒芹菜的地上部分，可以有效地保持叶绿素，特别是在10℃以下低温中贮藏时效果更好。

(4) 沟藏 沟藏是微冻贮藏的一种方式，适用于冬季平均最低温在-10℃以下的地区。在地势较高，地下水位低，最好在墙后或屋后遮阴处，东西向挖沟，沟深约1米，比芹菜高度略深12～20厘米。沟太深时，入沟初期降温慢，芹菜易热伤；沟太浅时，芹菜会被冻坏。一般要求芹菜顶部在当地冻土层以下，大约在1～2月份平均地温不超过2℃的土层深度作为贮藏沟的深度。沟宽1.5米，上口略窄。如果宽度在1米以上，应在沟底挖通风沟。贮藏量大时可延长沟的长度，而不要增加沟的宽度，否则贮藏初期降温慢，芹菜易发热腐烂。挖出的土堆在阳面，避免阳光照入沟内。11～12月份，当最低气温降至-2～-3℃时将芹菜根朝下放入沟中，用潮土覆盖根部。沟上横放直径8～10厘米的木棒作支撑物，木棒上覆盖草帘或废菜叶，防止风吹日晒。利用自然低温使芹菜入沟后能迅速冻结，并在贮藏期间始终保持微冻状态。然后，随着外温的下降，分别覆土每次约5厘米，还可向土上泼水。地面气温降至－5℃时，芹菜上部约有四分之一开始冻僵时，加厚覆盖层，并用草将口四周封严，防止透风，使沟上部温度保持在0～2℃之间，根部温度保持0～2℃，植株处于微结状态，可达到保鲜的目的。这样贮藏的芹菜青鲜脆嫩，而且重量还会增加。

如果发现覆盖物上有霜，菜叶上有水珠或植株下部萌发新根，株间发热出汗，叶片变黄，系温度高，湿度大，应及时通风，必要时进行倒窖。上市前从沟中挖出，放在温度为10℃左右的室内，使之缓慢解冻，便可恢复新鲜状态。

（5）家庭简易贮藏 结冻前在室内墙根阴处用砖垒起高约20厘米，宽10厘米的几道小台，上铺木板，秫秸等，再铺湿土，厚5厘米，再把芹菜捆平放在土上，然后用湿土或菜叶盖好。食用时先将芹菜放在7～8℃处，让其缓慢解冻后即可。

（6）温室活贮 霜冻前采收。采收前2～3天灌水，带泥掘收，留根长6～7厘米，除去黄叶，病叶，捆成小捆，每捆重约1～2千克。最好捆2～3道。捆要捆松，防止勒伤叶柄并有利于通风。将地整平，作畦，畦宽1米。畦埂两侧设立柱，柱上绑横杆，将芹菜一捆一捆松松地立码于畦内，畦梗作通风道。全室贮满后灌一次透水。贮好后立即在温室上盖草帘，防止光照并注意通风，防止高温高湿，引起腐烂。初期温度保持5℃以下，11月中旬后保持0℃，12月份保持－1～－2℃，不低于－3℃。一般180米^{2}面积，大约可以贮藏5 000千克，能贮藏到1月上中旬。

（7）冷冻窖藏 冷冻窖藏也称冻藏，窖藏，为临时性的集中贮藏方式，它利用冬季的低温，不需其他能源，而使芹菜叶部处于－3℃的冻结状态，根部保持1℃的低温状态。在这种情况下，叶部基本停止呼吸，根部仍维持轻微的代谢，保持着生命，一旦给予适当条件又可恢复鲜嫩。河南洛阳市芹菜采用半地下窖存保鲜法，也是冷冻窖藏；先建窖，窖向东西，宽1.3～2米，深0.3～0.5米，长10米。窖四周垒0.5米高，0.2米厚的土墙。窖底中央东西向挖0.3米深，0.3米宽的通风沟，两头通到墙外，通风沟上放小木棍和铺上稻草。窖底平铺10厘米厚的湿土。窖内南北墙每隔0.5米挖一个通风孔。大雪到冬至芹菜开始收获，收获时要保持根系完整，并防止嫩茎折断。然后预冷1～2天，去掉黄叶，捆成3千克左右的捆入窖，南北横排，捆与捆挨紧挤实，窖顶放上木棍并覆盖苇席。入窖后即向通风沟灌水，水深13厘米，窖底浇一小水，照此每隔10天浇一次水，共浇4次。另外入窖前期如果窖温在2～4℃以上，要打开气孔降低窖温，中后期当窖温下降到－1℃时，要堵塞气孔，窖顶加盖草帘等物，中期要把窖温控制在0.15～1℃。

贮藏窖为地上式，东西向，由遮阳障、围墙、通风系统、窖底垫层4部分组成。遮阳障一般用高粱秸、玉米秸等材料，高约2米，直立或稍向北倾斜。立好后在其北面用夹板填土夯实，建成土围墙。围墙分南北和东西墙，墙高1米，厚0.4～0.5米，南北墙距2米，4堵墙夯成一体，构成贮藏窖。一般长20米的窖可贮藏5 000千克。筑南墙时在墙中心每隔70厘米竖放1根直径为15厘米的木杆，墙打好后拔出木杆，使墙中央成1排上下垂直的通风筒。在每个通风筒底部通过窖底挖通风沟。通风沟南北向，深、宽均为30厘米，沟间距70厘米。然后，在北墙底部挖成30厘米见方的进风口，使窖内的通风沟南端接通风筒的底部，并与之相通，北端接通北墙底部的进风口。通风系统建成后，按东西方向在沟上密铺2层高粱秸、玉米秸或小竹竿，密度以不漏土为宜，并在其上铺1层3～4厘米湿润的细土，整平后即可将芹菜入窖。

芹菜应选耐藏的，经贮藏后品质能改善的，一般以实秸品种为佳。山东以6月下旬至7月上旬育苗，8月中下旬定植，11月中下旬基本长成，气温下降到－2～－3℃前适时收获。收获时应连根挖出，轻拿轻放，切勿损伤叶柄。收后，将其直立堆放在深 0.3 米、宽 2 米的浅沟里，四周和顶部培一层湿润的细土，厚 4～5 厘米，顶部也可盖草苫。待田间热量散失，气温稳定在0 ℃时起出入窖。入窖时严格挑选和整理，选高矮基本一致的每 7～10 千克捆成一捆，捆两道腰，上道腰捆在叶片下部，下道捆在根上部。捆好的芹菜从窖东侧或西侧有墙的一头开始，斜靠窖墙放置，南北成行，一排一排排列，后一排的叶压在前一排芹菜叶下的捆绳处。依次排满后，再建墙堵好。上盖入窖前剔下的黄叶、伤叶，然后再盖 4 厘米厚的湿润土，盖严盖匀，不露叶子。

入窖初期，气温仍较高，应采取降温措施；白天在窖面盖 1 层草苫，晚上揭开铺在北墙外，第二天早晨太阳升起前，将草苫翻过来，使带霜的一面朝下盖在窖上。每天如此，利用夜间低温降低窖内温度。当芹菜开始结冻时，再覆 5 厘米厚的细湿土。至 12 月上旬，平均气温下降到－2 ℃左右，冻土层加深时，在窖面再加盖 15 厘米厚的土。每次覆土勿踏压窖面，防止损伤芹菜。当气温下降到－10 ℃以下时，在窖上盖一层稻草，并将通风口堵严。天气转暖后，将通风口打开降温。在整个贮藏期保持芹菜叶部－2～－3 ℃，根部 0 ℃左右，这是适宜冻藏芹菜的关键。雨、雪天，应加盖塑料薄膜，防止水渗入窖内。

贮藏期间，可根据市场需要，随时起窖上市。上市前必须使冻结状态的芹菜解冻，这一过程称醒菜。醒菜约需 4 天以上的时间和适宜的温度，具体方法有 3 种：①室内醒菜法。将芹菜从贮藏窖中取出，运到大地窖，地下室或棚室内，竖排在一起或平放地上，上盖塑料薄膜和湿麻袋。醒芹期间，室内从 2～3 ℃缓慢上升到 13～15 ℃，一般经 4～5 天就可解冻，恢复新鲜状态。②阳畦醒芹法。醒菜前先建一风障，风障前挖宽 1～1.5 米，深 0.3～0.4 米，长不限的沟。芹菜从窖中起出后，平放或稍倾斜在沟内，放满后用湿润土盖严。天冷，沟上还可盖 1 层塑料薄膜。醒菜期间，每天晚上沟面上都要盖草苫，白天揭去，4～6

天即能醒菜。③原窖醒芹法。上市前若气温较高，可将窖南遮障拆除；如温度较低，将遮阳障移到窖北面，成为风障，使阳光直射窖面。醒菜期间，每天下午把解冻的覆土铲去，晚上在窖顶部加盖草苫保温，白天揭去接受阳光照射解冻。最后保持 3～5 厘米厚的覆土不再除去，这样经 7～10 天能使芹菜醒好。醒芹后期，每天要扒开覆土或草苫观察，当芹菜恢复新鲜状态，霜冻结晶解除，叶片叶柄不再僵硬时即已醒好，即可上市。

(8) 短期贮存　芹菜由南方运到北方，由产区运到城市，由销售到消费者手中之前，有个短期贮存过程，一般 3～5 天。期间稍有不慎，轻则失水萎蔫，重者腐烂变质或冻伤，失去食用价值。因此，正确掌握芹菜短期贮存技术十分必要。

短期贮存的方法简称塑料袋短期贮藏法。1967 年日本万豆研究所利用无孔聚乙烯袋芹菜贮藏在 1 ℃温度中，商品保存日数达 749 天（表 8）可见贮藏效果是相当好的。

表 8　芹菜（除去外叶）**在 1 ℃冷藏时各种包装的商品寿命比较**

（万豆，1967）

包装方法	重量减少（10 日后）（%）	商品价值保持日数（日）
无孔聚乙烯袋装	0.0	749
有孔聚乙烯袋装	4.5	25
无孔维尼纶袋装	17.6	4
无包装	26.5	3

注：1. 聚乙烯袋 0.03 毫米　2. 有孔的孔径为 10 毫米，1 孔/10 厘米^2

短期贮法就是把少量的急需而不能假植贮藏的芹菜，或日常在家庭生活中购进的芹菜，经加工整理，放在比芹菜株稍大的塑料袋中，然后把塑料袋口紧紧扎紧，放到冷凉的地方贮藏，温度在 1～5 ℃，春季随一般气温即可。由于塑料袋把芹菜闭封，减少了水分蒸发，能够保持鲜嫩的品质，延长了时间。

贮藏时，把待贮的芹菜捆成 1～1.5 千克的把，在－2～2 ℃

的冷库内预冷 1～2 天。然后装入长 1 米、宽 70 厘米的无毒塑料袋中，根向里叶向外。每袋装 12.5 千克，扎口放在冷库架子上，库内保持 0～2 ℃。贮藏期定时测定气体成分，当袋内二氧化碳浓度达 7%～8%时，开袋通风，然后关闭。及时剔除烂叶。此法可贮存 1～2 个月。

短期贮存的关键是掌握温度和湿度。在运输到达目的地后，大量芹菜往往堆放在露天，如遇寒流，夜间处在－5～－10 ℃的低温中，造成冻伤。大量芹菜垛放在一起，垛中间热难以散失，温度过高加上机械损伤，很易大量腐烂。更常见的是夜冻日消，数日后即失水变黄，所以短期贮存时一定要保持适宜温度，通常是 0～5 ℃的恒温。如在露地保存，夜间应加盖草苫保温防冻，白天应设法遮阴防晒。堆放不能太厚，以利散热。短期贮存中植株失水过多，经常发生萎蔫。最好用湿润草袋整株包装，或用塑料袋全株包装。包装前在芹菜上喷洒少许清水，保持塑料袋内空气相对湿度 95%～100%。如果没有上述条件，在垛堆外应盖草苫，芹菜上经常喷水，减少蒸腾失水。

（9）植物激素处理 国外对 GA、BA 等植物激素延缓叶片衰老已有报道。沈阳农业大学利用植物激素处理芹菜，其中 GA（30～50 毫克/升）收到良好效果。试验材料为大棚芹菜，采前 1～2 天田间喷株或采后当天至次日，在室内喷株，晾去水滴并同时预冷达到要求后装入薄膜袋中，松扎袋口。在 0 ℃左右，贮藏 3 个月，商品率达 95%以上，而对照仅有 80%左右。

（10）硅窗气调贮藏 将挑选后的芹菜入库预冷 24 小时，然后放入硅窗袋内，扎紧袋口，保持库房温度 0～1 ℃。硅窗袋的规格为：用聚乙烯塑料薄膜制成长 100 厘米、宽 70 厘米的包装袋，硅窗面积 96～110 厘米^2，装量 15～20 千克，贮期可达到 3 个月以上。该方法操作简便，效果良好。

（11）窖藏 选地势高燥、背风向阴处东西向挖长 3.3 米、宽 1.3 米，深应以超过所贮芹菜高 15 厘米左右，窖壁四周镶两圈棍棒隔潮，防止芹菜挨窖壁发生霉烂。下霜前，将芹菜移入窖内。移栽前一天，菜畦要浇足水，第二天成捆掘下（尽量少伤根），随即栽入窖中，一般墩墩靠紧，空隙处撒湿土按实。待窖满后，立即灌足水，天黑前盖上草苫或一层塑料膜。刚入窖时，因气温较高，早晨可揭开草苫，天黑前再盖上。如窖内土壤缺水，可趁晴好天气再浇一两次透水，始终保持湿润。天气转冷后，一般应在10～16时揭开草苫晒晒窖菜。如有大风，雨雪天气，则不揭草苫，以防冻害，但最长3～4天也要抢时间晾一次，防止闷菜变黄。

(12) 塑料袋贮藏 将实心或半实心芹菜，带3厘米长的短根，捆成1～1.5千克的把，在冷库内－2～2℃温度下预冷1～2天。然后采用根里叶外的装法装袋（袋是用0.08厘米厚的聚乙烯塑料薄膜，裁制成75厘米×100厘米的袋），每袋装12.5千克。然后扎紧袋口，分层摆在冷库的菜架上，库温在0～2℃，保持袋内氧含量不低于2%，二氧化碳含量不高于5%，氧体组分不符合要求时，可打开袋口，通风换气后再扎紧袋口。贮藏期间可视情况检查1～2次，注意防止袋子被扎破漏气，如有漏气的袋子要及时更换。

十九、三叶芹（鸭儿芹）

（一）概述

三叶芹又名鸭儿芹、短果茴芹、野蜀葵、鸭脚板、鹅角板、鸭掌菜、大叶芹、山芹菜、野芹菜、假茴芹、蜘蛛香、禅那木尔（朝鲜语译音）、明叶菜（鞍山），为伞形科鸭儿芹属多年生草本植物，学名 *Cryptotaenia japauica* Hassk.（图 21）。原产东亚及北美温带，中国、日本、朝鲜和北美的东部都有广泛分布，我国南北各地都有，主产吉林、辽宁、黑龙江及河北、山西、河南等地，在东北地区垂直分布于海拔 150～1 400 米的阔叶林、杂木林或灌木丛林缘等土壤湿度大、腐殖质高的北坡或西坡，有一定郁闭度的环境条件。

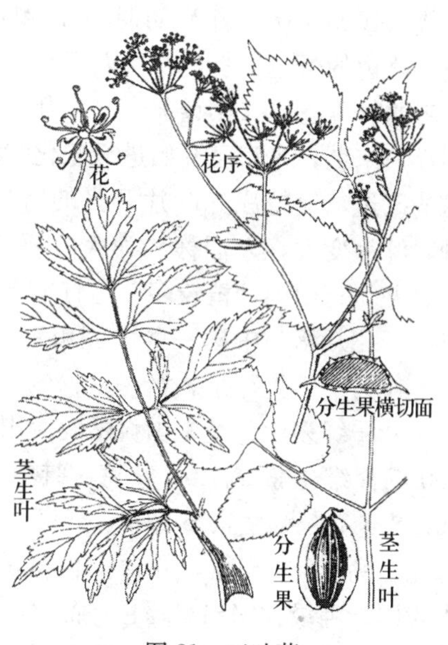

图 21　三叶芹

三叶芹因叶片从中央分成 3 片而得名，又因其外观既似水芹，又似鸭掌，得名“鸭儿芹”，“鹅脚板。”我国古代三叶芹为野生，生于林下、林缘、路边或灌木丛中。全国大部地区均可见到。汉城帝河平三年（公元前 26 年）任命刘向主持整理的《别录》载有鸭儿芹，当时称之为“三叶”，“三石”等。《蜀本草》是五代后蜀（934—965 年）的本草著作，书中将其称为“赴鱼”。《救荒本草》（1586 年）、《农政全书》（1639 年）称之为“野蜀葵”，此时仍是野生，作野菜食用。《农政全书》中载，“生荒野中，就地丛生。救荒，采嫩叶喋熟、水浸淘净，油盐调食。”日本最古的农书《清良记》（17 世纪）载有“鸭儿芹”。到江户时代（1603—1868 年）初期的元禄时代，本来是土生土长在水边、路边的野生植物，开始人工栽培。江户时代日本首屈一指的学者益轩著述的《菜谱》（1672 年）已将鸭儿芹定为正式蔬菜。到江户末期，东京已开始进行软化栽培。由于人工栽培和栽培技术的改进，使得原先叶片开张的野生性，变为叶片直立的栽培种，叶片变大，人们称之为大叶鸭儿芹。三叶芹在日本以北海道、九州、四国种植较多，是日本重要的栽培蔬菜之一，目前已有工厂化栽培。中国一些大城市近郊栽培的三叶芹多从日本引入，作为一年生蔬菜栽培。

叶翠绿多汁，经中国科学院应用生态研究所测定，该植物每 100 克含维生素 A 105 毫克、维生素 E 45.3 毫克、维生素 C 65.88 毫克、维生素 B 222.3 毫克、蛋白质 2 150 毫克、铁 30.6 毫克、钙 1 280 毫克，并含多种氨基酸，对高血压有降压效果，为我国千吨级大宗出口绿色产品之一。炒食、做馅，也可开发饮料。三叶芹不但别有风味，而且具有保健功能。由于国内外对大叶芹的需求不断增加，导致野生资源越来越枯竭，因此人工栽培已经成为必然。

三叶芹翠绿多汁，清香爽口，为色、香、味俱佳的山野菜。该品种可当年播种，当年收获，据初步测产，667 米^2 可产 2 500～3 000 千克，产值可达万元左右，具有广阔的市场空间，4 月末至 5 月上旬，吉林省浑江市每日有数吨的山芹菜供应市场。

有特殊风味，食用柔嫩的茎叶，主要用作汤料或作“沙拉”生食。中医认为，全株入药，对身体虚弱、尿床及肿毒等有疗效。

（二）生物学性状

三叶芹适宜生长的平均温度为 10～25 ℃。当温度夜间出现 0～－1 ℃的极端低温，营养液结薄冰时，未出现植株形态异常，但低温下生长很慢。三叶芹不耐高温，在 25 ℃以上生长明显减慢，30 ℃以上时从下部叶片开始发黄，表明高温对植物有抑制作用。对光照要求较低，光补偿点和光饱和点分别为 1 000 勒克斯和 20 000 勒克斯左右，仅及芹菜的 1/2。在低温条件下，光照过强对作物无不利影响，但当高温伴随强光照射时，植株容易黄化，逐步死亡。三叶芹的花芽分化对光温的要求，1996 年 10 月 31 日播种的在 1997 年 4 月开花，而 6～7 月播种的，在 9 月也进入开花期。

三叶芹植株直立紧凑，生长旺盛，一般株高 40～50 厘米，最高可达 120 厘米。

根茎较粗短，密生暗褐色细根。茎直立，直径 2 毫米，具棱，节部被密毛。野生种开张，栽培种直立。生叶 4～8 片，基生叶柄长，有时与茎同高。根出叶，叶片短圆状卵形，长 15～16 厘米。三出全裂或二回三出全裂；裂片矩圆披针形至倒卵形，长 4～16 厘米、宽 3～8 厘米、顶端短渐尖，边缘有紧密重锯齿，上面无毛或两面叶脉上有粗毛。叶柄长 5～16 厘米。上部茎生叶呈披针形，具牙齿状苞片。复伞形花序，顶生，无总包片，或有 1～2 枚。每花序 10 余朵花，花小，花瓣 5，白色。双悬果，两侧扁平，近圆形。花期 7～8 月，果期 8～9 月。

种子具有休眠现象，当季采收的种子不能直接播种，野外三叶芹种子落地后于次年 3、4 月才能发芽，影响三叶芹周年栽培及其种植规模的扩大。浙江省衢州市农科所项小敏等人进行了三叶芹种子冷藏、低温沙藏试验，以探索解除休眠的方法。

供试材料为当年从野外采集的本地三叶芹种子，干燥后在70%酒精中用比重法清选。种子晾干至含水量9%～11%，盛于塑料袋中，放在冰箱中保存待用。

试验分冷藏和低温沙藏两种，前者是将种子浸种24小时后，用高锰酸钾1 000倍液处理15分钟，洗净后用纱布包好，置冰箱冷藏室（5～7 ℃）中分别处理0天、5天、10天、15天、20天、25天、30天。冷藏期间注意保湿，然后进行发芽势、发芽率测定。

低温沙藏试验是浸种24小时后，用高锰酸钾1 000倍液处理15分钟，洗净后置冰箱冷藏室（5～7 ℃）中分别低温沙藏处理0天、5天、10天、15天、20天、25天、30天。

沙藏过程中保持湿润，然后进行发芽势、发芽率测定。发芽试验在以双层滤纸为垫床的9厘米培养皿内进行。在光照培养箱中发芽，10小时光照（20 ℃），光照3 000勒克斯，14小时黑暗(15 ℃)。出芽后逐日记载发芽量，第10天调查发芽势，第21天调查发芽率。

结果：不经冷藏、低温沙藏处理的三叶芹种子发芽率几乎为零，说明种子存在深度休眠现象（表9、表10）。

表9　冷藏时间对三叶芹（鸭掌菜）种子发芽的影响

处理	发芽势			发芽率		
	平均值(%)	差异显著性		平均值(%)	差异显著性	
		0.05	0.01		0.05	0.01
30d	42.00	a	A	44.33	a	A
25d	39.00	b	AB	44.00	a	A
20d	38.00	b	B	43.67	a	A

（续）

处理	发芽势			发芽率		
	平均值（%）	差异显著性		平均值（%）	差异显著性	
		0.05	0.01		0.05	0.01
15d	28.33	c	C	42.00	a	A
10d	6.67	d	D	40.67	a	A
5d	0.67	e	E	13.67	b	B
0d	0	e	E	0.67	c	C

表 10　低温沙藏时间对三叶芹（鸭掌菜）种子发芽的影响

处理	发芽势			发芽率		
	平均值（%）	差异显著性		平均值（%）	差异显著性	
		0.05	0.01		0.05	0.01
30d	37.67	ab	A*	42.33	a	A
25d	36.33	b	A	43.67	a	A
20d	38.33	a	A	44.00	a	A
15d	28.33	c	B	43.00	a	A
10d	27.00	d	C	26.67	b	B
5d	5.00	e	D	5.33	c	C
0d	0	e	D	0.67	d	D

由表 9、表 10 可知，在冷藏 30 天内，随着冷藏（5～7 ℃）时间的延长，种子的发芽势、发芽率都有不同程度的提高。30 天发芽势最高；0 天、5 天与 10 天、15 天、20 天、25 天、30 天发芽率差异达极显著水平，10 天、15 天、20 天、25 天、30 天之间发芽率差异不显著。试验结果表明，单从发芽率看，三叶芹种子冷藏 10 天后发芽率就较理想，但考虑 10 天、15 天种子发芽势并不高，实际应用以 20 天为宜。

由表10可知，在低温沙藏30天内，随着冷藏时间的延长，种子的发芽势、发芽率都有不同程度的提高。处理0天与5天发芽势无差异，处理0天、5天、10天、15天与20天、25天、30天发芽势差异达极显著水平，但20天与25天、30天发芽势差异不显著，20天发芽势最高，说明20天以上低温沙藏能显著提高发芽势；0天、5天、10天与15天、20天、25天、30天发芽率差异达极显著水平，处理15天与20天、25天、30天发芽率无差异，20天处理发芽率最高，说明三叶片种子低温沙藏处理时间以20天为宜。

三叶芹种子处理后发芽率不高的原因与三叶芹生物学特性有关。三叶芹属伞形花科，其花为伞状花序，野生种同一植株上种子成熟期极不一致，而完熟的种子容易掉落。野外采集三叶芹种子，难以按种子的成熟度分批采收，种子成熟度不一致造成芽率偏低。

三叶芹种子存在深度休眠现象，未经冷藏（5～7 ℃）或低温冷藏（5～7 ℃）的种子发芽率几乎为零。不同时间的冷藏、低温沙藏能够提高种子发芽能力，10天以上冷藏处理能显著提高发芽势、发芽率，20天低温沙藏能显著提高发芽势，15天以上低温沙藏能显著提高发芽率，因此有效解除种子休眠的办法是冷藏或低温沙藏20天。

（三）露地栽培

1. 繁殖方法 可分为野生苗引种和直播两种

(1) 野生苗引种 4月下旬至5月上旬三叶芹刚萌发时，将其挖回，按30～40厘米的株行距定植。采挖时应尽量少伤根多带土，以利于缓苗。定植前施足农家肥，浇透定植水。有条件地区当天采挖当天定植。中耕除草2～3次，天气干旱应浇水。

(2) 直播 三叶芹是喜水喜肥植物，育苗时要选土层深厚，保水保肥性强，且排水良好的沙壤土，土壤pH 5～7，育苗地要有喷灌条件。地块选好后，进行旋耕，同时施入农家肥，耙平，做成1～1.2米宽平畦。

三叶芹种子具有胚后成熟特性。9月采种后，用清水浸泡12小时，然后拌入种子3～5倍的细沙，沙子湿度为60%左右，以握成团但不滴水为宜。拌匀后装入塑料袋内放入窖内即可。也可挖30厘米深的沟进行埋藏，但需常翻动。激素处理方法是：播种前用40毫克/千克的赤霉素溶液浸种2小时，然后播种。播期为4月中下旬左右。播前南北畦畦内按行距10厘米开2～3厘米深的沟，浇透水后撒入处理过的种子，覆土厚0.5～0.7厘米，以不见种子为宜。然后盖一层树叶，以利于保湿。一般播后10～15天可出齐。播种后及时遮阴，防幼苗期受强光直射。苗期必须按时浇水，每隔15～20天一次，以防死苗。及时间苗，保苗数为500株/米^{2}左右。5月中旬至6月上旬移栽于露地。一般株距8～10厘米，行距15～20厘米，开沟深度15厘米左右。移植后及时中耕松土。移植后正值7～8月高温季节，光照过强易得日烧病，导致植株枯萎、分蘖减少而影响产量；但光照不足，导致植株发育不好，长势弱。因此在生产上可用间隙1厘米的秸秆帘遮阴至9月初。另外，在畦两侧种植菜豆等也具有很好遮阴作用，同时又提高了经济效益。8月上旬至9月下旬喷2～3次0.3%磷酸二氢钾溶液，促进根系发育，增加根蘖。

(3) 育苗　浙江省衢州市农科所2007年开始经2年试验，掌握了三叶芹种子休眠，快繁技术。先晒种1～2天，浸种24小时，其间清洗种子1～2次，然后用高锰酸钾1 000倍液处理15分钟，反复洗净后用纱布包好，置冰箱冷藏室（5～7℃）中处理20天，隔3～4天清洗1次，每次清洗后甩干水，仍用纱布包好，重新置冰箱中冷藏。冷藏20天后，测定种子发芽率可达50%左右。基质选用金针菇渣与猪粪按体积比3∶2混合，并加入1%～2%尿素，调好水分，堆成宽2～3米，高2米左右的堆，外加盖薄膜保温，堆制10天以上翻堆1次，共翻2～3次，夏季一个月左右腐熟。然后取腐熟后菌渣，与火烧土按 3∶1 的体积比混合，并按 1 米^3 添加复合肥 2～3 千克，磷肥 2～3 千克，多菌灵 1 千克，充分混匀，调好水分装盘使用。

穴盘育苗必须有大棚设施，冬春还须加小棚，夏秋季高温期采取避雨育苗，摘除裙膜，保留顶膜，并加盖遮阳网降温。6 米宽大棚设两行苗床，苗床宽 1.68 米，纵放 6 穴盘，地面铺设薄膜，使穴盘与地面隔开，避免土壤中的病菌传染。有条件的可用育苗架。苗床至棚边 1 米，两床中间留走道 0.7 米。穴盘一般选用 72 孔或 128 孔。旧盘重复使用时，需进行消毒，新盘一般只需清水洗净。

将基质倒在穴盘上，穴面用刮板刮平，然后用压孔盘压穴，深度 0.5 厘米，使播种深度在 0.5～1 厘米；没有专用压孔盘的可用装满基质的穴盘垒起放在待压的盘上并均匀用力，也能达到相同效果。

经冷藏种子拌少量干细沙，使种子散开，然后播种。播种量一般每个穴盘 2 克。

播后覆盖基质并用刮板刮平，然后用绿亨 1 号 3 000 倍液浇透，盖上地膜，冬季还应加盖小拱棚；夏秋高温期间育苗，可用双层无纺布覆盖代替地膜，效果较好。

冬季 10 天左右出苗，夏秋季 7 天出苗。出苗后及时揭除覆盖物。子叶展平后，对过于拥挤的秧苗应进行分苗，使秧苗分布均匀，便于管理，提高秧苗的整齐度。早春冬季育苗，以保湿为主。白天温度保持在 20～30 ℃，夜晚保持在 12 ℃以上，遇低温时小棚应加盖多层覆盖，防止温度过低，以免通过春化发生先期抽薹开花；白天尽量揭除小棚膜，使秧苗多见光而壮实。

夏秋高温期育苗须覆盖遮阳网降温，一般上午 11:00 左右盖好遮阳网，下午 5:00～6:00 揭开，让小苗接受适量的光照。阴天不盖遮阳网。到 10 月下旬气温下降后不需遮阴。

水分管理是穴盘育苗的关键。冬春季在出苗前不需补水，但夏秋季用无纺布覆盖时，视基质水分情况可适当浇水。冬春季要控制浇水，浇水应在晴天中午前进行，浇后通风降湿。夏秋高温期间一般不控水，晴天早晚浇水1次，阴雨天视基质水分情况可不浇或少浇。但每次浇水必须浇透。穴盘的边缘部分容易出现漏浇、少浇，而发生缺水现象，如发现基质过干、发白，应及时点浇补水。

在幼苗生长期间，可追肥2次。出苗后半个月左右，幼苗表现叶色淡、生长慢，较瘦弱时，可用0.5%尿素浇施1次，施后用清水清洗叶面，避免烧叶。10天后再追肥1次。注意尿素使用浓度不可过高。

苗龄40～60天，2～3片真叶，苗高8～10厘米，根系发达将基质紧密缠绕，形成完整根索，无病虫害时，即可定植。

2. 定植　以秋季定植为宜。挖集的三叶芹菜，每墩分成2～3份，每份3～5株，定植时宜采用1米宽的平畦，畦间留40厘米宽的过道。每畦4行，行穴距20厘米×10厘米，每穴3～5株。覆土高出苗生长点3～4厘米，栽后7天开始生长，日平均生长量1.2厘米，生长25天后茎叶开始硬化，植株不再向高处生长。垄面覆盖1～2厘米厚的稻草等覆盖物，以利种根越冬。

3. 管理　春季的肥水管理是三叶芹栽培中的重要环节。3月初，在畦上插拱架覆盖薄膜，膜的底边用土压严，形成一个长2.7米、宽75厘米、高45厘米的小拱棚。3月中旬拱棚内的三芹菜开始萌动，4月中旬早晨揭除拱棚的薄膜。未覆盖的三叶芹土壤解冻后，将田间的枯叶彻底清除，667米^{2}施入20～30千克尿素。早春地温较低，第一次灌水应推迟到株高10厘米左右时进行，以后每隔7～10天灌一次。进入采收期后，植株消耗养分较多，应及时追施速效氮肥。生长中后期及时中耕除草和补施磷钾肥。

4. 采收　4月中旬当株高20～25厘米以上，叶片亮度下降，颜色开始变深，折断叶柄有少量纤维出现时为采收适期。采收方法分两种，即一次性收割和掰采，一次性收割的优点是前期收获量大，利于集中上市；缺点是由于平茬收获，破坏了生长点，不易再次萌发且易死苗。掰收虽可多次收获，但不利集中上市。采收时用手握住叶柄下部轻轻向外劈，不要碰环未长成的叶片和生长点，雨天尽量不采，以防伤口感染。1 米^2 收 2.1 千克。4 月 20 日浑江市集市上零售的芹菜价格为每千克 6 元。但无论是哪种方式栽培，每年只能在早春 4 月收一茬芹菜，对再萌发的植株不要再采收。当幼株生长 10 厘米高时，667 米^2 地应追施 15 千克的硝铵，并应加强田间管理，促进芹菜的生长，让其抽枝开花结籽和增生新的幼株。这样，既可采到育苗用的种子，又可实现逐年提高产量的目的。

5. 食用方法 民间食用时将三叶芹放在沸水中焯 3～6 分钟，捞出后用凉水浸泡 1～2 小时，可炒食、蘸酱、腌制咸菜等；也可做成饺子、包子馅，是做馅很好的原料。

工业上成品加工成什锦袋菜，出口外销要去掉叶，捆成直径 6 厘米小把进行腌制。

（四）塑料大棚三叶芹栽培技术

搭建宽 10 米、长 70 米，南北延长的塑料大棚骨架，深翻土地 25 厘米左右，667 米^2 施入腐熟优质农家肥 3 000 千克，沿南北方向做 6 条长畦，畦长 10～15 米、宽 1.3 米、高 15～20 厘米，畦间距 30 厘米。大棚内沿南北方向架设 2 条微喷供水管带，距地面高度为 40 厘米。

6 月，当幼苗高 6～8 厘米时定植，定植方法同日光温室栽培。定植后喷透水，在棚架上挂遮阳网（遮光度 50%）遮阴，以后注意浇水、除草。9 月初撤遮阳网，11 月初浇一次透水。三叶芹为多年生宿根植物，－35 ℃可安全越冬。生长期耐寒性较强，幼苗能耐－5～－4 ℃的低温，成株可耐－10～－7 ℃的低温，可在翌年春季 2 月上旬将地上部枯死茎叶清理干净后，用聚乙烯长寿膜扣膜。扣棚后，地温升至 7 ℃，气温 3～6 ℃，开始萌芽抽茎，缓慢生长。当地温升至 12 ℃，气温 10 ℃以上时生长迅速。当中午棚内气温达到 30 ℃时要及时放风降温，温度降至 25 ℃以下时将放风口关闭，保持棚内温湿度。3 月中下旬鲜菜长至 30 厘米左右时，可采收上市。为了提高鲜菜的品质，可在大棚内挂遮阳网（遮光度 50%）遮阴，以达到软化栽培的目的。为了调节上市时间，最晚可在 3 月初扣膜，4 月上中旬上市。采收后便可揭去棚膜。聚乙烯长寿膜可连续使用 3 年以上。

（五）小拱棚三叶芹栽培技术

利用薄膜扣小拱棚的栽培技术，可使三叶芹比野生的收获期提前半月左右。方法是：3 月上旬开始扣拱棚，先在床面两边插上架条，形成拱架，然后把薄膜扣在拱架上，两边用土封严。约半月芹菜生长到 10 厘米时，晴天中午注意放风，以免高温对芹菜产生伤害。采用拱棚栽培的芹菜，4 月上旬就可上市。倒下的薄膜可作早春其他蔬菜生产上利用。对二次萌发的芹菜不要再采收，当植株高 10 厘米时，追肥 1 次。整个生育期及时浇水，松土，只要加强管理，每年每穴还会分生出一些植株，产量一年比一年增加。

（六）温室三叶芹栽培

辽宁省铁岭县柴河灌区园艺场，从 1962 年开始进行人工栽培试验，现已获得成功，并选出高产优质适应性强的品种。

1. 品种和类型 三叶芹从形态上可分为绿叶柄和紫叶柄两类。绿叶柄品种，果实淡褐色，梭形双悬果，成熟时沿中缝裂为两半，每一单果内含有一粒种子。温室栽培不需休眠，可以秋冬连续生产，产品上市早，供应期长。紫叶柄品种果实为黑褐色近球型，每一单果内各有一粒种子。温室栽培应待初冬植株叶片干枯，养分回根休眠后，才能扣膜升温生产，育苗、养根占地时间长，产品供应期短。

2. 育苗 我国北方露地采种时间为7月下旬至8月中旬，保护地为6月末。采收后应放在阴凉处阴干储藏，667米^{2}温室，紫叶柄品种需种量1 500克，绿叶柄品种需1 000克。

绿叶柄三叶芹适宜采用秋季播种育苗，如辽宁鞍山播期为4月中下旬。播前将种子用400毫克/千克赤霉素浸种2小时，可促进生芽。绿叶柄三叶芹种子经短期后熟，清水浸种24小时后播种。紫叶柄三叶芹，种子应采用层积沙藏法低温冷藏处理，解除休眠后播种育苗。层积沙藏法处理的方法是：先将种子用清水浸泡24小时，然后用含水量约65％的洁净细沙混拌种子，放在0～5℃条件下冷藏4～5个月。

三叶芹属半耐寒性野菜，适于凉爽、湿润和弱光条件下生长，苗床可设在遮阳通风的温室、大棚或遮阳避雨的露地。

赵权等人2006年4～10月在吉林农业科技学院实验场，塑料大棚内采用黑色遮阳网及纱网，透光率为：30％、50％、70％与100％（CK)，发现在实验设定的遮光范围内，30％与50％遮光处理的三叶芹的综合优势要高于其他处理，不仅长得粗壮，而且产量高，品质好，并且可食用时期也较长。因此，三叶芹适合透光率应该在30％～50％之间，667米^{2}生产温室需苗床面积100～150米^2。整地前，清除前茬作物的残枝败叶和杂草，施肥后浅耕10～15厘米，耙碎土块，精细整地，做成1～1.2米宽的高畦。畦沟深10～15厘米，畦沟宽10～15厘米，畦面四周起土埂，便于灌溉和排水。播前，平整畦面后，浇足底水，待水渗下后每平方米苗床喷洒90％敌百虫晶体和50％多菌灵可湿性粉剂各8～10克，防虫灭菌，然后撒播或浅沟条播拌沙种子，再覆盖0.5～1厘米的细河沙，最后盖薄层湿稻草保湿。

苗期控制温度10～20℃，最高不超过25℃。播种后12～15天才能出苗。出苗前始终保持苗床土壤湿润，控制在65％～75％，出苗后应利用傍晚揭掉稻草等覆盖物，并浇一次小水。幼苗期每3～4天浇一次小水，保持土壤见干见湿。幼苗长至3～4

片真片时，适当控制浇水，防止徒长，促根壮秧。每次浇水时间都要选择早晨或傍晚，避免中午高温期浇水。雨天要及时在苗床拱架上覆盖薄膜，防止雨水淋入造成土壤板结和沤根死苗。苗期一般不追肥，如秧苗长势弱，可在 3～4 片真叶期，随水追施一次尿素，每平方米 5 克。

三叶芹幼苗生长期不喜欢强光照，宜采有遮阳网覆盖育苗。覆盖时间为晴天上午 10 时至下午 3 时。

苗出齐后结合浇水及时进行人工除草。2 片真叶期及时疏苗，间苗，保持苗距 1.5～2 厘米。

3. 定植 幼苗日历苗龄 50～60 天，植株高 6～8 厘米，4～5 片真叶时定植。辽宁鞍山地区，绿叶柄三叶芹的定植期为 9 月中下旬，紫叶柄三叶芹为 6 月中下旬。移栽宜选择气温较低的阴天或无风的晴天傍晚。畦面宽 1.2～1.5 米，畦埂宽 10～15 厘米，畦埂高 5～8 厘米。育苗畦灌透水，连根挖起芹苗，大小苗分级定植，行距 10 厘米，穴距 6 厘米，每穴 3 株。干栽，深度以埋住根茎为宜，不要将土埋住心叶。栽苗要块，栽后立即灌透水，水渗后及时扶立倒伏的苗子。

4. 田间管理 定植后萌发新叶需 6～7 天。此期要保持土壤湿润，每天早晚轻喷水一次。生长期白天温度控制 18～22 ℃，夜间 13～15 ℃。绿叶柄品种，可在秋冬季连续生产，当外界最低气温低于 7 ℃，约在 10 月上旬应及时覆盖塑料薄膜。扣膜初期昼夜放风，降低棚内温度。夏季定植的紫叶柄品种，养根期主要通过覆盖遮阳网和早晚浇水等措施降低空气和土壤温度，初冬三叶芹茎叶干枯，养分回根休眠后，清理枯枝及落叶，约在 11 月中下旬扣膜升温生产。加强温室的防寒保温，要晚揭，早盖不透明的覆盖物，控制室内最低温度在 5 ℃以上。

三叶芹露地养根和温室生产，宜采用遮阳网覆盖，减弱光照强度。覆盖时间为晴天上午 10 时至下午 3 时。严寒季节温室内温度低，光照弱，日照短，应去除温室内的遮阳网；阴雪天也应在中午揭帘见光，防止叶色变淡，变黄，影响生长。

紫叶柄品种养根期较长，为促进根株养分积累，可在8月上旬和9月上旬分别随水冲施一次腐殖酸复合肥，每次667米^2 15～20千克。三叶芹扣膜后或扣膜返青后，进入旺盛生长期，开始勤施薄施追肥，促进生长，一般8～10天随水追施一次腐殖酸复合肥或化肥，每次667米^{2}追腐殖酸复合肥10～15千克或尿素6～8千克，磷酸二铵1千克，硫酸钾4千克。三叶芹定植还苗后要适时灌水，保持土壤湿润。为保持产品的新鲜度，每次割收前2～3天，要轻灌一次水。三叶芹割后为促进伤口愈合，防止根茎、生长点腐烂和伤口感染病菌，要控水，控肥1周。

三叶芹定植还苗后，要及时中耕除草。整个生育期，要经常除草并摘除老、病、黄叶，保持畦内干净。每茬割后，要浅中耕松土一次，增加土壤透气性，促进根系生长。

（七）收获

三叶芹植株高度达20厘米以上时即可收获。割收要选在早晨，或傍晚叶片上无露水、温度较低的时段。为防止破坏生长点，每次割收都要在三叶芹基部留苗茬1～2厘米。温室栽培绿叶柄三叶芹一般10月下旬开始采收，紫叶柄三叶芹12月下旬开始采收。

收割后10天左右，新叶便可长出，以后仍按定植后的管理方法正常管理。4月下旬～5月初气温开始升高，要及时撤去草苫和棚膜，保持好以备冬季继续使用。由于三叶芹对光照要求不高，所以用聚乙烯长寿膜即可，并可以连续使用3年以上，草苫可使用2年。揭膜后仍按定植后的方法管理。7～8月开始开花结实，9月果实陆续成熟，当绝大多数果实坚硬时，及时采收，以防脱落。采下的种子按前述方法及时处理，以备销售或用于扩大生产。9月初撤掉遮阳网，11月下旬扣棚膜、盖草苫进行下一年的反季节生产。

二十、水芹

（一）栽培简况

水芹学名 *Oenanthe* spp.，又叫水芹菜、河芹、小叶芹、野芹菜、水靳、水蕲、水英、莛菜、刀芹、楚葵、蜀芹、紫�румӯ、野芹菜。形似芹菜而生于水中，故名水芹。原产我国、印度、爪哇等地，分布于中国长江流域、日本北海道、印度南部、缅甸、越南、马来西亚、爪哇及菲律宾等处。我国中南部、东北、华北，水田、溪沟和其他阴湿地皆有，农村中常采野生的供食。目前已作商品蔬菜进入市场，并作为山珍野味远销海外（图 22）。

长江以南，尤以江苏、江西、浙江、安徽、湖北、广东、云南、贵州栽培较多，并灌水软化，使其纯白，而成为佳美的蔬菜。我国栽培水芹的历史悠久，食用的时期更长远。相传周代（公元前 11 世纪至前 256 年）祭祀的祭品中已有水芹。《小雅·鹿鸣之什·鹿鸣》"呦呦鹿鸣，食野之芹"，《小雅·桑扈之什·采菽》"觱沸槛泉，言采其芹"，《大雅·文王之什·泮水》篇有"思乐泮水，薄采其芹"的句子，《诗经·鲁颂·泮水》"思乐泮水，薄采其芹，鲁侯戾止，言观其旂"，这是一首春秋时期为鲁禧公凯旋归来庆功的颂歌，人们唱到：大家游乐泮水滨，我在水中采水芹。鲁禧公诗中的"芹"就是水芹，因为当时旱芹还没有从地中海传过来。据考证这首大雅是鲁禧公（在位时间为公元前 659 至公元前 626 年）凯旋归来的庆功颂歌，说明水芹在逾2 600年前已采之食用。《本草经》称水靳；《周礼》称荳、莛，腌渍后称莛菹；《尔雅释草》载："芹，楚葵。"《说文解字》载："芹，

图 22　水芹

楚葵也。从艹，斤声。”《说文通训定声》解释为：“即今水芹菜也。”这是反映春秋时期诸侯朝拜周天子，接受赏赐时的一首赞美诗，诗中说：在沸腾喷涌的泉水边，人们将香芹来采。战国末期，《吕氏春秋》（公元前 200 年左右）中有“菜之美者，云梦之芹”的记载。北魏贾思勰的《齐民要术》有水芹的栽培方法。宋代陆佃撰的《埤雅》描写了水芹的植物学性状：“芹洁白而有节，其气芬芳。”明代杰出的中医药家李时珍叙述了水芹的生态环境：“生江湖陂泽之涯。”中国水芹的栽培从湖北开始，逐步扩展到长江中下游以及西南、华南和台湾。

安徽省以桐城最为著名。桐城位于大别山余脉，水源汇聚，城南和城东地势低下，有小溪和山泉，流水终年不断，大都在泉水中栽培，泉水冬暖夏凉，田土肥沃，产量高，品质好，四季栽培，周年供应。每年可连收 6 次，667 米^2 产量达 1 500～2 000

千克，栽培历史有300年以上，常年水芹26 640米^2，一季水芹19 980米^2。桐城水芹质地脆嫩，清香宜人，尤以冬季所产的“腊白老”，茎白、脆嫩、味美、品质特佳，深受当地人民喜爱。最近安徽芹芽公司首推“金坝”特种芹芽。芹芽盛产于被誉为“芹芽之乡”的安徽省庐江县白湖镇，是利用水芹以特殊农艺培育而成，属国内首创的特种蔬菜。具有色白、脆嫩、清香等特点，是秋末至春初难觅，防病健身的绿色食品，已经国家注册，获国家发明专利，通过国家绿色食品认证。

江苏省金坛市朱林水芹协会以“打品牌、拓销路、富会员”为目标，在北京农产品展销会上，朱林水芹协会的“碧润”牌无节水芹受到欢迎，与北京农产品经销商签订了日销4 000千克的购销合同。至此，“碧润”牌无节水芹已在北京、上海等10多个大中城市打开了销路。南京市六合区有百年种植历史，因其“细、长、白、嫩、脆、香”等特色而享誉大江南北。

2006年，北京新发地“老兵蔬菜配送站”，将得到国家无公害农产品认证的无节水芹经销到北京，受到广大消费者的欢迎，现在已有超市及饭店开始销售或使用这种水芹。目前售价在5元/袋（500克）左右。

水芹全国栽培面积约15 000公顷，每公顷单产30 000～75 000千克，高产纪录为105 000千克。

最近英国科学家利用转基因技术，使水芹富含鸡和鱼所含的多不饱和脂肪酸，成为一种“超级保健”蔬菜。这种转基因水芹所含的Ω-3和Ω-6多不饱和脂肪酸，能够调节血压和免疫反应，并参与细胞信号活动。Ω-3还被认为能促进大脑发育，降低成人心脏病及风湿关节炎的发病率。海藻和蘑菇中富含天然多不饱和酸脂肪酸。英国布里斯托尔大学的科学家从海藻和蘑菇中分离出负责制造多不饱和脂肪酸的3个基因，并将它们植入水芹，培育出同样富含多不饱和酸脂肪酸的转基因水芹。这种转基因水芹可以直接食用，也可以通过喂养动物进入食物链后再供人食用。人体自身不能合成Ω－3和Ω－6多不饱和酸脂肪酸，只能从天然食物中摄取。大自然中，禽蛋类食品富含Ω－6，谷物、鲑鱼、大比目鱼和沙丁鱼等冷水鱼中富含Ω－3。但由于鱼类资源困乏及污染导致的鱼肉毒素超标，研究人员一直在寻找富含这2种营养成分又容易获取的食物来源。

（二）营养及用途

水芹以嫩茎和叶柄供食。百克可食部分中含蛋白质2.2克，脂肪0.3克，碳水化合物2.0克，粗纤维0.6克，维生素C 49.0毫克，胡萝卜素3.74毫克，维生素B_1 0.03毫克，维生素B_2 0.04毫克，烟酸0.3毫克，钾50.0毫克，钠0.9毫克，钙48.8毫克，镁9.6毫克，磷15.0毫克，铜0.04毫克，铁1.0毫克，锌0.1毫克，还有挥发油、水芹素、游离氨基酸，a－蔗酸，香芹酚等，具有独特的清香味，又含有黄酮、甾醇类物质且具有抗肝炎，抗心律失常及降血压，降血脂等保健功能。可生拌，或炒食；也可用开水烫泡后，加糖、盐、醋等拌和，清香脆嫩，十分可口。水芹味甘辛，性凉，无毒，入肺，胃经，能清热解毒，养精益气，止血止痛，宜肺利湿。可治小便淋痛、大便出血、黄疸、风失牙痛、痄腮等症。据《神农本草》记载：水芹“主好赤沃，止血养精，保血脉，益气，令人肥健嗜食”。《食疗本草》曰：“水芹养神益力，杀药毒，置酒酱中香美.”《生草药性备要》记载，芹菜可“补血，祛风，祛湿”，而《随息居饮食谱》则记有芹菜“甘凉清胃，涤热祛湿，利口齿，咽喉，明目”。中医认为芹菜还有醒脑健神，润肺止咳，健胃，利尿，净血调经，降血压，镇静等作用，适用于高血压引起的头晕，头痛，妇女月经不调，赤白带下，小便热涩不利等症。如芹菜米醋凉拌佐餐，可通血脉，降血压，醒脑利水。水芹菜捣烂加茶籽油调和敷患处，对治疗腮腺炎有一定疗效。水芹30克，加茜草6克，六月雪12克，水煎服，对治疗月经不调，带下尿血也有一定疗效。但气虚胃寒者慎食，尤和醋一道食之，有损人齿。水芹中含有较多的膳食纤维和黄酮类物质，可刺激胃肠蠕动，防止便秘，还能预防结肠癌、肺癌，降血压、降血糖等。现代研究，水芹的挥发油内服，有兴奋中枢神经，升高血压，促进呼吸，提高心肌兴奋，加强血液循环的作用，还有促进胃液分泌，增进食欲和祛痰作用。水芹还含有抑制人体内癌细胞发生的某些酶类。水芹对乙肝病毒(HBV)、感染性肝病毒（HBV)、感染性肝炎有明显的保肝降酶退黄和抗乙肝病毒的作用。捣汁加醋调匀内服外敷，治腮腺炎；水芹加大麦芽、车前子用水煎服治小儿发热不退。野生水芹还有一个值得注意的毒芹品称，它原产于我国东北，华北及西北地区，有剧毒，不能食用，也无利用价值。如果人畜误食能致死。其生长环境、食用性与水芹不同，水芹的茎和柄都有锐棱，而毒芹的茎和叶柄是圆筒形的，中空有细沟。但幼苗的叶形与水芹相似。水芹每年 4～6 月采集，10 厘米以上的嫩茎叶食用。食用方法一是将鲜茎叶，用水焯 5 分钟左右，再用凉水浸泡，然后炒食凉拌做馅；二是泡酸芹菜，方法是将新鲜嫩茎叶洗净后，晾干水分，放入事先配好的酸卤水坛中，盖上盖，2～3 天后取出食用；三是用水芹腌制酱菜。如果用水芹与别的菜相配一起，味道更好，更佳。

（三）生物学性状

水芹属伞形花科水芹属多年生宿根草本植物，根环状簇生于水下和泥中的茎节上，根系浅，白而细。茎节的长短随水温高低和植株稀密而异。茎嫩时圆柱形，老时变为八棱形，中部先实心，后呈海绵状最后变为中空。茎生长至一定高度即自然倒伏，沉入水和淤泥中，节上发生不定根，腋芽萌发形成新株，节间逐渐腐烂。水上茎节的腋芽可萌发成侧枝，沉入水中或淤泥中也可生根形成新株。茎中空，无毛，有棱角，淡绿色，受冷后呈红色。根出叶丛生，奇数二回羽状复叶，互生小叶卵形或菱状椭圆形，先端细而尖，叶缘粗锯齿。叶柄长，基部短鞘状，包住茎部，多带红色，叶片多露出水面，浓绿色。

3～4月抽生花茎，6～8月开花。复伞形花序，小伞形花序6～60个，每个小伞形花序有30朵左右小花，上部的花先开，一簇复伞形花序开花至谢花15～20天，谢花至种子成熟25～30天，单株花期40～70天。花小，略红，花瓣、雄蕊各5，柱头2，子房下位。双悬果。果实褐色，椭圆形，顶部尖锐无毛，内有一枚种子，千粒重1克左右。种子发芽力弱，幼苗生长慢，一般不用种子繁殖，而用无性繁殖。秋季花茎上侧芽萌发形成新株，入冬上部叶片冻枯，基部茎叶在水中越冬，翌年萌发供繁殖。地上茎及匍匐茎各节环生须根。日本、韩国生产水芹，主要采用种子繁殖。武汉市蔬菜研究所龙启炎等人（2006）用日本水芹，8月中下旬在生长健壮的主花序上分别采摘花后15天种子（种子绿色）、花后20天种子（种子黄绿色）、花后25天种子（种子浅黄色，即正常采收期）、花后30天种子（种子自然脱落，黄褐色），放在室内通风处干燥阴干。经过发芽测定花后30天，25天种子质量好，活力高，为防止种子脱落，生产上以花后25天、种子浅黄色时采收为宜。主枝的种子质量最好，活力最高。一侧枝、二侧枝、三侧枝种子质量较好，种子活力较高。生产上应主要采摘主枝及一侧枝、二侧枝、三侧枝种子。

为了保证种子质量，留种水芹花期不宜喷施爱多收。水芹种子采摘后应放于室内通风处阴干，不能在太阳下直接暴晒。

因水芹种子产量低，萌发困难，目前多以分株繁殖，成本高。湖洲师范学院生命科学学院张海洋等人以野生水芹茎尖、腋芽为外植体，研究了影响愈伤组织诱导和分化激素浓度配比。结果表明，最佳外植体是茎尖；最佳愈伤组织和不定芽诱导培养基为MS＋6－BA 4毫克/升，最佳继代增殖培养基为MS＋6－BA 2毫克/升，最佳生根培养基为MS＋1－BA 1毫克/升。在生产中可根据需要，提前25～30天进行继代苗转瓶生根培养，移栽前炼苗4～5天，幼苗移栽初期保持90％～95％土壤含水量，防止烂苗。

喜冷凉，较耐寒，忌酷热，适宜冷凉、短日照季节流动含氧较多的浅水田生长。栽培适温10～20℃左右；6℃以下生长缓慢，0℃以下易受冻害；水温超过25℃，生长不良，纤维增多，品质变劣，容易腐烂。霜后叶仍呈绿色。水面结冰时，外界气温在−10℃以下，有深水层保护，水中茎也不致冻死。怕干旱，终年生长在浅水中，生长适宜水深5～20厘米。苗期气温较高如水位过深，淹没叶片，易造成缺氧。水质要清洁流动，阳光要充足，不耐阴，但忌强光。短日照下植株营养生长旺盛，长日照下植株进入生殖生长，6月开花结实。

（四）类型和品种

1. 类型 我国栽培的水芹，主要为水芹［*Oenanthe javantica*（Bl.）DC.］和中华水芹（*Oenanthe sinensis* Dunn）。江苏水芹分尖叶和圆叶两类。苏南以圆叶种为主，也有尖叶种；苏北多为尖叶种。尖叶种株型高，适合地势低，灌水深的地方种植。圆叶种可在淤积土壤，灌水浅的地区栽培。尖叶种植株高70～80厘米，叶片深绿色，霜后易变红发黑，小叶叶尖近卵形，叶缘锯齿钝，叶柄细，绿色，在水中为淡绿色，入土部分为白色，纤维多，香味浓，品质较差；圆叶芹植株较矮，茎秆粗壮，高50～70厘米，小叶广卵圆形，叶缘钝锯齿状，叶柄较宽，组织致密，黄绿色，经霜后不易变红，多行培土软化。纤维少，香味浓，品质好。

2. 品种

（1）圆叶芹 又叫大五苔芹，主产江苏南部，无锡、常州、宜兴较多。早熟，株形较小，高60～70厘米。叶浅绿色，卵圆形，叶片薄，叶柄长50厘米，茎上部青绿色，下部绿色，茎粗壮。中间充实，香气浓，纤维少，品质好。适合浅水栽培，能早作，667米^{2}产量3 500～5 000千克。

（2）玉祁实茎芹 产江苏省无锡玉祁镇。植株较矮，高48～60厘米。小叶卵圆形，左右两半常不对称，边缘疏圆齿，绿色，柄长。茎上部青绿色，下部白绿色，粗壮，中央薄壁组织充实。实心，耐寒，抽薹较晚，可采收到4月下旬，有香味，纤维少，品质佳。适合浅水栽培或旱作，667米^{2}产量4 000～5 000千克。

（3）扬州长白芹 产江苏省扬州、宝应、高邮等地。植株细长，高60～70厘米，羽状裂叶，小叶尖卵形。茎中空有隔膜，上部白绿，下部白色。叶片尖叶，色绿，叶缘钝齿。耐寒，耐肥，不耐热，抗病性强。纤维含量中等，有清香味，口感较好。中熟，一般8月下旬种植，12月上旬至次年3月采收，适合较深水层栽培，667米^{2}产量5 000～7 500千克。

（4）大圣水芹 产江苏省南京市六合县马集镇大圣地区，已有近百年的栽培历史，为尖叶芹菜类型，植株细长，高90～100厘米。小叶尖卵形，边缘粗锯齿形，叶柄细长，茎部短鞘状包住。茎中空，上部淡绿，下部在深水中为白色，系从扬州水芹演变而来。伞形花序，花小，白色，不结实或种子空腔，特点是细、长、白、嫩、脆、香，远销上海、徐州等地。耐寒，耐肥，抗病性强，纤维含量少，从排种到上市需80天左右，种植面积200公顷，平均667米^{2}产5 000千克。1999年7月向有关部门申请注册了“大圣”水芹商标。目前，大圣牌水芹因生产环境无污染，并按南京市地方标准《有机食品水芹生产技术现程》（标准号DB3201/T088—2005）种植，产品已获市名牌产品称号和南京市著名商标，并在2008年11月有机水芹标准化示范区项目通过了南京市质量技术监督局和南京市农林局组织的有关专家验收。

（5）桐城水芹 产安徽桐城，以城南小河和四水桥生产的最为著名。茎嫩时圆柱形，老时八棱形。中心先为实心，再呈海绵状，最后变为空心。叶柄常浸水中，淡绿色，叶浓绿色。茎白，脆嫩，味美，品质特佳。

(6) 常熟白芹 常熟市地方品种。主要分布于常熟、张家港等地。株高 45 厘米，叶柄长 30 厘米，叶片黄绿色，小叶卵圆形，但顶部尖，叶缘缺刻浅。叶柄和茎绿白色。生长快，采收期早，纤维少，香气较浓，适口性好。适合浅水层栽培或旱作，667 米^2 产量 4 000～5 000 千克。

(7) 宜兴水芹 宜兴市地方品种。主要分布在溧水、溧阳和高淳等地。株高 50 厘米，叶柄长 35 厘米，叶柄上部青色，下部白色，叶柄紧抱似茎秆状。叶片绿色，叶面有皱纹，叶缘缺刻较深。香气浓，粗纤维少，品质好。适合旱作或浅水栽培，667 米^2 产量 5 000 千克左右。

(8) 常州圆叶芹 常州市地方品种。株高 50～65 厘米，叶长 30～40 厘米，叶柄露出水面部分绿色，水中部分白色。叶片卵圆形，绿色，纤维少，口感脆嫩，有清香味。耐寒力强，适合浅水栽培或旱作。水作 667 米^2 产量 4 000 千克左右，旱作产量 2 500千克左右。

(9) 衢州水芹 浙江省衢州市优良的农家品种。食用经软化栽培的茎和叶柄，质嫩味美，旺收期在 1～3 月，对丰富元旦、春节供应，缓解春淡有一定作用。衢州水芹株高 50～60 厘米，开展度 40 厘米，叶片互生，奇数，二回羽状复叶，小叶对生，卵形，浅绿色，叶缘锯齿状。叶柄细长，白绿色，叶鞘长 10 厘米，茎部宽 2.2 厘米。质地柔嫩，味鲜美，纤维少，有药味。营养丰富，经测定每 100 克鲜重含蛋白质 1.4 克、纤维素 0.9 克、碳水化合物 0.9 克、胡萝卜素 0.38 克、硫胺素 0.01 毫克、核黄素 0.19 毫克、抗坏血酸 5 毫克、铁 6.9 毫克、钙 38 毫克、钾 212 毫克、磷 32 毫克、硒 0.8 微克。

衢州水芹喜湿润，耐肥、耐涝及耐寒性强。适温 15～20 ℃，能耐 0 ℃以下的低温。土壤以深厚、肥沃、微酸性或中性的黏质土为宜。适宜旱栽，实行软化栽培。水芹种子发芽率低，生产上不用种子繁殖，而用老熟花茎繁殖。播种期 8～9 月，12 月份开始上市，并可延续到翌年4月中旬，一般667米^{2}产量2 000～35 000千克。

(10) 板桥白芹 又名青芹、香刀芹、霉芹，是南京市雨花台区板桥的传统优良地方品种。

植株半直立，株高71.7厘米，开展度83厘米，分蘖3～6个。茎绿色，粗1.0厘米，茎节易生不定根。叶深绿，互生，奇数二回羽状复叶，光滑有光泽，叶柄青绿色。抱茎，实心，有纵条纹，内侧有凹槽。单株重25～30克。抗病性强，风味清香，产量高。四季可栽培，生长期40～180天，667米^{2}可达3 000千克。

(11) 沙洲早水芹 沙洲早水芹株高50厘米左右，复叶广三角形，小叶片卵圆形。产品水分含量高，短缩茎质脆，易折断，植株基部较粗，直径1.5～2.0厘米；叶柄中空程度较高，质地松软；霜冻前较高温条件下生长快，霜冻后生长不良，叶色仍呈绿色，耐寒力较差，产量稍低。当地一般于8月下旬播种，生长前期保持浅水，株高30～40厘米时，进行深栽软化，以后为使产品柔嫩，可适当加深水位，仅使植株上部10～20厘米露水面，进行光合和呼吸。9～10月收获，667米^{2}产商品菜2 500～3 000千克。

(12) 沙洲晚水芹 株高50厘米左右，复叶广三角形，小叶片卵圆形。叶柄质地紧实，短缩茎柔软性好、不易折断。植株基部比沙洲早水芹稍细，直径1.0～1.5厘米。前期温度稍高时，霜冻前生长速度不如早水芹，品质较差，口感粗老；轻霜仍保持较快生长速度，重霜后叶色变为暗绿，茎带紫红色，耐寒力较强，产量较高。当地一般于9月中旬播种，栽培管理与早熟水芹相似，唯要待霜冻后11月份才适宜收获上市，667米^{2}产商品菜3 500～4 000千克。

沙洲竹梗水芹的选田、整地、定植方法同早水芹。出苗后保持田间湿润，入冬前适当施入磷、钾肥，提高抗寒能力。翌年开春后重施一次以氮肥为主的追肥。

（13）江阴湿栽水芹　产太湖流域，一般秋季播种或移栽，翌年春季3月初至5月初采收，按常规水田栽培的水芹收获后上市，延长了水芹的上市供应期，而且产品器官髓部组织充实，没有空腔，外表呈淡绿色，口感脆嫩清香，风味独特。同时由于田间湿润没有明水，种植者可以直接下田操作。667米^{2}产量在5 000千克左右。湿栽水芹在秋季种植，冬季地上部枯萎，翌年春季气温回升后快速生长。生产上可先另田播种育苗，入冬前其他蔬菜作物采收让茬后定植。一般9月下旬播种花茎，11月上旬苗高15厘米时定植，4月中旬收割。据扬州大学蔬菜学科研究室王雁等人采用5厘米×5厘米，10厘米×10厘米和15厘米×15厘米单株定植试验结果以10厘米间距能较好地兼顾产量和品质外观商品性。如果采用双株，甚至3株移栽，则可扩大株丛间距。

（五）栽培技术

1. 按上市季节，分期栽种　水芹主要是供应元旦、春节期间的蔬菜。苏北用尖叶水芹，利用不同地势的田块排开栽种，地势低的稻田于立秋、处暑间排种早芹，高的稻田结合养种，于白露后排种春芹，养鱼池秋冬于处暑到白露排种晚芹。

苏南一熟茭或藕茬田栽水芹，白露、秋分间排种，一月后匀栽，立冬后分期上市。又用培土和翻种的方法，延长上市时期，培土后20天上市，按培土先后分批上市。

冬季能灌水的圩沟或路边洼地，可选用尖叶种，但田地四周宜筑起高1米的田岸，以灌水软化。冬季不能灌深水，而土层深厚的沤地、滩田和水稻田，可选用圆叶种，冬季培土或翻种深栽软化。地势较高的稻田，亦可用圆叶种，开肋（畦面横开数条浅沟）排种旱栽，立冬取沟泥培土，因畦沟要灌水保持畦面湿润，也需灌排方便。

水芹的栽培方法有浅水栽培，深水栽培和旱田栽培等，产品可以软化，也可不软化，不软化即直接收获青芹；如果软化，则对应的软化方法分别为深栽软化，深水软化，培土软化。

水芹大都浅水栽培，即在整个栽培过程中，均采用浅水灌溉，在其不同生育阶段，水位深度变化在0～10厘米之间，最深不超过20厘米。浅水栽培的水芹，一般品质较好，营养成分含量较高，但产量略低于深水栽培。

2. 种苗培育 多用无性繁殖。667米^{2}栽培约需种苗500～600千克，上年冬季，立冬至小雪间，或第二年春分清明间，栽植前15天，先将母株从基部割下，捆扎，切割成直径15厘米，长约20～30厘米的小把，理齐，选生长健壮、分枝集中、节间较短的植株作种株。大田水芹元月底采收结束后，作种苗的水芹，仍保持原来水层。立春后，水芹下部老叶逐渐脱落、枯烂，从生长点长出新叶。同时茎变粗，至移栽时，种苗茎是上市水芹茎粗的2～3倍，呈紫绿色。3月底至4月初均可进行种苗移栽。江苏南京大圣水芹，一般是在清明前后栽植种苗，水层深10厘米，株行距15～20厘米栽一簇，每簇2～3株。3～5天后活苗，水层增加到20～30厘米。半个月后，可追肥1次，667米^{2}用尿素或碳酸氢氨10～15千克，6月上旬各株顶端抽薹，下旬陆续开花，结实。果实脱落随水流去。当气温超过25℃植株生长衰弱，茎秆老熟，老茎各节叶腋形成休眠芽越夏，水位以6厘米为宜。立秋前后从种苗田中握取水芹植株，又称母茎，在整好的田里从一头开始向另一头顺序平铺母茎，间距5厘米左右，水深1厘米。铺入后从母茎的每个节上发芽长出小苗，水深逐渐加深到2～3厘米，母茎逐渐枯烂，形成新水芹苗。15～20天后，长到10厘米高时拔起，栽到相邻茎之间。由于水芹苗定植深浅不一致，1周后需捺苗1次，即将高苗捺深，使所有水芹苗基本保持在同一高度。过一段时间，连根拔起，洗净后除去顶梢，捆成小把，交叉堆放阴凉处，堆高70～100厘米，用湿草覆盖，每天早晚浇一次凉水。阴天和夜晚将堆散开，白天堆好。每隔两天，于傍晚将其放河水中或池塘中洗一次，约经4～5天，种苗叶片发黄，叶腋开始发根；再过5天，种苗上叶片腐烂脱落，各节叶腋发出嫩芽和根，新芽长3厘米左右时定植。中晚熟栽培时，种苗不用催芽，直接栽植。

芹种田不要深水灌溉，也不能断水。在高温期宜日排夜灌，保持土壤湿润，使芹鞭侧芽充分成熟。立秋到处暑收割，667米^{2}收芹鞭1 500～2 000千克，供大田3～4×667米^{2}用种。

3. 整地和栽植 选地势低洼，土层深厚肥沃，能灌能排的水田，要求土壤含有机质1.5%以上，保水保肥力较强，淤泥层较厚，土壤微酸性到中性的田块。在有机和常规生产区域间设置河渠，绿化带等屏障，防止临近常规地块的禁用物质漂移。水芹田转换期一般不少于24个月，新开荒的，长期撂荒的，长期按传统农业方式耕种的或多年未使用禁用农药、化肥、化学合成激素的农田，也应经过至少12个月的转换期；转换期内必须完全按照有机农业的要求管理，施足基肥，耕翻后灌水、耙平。常年水芹田终年流水不断，栽前整平地即可，不要施肥。

田埂要高1.1米左右，保证能灌80厘米深水。大田深耕25厘米，耕细拉平田面，做到平、光、烂、细。田埂四周铲齐拍实，防止漏水。

江、浙一带，早水芹在8月下旬栽植，迟水芹在9月中旬栽植；华南地区温暖无冬，9月上旬至翌年2月均可栽植。早水芹栽种时，气温还未下降，宜先催芽：催芽常在排种前15天左右，一般多在8月中旬，当气温降至27℃时开始，先从留种田中收割老熟母茎，剔除过粗过细的母茎，理齐基部，先摘去芹鞭上无芽的顶梢，然后捆成直径33～35厘米的小捆，交叉堆放阴凉通风处，堆底垫1层稻草，堆高一般不超过2米，堆上盖蒲包，日盖夜揭，并早晚浇凉水保湿。保持堆温20～25℃，每隔5～7天及时翻堆，防止发热腐烂，15天芹鞭发芽生根后即可排种。中、晚熟芹不用催芽。栽植方法有排种和撒播两种。排种法是：放干田水，种苗催芽后不切断，按6厘米行距排放在泥上即可。撒播时，先将催芽后的种苗，用铡刀切成30～40厘米长的茎段，均匀地撒播到田里。江苏大圣水芹采用田边齐排，田中撒排法即将母茎基部朝田外，稍头朝田内，沿大田四周作环形排放，茎间中部距离6厘米，基部距离稍大，梢部稍小，整齐排放1圈后即可进入田中均匀撒排平放。不论采用哪种播种方法，种苗都不能埋入土中，否则萌芽迟，生长不良；也不可浮在水面，防止产生匍匐枝。667米^{2}用种量400～500千克。栽植后灌浅水，使母茎半露水面，防止积水和土壤干裂。如遇暴雨，应及时枪排积水，防止种苗漂浮或沤烂。排种后15～20天，大多数母茎腋芽萌生的新苗已长出新根和新叶时，排水搁田1～2天，使土壤稍干或出现细丝裂纹，促进根系深扎，然后灌浅水3～4厘米，往后进入旺盛生长阶段，需持续保持浅水。萌芽时及时施苗肥，半月后，每个节上长出小苗，当母茎新芽长3厘米，生根放叶后，短期排水搁田，促使茎叶及根系发育。

栽植后1个月，新苗高约12～15厘米时，将苗拔起重栽，每3～4株一丛，穴距12～15厘米，或于高苗30厘米时原地重栽，栽植深度18厘米，使苗均匀，并软化茎叶。栽毕灌水，使蚜虫、浮萍浮于水面，用草绳或竹竿围赶至下风处刮出。去浮萍后即行排水。但留种田不能深栽，以免影响发棵。

4. 追肥和灌水　一般追肥三次，苗高10厘米时开始，以后每隔一周施一次，每次667米^{2}施人粪尿1 000千克，或化肥20～25千克。霜降后气温降低，不再追肥。

灌水能防止倒伏，促进生长，使之软化，提高品质，并可防治蚜虫。灌水的水质关系到水芹茎秆洁白与否。大田灌水应选用有泥沙含量的浑水，这样可减少射入到水中的阳光。用清水会使水下茎呈绿白色，影响商品性。水层管理要求在排种前田间放干水，排种后保持薄水层，以母株靠泥部分浸没水中为佳。活棵后排水搁田3～5天，促根深扎，然后复浅水3～5厘米。排种30～35天后，株高15厘米左右时，根系已基本形成，灌水6～8厘米，以后灌水深度随着植株的生长而加深，使水位经常维持在心叶下3厘米左右。暴雨时及时排水，天旱时晚灌早排。追肥时保持浅水。11月中旬后，天气寒冷时将水灌满，仅留叶尖，最高水位可达0.7～1米。春季回暖后，再降低水位。

常年水芹田，终年流水不断，冬至以后，天晴无风夜晚应堵住出水口，把水灌深，淹没水芹叶部，以防冻坏。待次日上午9时，气温升高，扒开出水口，放去防冻水，露出叶片，便于通气。入水口处宜在水流垂直的方向钉置木桩，减少水流冲刷浮泥。

5. 匀苗补缺 排种30天后，当新苗达15厘米左右时，结合除草，进行匀苗补缺。将生长过密的苗连根拔出，每2～3株1簇，移栽于缺苗处。同时对生长过高的苗适当深栽，使全田生长整齐。

6. 适时软化 为提高产品品质，进行灌深水软化。即适当加高田埂，在水芹生长后期，根据植株高度加深水位，仅留10厘米左右的顶部，进行光合作用和透气。此方法在冬季还有保温防冻作用。

7. 赤霉素处理 扬州大学水生蔬菜研究室江解增等人（2006）用赤霉素采用活体处理，发现在冬季低温条件下叶面喷施GA_3仍能在较短时间内使湿栽水芹的产量显著增加，而木质素和纤维素等的含量明显下降，口感也有较明显改善。综合产量和品质等因素，在露地秋冬季温度较低的情况下，湿栽水芹GA_3的施用浓度以45毫克/千克为佳（即生产上667米^{2}用1.5克GA_3对25千克水）。试验还发现湿栽水芹叶柄中蔗糖类成分的含量显著低于常规蔬菜，同属伞形花科的芹菜即属于甘露醇运转类型。那么，湿栽水芹是否也属于甘露醇运转类型，或属于其他糖醇运转类型？明了这些关系，将对湿栽水芹栽培生理的进一步研究具有重要的指导意义。

8. 采种与留种 栽植后80～90天开始采收，直到第二年4月，其中主要采收供应期在春节前后。深水田要垫木板，穿长靴下水剷收，浅水田用木桶垫脚，或穿长靴下水拔收。收后洗净根上泥土。水芹不耐贮藏，宜随采随卖。

留种时，茎杆是繁殖材料，母株必须在未经深水软化前，即11月下旬选株高适中，茎秆粗壮，节间较短，腋芽较多而健壮，根系发达，无虫无病。所选种株随即移植到留种田中。留种要选背风向阳，排灌方便处，10月中旬整地，厚施基肥，栽植时田间保持1厘米水层，行株距均25厘米，每处3～4株。栽后7～8天保持5～6厘米水层，如遇寒流可加水深层到15～20厘米，寒流过后再降水层到5～6厘米，越冬后保持浅水勤灌，4～8月追施复合肥，疏去部分分株，6～7月田间保持湿润，矮化植株，防止倒伏。如有青苔，晴天排干田水，晒田半天后，按667米^{2}施100克的标准，将硫酸铜用纱布包住放在进水口，然后放水进田，使硫酸铜溶液随灌水分布田中，5～7天后青苔将全部被杀死。6月以后治虫等工作都要在田埂上进行，8月上中旬即可收割种株催芽。旱作留种田，冬前要适当控制肥水，使之矮化。4月中下旬将之拔起，切去10厘米的地上部分，重新定植，6月上旬从泥土以上5厘米处割去地上部，使之萌生更多的种株，8月中下旬拔出催芽。

（六）水芹旱栽

水芹旱栽也叫湿栽水芹，指在旱生蔬菜基地的塑料大棚和日光温室中栽培，从秋季到春季采收应市的水芹。

水芹旱作可以节省用水，在水资源缺少处也能种植。同时操作简便，劳动强度低，有利提高机械化种菜水平。江苏省溧阳市和江阴市等地有大面积栽培。安徽省潜山、九华山、青阳以及宣城也有。适于旱作的品种有玉祁实茎芹、苏芹、宜兴水芹、溧阳白芹、板桥白芹等。选保水力强的土壤，整地作畦。畦宽 1.2～1.3 米，畦沟 0.5 米。在畦上按行距 18～21 厘米，横向开沟，将催芽母茎排入沟中，如果一根种株长度不够沟长，可从别的种株上折下一段补齐，覆土 3 厘米后勤灌，保持湿润，并除草，追肥。霜降前后，植株高 24～30 厘米时最后一次追肥后壅土软化：取长与畦宽相等的木板两块，插入水芹行间，夹住芹菜，两头用木桩固定。从畦沟中取土，垫入行间，拍实。壅土高度以露出叶尖 3 厘米为宜，拔起木板，再壅下行。壅土应选晴天，防止遇雨倒塌。壅土后灌水，水深比原畦面约低 3 厘米。一般壅土 25～30 天后即可采收上市。春季采收的，年前只施一次肥，抑制生长，次年立春前后，施浓肥一次。株高 12～15 厘米时，再壅土软化。留种者不壅土，谷雨前后，割去上部茎叶后重栽。芒种前后，株高 0.5 米时，齐土割去。割后施肥一次，保持湿润。大暑前后，畦面覆一层薄草防晒。处暑后花茎老熟，拔起作繁殖用。

南京水芹旱栽时，选择肥沃深厚的夜潮土，整成畦面低，埫沟高，高低差 30～40 厘米，便于日后培土和保水。9 月下旬至 10 月上旬排蔓（母株），翌年 4 月上旬至 6 月中下旬上市为香刀芹。排蔓后用小棚加地膜覆盖。地膜行浮面覆盖，既保湿又保温。6 月上旬至 7 月下旬排蔓，7 月上旬至 10 月上市为青芹。排蔓时先将畦耧平，用锄头开沟，沟距 20 厘米，开一沟，排一沟，盖一沟，最后浇水。畦面覆盖碎稻草，夏季高温时可用黑色遮阳网覆盖降温，但拱棚高度要达到 1.2～1.5 米，以利通风透光。待芽长到 14～17 厘米时分株定植，行株距 17 厘米×20 厘米，每穴 3～4 株。

活棵后施一次提苗肥，隔一天浇一次。苗高 7 厘米左右浇足水。灌水一般在上午 10 时以后，此时浇水可降低地温，促进生长。结合浇水追肥 2～3 次，肥料以腐熟有机肥为主。当土壤干旱时，水肥并举。覆盖棚膜时间以日平均气温 13 ℃为下限。小棚覆盖一般最早在 10 月底。

培土可提高芹菜外在品质，增加植株高度。冬季栽培的青芹，通过培土使其软化为白芹。南京地区 11 月份，当苗高 23～25 厘米时，浇粪水一次，然后向墒沟撒施三元复合肥，浇 1～2 次浓粪水，耕翻冻垡，并敲碎土垡，备用。上土时，用两块薄木条，条宽 14～17 厘米，将芹菜分开，在行间进行培土，每次培土 10～10 厘米厚。每次相隔 15～20 天，共上三次土，温度高时，间隔期可缩短。

培土结束后，苗长出土面 22～25 厘米时采收。采收时先用钉耙将土刨开，将白芹连根挖起或用镰刀平土收割，然后放在清水中漂洗干净，捆扎上市。采收时间为 11 月上旬至翌年 4 月，以春节前后的品质最佳。

若收青芹，第一次收割后新长出的苗入冬后灌 20 厘米左右的深水保温，防止冬季受冻。第二年 3～4 月，可再收青芹 1 次。两次 667 米^2 产青芹均可达 3 000～3 500 千克。管好母蔓是关键。如发现霉烂，应及时清除，在病株处用干石灰粉消毒，或用多菌灵可湿性粉剂 1∶500 倍液喷洒植株。

江苏省金坛市儒林镇，夏季旱种水芹，6 月中旬播种 1 次，可收 2～3 茬，到 9 月上旬收获结束，667 米^2 产量 5 000 千克左右。他们选无病虫的茎秆，排布苗床上，用扫帚轻压一下，使之与土壤结合。及时覆盖稻草控温保湿，齐苗后揭去稻草。夏季高温强光期间，利用灌跑马水，傍晚上水，白天排干，和使用遮阳网，当气温升至 35 ℃时，白天覆盖，晚上揭开。为防止倒伏，采用畦边打桩，拉绳防倒，覆盖遮阳网防止台风暴雨。

江苏省徐州地区雨水较少，灌溉水较缺乏，湿栽水芹是水生蔬菜中的节水型品种，生长期不必保持水层，只要保证土壤充分湿润即保持在 90%以上即可。在徐州有两种种植方式：

塑料大棚覆盖栽培：要求棚高 1.5 米以上，越冬期加盖草毡。水芹 9 月中旬定植，12 月中下旬收获，收获后施肥，浇水，翌年 3 月中旬收获第二茬，两茬 667 米^2 共收 3 599 千克。

塑料小拱棚覆盖栽培：前期生长量与大棚栽培基本一致，11月30日以后随着气温的降低，生长极缓慢，若不用草毡覆盖，极易出现冻害，冬季不能形成商品产量。2月15日以后，随着气温的回升，生长加快，3月中下旬采收时667米^{2}产量1 933千克，比大棚产量低1 666千克。因此苏北地区湿栽水芹越冬期间必须进行保护地栽培，而以大中棚栽培为好，同时必须覆盖草毡，于元旦至春节上市，比小棚多收一茬，最终产量提高40%左右。

一般在育苗前10天左右，从留种田中收割老熟茎捆成小捆，“井”字形堆放树荫下，堆高不超过1米，最好用遮阳网覆盖遮阴，早晚各喷洒凉水一次，保持23～25℃，并适时翻堆，当芽长1厘米时排种育苗：花茎间距2～3厘米，排种后应保持田间充分湿润无水层。苗高10厘米左右时，连根拔起，按10～20厘米间距移栽到露地或棚室内。栽后灌水，活棵前保持土壤湿润。供水充足处活棵后保持薄水层或将沟内灌满水，霜前覆盖薄膜保温。生长期保持充足湿润，保护地冬季可适当灌水，但不宜灌冷凉河水。翌年春，湿栽水芹不能有明水层，只需保持土壤湿润。

大棚湿栽要选用择排灌方便，土层深厚，疏松，并具有喷滴灌设施的大棚。大棚以透明塑料薄膜为覆盖材料，以钢管为骨架材料，跨度6～8米，矢高2.5～3米，长40～50米。播前耕翻土地，平整田块，筑畦宽1.2～1.3米，梗高10厘米。湿栽水芹适宜播期为9月20日至10月20日，以无性繁殖的营养茎作种茎，在畦面间隔10～15厘米开浅沟深5厘米，将水芹种茎首尾相连平放沟底，覆土盖没种茎。覆土不能过厚，以盖没为宜。

湿栽水芹需肥量大，应施足基肥，一般667米^{2}应施有机肥2 500千克，加45%三元复合肥25千克。生长过程中一般在匀苗或移栽活棵后施45%三元复合肥25千克。以后每采1次，结合喷水追肥1次，667米^{2}施尿素10～15千克。为保证种茎顺利发芽和活棵，栽后每天喷水数次，保证畦面湿润。幼苗成活后。

只需保持土表潮湿即可。

扬州大学水生蔬菜研究室王雁等，还采用遮阳网覆盖方式，研究对湿栽水芹品质的影响。结果，覆盖遮阳网后，湿栽水芹小叶维生素C含量显著低于露地对照，可溶性蛋白质含量低于对照，类胡萝卜素、甘露醇及总黄酮含量均显著低于对照，但叶绿素含量却稍高于对照，叶柄粗纤维含量显著低于对照，而总膳食纤维含量基本相同，仅可溶性膳食纤维含量显著高于对照。秋冬季生长的水芹纤维比较明显，常规炒食口感较粗老，为此，扬州大学水生蔬菜研究室江解增等，在2005年利用不同浓度GA_3处理湿栽水芹，比较GA_3对水芹产量及品质的影响。试验于2005年9～12月在扬州大学用江阴湿栽水芹品种，9月16日排种，12月25日喷洒赤霉素（上海同仁药业有限公司18制药厂生产的赤霉素$GA_3$75%），设3个浓度水平：30、45、60毫克/千克，以清水为对比。结果叶面喷施GA_3后，湿栽水芹生长明显加快，株高以45毫克/千克的为最高，30毫克/千克其次。而木质素和纤维素等的含量明显下降，口感也明显改善。在露地秋冬季温度较低情况下，湿栽水芹GA_3的施用浓度以45毫克/千克为佳，即生产上667米^{2}用1.5克GA_3对25千克水。

安徽巢湖地区水芹通过旱作培土软化后，叶片清脆嫩绿，茎秆洁白如韭黄，当地俗称为芹芽，667米^{2}产3 500千克，价格是水芹的2～3倍：一般在9月定植，在畦内按10～13厘米行距，用锄横向拉栽植沟，深3～5厘米，以3～4根匍匐茎为1束，均匀排入沟中。每栽10～15根，上覆土2～3厘米，栽后浇透水，覆盖遮阳网或稻草等保湿。齐苗后揭除。芹苗高8～10厘米时，看到行间有部分生长旺盛的芹菜匍匐茎—游藤时，应及时摘除。苗高12～15厘米，结合中耕进行培土。

在培土前，准备两块木板，宽12～15厘米，厚1.5厘米，长与畦面宽相等。培土时将取土行的土壤翻松、拍碎成细土，然后把板插入芹菜苗行间，分别紧挨行间芹菜的内侧，使两行间成箱形，用铁锹将取土行上的细土填入两板之间的箱内。培土厚度以芹菜生长点露出土面 3 厘米为宜。培土后抽出木板，到第 2 行间重复操作培土。培土时，不要留有空隙，使细土密接芹苗，芹菜茎秆因不见阳光而白嫩。当芹菜再次长到高出土面 10～12 厘米时进行下一次培土。一般培土 3～5 次即可。12 月至次年 2 月采收期，人工逐行挖取芹芽。采收后用清水洗净，摘除病残黄叶，按每把 0.5 千克左右整理上市。采收期内如遇强寒流或雨雪天，可在田间临时覆盖薄膜保温防冻，方便采收。

在宣城地区则进一步培土软化，育苗及移栽时期与潜山、青阳地区相同。区别在于定植田块的准备，定植田一般畦面宽 2.8 米，畦与畦之间预留 2.4 米宽的空地，靠近路边或田埂时预留 1.2 米宽；亦有文献介绍，畦面宽 2.0 米，预留 0.8 米空地。水芹苗按株距 15 厘米，行距 30 厘米定植，幼苗 30 厘米高时培 1 次土，在行间靠近植株基部放置两条培土板（长 140 厘米、宽 13 厘米，厚 2 厘米的木板），从预留空地取土填充培土板之间，每填满一层土后抬高培土板再填土，培土高度以露出植株 10 厘米为宜，之后随着植株的生长（15～20 天）陆续按此法培土 3～4 次。植株长至 50～60 厘米时采收。培土方法费工，但采收的水芹白嫩。

（七）竹梗芹的栽培

竹梗芹菜指水芹在秋季排种后，经湿润栽培于翌年直接生产花茎的技术，产品因有节，呈竹节状，故名。沙洲竹梗芹是江苏省张家港市芹农对水芹的湿润栽培，是张家港市独有的一种栽培方式。

1. 产地环境条件 选择有机质丰富，排灌方便，pH 值 6～7，土层深厚的壤土或黏壤土。

2. 种茎繁育 一般于 3 月下旬，选留粗壮，节间短，分枝集中的植株，移栽于留种田。留种田与栽培田的比例为 1∶5。

667 米^2 需种株 100～150 千克。选用花茎抽生早，生长速度快，品质优良的品种，每穴栽插 1～2 株，株行距 30 厘米。栽后保持土壤湿润，视种株生长情况适当追肥，一般 667 米^2 施腐熟有机肥 1 000～1 500 千克，加三元复合肥 30～50 千克。

3. 大田栽培 9 月中下旬留种田中选取茎粗 0.8～1.0 厘米，上下粗细一致，节间紧密，腋芽较多而充实，无病虫害的成熟花茎作种茎。切除种茎梢部，把种茎理整齐，扎成直径 20 厘米的小捆，每捆用绳扎 2～3 道，交叉堆放于通风凉爽处，堆高1.0～1.2 米。种堆周围和上面，用稻草覆盖保湿，夜晚将覆盖物揭去通风。昼覆夜揭，每天 8:00 时左右和 16:00～17:00 时各用凉水将种堆浇透 1 次，经 7～10 天腋芽长达 1～2 厘米时即可排种。

结合翻地，667 米^2 施腐熟有机肥 2 000～3 000 千克，三元肥合肥 30～50 千克，在田间灌入浅水后耱田，使泥肥相融，田面光、平，充分湿润而无水层，然后 667 米^2 用 15%精稳杀得乳油 50 毫升对水 50 千克喷雾。

选阴天或晴天下午阳光减弱后排种，采用整条种茎顺序横排，边排边退，并及时耱平脚印，保持田面平整。种茎间距 5～6 厘米，667 米^2 种茎用量 400～500 千克。

排种后田间保持湿润。新苗扎根前如遇大雨，及时排干积水，以防种茎漂浮或沤烂。一般追肥 2 次，第一次在排种后 15 天，667 米^2 施尿素 5 千克；第二次在 1 月下旬，667 米^2 施三元复合肥 20 千克。注意斑枯病，锈病，蚜虫的防治。

4. 收获 一般在 3 月上旬至 5 月上旬收获。

(八) 深水芹的栽培

海陵深水芹为浙江泰州市地方特色农产品，以其嫩茎和叶柄供食用，外观绿白色，是清香味美的营养保健蔬菜。一般 667 米^2 产量 8 000 千克，产值 5 000～10 000 元。

1. 留种准备 按 667 米^2 大田春季留母种 20 千克，经春夏两次繁殖后，秋季 667 米^2 实际用种 450 千克。

母种第一次繁殖在“清明”前移栽，株距 23 厘米，行距 25 厘米，每穴 2～3 根。第二次繁殖在 6 月中下旬起苗后水平排种，第二次繁种田与秋季大田比为 1∶（6～7）。

催芽一般为 8 月底 9 月初，在芹菜塘周边阴凉处进行。先在催芽场地面上撒一层稻草，将种苗洗净后除去尾梢，捆成 2.5 千克左右一把，根子朝外行双排，层层交叉堆放，堆 4～5 层，堆后网上一层稻草遮阴保湿，每天早晚凉时浇 2 次透水，催芽期 3～5 天，其间视情况需要翻堆一次，调换位置重新堆放，使芽口一致，待腋芽长 2～3 厘米时即可。

2. 大田准备 大田宜选择有机质 2%以上，淤泥层 25 厘米左右，保水保肥能力强的微酸性土壤，有良好的排水条件，周围无环境污染，四周田埂高度不低于 1 米，无漏洞。

667 米^2 施腐熟鸡粪 7 000～8 000 千克或饼肥 150 千克，和 45%的优质复合肥 60～70 千克，注意拌匀。

整地前清除田间杂草及杂物，薄水深耕 25 厘米后施基肥，并反复耕耙至田面光、平、烂、熟。若田块过大，则按畦宽 3～4 米开灌排沟，保持满沟水待排种。

3. 精心排种 排种宜选阴天或晴天傍晚进行。排种前先灌微薄水层便于田间操作。

排种顺序为先四周，后中间。四周排种时，将种茎基部朝畦边，畦中间实行条状撒排，间距 5～6 厘米，要尽量减少交叉重叠。排种时边排边退，抹平脚印，尽量使种茎充分接触地表浮土，以利扎根。

排种后如有不均匀的地方，可用竹竿精心匀苗。

4. 田间管理 追肥以有机肥和化肥配合施用。在基肥充足的情况下，一般追肥 4～5 次，从幼苗 2～3 叶（搁田复水后）开始每隔 10 天左右追肥一次。第一次追肥 667 米^2 施淡粪水 2 500 千克或饼肥 50 千克或尿素加 45%的复合肥各 15 千克，以后每次追施三元复合肥加尿素各 10 千克，入冬后芹菜停止生长，不再追肥。气温回升时可适当进行根外追肥，以提高商品性。

排种后保持半沟水，使畦面湿润而无积水，防止烂芽；遇连续晴天气温≥30 ℃时可晚灌薄水，早晨排干，以免水温过高烫伤芽；当大多数母茎腋芽生根放叶时应主动排水，软搁田 2～3 天，至表土出现细裂缝为佳，促进根系下扎；搁田后灌浅水促进发苗，以后随着苗的不断生长逐渐加深水层，保持植株有 20 厘米左右露出水面；入冬后，如遇寒流须提前灌深水防冻（半数植株露尖即可），严冬结冰时，以淹没灌溉为主。

水芹菜苗期害虫主要是蚜虫和斜纹夜蛾，可选用 10%吡虫啉 2 000 倍液喷雾防治。在遇到长期连续阴雨时，可选用 75%百菌清 600 倍液喷雾预防叶枯病，正常情况下无须防病。苗期应及时去除水浮萍等。

5. 采收 海陵深水芹秋冬栽培全生长期 120～180 天，当元旦前后，株高达 90 厘米左右时即可采收上市，直至翌年 2 月底结束。

6. 早茬深水芹浮芹发生原因及预防

(1) 主要症状 水芹浮芹一般在夏末、秋初高温时节，生长量达 30 厘米以上时容易发生。发生时，水芹连根浮出水面，根系生长量小，黑根多，锈根重。

(2) 原因 高温季节芹池中的有机物质高强度的厌氧发酵，产生大量有毒物质，对根系形成毒害，限制了根系的生长和下扎。随着芹池水层的建立，当水芹根系与底泥之间的拉力抵消了水体对水芹的浮力时便产生了浮芹现象。

(3) 主要预防措施

① 充分发酵有机肥，实现无害化处理 一般在水芹排种前 20 天左右，做好有机肥准备工作。先对有机肥堆制有氧发酵 10 天左右，堆制过程中翻堆 2～3 次，使有机肥腐熟度一致，再施入田中让其进行厌氧发酵 10 天，并利用旋耕机将其与底泥充分

混合，使有机肥在底泥中分布均匀，实现有机肥的无害化处理。

② 撒入适量石灰，调节底泥 pH 值　长期栽培水芹的芹池，底泥 pH 值偏低，积累了较多的有毒物质，限制了根系生长。在结合芹池底泥培肥，应施入适当生石灰，调节底泥 pH 值，有效降低底泥中有害物质的量，改善底泥的团粒结构。

③ 提高烤田质量，改善底泥性状　当水芹生长量达 10 厘米以上，匀苗结束后，应进行脱水烤田，让底泥中气体进行有效交换，使有毒气体释放，浮泥沉实，促使根系下扎。烤田时，应开好芹池四周和田内烤田沟，沟间距 3 米左右，有利于烤田质量均匀一致。烤田标准为沟边有麻丝拆（小裂纹），浮泥板实，不发白。如遇长期阴雨不能及时烤田，或质量不达标时，应勤脱水露田，改善底泥供气状况。

④ 喷施促根物质，提高根系生长量　结合脱水烤田或露地喷施一些能促进根系生长的物质，如“绿农素”，“根保”等，促进根系生长。

⑤ 增设遮阳设施，降低芹池温度　当遇到 30℃以上高温时，可在芹池上方增设 50%遮阳率的遮阳网，降低芹池水温，达到抑制芹池底泥厌氧发酵强度，促进水芹生长。

(4) 浮芹发生后的处理　浮芹发生后应及时脱水，将上浮芹菜回插入田中，保持田间湿润。待新根长出后适时烤田。上浮芹菜都有了一定的生长量，在种苗充足时，也可将浮芹进行净芹加工上市，并及时进行补种。

（九）水芹无公害栽培

水芹为江苏省里下河及环太湖等水网地区种植的传统水生蔬菜之一，一般 667 米^2 产值 3 000 元左右，高者达万元。现在形成以围堰提水两季栽培为重点，种养结合、水旱轮作相结合的水芹高效立体栽培技术，产品已通过无公害农产品认证。

江苏省丹阳市里庄镇黄巷村的白水芹，俗称黄巷雪，又名乾隆水芹，其株高 60～80 厘米，叶尖且少，茎中空，色泽白嫩，以食用茎为主，口感清脆，一般 667 米^2 产量 5 000 千克左右。

白芹是利用南京市雨花台区传统优良地方品种、采用无性繁殖及壅土栽培技术生产出的芹菜，嫩茎雪白、风味清香。该品种品质好、产量高、抗病性强、栽培简易，由于其特殊的清香味，深受南京市民喜爱。全面推广白芹的无公害栽培技术，对提高产品质量有着重要意义。

1. 种植田块选择与围堰提水 根据无公害农产品生产基地的环境标准要求，选择大气、土壤和水质无污染的区域，再选择地势适中、土壤肥活、保水力强、靠近水源的田块，建造或加固田埂，兴建防渗渠道和车口、闸门等灌溉设施，实行围堰提水，每 14～20 公顷为 1 个基地，2 700～3 300 米^2 为 1 个生产单元，形成独立的排灌体系。高度 1 米，纵切面为梯形，上底宽 1 米，下底宽 3 米，围堰边形成底宽 1.5 米，口宽 2.5 米，深 1 米的围沟，既方便进排水，又可作为鱼虾的养殖沟。另外，通过提水种植，人为地抬高了田块，更有利于控制水层，进排水更加方便。

在旱水芹定植前 7～10 天，667 米^2 施腐熟有机肥 1 500 千克或河泥 10 000 千克或饼肥 100～150 千克作基肥，深耕 25 厘米，灌水，并整平田块，将土耙细整平，利于以后灌水软化，保证水芹的质量。

2. 茬口安排与品种选择

(1) 双季栽培 早水芹 8 月 10 日定植，国庆节前后上市，如管理得当，产量在 2 500 千克以上。迟水芹 9 月底至 10 月上旬小苗移栽，最迟不超过 10 月 20 日，产量可达 4 500 千克以上，双季水芹产量比单季水芹增加 2 000 千克。2001 年通州市金沙镇示范户产值达 10 380 元。

早水芹宜选择耐热、高产、优质的圆叶类型品种，如宜兴白芹祥下 1 号、无锡圆叶芹等；迟水芹宜选择耐寒、优质的尖叶类型品种，如扬州长白芹等。

(2) 水旱轮作 水芹生长期为8月中下旬至翌年3月，准备围堰提水种植水芹的田块，可于4月上中旬播种玉米、毛豆。玉米选用苏玉糯1号，毛豆选用早生白鸟、大粒王等菜用品种，一般能增收800～1 000元。同时能改善土壤理化性状，提高肥料利用率和减轻病虫为害。

(3) 种养结合 利用3～8月上中旬的水芹田休闲季节，或利用围堰的围沟养殖鱼虾。鲜虾收入1 000元。①养青虾，1月放虾苗15千克，6月起捕，至8月底结束。②养南美白对虾，5月放虾苗1.5万尾，8月对虾身长10～12厘米时起捕。③鱼虾混养，2～3月放虾苗5千克，150～250克白鲢100尾，30～50克异育银鲫150尾。养鱼虾平均667米^{2}产值1 720元，效益736元。

(4) 围堰增收 在高而宽的围堰两边，可种植2茬毛豆。前茬3月下旬播种，选用大粒王、早生白鸟等品种，套种或拉秧后接下茬毛豆，品种选用本地绿皮大粒豆、小寒黄，每单元增收400元。

3. 催芽播种 水芹一般采用种株繁殖。播种前7～10天将种株连根拔起，洗净后除去顶梢，捆成小把，堆积在荫凉的地方催芽发根。堆高70～100厘米，用湿草覆盖保湿，每天早晚浇凉水1次，及时检查，防止霉烂。约1周后新芽发齐，将母茎切成15厘米左右的小段，均匀撒入田间，用种量800千克。

早水芹7月底催芽，8月10日左右定植；迟水芹9月底催芽，10月上旬定植。冬季选留生长健壮、符合品种特征的植株作种株，到翌年春季栽植留种田，也可冬季栽植，行株距35～40厘米，每穴4～5株，667米^{2}留种田需种株700千克，可移栽大田3 300米^2（1∶5）。

种芹田间保持2～3厘米的浅水层，做到经常换水。活棵后搁田3～4天，起定根作用。同时结合苗情每667米^{2}追施三元复合肥50千克、腐熟有机肥1 500千克，分5次撒施。对于生长繁茂的田块，可割去顶梢，抑制生长。适当进行人工锄草。

4. 田间管理

（1）灌水与排水 栽植后不能立即灌水，保持土壤湿润，促进幼苗生根。7天左右活棵，10天左右进行一次搁田，30天许进行移密补稀。定植后1个月，株高14～15厘米，灌水6～7厘米深。水层不能超过分叉处，以后随着植株的生长，灌水层也逐渐加深，经常维持水位在植株心叶下面3厘米左右。

早水芹栽培季节气温高，白天应加深水层，仅留叶片浮于水面，以降低环境温度，晚上换成浅水，促进水芹正常生长。

11月中旬后，天气渐冷，为了防止迟水芹受霜冻，灌水层要深一些，一般在30厘米左右，保持植株一半以上浸在水中。冬季水面冰冻时，在傍晚前将水灌到离叶尖3～4厘米处，深水位可达0.7～1.0米。春季天气回暖后，再降低水位。

（2）追肥 早水芹追肥1～2次，迟水芹追肥3～4次。苗高10厘米时开始施第1次，以后每隔1周施1次，每次667米^{2}施腐熟有机液肥1 000千克或尿素20～25千克。迟水芹在霜降后不再追肥。每次追肥的头天晚上，先将田里水放干，第二天进行追肥，追肥后过一昼夜，再进行灌水，以防肥料流失。

（3）中耕除草、匀苗 播种后半个月左右，将杂草塞入泥中，再过半个月进行中耕除草。匀苗移栽，以每12厘米见方1丛为宜。

南京雨花台区为提早上市可用小棚覆盖，覆盖时间一般在11月底至翌年2月。

（4）培土软化 南京雨花台区水芹还进行培土软化，方法是11月初至12月底栽培的青芹经培土可增加植株高度，并使其软化为白芹。壅土时，把墒垄土耕翻并敲碎土垄，用两块宽14～17厘米薄木条将芹菜按行分开，在行间进行培土，每次培土厚10～13厘米。培土在天干、地干、苗干时进行，注意不碰伤茎叶，土粒不落到心叶上，不埋没心叶。白芹生长期间可壅土2～

3次，每次相隔10～15天，温度高时，间隔期可缩短。

(5) 病虫害防治 蚜虫、粉虱发生初期用10%的吡虫啉可湿性粉剂10～15天防治1次。蚜虫还可用灌水浸虫防治，即灌深水到全田植株没顶，用竹竿将漂浮水面的蚜虫及杂草向水口围赶，消除至田外。水芹斑枯病，可用75%的百菌清可湿性粉剂50～70克或10%世高水分散粒剂35克进行防治。一般种养结合田块不必用药防治。

5. 采收 早水芹一般在国庆节前后可采收上市。迟水芹在12月中旬开始采收，最迟可收到翌年4月，一般都集中在春节前后采收，采收过晚纤维增加明显，品质下降。采后，第一次清洗在水芹池塘内边拔边洗，洗去根部的泥土，第二次清洗在整修后用清洁的水洗涤，人工去除黄叶、杂物、根部的根须，如果芹叶茂盛的要去除部分芹叶。将整修过的水芹按0.5千克、1千克的规格装袋上市，包装袋符合食品安全卫生要求。也可按顾客需要进行包装。水芹茎叶中空，含水量大，不耐贮藏，应及时出售。

（十）水芹的夏季栽培

水芹属半耐寒性水生蔬菜，当气温超过30℃时停止生长。在苏州地区一般从9月中下旬开始排种栽培，到来年3月上中旬采收结束。为了解决夏季蔬菜伏缺问题，江苏省吴江市七都镇孙雪荣等对水芹夏种生产技术进行了探索。李良俊等还利用遮阳网覆盖栽培技术对其研究，均取得一定成果。

1. 栽培季节的安排 前茬水芹、慈菇、荸荠一般在3月上旬采收结束，露田2个月，期间进行耕翻除草。5月初开始整地施肥，并搭好大棚。为节约成本，也可采用大面积水泥立柱，四周和顶部用钢丝连接固定，上覆遮阳网。水泥立柱高2.2米，插入泥土40～50厘米。棚内筑2米宽的畦，畦间开宽30厘米，深20厘米的沟，与四周沟相通。

一般从5月中旬开始陆续排种，9月中旬采收结束。

2. 栽培技术 采用比较耐热的圆叶芹品种，如常熟白芹、玉祁红芹、祥下1号、杂交芹等品种。排种前搭好遮阴棚。采用50%～75%遮光率的黑色遮阳网覆盖，可采用钢架大棚或搭架平盖，高度须控制在1.2～1.5米，在晴热天气，可比露地降温8～13℃，极端高温天气可降温15℃以上。晴热天气，中午前后可在遮阳网上喷淋凉水，增强降温效果，光照强度维持在2万勒左右。

5月中旬开始陆续直接从水芹留种田，将水芹种茎割起理齐基部，去除腐烂老叶后洗净，捆成直径20～30厘米的圆捆，剪除稍部，切成20～30厘米的小段。然后，选择阴凉处堆放。堆放前先垫一层稻草，再将水芹层层交叉堆放，堆高不超过1米。堆好后在上面盖一层稻草。早晚各浇1次凉水，降温保湿，每隔3天在早晨凉爽时翻堆1次，冲洗去除烂叶，重新堆好，调换位置，使催芽一致。待茎上腋芽萌发2～3厘米即可排种，一般要催芽10天左右。

催好芽的母茎用刀切成30厘米长，排种时将茎基段、中段分开，这样有利于出苗整齐。实验证明，茎基段腋芽充实饱满，茎节部发芽多，一般可形成2株苗，最多4株，而中段芽不够充实，节部芽较少。无论茎基段腋芽，还是中段腋芽均极少产生匍匐茎。

伏水芹必须密植，667米^{2}用种量1 000千克左右。排种应选阴天或晴天傍晚进行，防止烈日晒蔫芽苗。方法是从畦的一头向另一头均匀平行排放，间距3厘米左右。也可以同样密度，将母茎基部朝外，沿畦四周排一圈后，中间撒排，并及时用手或竹竿拨平，拨匀。排种时，边排边抹平脚印塘，力求排平排匀，使种株充分接触地面，以利扎根。为了便于操作，排种时灌薄水层，排种后放水，保持畦内有大半沟水，畦面充分湿润而无积水，以免高温使水温升高而烫伤芽。

在管理上重点是水浆和温度的控制，整个生长期追肥3～4次，第一次在出苗3～4片时，667米^{2}追复合肥50千克，以后每次割收后2～3天施追肥。水浆是夏季水芹水分管理栽培成功的关键，前期，发芽至新苗生根，应控制水分，保持畦面湿润，保持平沟水。中后期，生长旺盛，应加大灌水力度，经常保持畦面上3～5厘米的水层。水浆管理最关键的是要采用循环水，保证水的流动，起到降温作用。夏天气温和湿度较高，75%遮光率的遮阳网透气较差，要经常通风降温，一般阴天和晚上四周揭网，晴天高温时中午前后在遮阳网上淋凉水，提高降温效果。夏季芹菜很少有病虫害，一般不施农药，在收获前一星期左右，苗高30厘米以上时，用1克赤霉素兑水15千克喷洒，667米^{2}用30千克溶液，可使植株迅速增高，茎秆发嫩变脆，产量提高，但要注意，喷后4～7天内必须收完，否则茎秆老化、品质下降。

3. 采收 一般在排种发芽后30天左右，水芹长至20～25厘米时采收。采收时用镰刀割收，根部留1～2厘米的茎清洗后上市。可收3次，667米^{2}产量2 000～2 500千克，收入8 000元左右。

（十一）叶用水芹温室有机生态型无土栽培

水芹，性喜冷凉，耐低温忌炎热干旱，能耐－10℃低温。一次播种可多次采收，结合保护地设施栽培可周年生产。有机生态型栽培技术，实施清洁生产，施有机肥，能够改良蔬菜生长环境，克服土壤连作障碍，减少农药用量，节省生产成本，蔬菜生长快、产量高，产品品质好、提前上市，并且易于被广大农民接受和推广。由于有机生态型栽培的水芹产品，属无公害蔬菜，色泽翠绿鲜艳，质地细嫩，香气浓郁，符合当前生态农业发展的要求。水芹在徐淮地区又属于新特蔬菜品种，在市场上颇受欢迎。现将叶用水芹温室有机生态型无土栽培技术简介如下。

1. 有机生态型栽培系统的建立 建栽培槽标准为高25～30

厘米、宽60～70厘米，槽距50厘米，南北走向，北高南低。砖缝可用水泥沙浆或泥土填平（槽底铺一层旧薄膜）。

栽培基质菇渣、炉渣按体积比1∶（1～1.5）混合，每1米^{3}混合基质中再加入消毒膨化鸡粪10千克、三元复合肥2千克。有条件的地方，也可用细沙、草炭、蛭石、有机肥按照体积比2∶1∶1∶2混配而成的复合基质，有机肥以鸡粪、羊粪为佳。

装槽时在槽中铺沙子，厚约5厘米。将混匀的基质装入备好的槽中，整平，大水浇透基质。待水分完全下渗后，再覆盖膜10～15天，以利肥料充分分解。

2. 水芹育苗 水芹一般采用种株繁殖，播种前7～10天，将种株从基部刈割后，剪除顶梢，打成小捆，堆放在阴凉处，上面覆盖青草，每天早晚各浇一次凉水，保持湿润。在阴天或潮湿天气，适当散放，防止堆心发热霉烂。约一周时间后，当种株绝大部分茎段长出不定根，叶腋腋芽萌发，长1～2厘米时，用清水冲洗，去除烂叶。再根据需要，剪成适宜长度的茎段，一般30～40厘米，然后均匀排放种株。

在徐淮地区，排种一般在7月中下旬至8月上旬。排放种株时，可先将部分栽培槽作为育苗槽使用。槽内基质要浇透，并稍有积水，然后将种株按5～8厘米间距摆放，轻轻下压，再覆盖基质2～3厘米，用喷壶将所盖基质浇透。此期，覆盖遮阳网等降温保湿。

排种约1周后，浇1次透水，当幼苗2～3片，苗高3～5厘米时，随水带肥，每栽培槽施尿素150～200克。以后，每5～7天浇1次透水。待苗长至5～6片叶时，起苗定植。

3. 定植 起苗前，育苗槽先浇透水。起苗时，将幼苗缓缓取出，减少根系损伤。水芹定植行距12～15厘米，穴距8～10厘米，每穴2～3株。定植一般在下午进行。定植前，先浇透底水，待水下渗后，将幼苗植入基质中，根茎深2～3厘米，基质栽培几乎不经过缓苗，很快就会进入正常生长。

4. 田间管理 水芹定植后，可连续采收多次。栽培土，应施足基肥，并在每茬采收后，及时追肥，才能取得高产。每栽培槽追施鸡粪3～5千克、尿素200～250克；同时，每茬叶面喷施0.1%硼砂或0.2%磷酸二氢钾液1～2次，有利于增加产量，提高品质。水芹喜湿，需水量较大，应满足水分供应，始终保持湿润状态。一般情况下，在生长期间，每5～7天浇水1次，浇水量逐次增加，每次都要浇足、浇透。

水芹喜冷凉，较耐寒而不耐热，生长适温范围为12～24℃，25℃以上生长不良。种株花茎在25℃以下开始萌芽生长，15～20℃生长最快，5℃以下停止生长。生长期间，较耐低温。即使冬季严寒季节，夜晚叶片受冻形成冰晶，白天温度回升后，仍能恢复正常生长。因此，水芹温室生产，白天一般温度控制在20～25℃，夜间8～12℃。寒流侵袭期间，不需加温，但需在寒流来临之前，浇大水，以减轻低温对水芹的不利影响。

有机生态型无土栽培，水芹病虫害比较轻。主要病虫害有锈病、斑枯病、白粉虱、蜗牛、红蜘蛛、蝗虫、蚜虫等。在徐淮及周边地区，尤其以蜗牛、蚜虫为害最为严重。锈病可用64%杀毒矾可湿性粉剂500倍液，或70%代森锰锌可湿性粉剂1 000倍液加15%三唑酮可湿性粉剂3 000倍液喷雾。斑枯病可用58%甲霜灵锰锌可湿性粉剂500倍液或75%百菌清可湿性粉剂600倍液，每7天喷雾1次，连喷2～3次。为生产出优质产品，有机栽培一般使用防虫网，内挂黄板诱蚜，以减轻为害，减少用药。

5. 采收 水芹可于株高25～30厘米时，刈割采收上市。也可根据市场或客户需求，灵活掌握大小，适时早收，供应市场。

（十二）水芹一次定植多次采收

安徽桐城市文昌村所独有，栽培历史悠久，有200～300年的历史，现仅存1.2公顷左右。因该地有一泉眼，当地称之为乌龟池，在水芹田内可看到多处冒出泉水，水田水温维持在 15 ℃左右，使该地栽培的水芹可周年采收，一般每年可采收 5~6 茬，每年 667 米^2 产量 15 000～20 000 千克，生产的水芹脆嫩味浓，品质优佳。具体栽培方法：每年 2 月底采用植株进行繁殖，待株高达 40～50 厘米时，一般须经 40 天左右采割 1 次，保留老株蔸继续生长，可连续采收 5 茬，用这种方式生产的水芹当地称作“五道青老”；待至 12 月时，带根拔起，一把一把地深插在泥中进行软化，该茬软化水芹（当地称作“捺白老”）在春节时即可采收上市。在软化田内，留出一小块水芹，让其生长不软化，留作翌年的种苗。

（十三）芹芽的栽培

芹芽是安徽省庐江县白湖镇的特产蔬菜，它是在栽培水芹的基础上，经过土壤旱作处理培植的一种地方特色蔬菜，具有色白如玉，清香脆嫩，营养丰富，无农药污染等特点，可炒、烫、凉拌等，一般 667 米^2 产量 1 000～1 500 千克，收入 2 000～3 000 元，高的达 4 000 元，全镇已种植 667 公顷。2006 年 6 月已获国家农业部绿色食品证书，产品命名为“金牌芹菜”，发展前途非常广阔。

1. 田块选择 宜选择排灌方便，肥力充足的双季稻田或空闲地作种植田块，9 月上旬及时翻耕，准备芹菜苗床，一般苗床宽 3～4 米，667 米^2 施入人畜粪 400 千克，三元复合肥 20 千克，将土壤和肥料混匀。

2. 种株培育 3 月初收完芹芽，残留于土中的根茎会萌发形成新株，4 月初当植株长至 12～15 厘米高时，选择健壮的苗连土掘起，利用早稻田边角作为种株繁育苗床，按 10～15 厘米见方排种在苗床上，一般 667 米^2 种株苗床可供 3 335 米^2 大田栽培之用。种株不宜深栽，以免影响发棵。种株要经常换水，否则夏季高温下易发病。4 月份追肥 1 次，667 米^2 施人粪尿 1 500 千克或化肥 35 千克，促进匍匐茎生长。还要注意病虫害的防治，及时用 40%的乐果 1 000 倍液防治蚜虫，一旦发现病毒病应立即将病株拔除。生长良好的植株在 8 月份匍匐茎长达 1.5～2.0 米，该匍匐茎即作为芹芽母株的种株。

3. 母株培育

(1) 栽培季节 8 月下旬至 9 月上旬栽种种株，一般与双季晚稻按 1∶1 面积比例间作，即 2 米宽水稻，2 米宽水芹，不需作畦，耙平耧匀即可。到秋末冬初可长成具 10 多片真叶的植株，即母株，供芹芽培育用。

(2) 栽植 把种芹地里的种株齐根割起，用刀切成 20～30 厘米长的茎段，然后均匀撒播于晚稻田中留出的地上。注意种苗不能埋入土中，也不能浮在水上。因种苗埋入土中，萌芽迟，生长也差；浮在水上，易生匍匐枝。为了使种苗栽植适宜，早稻收获后 667 米^2 施入人粪尿 2 500 千克左右，整地时要耙细整平，使土壤成泥泞状态，栽种时灌水不宜过多，土面上有一层薄水就行了。

(3) 灌溉 植后最初 5 天不要灌深水，使种苗浸没水中为宜，促进种苗扎根。以后灌水同晚稻一样，晚稻收割后保持土壤湿润，不必灌水。

(4) 匀苗 栽植后 1 个月左右，植株长至 13～15 厘米高时，结合中耕除草进行匀苗移植，以 12 厘米见方有一丛芹苗为宜。

(5) 中耕除草追肥 草多的田块栽植后半个月和 1 个月时中耕除草 2 次，若不多可结合匀苗移植时进行 1 次即可。追肥共 2 次，苗高 10 厘米和 20 厘米时，667 米^2 追施人粪尿 1250 千克左右或化肥 40～50 千克，每次追肥时先把水放干，追肥后过一昼夜，待土壤充分吸收肥料后，再进行灌水复原。

(6) 病虫害防治 芹芽母株生长过程中病虫为害较轻，9～10 月有蚜虫为害，可用灌水法防治，即将田中水灌至淹没植株，将粗草绳放于水面上，拉住两端向下风口地方移动，将浮于水面上的蚜虫集中到田的一角，然后清除杀灭，立即放水复原。灌水杀蚜每次不要超过 3 小时，以免水芹生长受影响。

4. **芹芽培育**　当植株长到 11～13 片真叶时就可培土生长芹芽。庐江县一般在 11 月上旬以后，具体培土时间可根据市场需要而定，也可分批培土分期采收上市，具体方法：在冬春季节，把芹畦周边晚稻畦上的土壤碎后用铁锹铲到水芹植株上面，培土工作分 3～5 次进行，培土层厚约 20～30 厘米，然后水芹茎上的腋芽就会萌发形成芹芽。一般培土后 1 个月就可以掘土收获，667 米^2 产 1 000 千克左右。

（十四）水芹的软化栽培

1. **深栽软化**　11 月上中旬将水芹苗连根拔起，以 20～30 棵为一把，深栽软化，只露植株顶端在泥外。1 个月后可收获，清理洗净后上市。也可延迟至 2 月采收。一般选用水芹如小青芹、江苏水芹、玉祁水芹等。

2. **深水软化**　这种技术适于水层较深的水田或塘。10 月下旬至 11 月，待株高达 30 厘米时以 20～30 棵为一把，栽于深土中，保持浅水，后逐渐加深水位，上部叶露出水面。11 月下旬至第二年 2～3 月陆续采收。一般选用中华水芹如扬州长白芹等。

3. **培土软化**　选保水力强的土壤，施足基肥，开沟整畦，畦面宽 1.3 米，沟宽 0.3～0.4 米。8 月下旬至 9 月中旬在畦面上横向开 8～10 厘米的浅横沟，将事先催好芽的种芹排播沟内，行距 20 厘米，播后盖浅土，压住种芹，然后渗灌一次透水。苗期应保持田间湿润，及时间苗补缺。若生长不良，及时追肥。播后 45 天，苗高 30 厘米左右培土软化：用两块木板挡住两边水芹，然后从沟中取土培在畦面行中，培土高度以露出叶片 5 厘米左右为宜。培土后一直保持平畦水位。1 至 2 个月约 11 月上旬至第二年 4 月上旬转白时可采收。准备春季采收时，年前少施肥，不壅土，翌年 2 月重施肥 1 次，后壅土软化。

最近安徽安庆市江振武还试验成旱地软化栽培，是将水芹通过沙埋使茎部褪绿变白，炒食后清香，口感更加清脆、嫩、鲜。水芹旱地栽培适宜沙壤土，为便于生长后期行间填土，一般作成畦面宽 1～1.2 米，畦沟宽 40～45 厘米的畦面，将畦面上 5～6 厘米厚土层堆于双沟中，便于以后填土时取土用。将苗起出，用锄头挖出约 8 厘米深线沟，成 60°斜面排于沟内。水芹长到 18 厘米高时开始填土，俗称灌土；事先准备 2 块宽 15 厘米，长与畦面宽等同的木板，填土前用竹棍分行，放入木板并用短竹棍支好，将土填入板间，只留 5 厘米左右的叶茎露出土面。第一次填土后约 20 天，苗高 18 厘米左右时填第二次，一般填 3～4 次土，最后一次稍深些，填土总厚度约 25～30 厘米。约需 1 个月，到 12 月底至翌年 1 月水芹由绿变白后即可挖芽出售。

4. 浅水深埋 常熟地区一般采取浅水埋土栽培方式生产水芹，即采用茎节短缩的浅水芹品种，在 5～10 厘米水位的浅水田种植，采收前半个月左右将植株逐一拔起，理齐根部后成把捺入土中，深 15～18 厘米，使植株下半段没入泥中而逐步软化变白。这就要求田间土壤有较深厚的淤泥层，随着水芹消费量逐年快速增长，种植面积越来越大，许多田块难以达到要求。而且深埋软化环节需要花费较多劳动力，增加了生产成本，因此，浅水芹栽培过程中能否省去深埋软化环节，以探索更简易的栽培技术，将使水芹的种植成本进一步降低。江苏省常熟市水利技术推广站孙文渊等人以常熟水芹品种为试材，采用常规浅水深埋及直接浅水栽培两种不同种植方式，分析产品器官叶柄中部分营养保健成分的含量及其理化特性，结果，不经过深埋的水芹产品器官内可溶性总糖及还原糖的含量显著降低，粗纤维含量显著增加，其干物质的持水率和膨胀力也显著增加，但膳食纤维及其不溶性成分的含量稍有下降，对 Pb^{2+}、Cd^{2+} 等重金属离子的最大束缚量总体较高，处理间存在显著差异，说明不经过深埋水芹与经过深埋以后的水芹在品质方面产生了一定程度的变化。从膳食纤维对于人

体的保健功能看，不经过深埋处理似乎优于深埋处理，其粗纤维含量稍高，但由于水芹产品器官叶柄的含水率高达90%以上，粗纤维含量折算为鲜重含量不足1%，而且水芹叶柄的质地比较均匀，因此，即使不经过深埋处理，其产品的口感仍属于较嫩的。

据调查，我国的膳食习惯向高脂肪、高能量密度、低膳食纤维改变的现象，导致了超重和肥胖的患病率、营养相关性慢性病的死亡率和城市居民的总死亡率上升。膳食纤维对保护心血管健康、预防癌症等方面起着十分重要的作用，因此受到越来越多的关注。蔬菜是目前我国居民膳食纤维的主要来源。膳食纤维食品较高的持水率、膨胀力与其低消化性，与造成较大体积和重量的粪便以及降低血清三甘酯和胆固醇有很大关系。从食品营养保健角度出发，水芹具有很低的蔗糖含量、较高的膳食纤维含量、较高的持水率和膨胀力，对重金属离子的束缚能力较强等优点，可以认为水芹属于保健功能较好的蔬菜种类。而不埋土与深埋两种栽培方式之间则以不深埋软化的保健效果好，可通过适当的宣传，使广大消费者逐步转变消费习惯，从而降低水芹种植成本，增加农民收入。

二十一、香芹菜

香芹菜 *Petroselinum hortense* Hoffm.，又名欧芹、荷兰芹、皱叶欧芹、法国香芹、叶香芹、香芹、石芹、洋芫荽、洋香芹、旱芹菜、香茜、香荽等。为伞形花科欧芹属中一二年生草本植物，原产地中海沿岸、西亚、古希腊及罗马，早在公元前已开始利用，古代奥林匹克运动会曾用香芹菜扎成花环，献给获胜的运动员。随着时间的推移，人们逐渐开始用香芹菜的叶片做香料和菜肴的装饰品。15～16 世纪传到西欧。16 世纪前专作药用，16 世纪法国人奥利维尔·德·塞开始对叶用香芹进行规范化栽培管理，有力地促进了香芹的生产发展。美国的叶用香芹是由英国人移居新大陆时带到美洲的，现在英国栽培最多，欧美也广泛种植，日本和中国港澳地区栽培也较多。传入我国约有百余年历史，栽培较少。20 世纪初叶，叶用香芹传入中国，先后在北京中央农事试验场和上海郊区试种，但面积一直不大。20 世纪 80 年代，伴随着开放，叶用香芹面积有所增加，现在国内沿海大城市郊区均有栽培。有叶用香芹和根用香芹两种，一般栽培中均为叶用香芹，主要食用嫩叶和嫩茎。根用香芹简称根香芹。欧美习惯称其为汉堡香芹菜、汉堡欧芹、荷兰欧芹和根用欧芹，用于区别叶用香芹菜。它是香芹菜的变种，主食肉质根。中世纪时，欧洲人有一种迷信，认为根用香芹属于魔鬼所有，谁把根用香芹连根拔起，家里就要死人，死者的灵魂要下地狱，但允许摘其叶片而不动它的顶冠和根。这种迷信使人们远离根芹菜。根用芹的名称在欧洲不同的历史时期各不相同，最早称之为 parsnip，意为“根深蒂固的香菜”，被视为“欧洲防风草”。其后有 turaip－

rooted parsley，意为“萝卜样的根深蒂固的欧芹”，然后才有 hamburq parsley“汉堡欧芹”和 dutch parsley“荷兰欧芹”。根用香芹的栽培和食用最早在德国北部的汉堡，因此有“汉堡香芹菜”的称谓。有些植物学家认为汉堡香芹在德国已有 300 年的栽培历史。20 世纪初叶，根用香芹传入中国，先后在北京中央农事试验场和上海郊区试种，但一直未得到推广，目前国内也很少栽培。香芹是一种营养成分很高的芳香蔬菜，胡萝卜素及微量硒的含量较一般蔬菜高。每 100 克嫩叶中含蛋白质 3.67 克，纤维素 4.41 克，胡萝卜素 4.302 克，维生素 B_1 220.11 毫克，维生素 C 76～90 毫克，钙 200.5 毫克，钠 67.01 毫克，镁 64.13 毫克，磷 60.42 毫克，铜 0.091 毫克，铁 7.656 毫克，锌 0.663 毫克，钾 693.5 毫克，硒 3.89 毫克，作香辛蔬菜，宜生食，或做羹汤及其他蔬菜食用品的调味品，深受人们欢迎。常食用能增强人体免疫力，预防癌症的发生。香芹的果实和种子中含有挥发性精油，可用蒸馏法提取，精油中含类黄酮的成分，有利尿和防腐作用。香芹的叶片咀嚼后可以消除口腔异味，是天然的除臭剂。近年来，香芹作为特种蔬菜，在中国沿海地区，如上海、江苏、广东等省市发展较快，取得良好的效益。

（一）生育特点

香芹菜为直根系，入土较深。生产中均采取育苗移栽，主根被切断，植株在根颈下留有一段直根，分生几条侧根，主要分布在 20 厘米深的土层内。基出叶簇生，深绿色，卷曲皱缩，一株叶可多达 50 余片。叶为根出三回羽状复叶，外观似芹菜和芫荽，小叶有深缺刻，叶缘呈锯齿状皱缩。株高 50 厘米左右，叶柄较细，长 10 厘米，粗 0.5 厘米，绿色紧实，营养体经一定时间低温通过春化阶段，在长日照较高温度下抽薹开花。花序伞形，花小，色白，有香味，两性花。种子小，深褐色。有板叶，和皱叶两种，前者叶扁平而尖，缺刻大卷皱少，根、叶供食；后者叶缺刻细裂卷皱，呈鸡冠状，叶片供食。早期人们对品种并不了解，认为板叶和皱叶的区别在于栽培方法的不同。英国园丁认为在播种前伤了种子或用石磙将幼苗压平，就能长出具有弯曲叶片的皱叶香芹。人们喜爱皱叶型品种，不仅是因其外观美丽，而是因尖叶型与一种叫“毒芹”的杂草相似，为了防止误食毒草，干脆摈弃了板叶种类。我国种植的主要有日本种和欧洲种。目前在浙江采用山之绿、完全2个日本种，其特点是生长势强，产量高，叶柄宽，叶肉厚，叶色浓绿，卷叶密，商品性好，耐热，抗病，容易栽培。在吉林省栽培的有：

1号芹菜，由日本引进。长势强，植株高大，产量高，叶柄宽，叶肉厚，不易衰老，鲜绿色，外观好，抽薹晚，抗病性强，容易栽培。要注意经常保持土壤湿润，避免干旱。

布莱蛾，由丹麦引进。叶卷曲黑绿色，外观好看，质量好，耐寒性强，播种后90天左右可收获，可陆续采收。

卡芦林，由丹麦引进。短茎，叶卷曲，成熟后绿色保持较久，香精油和干物质含量高，适于鲜销和速冻。栽培简单。

帕伍思，由丹麦引进。属改良种，茎实心，挺直，叶色黑绿，产量较高，耐热、耐湿，适宜在温、湿度较高季节栽培。

陕西省宝鸡市农业科学研究所景炜明等人，经过3年多时间在陕西关中西部作品种比较试验，结果显示，荷兰皱叶芹适宜我国西北地区栽培。浙江临安市农林推广中心邵泱峰利用山区冷凉气候资源，选择海拔850米的大峡谷镇平溪村种植1.3公顷，获得667米^{2}产量6 000千克，产值2.4万元的高收益。

（二）对环境条件的要求

香芹菜喜温和湿润气候，比较耐寒，幼苗能耐－3～－5℃低温，成株能忍耐短期－7～－10℃的低温，种子在4℃低温下开始发芽。生长发育温度为5～35℃，发芽适温20～22℃，最适生长温度18～20℃，夜间10～12℃，超过28℃生长缓慢，长期低于－2 ℃有冻害。幼苗在 2～5 ℃下经 10～20 天右完成春化。较耐荫，但光照充足，生长旺盛。比较耐弱光，幼苗时期有充足光照，植株生长旺盛。较短日照，对营养生长有利，长日照促进花芽分化。芹菜种子播后吸足水分，在温度 25 ℃左右 7 天出苗，长至 5～7 片叶时变成秧苗。具有一定叶面积后，心叶继续生长，营养体迅速增加，基部短缩茎上的叶芽陆续分化抽生叶片，植株呈现叶丛状，吸收力增强。

香芹菜不耐涝，也不耐旱，栽培香芹菜的土壤宜选保水、保肥力强、有机质丰富的壤土。对土壤酸碱度适应范围较宽，在微酸到微碱性土壤中均能生长。为促进叶片分化、生长，需充足的氮肥和适量的磷、钾肥。香芹菜与芹菜一样对硼素比较敏感，缺硼易发生叶柄壁裂。适宜的土壤 pH 值 5～7。

（三）栽培技术

1. 育苗 可以直播也可采取育苗移栽。育苗时期因地区气候差异而不同。长江流域，露地可春、秋种植两茬。春季播种育苗，要在一定保护条件下播种；秋播可在 7～9 月，要注意采取遮阴、降温措施。浙江在海拔 850 米高的大峡谷镇，选择 2 月下旬至 3 月上旬，采用大棚育苗，4 月底至 5 月上旬定植，7～10 月收获。北方地区，采取早春保护地育苗，春末到夏初定植，产品自夏至秋供应。盛夏高温、多雨的地方，注意排水，防涝，遮阳栽培。冬、春季生产，可在夏季育苗。

要选土层深，通气性好，排灌方便的沙壤土，667 米^2 施堆肥 2 000～3 000 千克，过磷酸钙 25 千克，磷酸钾 5 千克。栽植前 1 个月，反复晒垡，或用绿亨 1 号、2 号杀菌、杀线虫。直播者施肥后整地做畦，深沟高畦，畦宽 1 米左右，按行距 33～40 厘米，株距 12～20 厘米穴播，盖土以不见种子为度，上盖一层稻草，夏播时拱棚上覆盖遮阳网。香芹种子皮厚而坚硬，并有油腺，吸水难，发芽慢，故宜浸种催芽。浸种约 12～14 小时后用清水冲洗，并轻揉，搓去老皮，摊开稍晾干后再播。

育苗宜采用穴盘育苗，用 288 孔苗盘，667 米^2 需苗盘 39 个，基质为草炭：蛭石＝2：1，配制基质时加入氮：磷：钾＝15：15：15 复合肥 0.75 千克。也可准备好苗床，667 米^2 施腐熟堆肥 1 000 千克，草木灰 100 千克。整地做苗床，床面要平细。每平方米苗床播种量 2～2.5 克，667 米^2 定植田需种子13～15 克，播种后覆盖薄土。春季播种的可采用地膜加小棚双层覆盖，出苗后揭去地膜；夏秋播种的要用遮阳网或搭棚降温保湿。经 2～3 周出苗，出苗后揭去草苫或地膜，并用小刀间苗。苗期追施稀粪水 2～3 次，每次 667 米^2 1 000 千克，4～5 片真叶时移苗，使之发生较多的侧根。

2. 定植 选择保水、保肥力强，pH 值 6.0～6.5，不重茬的田块。667 米^2 施腐熟有机肥 3 000～4 000 千克，过磷酸钙 30 千克，硫酸钾 10 千克，翻耕 20 厘米，土肥掺匀，然后整地做畦，南方做高畦，北方多做平畦，畦宽 1～1.5 米。为防止夏季阳光直射，在大田上搭棚盖遮阳网。特别是山区，昼夜温差大，春末夏初定植初期，夜温低，白天升温慢，搭建大棚，既能起到保温作用，又可避免雨水直淋植株；而进入高温夏季，棚顶改用遮阳网，侧面改用通风性良好的防虫网覆盖，既能降温，又可防虫。亦可与高秆作物套种。当秧苗 6～7 片真叶时定植。6～8 月在畦上搭一个 1.0～1.3 米高的平棚，上盖遮阳网，晴天上午 9 时始盖，下午 5～6 时揭，一直到 9 月下旬。10 月底搭小拱棚覆膜保温，使温度保持 20 ℃左右。育苗畦在定植前浇水，起苗要注意少伤根，带土坨定植。定植行株距 20～25 厘米。不宜深栽，以苗坨的土面略低于畦面为宜。

3. 水肥管理 定植后及时浇水，防止幼苗萎蔫，地表稍干燥时浇水，保证根层土壤水分充分。待温度适宜，浅中耕，促进根系生长。新叶长出后，浇水并施入少量氮肥，然后中耕除草并适当蹲苗。要保持土壤湿润，避免干旱。

当真叶长到10片时，会有侧枝长出，如任其生长，会造成叶柄过细或植株过分繁茂，必须及时摘除。

定植后40天，植株进入旺盛生长。为促进叶片不断分化，要加强水、肥供应，保持土壤湿润。每半月，随浇水追一次速效化肥，以氮肥为主，667米^{2}每次追施硫酸铵20千克或尿素10千克。采收期间叶面喷施0.2%的磷酸二氢钾2～3次。由于香芹菜以叶片供应市场，且多生食，所以不要施人畜粪尿。植株对硼敏感，缺硼易造成叶柄基部裂开，整个生长期要追施0.1%硼砂3～5次。越夏生长的香芹，要注意雨季排水，以防根部腐烂。对苗叶基部腋芽抽生的侧枝及时摘除。

4. 防暑防寒 露地栽培的幼苗，从6月中旬开始进行遮阴，即在畦上搭1～1.3米高的平棚，晴天上午9～10时和暴雨前盖草帘，下午5～6时揭草帘，一直揭盖到9月下旬，10月底搭盖塑膜拱棚保温，11月中旬膜上加盖草帘防霜。设施栽培的，从6月中旬到9月中旬气温明显上升，大棚顶部应及时遮阴，降低气温。10月底以后，气温下降，大棚上应及时盖上棚膜，以防霜冻。3月中旬开始加大棚内通风量，降低棚温，延迟抽薹，延长采收期。

5. 病虫害防治 香芹菜病虫害较少。常见病有斑点病，可喷200倍波尔多液或75%百菌清600～1 000倍液。缺硼时可用0.2%的硼砂，缺钾可用0.3%硫酸钾，在早晨或阴天喷雾。

6. 收获 植株长到15片左右真叶时，可开始分期、分批采收。一般间隔7～10天收一次，一次可收3～4片叶，每次选植株中部已长大的鲜嫩成叶采收。植株下部发生较早的叶片，叶柄短，组织老化，不宜食用。最内部的心叶，尚未充分伸长，叶重量很小，也不宜采收。适宜采收的叶，叶柄长11～12厘米，每叶重12克，自基部留2厘米左右的叶柄，保留1～2个腋芽，以免损害植株。采收期3～4个月，667米^{2}产2 000千克左右。采后将叶片扎成小把出售。最好把商品叶按标准捆扎包装，贴上商标，及时上市。如果装入塑料袋，可防止叶片失水萎蔫，保持鲜嫩。长途运输，还要装进塑料周转箱，箱中放适量冰块，以避免叶片发热和腐烂。再装上保温车运输。

7. 采种 最好用秋播植株，从中选出符合本品种特征、生长好、抗病虫、品质优、产量高的植株留种。将留种植株保护过冬，第二年春天不采嫩叶，以利制造和积累更多的养分，供开花结籽用。5 月植株抽薹开花，7 月种子成熟，将植株割下，放在太阳下晒干或放在通风处吹干，脱粒，将种子贮放在布袋，或陶瓷容器中。香芹为异花授粉植物，品种间容易杂交，留种时应与其他品种隔离 1 000～2 000 米。如遇连阴雨天，不能及时采种，雨水往往存积花序中心，造成花序腐烂，因此应在种株上面搭棚或盖棚膜防雨。

（四）日光温室栽培

1. 播种育苗 香芹菜可以直播，但一般采用育苗移栽的方法。日光温室秋冬茬栽培，7～8 月开始播种育苗。播前可在凉水中浸种 10 小时左右，放在 15～20 ℃温度下催芽，一般种子“露白”时播种，撒播或条播，条播行距 10～13 厘米。播种要均匀，1 $米^2$ 苗床用种 2.0～2.5 克，播后覆盖细土 0.5～0.7 厘米，还要盖遮阳网或搭棚降温，每天浇一遍“过堂水”，降低地温，直至出苗。出苗后适当控水，一叶一心时开始间苗，以后每长出一片叶间苗 1 次。日历苗龄 30～40 天，具 5～6 片真叶时定植。

2. 定植 定植地块避免重茬。土壤宜肥沃、疏松。定植前 667 $米^2$ 施充分腐熟有机肥 2 000～2 500 千克，过磷酸钙 25 千克，硫酸钾 5 千克，混匀后撒施、翻耕，使粪土混合，翻土拌匀后做成 80～120 厘米宽的畦。定植株行距 15 厘米×20 厘米，667 $米^2$ 18 000 株。

3. 肥水管理 定植后及时浇水，约 3 天后苗即成活，7 天可萌发新叶，这时要保持土壤湿润。如扣棚前遇雨积水，要及时排除，如不及时排除，再加上气温高，香芹基部易腐烂。香芹生育期间要追肥 3～4 次，每次 667 米^2 可施尿素 5 千克，叶面喷施 0.1%～0.3%磷酸二氢钾。

4. 中耕除草 香芹前期生长缓慢，杂草常会阻碍生长，所以除草十分重要。应适时中耕除草，一般中耕 3～4 次，每次采后也应中耕。又由于浇水常会促使土壤板结，要注意中耕松土，但香芹根系浅，中耕不宜过深。

5. 采收 当植株达 15 片真叶以上时，可开始采收。采收方法是：剪（或摘）取中部 2～3 叶片，留下生长点和幼叶，基部要留长 1～2 厘米的叶柄。春、夏 3～4 天采收 1 次，冬季 7～10 天采收 1 次。采下的叶片应按标准捆扎，用保鲜膜包装，防止叶片失水萎蔫。长途运输用碎冰降温保鲜。香芹 667 米^2 产嫩叶 1 300～2 000 千克。

（五）大棚香芹菜的栽培

1. 培育壮苗 春播要在大棚等保护地条件下播种。播种期以 4 月中旬为宜。秋播期幅度宽，7～9 月均可，最佳播期为 8 月中旬。早秋播种时，正值高温季节，要注意遮阴降温和保湿。播种前准备好苗床地，床地要便于灌排，土壤疏松肥沃，水分适度。667 米^2 床地施入腐熟粪肥 1 000 千克和适量的砻糠灰，然后翻土捣细，平整床面，做成苗床。播种要均匀，播种后覆一层细土，盖没种子。春播要用地膜，上用小棚或大棚双层覆盖。出苗后揭去地膜。早秋播时要盖遮阳网或搭阴棚，保湿降温，出苗后早晚浇水。一般苗床内不需要施肥。幼苗 5～6 真叶时可定植到生产田。

2. 科学定植 定植田块避免重茬。定植前施肥，翻土拌匀后做畦。露地栽培时要铺地膜。大棚栽培生长好，可延长采收期，能周年生产和供应。香芹菜根的再生能力较强，苗龄可大可小。可根据大棚腾茬情况适期定植，但以小苗定植为宜。定植密度为 667 米^2 18 000 株，株距 15 厘米，行距 20 厘米。

3. 大棚管理 从 10 月底至 11 月中旬起，气温明显下降，大棚草苫上应及时盖一层薄膜，防止霜冻。至冬季还可在棚内搭小环棚保温。晴天中午棚内温度升高，可适当通风降温。夏季高温不利于生长，应在大棚上覆盖遮阳网，降低棚内温度，还能防止暴雨冲刷。

定植后要浇活棵水，约经 3 天后成活，7 天后可萌发新叶，这时要保持土壤湿润，避免干旱。出叶生长旺期，除了浇水外，还应施适量肥料，667 米^2 施 3.0 千克尿素，叶面喷施 0.3%的磷酸二氢钾。采收后仍要施肥，促进生长。

由于浇水或施肥常会出现土壤板结，要注意中耕松土和除草。中耕要浅，不能伤根系。一般宜在采收后进行，便于操作。

4. 适时采收 香芹菜大棚栽培，可分期播种周年采收。春播苗初夏定植后，秋冬季为盛收期，秋播苗秋季定植后冬春为盛收期，全年以春季收量最多。一般 667 米^2 产量 2 000 千克左右。

二十二、菊芹菜

菊芹菜［*Erechtites valerianaefolia*（Wolf.）DC.］别名昭和草、野茼蒿、山茼蒿、神仙草、飞机草，为菊科一年生草本植物。以嫩叶供食，每100克鲜样含水分91.40克，灰分1.70克，粗脂肪0.13克，粗蛋白2.38克，粗纤维1.25克，维生素$B_1$0.08毫克，维生素$B_2$0.18毫克，钾393.22毫克，钙80.26毫克，铁15.71毫克，磷61.87毫克，烟碱酸0.40毫克，其风味类似茼蒿，可凉拌，炒食，煮汤，也可作火锅配菜。因具特殊的芳香并有清凉退热、明目等保健功效而受青睐。原产南美，中国台湾在日本占领时期引入，由于其果实成熟后四处飞扬散布，繁殖力极强，因此，在台湾各地，山边海角随处可见，但目前尚未形成大面积人工商品化生产，仅限于观光旅游，休闲农场中栽培，供游人品尝。

茎直立，高30～80厘米，基部叶片羽状裂叶，叶缘具不规则锯齿，叶脉暗红色或淡绿色。茎叶柔软多汁。花序头状，由细瘦的管状花组成，基部膨大，整串花序常弯曲下垂。瘦果，长约2毫米，深褐色至紫色，顶部具白色冠毛，千粒重0.19克。喜高温多湿和光照充足的气候条件，生长发育适宜温度范围为20～30℃，最适温度25℃左右，低于15℃时生长缓慢，遇霜冻即枯萎。

有板叶种和花叶种之分，板叶种的花和种子较大，芳香味适当，较适宜于食用，生产上多采用。

在台湾可周年生产，但以秋季和早春栽培品质最佳。一般采用直播法种植，于整地作畦后撒播。但也有用72孔苗盘进行穴播育苗，苗龄 20 天左右，高 8～10 厘米时移栽，行距 45 厘米，株距 30 厘米。株高 15 厘米时摘心，促进侧芽生长。生长期及时浇水追肥，中耕锄草和排涝。有蚜虫时及时防治。当侧枝 15～20 厘米采收，采收宜在基部留下 1～2 个叶芽，以便继续萌芽，10～14 天后再次连续采收。

二十三、叶甜菜

叶甜菜又叫莙荙菜、厚皮菜、牛皮菜、光菜、菠萝菜、厚皮菜。原产欧洲南部，我国各地普遍种植，尤其南方栽培更多。以嫩叶作菜用，煮食、凉拌、炒食均可，也可作饲料。适应性强，既耐寒耐热，耐热力比菠菜还强，容易栽培，可多次剥叶采收，供应期长，产量高，是春、秋两季的重要蔬菜，也是较好的度夏佳蔬。有些品种有涩味，最好用沸水烫漂后再烹调。叶甜菜性味甘凉，具有清热解毒、行瘀止血的作用。《嘉祐本草》中记载："叶菾菜可补中下气，理脾气，去头风，利五脏。"民间认为常食具有耐热、健脾胃而增强体质的功效。叶中含有大量的膳食纤维，能促进胃肠蠕动，增进消化，利于大便。叶甜菜为碱性蔬菜，可纠正体内酸性环境，利于酸碱平衡。且含大量微量元素，有利于水电解质紊乱的纠正，具有利尿、止痢作用，还有一定的营养强壮作用，能稳定和调节妇女内分泌功能。

（一）生物学性状

为藜科甜菜的一个变种。属1～2年生的草本植物。根系发达，上粗下细，其上密生须根。茎短缩，叶片卵圆形或长卵圆形，叶面皱缩或平坦，光滑有光泽，浅绿色、绿色或紫红色，叶柄发达。依叶柄颜色不同，有白梗、青梗和红梗之分。复总状花序，每2～4朵花簇生于叶腋处，两性花。种子成熟时外面包有花被形成的木质化果皮，肾形，种皮棕红色，有光泽。因数朵花密集着生，花器发育的过程中形成聚合（花）果，内含2～3粒种子。

喜冷凉湿润的气候，对温度的适应性强，既耐寒，又耐热。种子在4～5℃中可缓慢发芽，发芽适温22～25℃。营养生长适温15～20℃，能耐短期－2～－3℃的低温。日平均温度达8℃时开始生长，日平均温度26℃，最高温度达35℃时仍可继续生长，所以一年四季都能栽培。适宜于疏松、肥沃、保水、保肥力较强的沙壤土及壤土中生长，适宜的土壤pH值5.5～7.5，较耐盐碱。

（二）品种

1. 普通种 叶柄较窄，浅绿色。叶片大，长卵圆形，浅绿色。绿色或深红色，叶缘无缺刻，叶肉厚，叶面光滑稍有皱褶。优良品种有广州青梗莙荙菜、重庆四季牛皮菜、华东绿甜菜等。

2. 宽柄种 叶柄宽而厚，白色，叶片短而大，叶面有波状皱褶，叶柔嫩多汁。如广州白梗黄叶莙荙菜、浙江披叶莙荙菜、长沙早甜菜等。

3. 皱叶种 叶柄稍狭长，扁平，白色。叶面密生皱纹，叶片卵圆形，叶面皱缩，心叶内卷抱合，品质好。如重庆白秆二平桩甜菜、云南卷心莙荙菜等。

（三）栽培季节

1. 露地栽培 叶甜菜适应性强，既耐寒，又耐热，所以南方可四季栽培。春季，一般3月上旬至4月下旬播种，撒播或条播，5月上旬至6月中下旬收获。夏季，5月上中旬至6月下旬播种，7～9月份收获。秋季，7月下旬至8月下旬播种，9～11月份收获。越冬栽培的9月上旬至11月上旬播种，冬前定植，翌年3月下旬至5月中下旬收获。

北方冬季严寒，华北地区1年种3次。春季3月上旬播种，4月上中旬定植，5月中旬至9月上旬采收。秋季，6月下旬播种，8月下旬至翌年春季采收。越冬者，则于9月下旬播种，10月下旬至11月上旬定植，翌年4～5月份采收。东北、西北高寒地区，则1年1季，春播秋收。

2. 保护地栽培 多用越冬的莙荙菜，土壤封冻前在畦上架设小拱棚，盖塑料薄膜，将其种植在塑料大棚中，使之提前返青应市；也可将其种植于日光温室中的边缘空地上，或阳畦中，早春采收，供应市场。

（四）栽培技术

1. 播种育苗 采收嫩苗多撒播，剥叶多次采收者多行条播，行距25～30厘米，间苗后株距20～25厘米，或者育苗移栽，播种时应将聚合果搓散，地整平后撒入种子，用小锄浅耕，将种子埋入土中，随即耙平，浇水。播种后5～6天出苗，苗出齐后浇1次水，以后经常保持湿润。夏季播种时，种子必须经低温催芽处理，方法是：将搓散的小球果，用凉水浸泡10～12小时，捞出，放在温度为17～20℃的地方催芽，经4～5天，胚根露出后便可播种。夏季温度高，最好在日落后温度较低时播种。播种前先浇水，水渗后撒入种子，用细土盖严，再盖遮阳网或苇帘，降低土温，促进出苗。出苗前，尽量不浇水，防止土壤板结和冲掉覆土。出苗后，将覆盖物除去。如果天气炎热，或有暴风雨，可在畦上搭小棚，棚上盖遮阳网。

育苗移栽者，真叶出现后开始间苗，株距5厘米，4～5片真叶时带土定植。

2. 管理与采收 采收嫩苗者，播后60天开始采收。剥叶采收者，长出6～7片叶时开始，先剥收外层2～3片大叶。采收后结合浇水，667米^{2}施速效氮肥5千克。一般每10余天采收1次。每次剥叶时，至少要留3片叶，以便进行光合作用，制造养分，供叶片继续生长。剥叶时留叶过少，易使植株衰弱，降低产量。

（五）留种

叶甜菜是低温长日照蔬菜，在低温下通过春化，日照加长、温度升高时分化花芽，抽薹开花。所以春播后，因具备低温、长日照的条件，播种后 60～70 天就可分化花芽，抽薹开花结籽。而秋播者，则需到翌年才能抽薹开花。

留种一般在 9～10 月份播种，翌年春季选择生长健壮，具本品种特征特性的植株作种株，其余植株间拔上市，使株距保持 30 厘米左右。前期少浇水，抽薹开花后增加灌水，盛花期需水最多，谢花后追施氮、磷复合肥，并增加灌水。种子成熟期适当降低土壤湿度，促进种子成熟。种子 7 月间成熟，667 米^2 产 100～150 千克。种子千粒重 13～20 克，使用年限 3～4 年。

二十四、罗勒

罗勒 *Ocimum basilicum* L. var. *pilosum*（Willd.）俗称毛罗勒、九层塔、零陵香、气香草、兰香、矮糠、省头菜、光明子、西王母菜、假苏、二矮糠、西王菜、金不换等，为唇形花科罗勒属植物。罗勒属植物大约有 60 多个种，包括具有芳香气味的矮灌木和草本植物，原产非洲和亚洲热带及太平洋半岛，现广泛分布于亚洲、欧洲、非洲及美洲的热带地区，目前在欧美是一种很常见的香辛调味蔬菜，在做菜或加工中常食用。罗勒在我国栽培、利用也有着悠久的历史，北魏《齐民要术》就有其栽培和加工方法的记载，并认为食后有消暑、解毒、健胃之功效，主产于河北、陕西、河南、安徽及华东、华中等地。主食广东，香港人常吃，但目前利用较少，开发利用的范围和深度远远不及欧美国家（图 23）。

图 23　罗　勒

食用嫩茎梢，叶片可调制凉菜，或作汤，略带薄荷味，甜中带辣。营养相当丰富，其中含钾很高，还有微量元素，硒也较高，并含芳香挥发油，内有茴香醚、罗勒烯、芳樟醇、甲基胡椒酚、丁香油酚、肉桂酸甲脂、按叶素乐、丁香油酚甲醚、α-蒎烯、柠檬烯、糠醛等成分。全草入药，味香辛，性温，具有发汗解表、祛风利湿、消食、散瘀止痛、清利头目、透疹利咽的功效，可治风寒、感冒、头痛、胃腹胀满、消化不良、胃痛、肠炎腹泻、月经不调、跌打损伤、蛇虫咬伤等症。开花时直接剪下制成干燥花，有趋赶蚊蝇的功效。希腊医学家迪奥斯科里德氏在公元1世纪他的著作《药物学》中写道："非洲人相信吃甜罗勒能制止蝎子螯伤所致的疼痛。"在罗马时代用来消除胃肠胀气、解毒、利尿和刺激乳汁分泌。浸出液可抗菌、助消化。甜罗勒主要对消化和神经系统起作用，消除胃肠胀气、胃痉挛、腹痛和消化不良，它也能防治恶心呕吐，有助于杀灭肠道寄生虫。甜罗勒有温和的镇静作用，已经证实对治疗神经过敏、抑郁症、焦虑症和失眠有效。它也可以治疗癫痫、周期性偏头痛和百日咳。传统上用于增加乳汁分泌。甜罗勒外用是昆虫的驱虫剂，其叶汁能治疗昆虫叮咬伤。甜罗勒具有抗菌作用。叶片具有特殊的香味，被称为"香草之王"。用于调料，切碎后直接放入凉拌菜或沙拉中；也可将茎尖与肉类同炖。罗勒还可用于调味醋、油和酱汁等，精油可为调味品。在初花期将植株除木质茎外部分剪下，可提炼芳香油、单宁及其他附属产物。作为传统的民间草药，一般将叶片捣烂后用开水浸泡，饭后饮用可起到促进食欲、帮助消化的作用。罗勒的某些品种如绿罗勒、密生罗勒能够形成大量的枝叶，植株十分繁密，而且其明快翠绿的叶色、鲜艳的花族和芳香的气味，在欧美是一种应用较广泛的绿叶庭院草本园艺植物。不同品种的罗勒具有略有差异的芳香油成分，有的为樟脑气味，有的具有玫瑰与麝香石竹混合的香气，目前欧美一些国家将罗勒中提取的芳香油用于香水的制造。

近代研究发现，罗勒茎叶提取物在动物体内能消除自由基，有助于染色体的损伤修复，能有效防止射线引起的染色体畸变。人体肿瘤的发生与体内补体的数量呈线性关系，补体数量增多，人体容易发生肿瘤。罗勒基叶中有明显的补体抑制功能，是一种天然的补体抑制剂，开发罗勒的抗癌新药，已引起人们的注意。

Sarker 和 Pant 发现罗勒的叶和种子能够降低血压，Aguiyi 等证明罗勒具有降低血糖的作用。

（一）生物学特性

罗勒为一年生草本植物，全株被稀疏柔毛，不同种、变种或品种在植物学特征上略有差异，一般株高 20～100 厘米。茎紫色或青色，四棱形，多分枝；叶对生，卵圆形；花分层轮生，每层有苞叶 2 枚，花 6 朵，形成轮伞花序；每一花茎一般有轮伞花序 6～10 层。花萼筒状，宿萼，花冠唇形，白色、淡紫色或紫色，雄蕊 4 枚，柱头 1 枚。每花能形成小坚果 4 枚，坚果黑褐色，椭圆形，遇水后种子表面形成黏液物质，千粒重 1.25～2 克左右，发芽年限可保持 8 年。温室鸡心瓶中 40 个月发芽率可达 81%。喜温暖、湿润的生长环境，耐热、耐旱，对土壤要求不严格，宜在土层深厚、疏松、富含有机质的壤土中生长。发芽的温度范围为 15～30 ℃，最适 25～30 ℃，生长适温 25～28 ℃，低于 18 ℃生长缓慢，低于 10 ℃，停止生长。在适温和长日照下采收期长，产量高。低温和短日照下极易抽薹。罗勒的再生力很强，摘取嫩茎叶后，很快可长出新枝叶。

（二）品种类型

罗勒属变种及品种繁多，全世界有 150 多个品种，现对一些进行介绍：

1. 甜罗勒 以幼嫩茎叶为食用的一年生草本植物。矮生，形成紧实的植株丛，株高 25～30 厘米。叶片亮绿色，长 2.5～2.7 厘米。花白色，花茎较长，分层较多。

2. 大叶紫罗勒 株高及其他特性同甜罗勒。茎叶深紫色至棕色，花紫色。

3. 莴苣叶形罗勒 叶片较大，卷曲、波状，5～10 厘米长，矮生。花密生，花期略晚。

4. **茴芹香味罗勒** 茎深色，叶脉紫色，叶片具有强烈的芳香气味，接近茴芹的味道。

5. **矮生罗勒** 植株较矮小，密生，分枝状况比甜罗勒多。叶片小，花白色。

6. **绿罗勒** 植株绿色，比较适合种植在花盆中，因其鲜嫩，明快的翠绿色和特殊的芳香气味很受人们的欢迎。花季多簇生，花数量很大，形成很小的花簇，花色由玫瑰色至白色。

7. **密生罗勒** 能够形成大量枝条，整个植株十分繁密，外形为一个密密的、翠绿色的圆球状植株体。

8. **紫罗勒** 全株为深紫色，花淡紫色至白色。植株密生，矮小。

9. **东印度罗勒** 从植株底部分枝，全株形似金字塔。株高50～60厘米，开展度30～40厘米。叶片长椭圆形，先端尖，具锯齿。花淡紫色，在植株顶端形成不规则的穗状花序。具有很浓的柠檬香气，因其喜温，一般种植较晚。

10. **姝丽** 黑龙江省农业科学院1998年从韩国忠清水适农业技术引进的白花罗勒中选育，从自交后多代栽培并无分离、退化等现象，性状稳定，定名“姝丽”。“姝丽”为一年生草本植物，全株均具香气。株高70～110厘米，开展度50厘米×60厘米，茎粗0.7～0.8厘米，四棱形，中间凹陷；叶卵圆形，前端及叶缘有锯齿状；叶片绿色，叶面平滑，叶背淡紫色；叶对生，每个叶腋均有分枝，分枝生长快而强盛；花开茎顶，花茎四棱形，花分层轮生，每层有苞叶6枚，花6朵，形成轮伞花序；每一花茎，一般有轮伞花序6～8层。花萼筒状，花冠唇形、淡紫色，每朵花能形成种子4枚。种子褐色，椭圆形，千粒重1.2克左右。雌雄同花，自花授粉，秋后结种。种子生命力很强，3～5年的种子均能正常发芽。

哈尔滨地区晚霜过后一般在5月中下旬露地直播，室内盆栽可随时播种。

露地施肥起垄扣地膜。地膜上面按行株距70厘米×32厘米打孔，向埯内灌水后干籽直播，每穴20～30粒，上覆干土，厚度1厘米左右。待出苗后10天长出真叶再进行定苗。若阴天可以进行移苗，每埯留双株。植株长到30厘米左右时进行摘心，促进分枝，使植株生长旺盛。“姝丽”耐热、耐旱，喜肥，喜温暖，对土壤要求不严格，但最好选择阳光充足、排水良好的肥沃土地，深翻后，随耙地施肥起垄。

生长季节可采摘嫩叶及嫩茎做汤或溜炒，另外摘心可使花期推后，增加叶片的产量。越靠近花期，叶片的香精油含量越高，此时采收可提取香精油或作香熏料、药材使用。从地上部5厘米以上进行收割，搭凉棚在阴凉通风良好的地方自然风干。不经阳光照射，能保持其色泽及形态，急速干燥会使芳香物质蒸发。

“姝丽”用于盆栽及观赏栽培，置于室内，香韵四溢，同时具有净化空气、提神醒脑的功效。阳光下绿色叶片的光泽闪烁，夏秋季节盛开淡紫色花朵，花生茎顶，呈轮伞花序，层层相叠如宝塔状，故又名“九层塔”，具有很好的观赏价值。

“姝丽”富含香精油，主要成分为丁香油酚、香烯、熊果酸等多种芳香物质。2002、2003年黑龙江商业大学进行超临界萃取香精油，表明香精油非常珍贵，是欧美各国食品工业及制造香水化妆品的首选品。花穗及叶片的香精油含量高于种子及茎叶。

叶与嫩茎可直接用于炒菜、做汤等，晒干后叶切碎成沫，作鱼、肉、菜及汤里的佐料，可以去腥，口味极好，香味浓郁。全株和种子均可入药，具有祛风消肿、散瘀止痛、疏风解表的功能。

目前，在欧洲栽培较多的有甜罗勒、紫色罗勒、柠檬罗勒、荷力罗勒、肉桂罗勒等。

（三）栽培技术

整地前667米^{2}施2 000千克腐熟有机肥，深翻耕平，做成长 7～10 米，宽 1.2～1.5 米的高畦或平畦。罗勒为一年生或多年生植物，3～4 月播种，6 月开花，7～8 月采种。露地应在无霜季节栽培，菜用多以春季最适宜。用种子繁殖及扦插繁殖。通常采用播种育苗，以春秋季节播种最合适，低温期生长缓慢。多撒播，也可育苗移栽，苗高 5 厘米左右时移栽，株行距 50 厘米×35 厘米，单株定植。

应及时浇水并进行中耕除草。每次采收后结合浇水追施氮肥。播后 45～60 天，苗高 6～7 厘米时，即可间拔幼苗供食，主茎高 20～30 厘米左右可采摘幼嫩茎叶食用，陆续采收一直到 8 月下旬，一般间隔 10～20 天右采收一次。

盆栽的罗勒，可用 1 份菜园砂壤加 1 份落叶和鸡粪堆沤成的有机混合肥，盆底施放豆腐渣或少许膨化鸡粪作基肥，种植后浇透水，置半阴处 1～2 天后移阳光下。保持湿润，缓苗长梢后见干才浇水。每次采后可酌补给肥料，肥后浇水，至开花后叶片变老，不再收嫩稍，任其开花结实。

（四）采收与加工

播种后 45～60 天即可采收，到秋天为止，可收多次。第一次收顶端 4 对叶片的嫩茎叶，以后再采侧枝的嫩茎叶，每次采收留基部 1～2 节，促使生新芽。一般每周收一次，直至抽穗开花。采收可用剪刀等工具或用手直接摘取。手摘时控制在节的上部摘取，可促使侧芽很快长出。嫩梢可生食或熟食。食用前需先以水清洗，将叶放入水中轻扫一下，即可捞起，浸入太久或太用力清洗，香味易流失。采后直接利用或等水分稍干，装在塑料袋内，温度在 5 ℃中预冷后再放在 2 ℃中可保存一周。烘干会使香气逸失。罗勒成长快，产量高，3～4 株的产量可达到 2 千克左右。留种可打顶促发侧枝，不采收嫩茎叶。供药用的于 7～8 月割取全草，晒干。留种时，8～9 月花穗变黄褐色时，及时刈割，晒干，包装备用。

二十五、香菜（芫荽）

香菜又叫芫荽、香荽、胡荽、香佩兰、延须菜或松须菜，伞形科芫菜属一二年生草本，以鲜嫩茎叶供食用。具浓郁香辛味，通常作调味品。原产在地中海沿岸，后来传入西亚，张骞出使西域时把它带入中原。因十六国时，赵国石勒不准说胡字，曾改名香佩兰。后来按照波斯发音起名芫荽。西方人多食芫荽籽，而中国多食芫荽叶。叶子不要做熟了吃，熟了就会失去不少香味，应该汤菜入熟盘后，再把它撒在上面。用芫荽拌菜，香味融入其中，使人增加不少食欲。陕西的洋肉泡馍就离不开芫荽，那鲜红的辣酱，翠绿的芫荽，淳厚的羊内汤，酸甜的糖蒜，加上那渗入汤汁的馍，是一顿难得的美味。现在我国南北各地都栽培。

（一）生物学特性

植株高 20～60 厘米，叶簇半直立状，主根较粗壮。茎短缩呈圆柱状，中空有纵向条纹，颜色白绿或绿。叶互生，叶为 1～3 回羽状全裂单叶，颜色白绿、绿，叶面无皱褶，较光滑，有光泽，有特殊的香味。叶柄绿色或淡紫色，植株顶端着生复伞形花序，花较小，白色，果为双悬果，圆形浅灰褐色，内有两粒种子，具有香味，可作调料用。

芫荽适应性较广，喜冷凉，耐寒力较强，能耐－8 ℃左右的低温，待温度回升后仍可正常生长。生长适温为 17～20 ℃，温度超过 30 ℃生长受到阻碍。

芫荽属长日照作物，但对光照长短要求不严。光照弱，生长缓慢，植株矮，叶色浅，香味淡，产量低，品质差。

芫荽对土壤水分要求较严，不耐干旱，适宜在排水良好、疏松、肥沃、保水、保肥的土壤上栽培。

芫荽一年四季均可栽培，一般播种后 40～60 天即可收获。夏季气候炎热，易抽薹，产量和品质都受影响。多为春秋季露地栽培，这些年在日光温室、大棚、改良阳畦等设施中，作为利用边沿、冷凉空隙地栽培；或作为主栽作物前后茬、间套种的速生蔬菜，成为各地不可缺少的重要调味品蔬菜。

（二）主要品种

依叶片大小可分小叶品种、大叶品种两种。

1. 北京芫荽　北京地区农家品种，株高 30 厘米左右，叶片小，奇数羽状复叶，绿色，叶缘齿牙状，遇低温绿色变深或带紫晕。叶柄细长，浅绿色，叶柄基部近白色。叶片平滑，较薄，柔嫩，香味浓，耐寒性强，播种后 45～50 天即可收获。

2. 莱阳芫荽　山东莱阳地区农家品种，植株生长势较强，叶茂，组织柔嫩，叶绿色，较小，为奇数羽状复叶，株高 30 厘米以上，香味较浓，播后 45～50 天可收获。

3. 山东大叶　山东潍坊、烟台地区农家品种，株高 40～50 厘米，植株较直立，叶片大，叶色深绿，稍厚，叶柄长 12～13 厘米，浅紫色，植株嫩，香味较浓，纤维少，耐寒性强，但耐热性稍差。

（三）栽培技术

1. 露地栽培

（1）春季栽培　一般 3 月下旬至 4 上旬播种，播前需将种子（果实）用砖或布鞋底搓成两半，使双悬果分离。芫荽果实坚硬，不易透水，发芽较慢，可浸种催芽后播种，也可干籽播。浸种催芽时将种子浸在 30 ℃温水中，泡 24 小时，捞出稍晾，然后放在

20～25 ℃条件下催芽，10 天左右可出芽。

播种可撒播或条播，撒播先平好畦，浇足底水，然后撒籽，覆土 1 厘米左右。条播在畦上按 15～20 厘米宽开沟，深 1 厘米，然后播种。一般 667 米^2 用种 4～5 千克，播后搂平踩实，浇透水。出苗后地温低，少浇水，多中耕，苗高 4～5 厘米间苗除草。出苗后浇水，保持土壤湿见干，苗高 10 厘米左右时，随水追尿素 667 米^2 10～15 千克，经 50 天左右，苗高 15～20 厘米时收获。迟收易发生抽薹，降低产量和品质，于 5 月下旬至 6 月下旬上市。

（2）秋季栽培　秋芫荽可在 7 月下旬 8 月中旬播种，多撒播。先平畦，播种后用平耙搂一遍，使种子与土壤混合踩实，然后浇足水。出苗后 3 厘米高时间苗。5～6 浇一次水，隔 3 次水可追 1 次肥，667 米^2 施尿素 10～15 千克。10 月中下旬至 11 月下旬收获。晚收的可进行短期冻藏，收时要带根挖起留 3 厘米，摘除黄叶、烂叶等，整理好捆成小捆，将根朝下摆放沟里，上盖旧棚膜，再盖上麦秸等保温，膜四周用潮土封严，待天气再寒冷时再覆土 5 厘米，一般可贮藏到春节，经整理去黄叶、干叶后上市。

2. 保护地栽培

（1）日光温室栽培　主要在秋冬季和冬春季栽培，可利用边沿、空隙地、主要作物的前后茬、间套作等方法种植，宜在冷凉季随时播种。

芫荽在肥沃疏松、保水力强的土壤上生长良好。前茬作物收后，及时施肥整地，667 米^2 施腐熟有机肥 3 000～4 000 千克。磷酸二铵 20～25 千克。

播前将种子搓成两半，浸种催芽，浇水后播种，覆土 1 厘米。出苗后因地温较低，宜少浇水，多中耕。苗高 3～4 厘米时，间苗除草。播种后温度开始要稍高，白天 20～25 ℃，夜间 10～15 ℃；出苗后温度降低，白天 16～20 ℃，夜间 10 ℃左右。当苗生长加快时，要适当增加浇水次数，苗高10～15厘米追一次肥，667米^{2}施尿素15～20千克，一般在播后50左右，植株20～30厘米时即可开始收获。

（2）大棚越冬栽培 播种一般在9月下旬至10月中旬，晚播的要在播前播后及时扣膜增温。冬前晚播的要扣严棚膜，提温促进出苗。待苗2片叶时注意放风，11月下旬要关严风口保温，若棚内湿度过大，中午要开顶缝放风，时间要短。翌年2月返青后开始放风，并不断加大风口，白天温度22℃以下，收获前昼夜放风。

大棚芫荽11月底至12月初，要浇好冻水，并随水追粪稀加尿素10千克，促使苗冬前生长健壮，增强抗寒力。翌春2月中旬浇返青水，以后每隔7～10天浇一水，并适当追肥，一般3月下旬至4月就能收获上市。

（3）夏季遮花阴冷凉栽培 一般在6月上旬至6月下旬播种，在苗畦上搭遮阴防雨降温塑料棚，注意排涝排水，同时注意拔除杂草。

（四）芫荽病虫害

芫荽病虫害较少，虫害主要是防治蚜虫，发现有蚜虫为害要及时喷药，可喷50%的菊杀乳油对水1 500～2 000倍，40%氧化乐果对水1 000～1 500倍，或用80%敌敌畏667米^2 300～400克，分几处熏烟。

（五）贮藏

香菜采收标准不严格，一般播后50～60天，最大叶长达30～40厘米的为适宜采收期。采收时应带1.5～2厘米长的根挖起，抖去泥土，摘除枯黄烂叶，预贮在背阳的浅沟中，上面盖一层薄土保湿。香菜耐寒性强，贮藏要求温度－1～0℃，空气成分O_2 3%～5%，CO_2 3%～5%，相对湿度90%～95%。收后应立即放在低温高湿环境中预贮。

1. 活贮法 香菜活贮可分温床活贮和温室活贮两种。

① 温床活贮法 选择耐贮品种，并控制播种时期，一般在7月中下旬播种，适时扣床对贮藏成败关系极大。扣床早了床内温度高，香菜往往继续生长，下部叶子很易变黄；扣床晚了，容易受冻。一般在立冬后，至土壤结冻前收获。当气温0℃时，是温床活贮扣床的最佳时期。扣床后用泥把床缝抹严，防止透风。并随即盖上草帘，白天也不打开，防止太阳光照射到床内。否则会因温度忽高、忽低，造成又冻又化的局面。

温床活窖贮藏时首先要求在床坑四周架好风障，既可防风，又可防止人畜祸害。贮藏管理的关键是根据气温的变化，随时加盖草帘，防寒保温，使其处于既不生长，又不冻死的状态。活窖结束前5～7天，选择气温较高的晴天，白天中午打开草帘，让阳光射到床内，下午3时后再盖草帘，这样反复4～5天，香菜便可起立起来。在床土解冻3厘米左右时，就可收获上市。一个20米^{2}的温床可出香菜130千克左右。

② 温室活贮法 利用温室活贮香菜，条件比温床好，一般可在8月上旬播种，当温室内气温稳定降到0℃时，须盖草帘，昼夜均不再打开。如果外界气温回暖时，要打开门窗通风降温，防止香菜热伤。当气温骤然降低时，可生火加温防寒。上市前3～4天，白天揭开草帘，下午盖上，缓慢提高温室的温度，促进缓菜。一栋180米^{2}的温室可产香菜800千克左右。

2. 窖藏 香菜的窖藏可分堆藏和隙藏。大量贮藏一般采用堆藏，堆高25～30厘米。入窖初期可把香菜堆放在菜窖两道大门之间的过道或离窖门、气窗较近处，这里温度较低，便于通风。11月中旬以后可移到菜窖内。隙藏是在窖内白菜缝隙间贮藏香菜，因白菜窖内温度为0℃左右，加上白菜体内含水量大，因而适合香菜低温、高湿的条件。贮藏期间，应控制窖内温度不能超过5℃，否则香菜叶子容易变黄腐烂。

3. 辫藏法 晚秋时，将香菜摘去黄、烂叶，阴凉几小时，当菜体柔软后编成辫子，挂放阴凉处，食用前温水浸泡1～2小时，再用清水漂洗几遍，则色泽如初，味道鲜美，香味不减。

4. 冻藏 东北各地多采用冻藏，一般采用通风沟冻藏。在风障、温室或立壕北侧的遮阳处挖一个宽、深各20厘米或宽70～100厘米，深30～70厘米的深沟。在沟底顺沟长方向挖1～3条宽深各20～25厘米的通风道，通风道两侧穿过窖沟到地面上，通风道上面又稀疏横放些草层秫秸，把香菜放在上面贮藏。供贮藏的香菜，播期应比直接上市的晚几天，收获期也应晚些。一般在早晚地面结冻、中午融冻时收获。采收的香菜去掉泥土，摘去黄叶，1～1.5千克捆成把或撒放在沟内，根朝下，叶面撒一层沙土或沟面上盖一层秫秸，以后随气温的下降，分2～3次加覆盖物，覆土厚度20～25厘米。严冬季可再在上面加盖草苫，沟内温度维持在－5～－4℃，使香菜叶片冻结，根部不冻，此法可贮藏到翌年2月底。出窖后要缓慢解冻，不能急燥。

5. 冷库贮藏 选棵大株粗壮的植株，采收时留根1.5～2厘米，收后切勿受热，及时加工处理，剔除病伤等黄叶，捆成0.5千克左右的小捆。上架预冷，在库温0℃下预冷12～24小时，当菜体温达0℃时即可装袋冷藏。贮藏期间不用开袋放风，袋内二氧化碳均值为7%～8%。库温最好恒定在－1.5～1℃，不能过低。这种气调冷藏，可贮至翌年5月，效果很好。

二十六、紫苏

紫苏别名荏、桂苏、苏、香苏、红苏、红紫苏、杜荏、白苏、赤苏、黑苏、回回苏、山苏、苏叶、皱紫苏、油三苏里娜等，其学名为 *Perlla frutescens* L.，紫苏为通称。

由于紫苏的叶、茎、果均可入药，历代本草著作均有记载，是卫生部首批颁布的食品和药品的 60 种物品之一。原产中国，《尔雅》（公元前 300—前 200）记有紫苏，称“蔷”；杨雄《方言》（公元前 1 世纪）记“苏之小者谓之称莱”。主要分布在东南亚各国。中国、印度、日本、韩国栽培也较普遍。我国野生紫苏分布于黑龙江、辽宁、河北、山西、山东、陕西、安徽、江苏、浙江、湖北、湖南、江西、福建、广东、广西、四川、云南、贵州、台湾等省、自治区，资源非常丰富。然而历史上紫苏在我国并没有大规模的生产利用。近些年来，因其特有的活性物质和营养成分倍受世界关注，为目前国际市场新兴的时尚蔬菜和医用保健品原料。

北京蔬菜研究中心，近年对 300 余种蔬菜品种进行防癌促活性检测，结果发现效果最好的是紫苏，其次为薄荷、留兰香等唇形花科芳香植物类。我国从上世纪 90 年代研究开始，现在已开发出紫苏营养保健油；研制成功预防心血管病的紫苏油胶囊；制取成功的紫苏汁保健饮料，利用紫苏叶提取了紫苏胡萝卜素微胶囊。紫苏提取物与环糊精、薄荷油、柠檬油、姜油等混合，可制除臭剂。苹果脯用氯化钠、硫酸氢钠等溶液处理后，用紫叶包上，再泡在氯化钠和柠檬酸中，是一种降低血压的保健食品。近年来，将红色紫苏叶的色素作为食用色素日益增多，这主要是因天然色素比人工合成的色素安全可靠。紫苏醛反肟是一种甜味剂，其甜度是蔗糖2 000倍，可用于卷烟业和食品加工业。苏籽水溶性部分分离的迷迭香酸或迷迭香酸的盐，是一种很好的皮肤保护剂。紫苏种子的油饼，经磷酸化和磺化后，可作离子交换剂。丁香油酚、β-竹烯和β-萜品醇在香料工业中可分别作防腐和增香剂。

我国山东胶东半岛种植了大量紫苏，紫苏叶主要出口日本，是日本菜肴的调味配料，它是食用生鱼片、生虾的必需佐料。日本市场上现已有健康饮料紫苏水。仅日本消费色价60的液体紫苏色素已达10吨。

我国每年向韩国出口紫苏籽、腌渍紫苏叶和富含α-亚麻酸（50%～70%）的新产品调味紫苏营养油等品种。中国台湾人认为，食用紫苏可以增强人体抗毒能力，是一种相当好的保健食品，在菜馆及酒店推出了紫苏菜谱，如炒紫苏叶、紫苏炒田螺、紫苏炖排骨等，已在食用油、药品、腌渍品、化妆品等方面研制出了几十种产品。目前主要出口日本、韩国和东南亚及销往我国台湾省。紫苏叶加工简单，国际市场以5～10片和30～50克小包装为主，且价格不菲。国内也有院校用紫苏籽制取了具有很好功能的保健油及紫苏油胶囊等，也有用紫苏叶制取紫苏叶汁保健饮料的。日本早在上世纪60年代，已将紫苏油加工成天然保健品推向市场，其价值提高数倍至几十倍。紫苏销量的快速增加，具有较好的开发前景。

（一）生物学性状

紫苏是唇形科，紫苏属中以嫩叶为食用部分的栽培种，一年生草本植物。全株有特异芳香。株高160～170厘米。主根入土25～30厘米，侧根发达，主要根群分布在10～18厘米的土层中，横向延伸40～50厘米。主茎发达，绿色或紫色，具四棱，茎节较密，分枝力强，从叶腋中抽生分枝，密生细柔毛。叶片广卵圆形，顶端锐尖，边缘粗锯齿状，两面绿色或紫色，或面青背紫，交互对生。叶柄长 3～5 厘米，密生长绒毛。总状花序，顶生及腋生，两花对生，成轮状。每花一苞片，苞片卵圆形。花萼钟状，花冠 5 裂，筒状唇裂，上唇 3 裂，下唇 2 裂，紫红色或粉红色。雄蕊 4 枚，花药 2 室。单株花朵数可达 3 500～4 000 朵。小坚果，近圆形，棕褐色或灰褐色，内含 1 粒种子。千粒重 0.98～2 克左右，白苏种子千粒重 3.4 克，种子含油率 47%～50%，种子寿命短，自然状态下为 1～2 年，1 年后发芽率骤减。

紫苏性喜温暖湿润气候，耐湿，耐旱，耐荫，耐瘠薄，很少发生病虫害。

种子的休眠期长达 120 天。如果用刚收获的种子，则需打破休眠：将种子置于 0～3 ℃条件下冷藏 5 天，并用浓度为 50 毫克/千克赤霉素处理可促进发芽。

种子发芽最低温度为 5 ℃，适温为 20～25 ℃。湿度适宜时，3～4 天可发芽，7～9 天出苗，苗期可忍耐 1～2 ℃的低温，30 天后开始分枝。茎叶生长期适温为 22～28 ℃，在 30 ℃左右的温度下可正常生长。6 月以后气温高，光照强，生长旺盛。当株高 15～20 厘米时，基部第一对叶的腋间萌发幼芽，开始了侧枝的生长。7 月底以后陆续开花。开花结实期适温为 21～23 ℃，在 15 ℃左右的温度下仍可正常结实。

从开花到种子成熟需 1 个月，花期 7～8 月，果期 8～9 月。

紫苏的根系发达，吸水吸肥力强，在瘠薄土壤上也可生长，但为了获得高产优质，宜选择排水良好、疏松肥沃、土壤 pH 值 6～6.5 的砂质壤土或壤土种植。前茬以小麦，蔬菜为好。施肥以氮肥为主，产品形成时，要保持土壤湿润，不要过干，否则茎叶粗硬，纤维多，品质差。耐湿、耐涝性较强，亦较耐荫。对盐敏感，温室中营养液沙培时，氯化钠、硫酸钠浓度增加时，紫苏对钾、钙、镁的吸收会降低。对二氧化硫及臭亦敏感，可用作环境监测。需要充足的阳光，可在田边地角或垄埂上种植。属典型短日照蔬菜，秋季开花，光对紫苏生长发育有着重要影响。红外线可刺激光合作用，光周期的变化与紫苏开花，呼吸作用和体内氮的积累有一定关系。光照能减少愈伤组织的增长，可增加精油的含量。

（二）种类和品种

1. 种类　紫苏包括两个变种，一是皱叶紫苏，又称回回苏，鸡冠紫苏，红紫苏。叶大，卵圆形，多皱，紫色，叶柄紫色，茎秆外皮紫色。二是尖叶紫苏，又叫野生紫苏，白紫苏，叶片长椭圆形，叶面平，多茸毛，绿色，叶柄茎秆绿色。各地栽培的皱叶紫苏较多，庭院栽培还有观赏意义。通常依叶色分为赤紫苏、皱叶紫苏和青紫苏（绿叶紫苏）等品种。依熟性，可分为早熟、中熟、晚熟等；按利用方式分芽紫苏、叶紫苏和穗紫苏。根据叶的形状分为平滑叶品种，皱缩叶品种。根据种子的颜色分为紫苏和白苏。紫苏叶两面紫色、面绿背紫或两面绿色，花冠紫红色至粉色，小坚果棕褐色；白苏叶上面淡绿色，下面灰白色，花冠白色，小坚果灰白色，种子灰白色。

2. 品种简介

紫苏　一年生草本，高 30～100 厘米，有香气。茎四棱形，紫色或紫绿色，多分枝，有紫色或白色长柔毛。叶对生，叶柄长 3～5 厘米。叶片皱，卵形至宽卵形，长 4～11 厘米，宽 2.5～9 厘米，先端突尖或渐尖，叶片两面紫色或上面绿下面紫，两面均疏生柔毛。下面有细油点。轮伞花序，组成偏向一侧的顶生及腋生。苞片卵状三角形，花萼钟形，先端 5 裂，外面下部密生柔毛。花冠二唇形，紫红色或淡红色。雄蕊 4，2 强。子房 4 裂，花柱基底生，柱头三浅裂。小坚果，倒卵形，灰棕色或灰褐色。花期 7～8 月，果期 8～9 月。全国各地广泛栽培，长江以南各省有野生，见于村边或路边。种子坚果，棕灰色，黄棕色或暗褐色。千粒重 1.2 克。为出口紫苏籽的选择品种。

日本大叶青　从日本引进的紫苏品种。一年生草本，高 60～100 厘米，茎四棱，多分枝。叶色青绿，叶对生，叶柄长 3～4 厘米，叶片皱，长 5～12 厘米，宽 4～8 厘米，先端突尖。轮伞花序，组成偏向一侧的顶生及腋生总状花序。苞片卵状三角形，具缘毛。花萼钟形，先端 5 裂，外面下部密生柔毛。花冠二唇形，紫红色或淡红色。雄蕊 4，2 强。子房 4 裂，小坚果倒卵形，灰棕色或灰褐色。含 1 粒种子，是出口保鲜紫苏叶的主要选择品种。

苏内那　甘肃正宁县 2001 年从韩国引入。生长期 180 天，晚熟。株高 150～180 厘米，全株深缘。株型紧凑，分枝 14～24 个，果穗种子数 146～433 粒，单株种子产量 15～25 克，千粒重 2.2～2.5 克。子实含油率 40～45%，667 米^2 产量 70～80 千克。春播 4 月中旬至 5 月上旬，667 米^2 需种子 0.8～1.2 千克。出苗后间苗，5 月下旬定植，667 米^2 4 000 株。适宜东北辽宁、吉林大部地区，河北南部、北西南部，山西南部和甘肃的元水、陇南。

白苏　一年生草本，高 50～150 厘米，有香气。茎绿色，四棱形，光滑，上部被白色柔毛。叶对生，叶柄长 4.5～7 厘米。叶片卵圆形，长 3～11 厘米，宽 2.5～9.5 厘米，先端突尖或尾尖，基部圆形，外缘有粗锯齿，两面均绿色，被毛，沿脉毛较密，触之有粗糙感，下面有腺点。轮伞花序组成偏侧的穗状花序，顶生或腋生。小苞片卵形，比花稍大。花萼 5 齿裂，外被粗长密毛。花冠二唇形，白色。小坚果倒卵形，直径 2 毫米左右，灰白色，有网纹。花期 7～8 月，果期 8～9 月，南北各省均有栽培。也有野生于村边、路旁或山坡者。种子小坚果，卵圆形或长圆形，长径 2.5～3.5 毫米，短经 2～2.5 毫米，表面灰白色至灰棕色，有不规则网纹，网纹间有白色点状物。小坚果较尖，一端有一棕色浅凹，凹中心有一突起的种脐。果皮薄脆，易碎裂，内含种子 1 粒，种皮灰白色，千粒重 3.4 克。

野苏　本变种果萼小，长4～5毫米，下部被疏柔毛。叶较小，卵形，长4.5～7.5厘米，宽2.8～5厘米，两面被疏柔毛。小坚果较小，土黄色，直径1～1.5毫米。生于路旁，林边荒地，或栽培于村舍旁。分布于河北、山西、江苏、浙江、江西、安徽、福建、台湾、湖南、广东、广西、云南、贵州和四川等省自治区。

回回苏　植物体被短柔毛。叶皱曲，全部深紫色。其主要特征在于边缘流苏状或条裂状，形如公鸡冠，故有鸡冠苏之称。江苏、四川、云南等省均有栽培。北方个别地区有引种。

耳齿紫苏　植株全绿色，叶两面绿色，叶片具耳状齿缺，叶基圆形或儿心形，叶缘具浅锯齿，花白色，花萼种状。小坚果白色或褐色。种子直径1.5～2.1毫米，千粒重1.5～2.6克。产于浙江、安徽、江西、湖北、贵州，长于山坡路旁及林内。

我国选育的油用紫苏有吉苏1号、吉苏2号，并紫苏1号、紫苏2号、白苏94-A、B、C、D及吉苏12与21号，药用紫苏有纯苏1号，多紫1号、2号等，因限于篇幅，从略。

（三）栽培技术

紫苏是性喜温暖气候的一年生植物，主要栽培的季节为春季播种，夏季到秋季收获。如长江流域及华北地区，可于3月下旬至4月上旬露地播种，也有育苗移栽；6～9月采收，至抽薹为止。保护地栽培9月至次年2月均可播种育苗，11月至次年6月收获。基本上可以做到周年生产。

1. 春露地栽培　选择向阳地势、排水良好、土层疏松肥沃的沙质壤土为好，黏质土壤较差。深耕30厘米，耙细整平。为减轻土传病害和地下害虫的发生，一般667米^{2}可用1.5%多抗霉素2～3千克，500～800倍液，加40%辛硫磷1～2千克，1 000～1 200倍液浇灌。施药后土壤用薄膜覆盖密封2～3天消毒。

选用日本的食叶紫苏或国内的大叶紫苏品种，3 月下旬至 4 月中旬露地直播，也可育苗移栽，6 月中旬开始采收，9 月上中旬采收结束。垄作时在垄上开沟，深 2 厘米，667 米^2 约需种子 0.7 千克，均匀撒入后，不必覆土，稍加镇压，喷水后盖地膜或稻草，保湿增温，大约十多天即可出苗。畦作时可在畦面上开沟条播，一畦播两行，天旱时可用喷地壶浇水，保持土壤湿润。667 米^2 用种量 1.5～2 千克。在苗高 6～7 厘米间苗一次，株距 6～7 厘米，在 6 月中旬定苗，株距 16 厘米，多余的苗可选粗壮者另行移植。如果苗不齐，在间苗时，要随时补苗。

育苗移栽时，播种时间和方法同直播。移栽时间以 5 月中下旬为好，移苗前一天，先将育苗床浇透水，保证移苗时根部完整。随起苗随栽，株距 16～18 厘米。

紫苏种子属深休眠类型，休眠期长达 120 天，采种后 4～5 个月才能逐步完全发芽。种子忌干燥贮藏，宜于阴凉处风干 2～3 天，后与等量河沙混合，保持湿度，分装箱内，埋于土中，以利发芽。用硫酸—氨基磺酸铵处理紫苏种子，可促进发芽。将刚采收的种子用 100 毫克/千克赤霉素处理，并置于低温 3 ℃及光照条件下 5～10 天，后置于 15～20 ℃光照条件下催芽 12 天，种子发芽可达 80%以上。

做 1.2 米宽的平畦，畦内撒施氮磷钾复合肥，667 米^2 50 千克，深锄耙平，播前，喷洒 300 倍除草通，喷后 4 天播种。按 30 厘米行距开沟，沟深约 2 厘米，条播种子。也可以按行株距各 30 厘米挖穴点播，每穴 3～4 粒种子，667 米^2 播 250 克，播后覆土，浇水。或设小拱棚盖膜，压严。出苗后分 2～3 次间苗，条播的定苗距离为 30 厘米，穴播的最后每穴留 1 苗，667 米^2 定苗 6 000～7 000 株。

定苗后，结合浇水施尿素，667 米^2 10 千克，土壤湿度适宜时，合墒中耕，除草保墒。7～8 月，对水、肥的需求量大增，此期田间要经常保持湿润状态，并结合浇水，追施氮磷钾复合肥

2次，667 $米^2$ 每次施 20～30 千克。

为加速叶片生长，提高叶片质量，每月用 0.5%尿素液根外追肥1次。生长期间，干旱时，早晚要浇水。紫苏耐荫性很强，可以和大田作物玉米等套种，既可合理利用地块，又有利于紫苏的生长。

紫苏分枝性较强，平均每株分枝可达 25～30 个，叶片数达 300 片以上，花数 3 500 朵，所以要适当摘心。方法是摘除花芽已分化的顶端，使之不开花，维持茎叶旺盛生长。同时，对已成长 5 个茎节的植株，将第 4 节以下的叶片和枝杈全部摘除，促进植株健壮生长。摘除初茬叶 1 周后，当第五茎节的叶片横径宽 10 厘米以上时开始摘叶片，每次摘 2 对叶片。并将上部茎节上发生的腋芽从茎部抹去。5 月下旬至 8 月上旬是采叶高峰期，平均 3～4 天采收 1 对叶片。9 月初，植株开始生长花序，此时对留叶不留种的可保留 3 对叶片摘心，打杈，使之达到成品叶标准。全年每株可摘叶 36～44 片，667 $米^2$ 可产鲜叶 1 700～2 000 千克。

紫苏的采收期因用途及气候不同而异。一般认为枝叶繁茂时，即花穗刚抽出 1.5～3 厘米时，挥发油含量最高。因此，蒸馏紫苏油的全草，在 8～9 月花穗初现时收割。作为药用的苏叶，苏梗，多在枝叶繁茂时采收，南方 7～8 月，北方 8～9 月。苏叶、苏梗、苏子并用的全苏，一般在 9～10 月采收，等种子部分成熟后选晴天全株割下，运走加工。

2. 保护地越冬栽培 越冬紫苏栽培多采用冬暖式大棚或大棚栽培。棚内土壤先用 1.5%多抗霉素 500～800 倍液，加 40%辛硫磷 1 000～1 200 倍液浇灌后，用薄膜覆盖，密封 2～3 天消毒。棚室每立方米用 2.5 克硫黄，加 5 克木屑拌和，点燃熏蒸闷棚 3 天后再行播种。

苗床用砖和水泥砌成。苗床宽 1 米，长 3 米，高 60～70 厘米，床底每隔 30 厘米留 1 个出水口，以利排水。床土用未种过

紫苏的田园土，经日光消毒后使用。苗床基肥使用沤制腐熟的堆肥，667 $米^2$ 用量 1.5 吨，加三元复合肥 100 千克。将土和基肥捣匀后放入苗床内，厚度大于 40 厘米。播前选种，晒种，每千克种子用 2.5%适乐时 5 毫升，对 40 ℃温水 10 千克，将种子在药液中浸 20 分钟，外壳软化后，再在常温中浸 2 小时捞起沥干。然后用种子量的 5 倍细沙拌和后播种。播种育苗时间为 8 月下旬至 9 月上旬，翌年 2～4 月供应。春提前，1～2 月播种，2～3 月定植于日光温室，4～6 月供应；秋延后，大棚 8～9 月播种，9～10 月定植，11 月至翌年 1 月供应。

种子繁殖，直播或育苗均可。直播生长快，收获早，省劳力，但要及时间苗，掌握好株行距。种子播前，隔夜湿润床上，播后覆细土，并用木板稍加镇压。出土后要数次间苗，株距 8 厘米，行距 5 厘米。

紫苏生长期长，长势旺，一生中需从土壤中吸收大量有机肥料。定植前土壤要深耕，高畦深沟，畦面平整，畦宽 90 厘米，沟宽 45 厘米，沟深 35 厘米，一般 667 $米^2$ 施发酵腐熟有机肥 5 000～6 000 千克，三元复合肥 80 千克。真叶 2～3 对定植，株距 25～30 厘米，定植后及时浇活棵水。还苗后一般每半月追肥 20 倍菜饼发酵浸出液 1 次，每 10～15 天喷 300 倍赐保康或天缘有机液肥 1 次，对发苗不良的部分田块或植株，也可用 1%尿素水溶液作追肥补救。浇水宜采用微喷或滴灌，一般春秋每天上午滴灌 1 次，每次 30 分钟；夏季早晚各滴灌 1 次，在中午进行，每次 30 分钟。

紫苏生长的适宜温度为 20～28 ℃，夏季温度过高，叶片容易老化，因此必须采用遮阳网降温，冬季温度低于 10 ℃，要采用柴油车补温，晚上温度控制在 10～15 ℃。冬季低温短日照期间，紫苏保护地栽培时，可在真叶 3～4 片时，夜间用电灯进行补光处理，延长光照到 14～16 小时，弥补冬季低温短日照的影响，抑制花芽分化，增加叶片数和产量。生产中补光时，可适当增加蓝色光。一般不能补施甲瓦龙酸盐。以出口紫苏叶为目的，生产中经常采叶，势必造成伤口，蓝色光可诱导愈伤组织的生成，甲瓦龙酸盐可抑制愈伤组织的生长。愈伤组织中含紫红色色素，主要成分是紫苏苷。愈伤组织还可产生挥发性成分，其中由 R.S－［6，6，$6^{-2}H_3$］—甲羟戊酸生物合成倍半萜的合成率最高。

定植成活后长到 15 厘米高，有 7～8 片叶时摘顶心。侧芽发生后保留不同方向生长的 3 个培养，其余全部摘除。当侧枝有 7～8 片叶时，及时摘心，促进分枝生长，防止进入生殖生长。随时除去老叶、黄叶、病叶及畸形叶。

3. 春紫苏的栽培 1 月上中旬育苗，2 月上中旬定植，3 月上中旬开始采收叶片，可持续到 5 月下旬或 6 月上旬。

种子播前或幼苗移栽前，土壤必须消毒。一般 667 米^2 用 1.5%多抗霉素 2～3 千克，500～800 倍液，加 40%辛硫磷 1～2 千克，1 000～1 200 倍液浇灌。施药后土壤用薄膜覆盖，密封 2～3 天，提高消毒效果。管棚采用硫磺加木屑消毒，方法是以一连栋大硼为单位，每立方米用 2.5 克硫黄，加 5 克木屑，均匀拌和，点燃后进行熏蒸并闷棚 3 天，然后进行耕作。

选日本大叶青紫苏品种，在保温性较好的大、中棚或日光温室育苗。苗床可用砖和水泥砌成，宽 1 米，长 30 米，高 60～70 厘米，床土深 40 厘米。床底每隔 30 厘米，留 1 个出水口，以利排水。床底采用未种过紫苏的田园土，经日光消毒后使用。苗底基肥用腐熟的堆肥，667 米^2 1 500 千克，加三元复合肥 100 千克，将土和基肥混匀，放苗床内，厚度大于 40 厘米。播种前要选种、晒种。每 1 千克种子用 2.5%适乐时 5 毫升，对 40 ℃温水 10 千克，将种子在药液中浸 20 分钟，外壳软化后，在常温水中浸 2 小时，捞出沥干。然后，用种子量的 5 倍的细沙拌匀，待种子有 70%～80%发芽时播种，667 米^2 苗床，播 1.5 千克。播后，覆细土，并用木板稍加镇压。并尽量采用盖厚草苫，经常揭盖换气。出苗后间苗。

约经40天左右，株高10～15厘米，2～3片真叶时，按行株距60厘米×20厘米定植。定植前3天，可用除草通，喷洒表土除草，并用糠麸拌和500倍液的敌百虫，洒在畦面诱杀地老虎。

定植后5～6天为还苗期，应扣严塑料薄膜，夜间加盖草苫，提高土壤温度，白天保持25℃，夜间15℃，促进还苗生长。还苗后，及时通风。紫苏追肥以有机肥为主，一般每半月追肥20倍菜饼发酵浸出液1次；10～15天，喷300倍赐保康或天缘有机肥1次。对发苗不良的部分田块，或植株，也可用0.5%～1%尿素作追肥补救。灌水宜采用微喷滴灌，一般每天上午滴灌，每次30分钟。如遇高温干旱，早晚浇水。

紫苏大叶生长的适宜温度为20～28℃。夏季温度过高，叶片容易老化，品质下降。因此，必须用遮阳网遮阴降温。冬季低于10℃，要用柴油车补温，晚上温度控制在10～15℃。紫苏每天要保持16时以上的光照，在光照时间较短的月份，必须采用灯光补救，促进营养生长。

定植后20天，苗高长到15厘米，7～8片叶时要摘去顶心，侧芽发生后，保留不同方向生长的侧芽3个，培养侧枝，其余全部摘除。摘芽要早，以免浪费养分和损伤植株。当侧枝有7～8片叶时要及时摘心，促进分枝生长，防止植株进入生殖生长。有的，当长成5个茎节时，将第四节以下的叶片及枝杈全部摘除。摘除初茬叶1周后，当第五茎节的叶片横径宽10厘米以上时，开始摘叶片，每次2片，并将上部茎节上发生的腋芽从茎部抹去。

采叶前修剪指甲，防止指甲过长给叶片造成机械伤口，并应轻摘轻放。进出棚内要注意随时关闭进出口，防止带入害虫。

4. 防虫网越夏栽培 夏季栽培最主要的是防治病虫害。因此不宜露地栽培，应充分利用日光温室或塑料大棚进行栽培。旧棚膜可完整留在温室或大棚架上，使之继续发挥遮阳避雨作用。晴天时，要将整个日光温室前边和顶部等所有通风通气口全部打开，并安装具有预防害虫侵入的防虫网，如用拱圆大棚，可将大棚两侧裙子部分的薄膜卷起或撤下，并安装防虫网，防虫网宜选用 20～25 个筛目/厘米^2 的白色或银灰色尼龙网。

夏紫苏适应性强，对土壤要求不严，在疏松肥沃的中性，或微碱性土壤中生长良好。管理的重点是遮阳降温，保温防旱和治虫防病。3 月上中旬至 4 月中下旬，保护地播种育苗，4 月上中旬至 5 月下中旬露地定植，5 月中旬开始采收，9 月上中旬采收结束。在阳畦或塑料拱棚中播种育苗，10 米^2 苗床面积施 15 千克氮磷钾复合肥，翻匀耙平后，按 10 厘米行距开沟，深约 2 厘米，条播种子，覆土，浇水。也可以撒播，但苗子生长不如条播的整齐。每 10 米^2 苗床面积用种量为 8～10 克。播种结束后覆盖薄膜，必要时加盖草帘保温保湿。白天温度保持在 20～25 ℃，夜间保持在 15 ℃左右。出苗后温度稍降低，白天 20～22 ℃，夜间 13 ℃左右并注意通风换气，防止苗子徒长。间苗 2～3 次，定苗距离 3 厘米见方。4 月上中旬，晚霜期过后，苗子有 3～4 对真叶时定植到露地，并用尼龙防虫网覆盖。

定植前 10～15 天，整地做平畦，畦宽 1.2 米。畦内撒施氮磷钾复合肥，667 米^2 约 50 千克，翻匀耙平后按行株距各 30 厘米挖栽苗，浇水。土壤表面发白时浅锄保墒，以利还苗。还苗后浇水，合墒时中耕除草。以后土壤经常保持湿润状态。开始采摘叶片及进入采摘高峰期（7～8 月份）前，各施 1 次氮磷钾复合肥，667 米^2 每次 20～30 千克。

定植后 1 个月，开始采摘苏叶、苏梗，一般持续到采种子入药。9 月中旬将植株下部的大叶摘下晒干入药，10 月上旬，种子大部成熟时全株割下晾晒干。一般 667 米^2 产苏籽 100～125 千克，667 米^2 产苏叶 200～250 千克。

5. 秋延后栽培　9 月份露地播种育苗，10 月份在保护地内定植，元旦至春节分期分批采收。

露地建苗床，条播或撒播。育苗期的温度正适合种子发芽和幼苗生长，播种后5～6天可出苗，出苗后幼苗生长速度快，要适当控制浇水，及时间苗，防止幼苗徒长。最后一次间苗的苗距保持在4～5厘米。

早霜来临前，将苗定植到塑料拱棚或日光温室中。667米^{2}施腐熟圈肥3 000～4 000千克及过磷酸钙30千克，深翻耙平后，按40厘米行距做小高垄，带土挖苗，按25厘米株距定植在垄中央，向垄沟浇水。定植后，温室内温度白天保持在22～28℃，夜间15℃左右，还苗后白天25℃左右，夜间12℃左右，水、肥管理参见露地早熟栽培。

元旦至春节期间，可分期分批采摘嫩叶，扎成把出售。3～4月份气候转暖后，逐步撤除覆盖物，继续采收。以后，根据市场需求情况及后茬作物安排，确定采收结束期。

6. 穗紫苏栽培 选矮生品种。先在温室育苗，真叶3～4片时移植于另一保护地。每3～4株1丛，丛距10～12厘米。育苗期间，早晚可用黑色薄膜覆盖，使日照缩短到每天6～7小时，促进花芽分化。移栽后不再进行遮光处理，但要保持20℃左右的温度。一般长至真叶6～7片时抽穗，穗长6～8厘米时采收。每10～15株扎成一把，以花色鲜明，花蕾密生者为上品，称为“穗紫苏”。

7. 紫苏芽苗的生产

(1) 育苗盘生产 紫苏种子脂肪含量较多，发芽时由于呼吸作用会产生大量热量，所以催芽过程中应经常翻动种子，并用清水淘洗。

应采用二段式浸种催芽栽培。清选种子，用0.1%的高锰酸钾溶液浸泡15分钟消毒，再用清水漂洗干净，或用45℃热水搅拌烫种5～10分钟，然后在20～25℃清水中浸泡。待种子充分吸水膨胀捞出，清洗干净催芽，将种子用3～4层干净的湿布包裹，放在干净非铁质容器里，放置在 22 ℃左右湿润环境下催芽，每隔 4～6 小时用清水淘洗 1 次，1 周左右种子露白。在催芽过程中注意不要积水，否则易烂种。

用育苗盘培育紫苏芽，盘内铺珍珠岩、细炉渣、蛭石或细沙等，将种子播入后覆盖基质厚度 1 厘米左右，可直接摆盘上架遮光培养，喷淋时水要少，以保持基质潮湿为度，培养室的气温应在 18 ℃左右，这样培育出的紫苏芽苗粗壮脆嫩，而且产量高。

育苗盘紫苏芽生产周期 10～15 天。一般在幼苗高 12 厘米左右，子叶展平，真叶 2 叶 1 心期，趁芽苗幼嫩，未纤维化时采收，用快刀从幼苗的基部割下来，然后按一定重量装盒或装袋上市销售。如果因收获晚植株出现纤维化，应采摘幼嫩部位的芽梢，剩下已纤维化的茎可继续培养，这样可以进行多次采收。

(2) 席地生产 紫苏芽席地生产，一般采用沙培法，紫苏种子可以干播，也可浸种催芽后湿播，播后覆细沙 0.5～1 厘米厚，保持土壤湿润。紫苏种子因带有特殊香气，易招引鸟儿啄食。所以，要注意防止鸟害，可以扣遮阳网，既防鸟害，又能减轻光照强度。在气温 20 ℃，床土潮湿的情况下，经 15 天左右，紫苏苗长到 15 厘米，有 3 叶 1 心时，即应趁茎叶幼嫩时采收。在根基部用快刀割下，也可按 5 厘米的苗距间苗，间下的苗切根包装上市，留下的苗摘心，促发腋芽，这样可以多次采收。

(四) 采种

紫苏为异花授粉植物，虫媒花。紫叶紫苏和绿叶紫苏，不能在同一田块中种植和留种，隔离距离 1 000 米以上，以防止品种间杂交，造成原品种纯度降低，甚至种性退化。

规模化生产时应设立留种圃。农户自行留种时，可在紫苏田中选留部分优良植株作采种植株。整个生长期应根据叶形、颜色、生长势等，及时拔除杂株。还应适当进行摘心处理，即摘除部分茎尖和叶片，促进分枝，减少茎叶的养分消耗。

种株从第二十三节到二十四节不再采摘叶片，使上部叶片制造的养分供给种子用。总状花序上的花是由下往上陆续开放，先开的花先结种子，当花序上部开花时，中下部的种子已成熟，如不及时采收，已成熟的种子就会脱落。所以，当花序中部的种子成熟时，就应将整个花序剪下，装入容器中以防种子脱落，然后，连同花序晒干后脱粒贮藏。一般种子成熟期为 9～10 月，667 米^2 采种 100 千克左右。

（五）加工

1. 鲜叶出口

（1）采收 出口紫苏叶的质量标准很高，除要求叶片经检测不带有任何有毒有害物质外，要求叶片完整，无畸形，有光泽，无虫卵，无病斑，无折伤，无缺伤等，叶片宽度 6～8.5 厘米。每天上午要求专人、专桶采收。采收后专职人员验收，并及时合格产品送保险库保鲜。

（2）洗清分级 从保鲜库中取出叶片，分别用 4 个钢制清洗池清洗 4 次，沥干后送精检员精检。精检工作在车间不锈钢工作台上完成。要求对每一片叶子逐片过堂，去除不合格叶片，并按叶片大小分三级堆放。每放 10 张叶，用橡皮圈扎成 1 束。每 5 束交检验员验收，统计。将验收合格的产品编号后再送保鲜库，为出口作准备。

（3）保鲜运输 配备清洁卫生的专用保鲜车运输，根据客户要求送往机场出口，由进口国口岸按各项规定标准检查验收，验收合格，最终成交。

2. 苏叶的加工 紫苏叶可做腌渍原料。在日本，用紫苏腌制的咸菜很受销费者欢迎。加工工艺流程是：采摘→净制→切制干燥→包装。

采摘：当紫苏枝叶繁茂时采摘。南方露天栽培 7～8 月采摘，北方 8～9 月时采摘。一般从第四对至第五对真叶开始采摘，6～

8月每隔3～4天采收1对叶，其他时间6～7天收一对。每株可收20～22对叶。成品叶的标准是叶形周整，叶味纯，颜色正（背面发红则非优质品），叶脉直且分布均匀，叶形对称，叶齿细而不均匀，无病害，无机械伤，农药残留符合进口国要求。

净制：除去杂质及老梗。

切制、干燥：喷淋清水，切碎，干燥。

包装：用塑料袋包装，密封，然后放入低箱中或按客商要求包装。

3. 出口保鲜叶用紫苏 加工工艺流程：采叶→选别→检验→包装→贮藏。

定植30天左右（夏季为20天后），植株高40厘米以上时采摘。采叶后，按M为叶子横径宽6.8～7.5厘米，L为叶子横径宽7.5～8.5厘米，2L为叶子横径宽8.5～9.5厘米，3L为叶子横径宽9.5～11.5厘米的标准进行选别。

挑出有虫口的，叶形不周整的，有机械伤的，叶背面发红的紫苏。

检验：用手持放大镜进行叶面检验。将有虫或虫卵的叶片挑出，必要时可用显微镜进行检查，以确保不带害虫。

包装：每10片叶为1扎，用橡皮筋捆扎，放塑料托盘中。最后，按客商要求重量，装入专用出口纸箱中。

贮藏：放于7～10℃的恒温库中贮藏。

4. 腌制 叶片采摘后要及时腌制。腌制不能用金属容器，否则叶片易变色。水和盐的比例为10∶3，配成20波美度的盐水倒入缸中。成品叶采回后，每50片为1把，用一根稻草在中间捆扎好，叶柄留0.8厘米长，泡在盐水中腌2天，上下翻动后再腌1天，使盐水充分渗透到叶片中，将苏叶刹透。此过程称初腌。而后进行终腌。

终腌的做法是：将经过3天初腌的紫苏叶取出后移放到另一个缸中。先在缸底撒些盐，将紫苏叶捆扎好平铺在缸内，每铺1

层撒1层盐，直至铺满为止。最后用木栅板及石块压实。终腌时，平均每100把紫苏叶需用食盐500～800克。装满后上面再撒一层盐，其上用重石镇压，使压出的盐水刚好淹没苏叶。10天后检查，如发现叶子变黄，说明原来的未剎生好，要立即倒缸重新剎生盐渍，约经45天即可腌好。腌好后随时可以食用或包装出口。

5. 紫苏油的生产 紫苏籽含油量34.75%～53.52%，不饱和脂肪酸约占90%，其中α-亚麻酸含量为56.14～64.82%。目前国内外有关紫苏油的提取方法很多，主要有传统的机械压榨工艺、溶剂萃取工艺、传统冷榨工艺和临界二氧化碳流体萃取工艺和紫苏菜籽脱皮、低温压榨制油等。现将蒸馏出口油的加工工艺流程简述如下：

工艺流程是：采收→粗选→摊晒→精选→蒸馏→包装→检验。

采收：采收期与紫苏油质量有密切关系。紫苏挥发油从5月至9月含量逐渐增加，10月又开始下降，最高含量是9月。9月是适宜采收期。当紫苏枝叶繁茂，花穗刚抽出1.5～3厘米时采收质量最佳。露天栽培的紫苏，在8～9月花序初现时收割，采收紫苏全株。

粗选：检出紫苏中的石头、瓦块、塑料、木棍等异物，去除无叶粗梗。

摊晒：均匀摊晒场中，晒场应远离粉尘，有害气体，放射性物质和其他扩散性污染源。晒场至少与这些污染源相距5 000米以上。晒场也不宜建在闹市区和人口比较稠密的居民区，应选周围地势较高，易排放雨水等。晒场地面要硬化处理。场面要平坦，不积水，无尘土飞扬。

精选：将摊晒1天的紫苏进行精选，剔除树叶、塑料纸、纸片等杂物。

蒸馏：将摊晒1天的枝叶入锅蒸馏。晒过1天的枝叶，一般

500 千克可出蒸馏紫苏油 0.8～1 千克。

包装、检验：用塑料桶包装，并注明生产日期，批号等，或按客商要求进行包装。紫苏油的质量标准：外观为浅黄色油状液体，α-亚麻酸≥60%，酸值（毫克 KOH/克）<1，过氧化值（毫克当量/千克，毫克当量浓度为非法定计量单位）<3，气味清香，砷（毫克/千克，以 As 计）≤0.1，汞（毫克/千克，以 Hg 计）≤0.05。

6. 全苏 工艺流程为：采收→干燥→精选→包装→检验。

采收：当紫苏繁茂时采收。露天栽培的在 9～10 月份采收，于晴天将全株割下运回加工，检出石头，瓦块、塑料、木棍等异物，去掉无叶粗梗。

干燥：将紫苏均匀摊放于晾晒场中或挂通风处阴干。

精选：摊晒 1 天的紫苏进行精选，检出树叶，塑料纸，低片等杂质。

包装：干后连叶捆好，用塑料袋包装、密封，放入纸箱中贮藏。

7. 紫苏梗 大约在 8～9 月份，种子成熟后晴天全株割下，摘出紫苏叶，选出紫籽，除出杂质后的茎杆枝条即为苏梗。苏梗分为嫩紫梗和老紫梗。开花前收获净叶或带叶的嫩枝时，将全株割下，用其下部粗梗入药，称嫩苏梗，紫苏收籽后，植株下部无叶粗梗入药，称老苏梗。苏梗稍浸、润透，切成厚片，干燥。然后醋制：将 500 克苏梗，与醋 60 克拌匀，焖润至醋尽时，置锅内用文火炒至黄色或焦黄色，取出放凉。蜜制：取紫苏梗片，用炼蜜 35%拌炒至蜜汁被吸尽。

8. 紫苏籽 紫苏枝叶繁茂时全株割下，检出其中石头、瓦块、塑料、木棍等异物，去掉无叶粗梗后，摊放晾场中或挂通风处阴干。摊晒 1 天的紫苏，检出树叶，纸片等杂质，整株拍打，抖落紫苏籽，进行筛选分离。干后用塑料袋包装，密封。

9. 紫苏梅的制作 青梅 12 千克，白砂糖 4 千克，精盐 1 千克，紫苏叶 0.5 千克。青梅加盐，搓至稍软，将梅及盘上剩余的盐的一齐倒入桶内，加清水，水量稍盖过梅面，泡两天两夜。如梅太熟，只需直接泡盐水，不必搓过。泡好后放在晒盘上晾晒两天，至 8 分干即约剩 9.5 千克。如遇阴天无法晾晒，要适当加盐，以防霉变。如太咸可漂水后晾晒，将玻璃缸洗净，放入煮沸锅中消毒，放干。紫苏叶加盐 10 克，使之柔软，并榨掉苦涩味。按照一层梅一层糖，将梅子装入缸，白砂糖用 0.5 千克。待白砂糖完全溶为糖水时，将糖水倒出，再放 0.5 千克白砂糖，反复 2 次。第三次加白砂糖用 0.5 千克，不用倒掉，并放入腌好的紫苏浸泡，密封贮藏 3 个月后食用。

10. 杨梅、紫苏、姜汁混合饮料 原料与配方：

杨梅（古称机子，又称朱梅、树梅）汁 40 毫升，姜汁 30 毫升，紫苏叶汁 30 毫升，白砂糖 15 毫升。

主要设备：

榨汁机，过滤器，均质机，脱气机，灌装机，封盖机，杀菌机等。

操作要点：

(1) 杨梅汁的制备 杨梅采收后，剔除霉烂、病虫果，立即投入水中，主要靠果实之间的碰撞和其在水中的滚动洗除果实表面的污染物质。洗后移出，送入另一净洗槽，清洗干净。然后，加热 72～82 ℃，边加热边用机械或手工搅拌，使浆果破碎，有助于色素的提取。加热也使部分破碎的浆果黏性降低，有利于压榨，有利于压榨，但要避免长时间连续加热，防止杨梅里的丹宁和其他对风味不利的物质混入果汁中，使其变涩。然后采用70～100 目筛滤，除去较大颗粒。

(2) 姜汁的制备 生姜清洗去皮后，切成 0.3～0.5 厘米厚的薄片，投入 100 ℃沸水中热烫 3 分钟，用榨汁机制汁，抽滤得姜汁。

(3) 紫苏叶汁的制备 将紫苏叶、水按 1∶20 混合，在

80 ℃的水溶中浸泡 40 分钟并添加转溶剂。在所得浓缩汁里再添加 50×10^{-6}的 LAC 防褐剂，200×10^{-6}的苯甲酸钠。

（4）混合饮料的制备 在夹层锅内按配比将水、果汁、白砂糖、柠檬酸和混合稳定剂等加入混匀，加热料液至 80 ℃后搅拌均匀过滤（均质压力 20 兆帕，温度 50 ℃）后灌装。一般采用 40 毫升汞柱的真空封灌机封灌（此时料液应保持 60 ℃以上）。封灌后迅速杀菌，时间 5 分钟，快速冷却至 40 ℃。

11. 紫苏叶茶加工工艺流程

（1）紫苏叶茶窨制工艺流程 紫苏鲜叶→经凋萎→转切＋待窨茶坯（一层茶坯，一层紫苏叶）→窨制（3～5 天）→混匀→低温慢烘（火温 60 ℃左右）。拼配方法即将紫苏叶茶成品与碎茶坯，按最佳比例 1∶4 拌匀而成。紫苏红、绿碎茶加工均以窨制或拼配方法较为理想。

（2）紫苏有机茶制作基本工艺 新鲜紫苏叶→采收→分拣→清洗→萎凋→杀青→揉捻（理条）→烘干→卷曲状干品茶→包装→成品。

紫苏叶 7 月中旬至 9 月上旬采收，拣去头杂质，用水清洗后按绿茶生产工艺，即运用杀青，烧炒，揉捻等工艺流程，初制茶加工。为去除紫苏叶的青草气味，提高清香气味，充分释放还原糖、游离氨基酸和功能性成分，在杀青工艺前增加凋萎工艺十分必要。杀青是对紫苏叶采用 100 ℃的蒸汽杀青 3 分钟，然后初揉，破坏叶片组织，使汁液外渗，便于冲泡。先用理条机理条，摊凉后用 6CR～4.05 型揉捻机处理，然后干燥。

（3）保健袋泡茶制作工艺 鲜紫苏叶→清洗→摘叶→萎凋→杀青→烘干→破碎→分筛→片末状（或粉末状）干品茶→填加辅料→装袋→保健袋泡茶成品。

9 月初至 10 月初采收老叶，清洗、凋萎、杀青、烘干后机械破碎，基本主辅料配方是紫苏叶 80%～85%，麦芽糊精 2%，甘草 10%～12%，紫苏黄酮 1%，还可加入适量茉莉花、菊花、玫瑰花等，制成各种不同香型的配方茶，最后装袋，每袋1.5克。

(4) 紫苏冻干茶加工工艺 变鲜叶为干叶，用茉莉花、玫瑰花等熏香，然后真空冷冻干燥。

12. 紫苏啤酒的制备

(1) 主要实验材料 新鲜紫苏叶、优质大麦芽、啤酒花、果胶酶、中性蛋白酶、纤维素酶。

TDL-5型离心机，PHS-2C型酸度汁，LDZX-40型高压灭菌锅，破碎机，板框压缩机，糖度汁及自控发酵罐等。

紫苏啤酒的生产工艺主要包括：紫苏汁的制备，麦芽芽汁的制备，啤酒的发酵，啤酒后汁处理等主要工序。

(2) 主要操作要点

紫苏汁的制备：

滤渣
↑
新鲜紫苏叶→除杂、清洗→打浆→酶解→榨汁→滤液→灭菌→冷却→紫苏汁。

选用叶面新鲜，颜色深绿色或紫色，无老黄叶、枯叶、虫蛟叶及带虫卵的紫苏叶。

将采摘的新鲜紫苏叶在清水中浸泡20～30分钟后用流水清洗，除去叶面上的泥沙，污物和部分微生物，必要时可清洗多次。

用破碎机将紫苏叶加4倍水进行破碎打浆，便于提取紫苏叶中的有效成分。

鲜紫苏叶浆在30℃时用果胶酶、中性蛋白酶和纤维素酶联合水解40分钟。

采用榨汁机直接压榨，然后用板框压滤机进行过滤，得紫苏叶汁。

将紫苏叶汁采用138℃，3～5秒高温瞬时灭菌，然后迅速冷却至5℃备用。

麦芽芽汁的制备：

大麦芽70%，大米30%，啤酒花0.5%，糖化锅加水比1∶3.5，糊化锅加水比1∶5。

采用传流糖化工艺，即将麦芽醪和糊化醪兑醪糖化完全后，直接升温过滤。采用19（34）正交试验确是紫苏啤酒的最佳工艺为添加2%紫苏汁，在主发酵前添加，发酵时间为17天。

这样制备的啤酒呈淡紫色，澄清透明，无明显的悬浮物和沉淀物，泡沫洁白细腻，持久挂杯，泡沫性大于230秒；具有紫苏特有的清新香气和啤酒芳香；口味纯正，爽口，酒体协调，无明显异味。

13. 紫苏食品的制作 紫苏可单独使用，可整用，碎用，加工制成粉状用，也可与其他原料配成新的派生调味品使用。可用紫苏嫩叶加大葱、辣椒、精盐、醋和香油拌菜，其叶、梗、果可入药，嫩叶可生食或拌凉菜，做羹汤，茎叶可腌渍，以及烹制鱼蟹类菜肴，还可以干制作香精油，作为酱油的保鲜剂，常用于煮、腌、酱、烧、扒、焖、烩、蒸、炸、烤、泡、煎等多种烹调方法。其菜品有清蒸紫苏鱼、紫苏炒田螺、紫苏鸭、紫苏烧鸡、凉拌紫苏叶、紫苏汁烧虾、紫苏春笋虾、紫苏叶炒青椒、紫苏粥、紫苏咸梅酱等。

二十七、蕹菜

蕹菜又叫藤菜、藤藤菜、蓊菜、蕻菜、通菜、竹叶菜、水蕹菜、空心菜、无心菜、空筒菜。原产我国，我国华南、西南栽培最多，华中、华东和台湾省普遍种植，中国自古栽培，西晋嵇含《南方草木状》（公元304年）“蕹菜叶如落葵而小。南人编苇为筏，作小孔，浮水上。种子于水中，则如萍根浮水面。及长成茎叶，皆出于苇筏孔中，随水上下，南之奇蔬也。则此菜，水、陆皆生之也”，利用苇筏漂水栽培蕹菜的记载。《授时通考·农余蔬》（公元1742年）：“蕹菜干柔如蔓。中空，叶仰菠及錾头。开白花堪茹。南人编苇为筏，作小孔中。通水上下，南方奇蔬也。”盛夏高温多雨季节，其他蔬菜难以生长时，适应性强，却能旺盛生长，栽培容易，供应期长，产量高，可利用低洼水田、零星水面和旱地进行生产，实为生产优质、抗灾、稳产的优良绿叶蔬菜，也是淡季市场和夏、秋季常见供应的重要绿叶蔬菜。我国北方近几年也已开始种植，发展甚快。产于春末至秋末，蕹菜以嫩梢嫩叶供食，富含人体必需的碳水化合物、脂肪、蛋白质三大营养素和多种矿物质、无机盐、烟酸、胡萝卜素、维生素C、维生素B、维生素B_1、维生素B_2等，营养丰富而且清淡、鲜爽、滑利、不抢味，不管和什么菜同煮，都不夺其原味。同时，还有较高的药用价值，性味甘、淡、凉，归肝、心、大肠经，有清热凉血、利尿、润肠通便、清热解毒、利湿止血等功效。烹调方式多种多样，炒食、做汤、凉拌、作泡菜均可。

蕹菜中粗纤维含量极为丰富，由纤维素、木质素和果胶等组成。果胶能使体内有毒物质加速排泄，木质素能提高巨噬细胞吞食细菌的活力，杀菌消炎，可用以治疮疡、痈疖等；蕹菜中的大量纤维素，可增进肠道蠕动，加速排便，对于防治便秘及减少肠道癌变有积极的作用；蕹菜中有丰富的维生素C和胡萝卜素，其维生素含量高于大白菜，这些物质有助于增强体质，防病抗病。此外，蕹菜中的叶绿素有“绿色精灵”的雅称，有健美皮肤、洁齿防龋的功效；紫色蕹菜中含胰岛素成分而能降低血糖，可作为糖尿病患者的食疗佳蔬。适应性强，旱地、低洼水田和零星水面都可生产，产量高而稳，是夏、秋季节极为重要的绿叶蔬菜。

（一）生物学性状

蕹菜为旋花科一年生或多年生蔓性草本植物。茎中空，圆形，匍匐生长，长可达数米。单叶互生，叶柄长，叶片长卵圆形，基部心脏形，也有短披针形或长披针形的。全缘，叶面光滑，浓绿或浅绿，或略带紫红色。根为须根，易从节上生出。聚伞花序，1至数朵，腋生。苞片2，萼片5，花冠漏斗状，完全花，白色或浅紫色。子房2室，蒴果，卵形，含2～4粒种子。种子近圆形，黑褐色，皮厚，千粒重32～37克。蕹菜用种子或嫩茎繁殖，喜温暖湿润，耐高温。种子在15℃左右开始发芽，生长适温20～35℃，低于10℃时停止生长，遇霜后枯死。种蔓腋芽萌发初期，温度达30℃以上时，萌芽快。光照要充足，对密植的适应性较强，喜肥，耐肥，对氮肥的需要量大。属短日照，特别是藤蕹比子蕹对短日照要求更严，日照稍长就难于开花结实，故常用无性繁殖。

（二）类型和品种

蕹菜根据叶型可分为大叶种和小叶种两类。大叶种一般称小蕹菜或旱蕹菜，用种子繁殖；小叶种称大蕹菜或水蕹菜，多不结籽，常用茎蔓扦插繁殖。按花色不同，可分为白花种和紫花种两类：白花种叶长卵形，基部心脏形，白花，叶绿色，品质好；紫花种的茎、叶背、叶脉、叶柄、花萼均呈紫色，花为淡紫色。按种植方式不同，分为水蕹菜和旱蕹菜两类，旱蕹菜品种适宜旱地栽培，味较浓，质地致密，产量低；水蕹适宜浅水或深水栽培，茎叶较粗大，味浓，质脆嫩，产量高。按能否结籽分为子蕹和藤蕹。子蕹用种子繁殖，也可扦插，茎较粗，叶片大，叶色浅绿，耐旱，一般栽于旱地，也可水生。主要品种如广东大骨青、白壳、大鸡白、大鸡黄，杭州白花子蕹，湖南、湖北的白花和紫花蕹菜，四川旱蕹菜，浙江游龙空心菜等。藤蕹不结籽，用扦插繁殖，一般用水田或沼泽地栽培，也可在旱地生产，如广东细叶通菜、丝蕹，湖南藤蕹，四川大蕹菜，江西三江水蕹菜等（图 24）。

图 24　蕹菜的形态
1. 叶　2. 须根　3. 花序
4. 花　5. 果实　6. 茎

（三）栽培技术

1. 育苗　春季，当气温达到 15 ℃时开始繁殖，华南多在 2～3 月，西南在 3～4 月，长江中下游地区在 4 月中下旬育苗。用种子播种或茎段扦插均可。为提早上市，最好用阳畦或棚室等保温苗床育苗。蕹菜种子大，667 米^2 苗床需种子 15～20 千克，可供 1 000～1 300 米^2 移栽之用。条播或点播，播后用细土盖严种子，上覆稻草，再用竹片插成拱形棚，外用塑料薄膜覆盖。出苗后及时揭除稻草，注意通风、保温和灌水，尽量使床温上升到 20～30 ℃，促进生长。约经 4 周，苗高 12 厘米时定植。用母茎扦插繁殖育苗时，先将种茎从窖中取出，温水泡湿，再密植于温床中，使温度上升到 35 ℃，约经 1 周，芽子发出后再将温度降低到 25～28 ℃。约经 20 天，当侧枝长 7～10 厘米时，再移栽到秧田中，每隔 17 厘米，埋压 1 条藤，让芽伸出泥土外。苗高 20 厘米时，再将其压倒，使节处向下生根，向上发生二次侧枝。二次侧枝长大后，从基部 2 节处剪下作种苗，扦插于本田中。四川渡口，冬季不太严寒，霜降前用渣肥及草覆盖老根蔸后，可安全越冬，不需另行窖藏。翌年老根蔸发芽，长至 7～10 厘米时，分栽于苗床中育苗。广州常以上年宿根长出的新侧芽直接栽植到旱地中。

2. 栽植　旱地栽植时，选湿润肥沃处，按 20 厘米见方距离直播或移栽。浅水栽植时，放水后按 20～25 厘米距离，将苗茎基部和根栽插泥土中，深 4～5 厘米。栽后放浅水，使大部分叶片露出水面，提高土温，促进发根。深水浮植者，将秧苗按13～20 厘米距离编插到辫形藤篾或粗稻草绳上，一般绳长 10 米左右，两端套在木桩或竹竿上，使之能随水面涨落而上下漂浮。

3. 管理与采收　蕹菜管理的原则是早栽植，多施肥，勤采摘。定植后前期气温低，旱地应勤中耕，水田应放水晒田提高地温。夏季植株生长快，应经常浇水施肥，中耕除草。追肥要勤，每次用量要少。直播蕹菜出苗后，移栽苗或扦插成活后，结合中耕，667 米^2 施人粪尿 1 500～2 000 千克，或尿素 5～10 千克，以后每采收 1 次，追肥 1 次，每次施尿素 5～10 千克。

采收要及时，一般当株高 25～30 厘米时采收。方法是从茎基部 2～3 节处割下，侧枝发生后在侧枝基部 1～2 节处割下，后期茎蔓过多时应将部分茎蔓从基部删除。大致 10 天采收 1 次，直至下霜。

4. 留种　以种子繁殖的品种，宜择旱地，按行距 60 厘米，穴距 33 厘米，每穴 2 株栽植，立支柱或搭“人”字形架，引蔓上架，并将脚叶摘除，亮出花朵，促进结实。一般在 8～9 月开花，种子成熟后及时分批采收，以防遇雨霉烂和落粒，11 月收完，667 米^2 产 40～100 千克。

用藤蔓留种时，宜选旱地，培育健壮种株。霜降前1～2周掘起，剪去叶片和嫩梢，将老茎蔓用50%多菌灵或70%甲基硫菌灵600～700倍液可湿性粉剂喷洒消毒后，晾晒1～2天，捆成小棚，放入坛形窖或防空洞中，上覆一层干细土，厚10～13厘米，保持温度10～15℃，空气相对湿度60%～70%。定期检查，除去腐烂坏死者，春暖后，取出育苗。

5. 病虫害防治

（1）虫害 主要害虫有小菜蛾、斜纹夜蛾、卷叶螟、蚜虫和红蜘蛛。前3种害虫可用90%敌百虫可溶性粉剂，或80%敌敌畏乳油800～1 000倍液，或50%马拉硫磷乳油1 000倍液，或30%乙酰甲胺磷乳油80～120毫升，对水40～50升喷洒。蚜虫和红蜘蛛可用40%乐果1 000～1 500倍液，或20%氟胺氰菊酯2 000倍液喷洒。若专治红蜘蛛，可用73%炔螨特30～50毫升，对水75～100升，或20%双甲脒乳油2 000～3 000倍液喷洒。

（2）主要病害

①白锈病 由真菌类病原菌蕹菜白锈病菌侵染引起。本菌为专性寄生菌，只危害蕹菜。主要危害叶片、叶柄及茎。叶正面病斑呈淡黄绿色至黄色，边缘不明显，叶背面为白色疱斑。疱斑表皮破裂后散出白色粉末状物——孢子囊及孢子囊梗，严重时叶片凹凸不平，变黄枯死。叶柄上症状与叶片上的相似，也发生白色疱斑。在茎上，被害部肿胀呈畸形。该病菌以卵孢子在土中病残组织内越冬。卵孢子萌发时外壁开裂，伸出1个薄膜状泄囊，在泄囊中形成游动孢子，通过雨水飞溅传播侵染，在病部产生芽管侵入危害。着生在孢囊梗上的串珠状孢子囊，成熟脱落后随气流传播，萌发时产生游动孢子，或直接产生芽管，进行再次侵染。防治方法是：实行1～2年轮作，清除病残组织，健株留种；发病初期及时摘除病叶、病茎；适时用1∶1∶200倍波尔多液，或40%乙膦酸铝可湿性粉剂300倍液，或25%甲霜灵可湿性粉剂800倍液，或64%噁霜·锰锌可湿性粉剂500倍液，或65%

代森锌可湿性粉剂500倍液喷洒，10天1次，连喷2～3次。

② 褐斑病　由真菌类病原菌帝汶尾孢侵染引起。除危害蔬菜外，还危害甘薯。受害叶片，病斑圆形、椭圆形或不正圆形，初为黄褐色，后变黑褐色，边缘明显，严重时叶片早枯。病菌以菌丝体在地上部病叶内越冬，翌年产生分子孢子，借气流传播危害。防治方法同白锈病。

③ 轮斑病　由蕹菜叶点霉真菌引起。主要危害叶片。病斑初期为褐色小斑点，扩大后呈圆形、椭圆形或不规则形，红褐色或浅褐色。病斑较大，具明显同心轮纹。后期，轮纹斑上出现稀疏小黑点，即分生孢子器。该病菌在病残体内越冬，翌年春季随雨水溅淋，近地面叶片先发病，再传至上部。6月开始发病，阴湿多雨处病重。防治方法：冬季清除残株病叶，结合深翻，加速病残体腐烂，并实行1～2年轮作；发病初期开始，用1∶0.5∶150～200倍波尔多液，或75%百菌清可湿性粉剂600～700倍液，或58%甲霜·锰锌可湿性粉剂500倍液喷洒，7～10天1次，连喷2～3次。

④ 沤根　为生理性病害，病因主要是持续低温多湿，出现烂种和幼苗受害。受害幼苗主根根端或全部腐烂，延迟发根，影响幼苗早发。防治方法是：适时播种，采用深沟高畦，加强温、湿度的调控。

⑤ 猝倒病　为真菌性病害，也是蕹菜苗期的主要病害。以子叶期的幼苗受害明显。幼苗茎基部呈现水渍样，渐变为黄褐色，后缢缩呈细线状，迅速倒伏，但地上部分仍保持绿色。土壤潮湿时，其表面可见絮状细丝。若幼苗过密，长势较弱，湿度过大，通风透光和光照不良时易发病。防治方法是：土壤消毒，耙松表土，用甲醛（福尔马林）40毫升/米^{2}加水2～4克浇泼，然后覆膜4～5天，再揭膜14天，播种。播种前后撒农药拌土护苗。用70%五氯硝基苯与50%福美霜等量拌种，或用50%多菌灵可湿性粉剂，或50%托布津可湿性粉剂，用量为8～10克/

米^2，拌半干细土，于播种前后各撒一层，夹护种子。发病后拔除病株，并在发病区撒多菌灵或托布津与拌合的草木灰，以防病害蔓延，亦可用杀菌剂喷雾，10天1次，连续2次。

（四）保护地栽培

1. 品种选择 大棚生产蕹菜用播种繁殖，以选青梗蕹菜和吉安蕹菜为佳。直播或育苗移栽。

2. 播种育苗 2月上中旬播种。播种前整地作苗床，6米大棚作二畦，苗床作好后，铺设电热线加温，功率为80～100瓦/米^2，再在电热线上覆3～4厘米的田土。还可用酿热苗床，若采用酿热苗床则提前7～8天挖好床孔，铺20～25厘米厚的猪粪与碎稻草混合，含水量65%左右，碳：氮为25～30：1的酿热物。电加温线或填好酿热物后，铺田园土12厘米成，培养土要疏松、肥沃、富含有机质，可用4份腐熟的堆肥、厩肥加6份菜园土混合而厚。蕹菜种皮存、硬，春播干籽15天左右出芽，湿籽也要10天出芽，而催芽的种子3～4天就可出芽。因此，可采用三种种子混播或分层播种，先出苗、生长快的早收，后出苗、生长慢的晚收。催芽时浸种24小时，然后30℃催芽3～4天。播种时，将苗床整平，浇透底水，播种量每公顷约450千克，其中干籽浸种后的湿好、催芽种子各150千克混匀后混播或分层播种，播后覆土2.5～3.0厘米后，畦面覆盖薄膜，夜间加盖小拱棚和草毡，保持30～35℃。3～4天后催芽种子开始出苗，及时揭去地面覆盖物。苗高3厘米左右，加强水肥管理，保持土壤湿润和充足的养分，白天适当通风，夜间要保温、增温。播种后30天左右，当苗高13～20厘米时，即可间拔上市或定植。如果用于定植，则可用催芽播种，每公顷用种量225千克。苗床与定植田面积比为1：15～20。

3. 直播 2月中下旬播种，在6米大棚内作二畦，施足基肥，浇足底墒水，水渗后撒一层底土，再播种，每公顷用种量

180 千克，播后覆土将种子盖严、镇压，用喷壶浇少量水，然后在畦面上放置竹竿，再平盖薄膜，外面再盖塑料小拱棚，以提高棚温，出苗后揭去平盖的薄膜。撒播每公顷用种量 225～300 千克，可能出苗不均，要进行匀苗补苗。如果穴播，则在土地平整后，按间距 20 厘米进行穴播，每穴 4～5 粒，浇适量水，上面平盖薄膜和小拱棚，以利保温、保湿，及早出苗。

4. 定植 蕹菜分枝性强，不定根发达，生长迅速，栽培密度大，采收次数多，丰产而耐肥。因此，宜选肥沃、水源充足的壤土栽培。当苗高 15 厘米左右时，即可定植。定植前结合翻地作畦，施足基肥，每公顷施腐熟堆、厩肥 60 000～90 000 千克。定植期为 3 月上中旬，6 米宽大棚做两畦，晴天上午栽植，定植株行距均为 16～17 厘米，每穴 2～5 株，栽后浇水，大棚密闭保温，如果天气过冷，还需覆盖小拱棚。

5. 田间管理 定植前，密闭大棚，提高地温和棚温。缓苗后，晴天中午若棚内达到 28 ℃以上，可适当通风，但夜间应注意保温。4 月中旬以后逐渐加强通风，至 5 月上中旬外界温度升高，适于蕹菜生长时，揭去大棚薄膜，进行露地栽培。

蕹菜需肥水量大，要保持土壤湿润，除施足基肥外，还要追肥，以追施稀薄的人粪尿为主，并兼施少量速效氮肥，但忌用浓度过大的肥，以免烧苗。每 15 天左右追肥一次，每 5～6 天浇一次水。也可采收一次，追一次肥，追肥后进行通风。为使蕹菜茎叶迅速生长和提早上市，可用每升 50 毫克赤霉素或喷施宝进行叶面喷雾，每 5 毫升喷施宝加水 50 千克，可喷 667 米^2 大棚，间隔期为 20 天左右。

6. 收获 在育苗大棚苗高 18～21 厘米时，结合定苗间拔上市，尤其是用干籽、湿籽、催芽籽混播的可分批上市场，延长供应期。这样，早期产量每公顷可达 22 500～37 500 千克，且 3 月上中旬即可上市。另外，若定植到大棚后，多次割收，即在苗高 13～20 厘米时定植，当茎蔓长 33 厘米时，开始第一次采收，在

1～2 次采收时，基部留 2～3 节，以促使萌发较多的嫩枝；采收 3～4 次后，应适当重采，仅留 1～2 节即可，否则会分枝过多，生长弱、缓慢，影响产量和质量。这样，4 月上中旬即可上市，仍比露地栽培提前 30～40 天，早收 2～3 次，产量有所增加，每公顷可达 45 000 千克左右。如果前期茬口倒不过来，先育苗后移栽也是切实可行的。加上后期可露地栽培，可连续采收到 10 月，每公顷总产量可达 112 500 千克。

（五）无土栽培

用营养液膜技术（NET）和深液流技术（DFT）都可以。因对流动要求不严，而需水量多，故以深液流技术为宜。

1. 育苗与定植 在环境温度高于 20 ℃条件下，直接在定植杯内播种。杯内先垫小石砾 3～4 厘米，每杯播 3～4 粒种子（保证每杯长出 3 苗），再盖 1～2 厘米厚细砾，然后密集放于能盛水的槽内，浇水使杯内保持湿润，出苗后于槽底放入 2 厘米左右营养液（每升水中含化合物，克/升：四水硝酸钙 472、硝酸钾 202、硝酸铵 80、磷酸二氢钾 100、硫酸钾 174、七水硫酸镁 246，盐类总计 1274 克/升；每升含元素毫摩尔：氮 NH_4^+ 1.0、NH_3^- 7.0、磷 0.74、钾 4.74、钙 2.0、镁 1.0、硫 2.0、配方的 1/2 剂量）。长至 4～5 片叶时，即可定植。种植槽液面调至可浸住杯底 1～2 厘米时，即可移苗进去。

2. 营养液的管理

（1）配方选择 蕹菜喜酸性环境，pH＜3 时，也能正常生长。但不耐碱性，pH＞7.5 易出现缺铁症。可选用叶菜配方：尿素 0.15 克/升、硝酸钾 0.4 克/升、磷酸二氢钾 0.14 克/升、硫酸钙 0.42 克/升、硫酸镁 0.25 克/升。

（2）营养液循环流动 蕹菜可自行输氧，营养液不流动也可。但为了使营养液均匀，宜每天流动两次，上下午各一次，每次 30 分钟左右。

(3) 补充水分和营养料 蕹菜吸肥力强，而且长期采收，应经常维持上述配方的 0.7 个剂量的营养液浓度。可用电导率值控制补充时间，也可用每采收两次加一个剂量营养料的办法补充营养。应每天补充蒸腾掉的水分。如无发生营养液的浑浊，可不必更换营养液直至种植结束为止。

3. 采收与复壮 蕹菜可一次种植多次采收，但采收多次后侧枝会变细，宜中期更新复壮。即将老株拔去，选粗壮侧枝下部剪取 2～3 节一段，重新插入定植杯中，每杯 3 段，用石砾固定。然后将定植杯插回定植板中，让营养液浸住杯底使其易发根，即可复壮。

（六）家庭药膳与验方参考

1. 误食野菌、毒菇、毒鱼藤、断肠草以及砒霜中毒等 鲜菜捣汁大量灌服，有急救解毒之功。

2. 食物中毒 蕹菜捣汁一大碗，另乌韭、甘草各 120 克，银花 30 克，煎成浓汁，和蕹菜汁一起灌服，解毒效果更佳（云南资料）。

3. 肺热咳血，鼻出血或尿血 连根蕹菜和白萝卜一同捣烂，绞汁 1 杯，以蜂蜜调服。

4. 妇女白带 连根蕹菜 250 克，鲜白槿花 90 克（干花 30 克），炖猪肉或鸡蛋，吃肉喝汤。

5. 浮肿腹水，小便不利 蕹菜，红苕叶（番薯叶）等份捣烂，敷肚脐部，1～2 小时后小便自利。

6. 无名肿毒，跌打肿痛 蕹菜捣烂，用酒炒过，敷于患处，加以包扎。

7. 带状疱疹 鲜蕹菜去叶取茎，在新瓦上培焦后，研成细末，用茶子油搅成油膏状，在患处以浓茶汁洗涤，拭干后，涂搽此油膏，一日 2～3 次（据报道：曾治 7 例，3～5 天后全愈）。

8. 小儿夏季热、口渴、尿黄 鲜蕹菜 120 克，荸荠 7 个（切），煮汤，一日分 2～3 次服，连服 7 日。

二十八、茴香

茴香又叫怀香、小茴香、小香、谷茴香、席香、割茴香、片茴香、香丝菜及药茴香。茎、叶、根和种子中含挥发油，有特殊香味，供馅食，尤其种子香味更浓，是主要的食品调料和药材原料。茴香的嫩茎叶可做蔬菜饺子馅，也可热炒、凉拌或做拼盘装饰。种子（果实）含茴香油 2%～8%，茴香脑 50%～60%，α-茴香酮 18%～20%，甲基胡椒粉 10%及 α-蒎烯双聚戊烯，茴香醛、莰烯等。胚乳中含脂肪油约 15%，蛋白质、淀粉糖类及黏液质等约 85%，可作香料，常用于肉类、海鲜及烧饼等面食的烹调及药材；茎秆可做五香粉。逊思邈的《千金要方》说："煮臭肉、下少许，既无臭气；臭酱入末亦香，故曰茴香。"

茴香还有个鲜为人知的名称，叫怀春。苏颂的《图经本草》说："怀香，北人呼为茴香，声相近也。"然李时珍的《本草纲目》则说："俚俗多怀之衿衽咀嚼，恐怀香之名，或以此也。"意为古人喜欢把小茴香的果实——茴香籽随身放在怀里，当一种咀嚼用的食物来吃，于是便有怀香之称。

茴香的嫩叶做菜蔬。果实做香料用，亦供药用，根、叶、全草也均可入药。茴香是常用的调料，是烧鱼炖肉、制作卤制食品时的必用之品。因它们能除肉中臭气，使之重新添香，故曰"茴香"。大茴香即大料，学名叫"八角茴香"。小茴香的种实是调料品，而它的茎叶部中也有香气，能刺激胃肠神经血管，促进消化液分泌，增加胃肠蠕动气体，所以有健胃、行气的功效；有时胃肠蠕动在兴奋后又有助于缓解痉挛、减轻疼痛。

世界年贸易量 6 000～7 000 吨，主要出口国为我国和印度，其次是叙利亚、保加利亚、罗马尼亚和阿根廷；主要进口国为斯里兰卡、德国、新加坡、马来西亚、日本、英国、法国、荷兰、意大利、瑞典和一些非洲国家。我国茴香的主要产区是内蒙古、山西、甘肃和陕西，在四川、宁夏、吉林、辽宁、黑龙江、河北、云南、贵州、广西等省（自治区）也有栽培，其中以津谷茴和内蒙古茴质量最佳，常年出口量 2 000 吨，每吨换化肥 7 吨。

茴香每 100 克食用部分鲜重含蛋白质 2.0 克，脂肪 0.6 克，碳水化合物 3.4 克，钙 173 毫克，磷 52 毫克，铁 2.1 毫克，钾 321 毫克，镁 45.4 毫克，铜 11.5 毫克，胡萝卜素 1.43 毫克，维生素 $B_1$0.06 毫克，维生素 $B_2$0.14 毫克，尼克酸 1.3 毫克，维生素 C30 毫克。茎、叶、根和种子中含有挥发油，有特殊香味，是主要食品调料，包括 70%～90%茴香脑，甲基胡椒酚和其他萜类，黄酮类，脂肪酸，苯丙醇，甾醇，是集医药、调味食用、化妆于一身的多用植物。小茴香有抗溃疡、镇痛的作用，茴香油有不同程度的抗菌作用。它能刺激胃肠神经血管，促进唾液和胃液分秘，起到增进食欲，帮助消化的作用。较适合脾胃虚寒、肠绞痛、痛经患者食疗；茴香烯能促进骨髓细胞成熟并释放入外周血液，有明显的升高白细胞的作用，主要是升高中性粒细胞，可用于白细胞减少症。挥发油可祛风、解痉。茴香子主要用于祛风，清除腹胀，还可止胃痛，增进食欲，利尿和消炎。通常作利尿剂，治疗消化不良和缓解牙痛，婴幼儿和儿童缓解腹痛，用于各种年龄人群减轻恶心和消化不良的症状。

（一）生物学性状

属伞形科小茴香属多年生草本植物。直根系，主根入土深 15～20 厘米。北方播种后当年抽薹开花，花茎高 1.5～2 米，开展度 80～90 厘米，分枝多。叶三回羽状丝裂，互生，叶柄基部膨大成鞘状抱茎。复伞形花序，花小，黄、黄绿色或紫色。双悬果，果上有 5 条隆起的主棱和 4 条次棱，相间排列。次棱下有 1

油管，主棱下有一维管束。果面青绿色或黄绿色，有刺毛。种子小，褐色，千粒重1.4～2.6克。较耐寒，分布广，适宜潮湿凉爽的地区生长。北方种植普遍，四季都可栽培，尤以春季为主。夏季种植质量不佳。冬季可用保护地生产，对周年供应，增添淡季蔬菜品种有良好作用。发芽适温16～23℃，出土适温10～16℃。生长适温15～18℃，最高21～24℃，最低7℃，可忍耐短期−2℃的低温。为长日照蔬菜，喜弱光。土壤溶液含盐量达0.2%～0.25%时可以生长。

（二）类型和品种

1. 大茴香 植株高大，高30～45厘米，全株5～6真叶，叶柄较长，叶距长，生长快，抽薹早。山西、内蒙古种植较多。

2. 小茴香 植株小，高20～35厘米，一般7～9片叶，叶柄较长，叶距小，生长慢，抽薹迟。北京、天津等地种植较多。

3. 球茎茴香 由意大利、古巴、瑞士等国引入，性状与普通茴香相似，惟植株基部叶鞘部分肥大成球茎。球茎可炒食、生食，叶也能做馅。生长慢，抽薹迟，产量高，但香味较淡。

（三）栽培要点

按市场需要四季随时可播。最宜沙壤土，忌黏土及过湿处。多用平畦，沟播或撒播，667米^{2}播种量3～5千克。寒冷季节最好用拱棚覆盖或阳畦栽培。再生力强，一次播种分次采收，可连续采收几年。种子发芽慢，宜浸种、催芽后播种。播后6～7天出土。生长期间加强灌水、追肥、除草和防治蚜虫等工作。

茴香在蔬菜区主要用嫩叶作蔬菜，一次播种，一次采收，也可分次割收。分次割收应留茬，并加强肥水管理。

球茎茴香一般采用育苗移栽，播后管理同前，长出5～6片真叶时定植到大田。

（四）留种

有老根采种和当年直播采种两种。前者又有 2 年老根、3 年老根和 4 年老根之分。老根年限愈长，采种量愈多，种子质量亦愈好。二年生老根，667 米^2 产量 100 千克，三年生 150 千克，四年或五年生 200～250 千克。当年春播的种子产量低。

采种栽培时，苗期要控制灌水，加强中耕。花期注意防蚜虫和椿象为害。种子成熟后要分期采收，防止种子撒落。

种子收后晒干，装入麻袋或木箱中，置于通风干燥处贮藏。如果受潮、生虫，宜开包重晒。

二十九、紫背天葵

紫背天葵 *Gyhura bicolor* Dc.，又叫观音菜、红凤菜、水前寺菜、观音苋、红翁菜、血皮菜、地黄菜、脚目草、白皮菜、双色三七草、三七草、红背菜、紫背菜、红玉菜，为菊科土三七草属多年生宿根草本植物。由于适应性强，生长健壮，栽培容易，在北方栽培病虫害少，基本不需要喷洒农药，是一种值得推广的经济效益好的高档保健蔬菜。富含铁、锰、锌微量元素及黄酮类化合物，具有补血、消炎、治疗经痛、血气亏等功效，炒食、做肉馅、涮火锅都可，做佐料更佳。另外因株型、叶色，盆栽作为观叶植物观赏。紫背天葵原产中国南方及马来西亚，在中国主要分布在长江以南地区，尤以四川、重庆、广东、广西、云南、海南、福建、浙江、台湾一带广为栽培食用。

我国利用紫背天葵的历史可追溯到南北朝时期。南朝时期（公元 420—478 年）由医学家雷敩所撰写的医学典籍《雷公炮炙论》已提到它的药用功能："如要形坚、岂忘'紫背'。"紫背天葵最早被视为中草药，用于活血化瘀。唐代苏敬等儒臣和医官奉诏偏于显庆二年至四年（公元 657—659 年）的《新修本草》则记录了它"煮淡极滑"的蔬食特性。此时，紫背天葵虽然仍被列在药书内，但也提到可以食用，表明人们已经将其用于菜蔬。清吴其浚著《植物名实图考》云："按此草，昆明寺院亦间植之。横根丛茎，长叶深齿，正似凤仙花叶，面绿背紫，与初生蒲公英微肖耳。"吴耕民先生在《蔬菜园艺学》中对紫背天葵描述为："叶互生，为长椭圆形，而先端尖，缘边有锯齿，颇肥厚，上面淡绿色，故有'青天地红'之名。"紫背天葵深受日本人喜爱，自古以来在日本九洲中部熊本县的游贤胜地“水前寺”即有种植，日本人习惯称之为水前寺菜。同科同属中还有白背天葵。其形态和紫背天葵一样，不同的白背天葵叶正面淡绿色，而背面为白色。

食用嫩梢嫩叶，营养丰富，每 100 克干物质中含钙 1.4～3.0 克、磷 0.17～0.39 克、铜 1.34～2.52 毫克、铁 20.97 毫克、锌 2.60～7.22 毫克、锰 0.477～14.87 毫克。鲜叶和嫩梢的维生素 C 含量较高，还含黄酮苷等，可延长维生素 C 的作用，减少血管紫癜，提高抗寄生虫和抗病毒病能力，并对肿瘤有一定抗效。还有治疗咳血、血崩、痛经、血气亏、支气管炎、盆腔炎、中暑和外用创伤止血等功效。

（一）生物学特性

根系发达，再生力强。株高约 45 厘米，分枝性强。茎近圆形，直立，绿色，带紫红，嫩茎紫红色，被绒毛。单叶互生，叶宽披针型，先端尖，长 6～18 厘米，宽 4～5 厘米，叶缘锯齿状，叶绿色，略带紫，叶背紫红色，表面蜡质有光泽。叶两面均被茸毛。头状花序，花筒状，黄色两性。瘦果，种子矩圆形，很少结籽。

耐旱，耐热，耐瘠薄。生长适温 20～25 ℃，可忍耐 3 ℃的低温，在 5 ℃以上不会受害。较耐阴，但阳光充足时，叶色较浓，生长健壮。

（二）栽培技术

紫背天葵适应性强，周年可生产，但以秋冬季春季生长旺盛。武汉市科技局还总结出一套合理安排茬口，露地栽培与塑料大棚栽培相结合的周年栽培技术：露地栽培，11 月上中旬剪取插穗，扦插于育苗床后覆盖稻草保温，早春 3 月移栽至露地，4 月中旬开始采收。为了保证品质优良，7 月初进行重新扦插换茬，可采收至11月。塑料大棚栽培，于10月上旬进行大田直接扦插，并搭建塑料大棚，随着温度降低，需在大棚内架设小棚，覆地膜、加盖草帘保温，10月下旬开始采收，可收获至翌年4月。

1. 品种与地块的选择 紫背天葵有红叶种和紫茎绿叶种两大类。红叶种又有大叶和小叶种之分，大叶种叶细长，叶尖尖形，叶背和茎紫红色，节间长，黏液多，茎较长，耐热性和耐湿性较差。小叶种叶较小，黏液少，茎紫红色，节间长，较耐低温，适宜冬季较冷地区栽培。紫茎绿叶种的叶为椭圆形，叶小，浓绿色，有短茸毛，黏液少，质脆。茎部淡紫色，节间短，腋芽多，嫩茎分枝伸长能力差，产量较低，但耐热性、耐湿性强，一般地区均能安全越夏。

紫背天葵对土壤要求不严格，土质好有利于获得优质高产。宜选择排好良好、富含有机质、保土保肥力强的沙壤土，施入充分腐熟的农家肥与磷、钾肥。

2. 育苗 紫背天葵通常花而不实，收集种子较难，再者种子较小，易风干死亡。一般采用分株或扦插繁殖。繁殖一般在植株休眠期或恢复生长前进行，将地上部分剪掉，剩余5厘米左右。将宿根挖出，剔除不良根茎后切成数株。扦插时选择插条生长健壮无病的枝条，长约10厘米，留2～3片叶，按行距20厘米、株距10厘米，将插条插入土中，浇足水，覆盖塑料薄膜保湿。扦插后18～20天即可带土定植。

还可采用一叶一芽扦插法：在健壮母株上，选择枝条中上部的功能叶片，将其叶柄基部腋芽，用刀片将叶片及腋芽一同切下，每50～100片捆成把，将叶柄基部浸入100毫克/千克的萘乙酸溶液中15分钟。采用斜插法，用自行车条在扦插基质上打深1～2厘米孔，株行距以叶片不相互遮掩为宜，再把准备好的插穗插入孔中，用基质覆盖孔隙，然后用细眼喷壶浇透水。为保湿需搭建塑料小拱棚，夏季气温高时，应遮阴处理。

基质为草炭、蛭石与珍珠岩的复合基质（草炭：蛭石：珍珠岩＝1.5：1：1）。扦插前3天喷0.1%高锰酸钾，然后覆上塑料薄膜。先将苗床底部整平，铺一层塑料布，然后将处理好的基质铺在上面。

扦插盖棚后棚内温度稳定在20～25℃，高于35℃揭开棚的两头或敞开多处通风降温；若基质表面发白也可采用喷水（雾）的方式降温。

生根前插床的基质含水量控制在80%～90%；空气相对湿度保持80%以上。中午气温升高时若空气相对湿度下降到60%以下，应适当喷水（雾），这样既可加湿又可降温；若空气相对湿度大于90%，而气温高于35℃，应遮阴降温，同时打开风口降低湿度，以防真菌病害发生。生根后，空气相对湿度维持在60%～75%，基质含水量控制在60%～70%，以利根系生长。

腋芽萌发后每隔7～10天向叶面喷施0.1%的磷酸二氢钾或0.1%的尿素。二者同时使用其终浓度应低于0.3%。插后15天左右生根，20天腋芽萌发。幼苗长至10厘米，可移栽定植。

3. 露地栽培　春季晚霜过后，日温达15℃以上，夜温不低于10℃时定植。定植畦宽1.2～1.5米，平畦，株行距40厘米×(25～30）厘米，每穴单株或双株。栽植成活后，为使其尽快分枝，株高15厘米时摘心，使主茎变粗，叶片变大，尽快分出侧枝。待分枝长出后，注意施肥浇水，随后采收嫩茎叶，使植株萌发更多侧枝。

整个生长期中对肥水的要求比较均匀。充足的水分供应有利于茎叶生长，保证产品脆嫩、产量高，但雨季要注意排水防涝。除施足基肥外，还要及时进行追肥，每采收一次即追肥一次，可叶面追肥，也可土壤追肥。追肥应以有机肥或生物肥为主，辅施少量复合肥。苗小时，收获不可过度，以免影响生长速度。当植株分枝已经长成，营养叶多时，尽可随意采收，株高15厘米时可打顶。

紫背天葵耐阴，不耐霜冻，不耐炎热高温，夏季高温时植株生长减缓。为防高温，管理上不能受旱，注意遮阴降温。如果采用与高秆作物间作，既可避免过强阳光使叶片提早老化，可采收到鲜嫩茎叶，又可增加高秆作物的产量。及时中耕除草，适当打掉植株基部的老叶，以利通风透光和新枝萌发，延长采收期，提高产量。

4. 温室栽培 在秋季，当日温低于 15 ℃，夜温低于 10 ℃时，将露地紫背天葵挖出，采用分株方式，移栽到温室土壤中或装盆放在温室内生长。

5. 静止深液槽水培

(1) 设施建造 首先整平地面，沿大棚跨度方向挖成宽80～100 厘米、深 15～20 厘米的凹槽。槽四周用砖和泥砌好，在槽尾端的槽壁上预先埋设一根 Φ25 毫米、长 25 厘米的硬质塑料短管，将来更换槽内营养液用。槽底抄平，上铺 3～5 厘米厚的细砂，在砂中铺地热线，然后将砂层喷湿，让砂层沉实。1 天后再在其上铺双层黑色聚乙烯薄膜（0.2～0.4 毫米厚），四周以立砖支撑，并折叠压在槽间作业道（60～80 厘米宽）的水泥地砖下。在槽尾端挖一排液沟，方向与槽向垂直，作为将来排出槽内营养液的临时场所。

裁剪定植板时，将从市场购得的 2～3 厘米厚的苯板，按种植槽面积进行裁剪，但定植板的长和宽单侧都要大于种植槽 2 厘米。在定植板上按紫背天葵的 40～45×45～80 的株行距打 2 排定植孔，盖在种植槽上。定植所用的定植杯，可选用廉价的塑料一次性饮料瓶，高度在 5～7.5 厘米左右，孔径与定植孔直径一致，为 5～6 厘米。定植杯口外沿，应有质地较硬的 0.5 厘米左右的唇，以便定植杯能嵌在定植板上。

(2) 营养液配制 首先计算每个种植槽营养液浸没定植杯脚1～2 厘米时所需的营养液体积，然后参照华南农业大学叶菜类营养液配方［$Ca(NO_3)_2 4H_2O$ 472 毫克/升；KNO_3 267 毫克/

升；NH_4NO_3 53 毫克/升；KH_2PO_4 100 毫克/升；K_2SO_4 116 毫克/升；$MgSO_4 7H_2O$ 246 毫克/升]，经计算所需用量后分别称取各种肥料，放置在不同容器中加少量水溶解。也可将彼此不发生反应的肥料称好后，放在一个塑料容器中溶解。然后向种植槽中注入相当于所需营养液体积 1/3 的水量，再将溶解好的各种肥料溶液依次倒入种植槽中，最后再向槽中加水达到所需营养液体积。配制结束后要测定营养液的 pH 值和电导率，为下一步是否采取酸碱中和，调整 pH 值至无土栽培适宜范围内，以及为定植后应用电导率测定仪监控营养液浓度变化提供依据。

(3) 定植 定植前，种植槽、定植杯用 0.3%～0.5%的次氯酸钠（或次氯酸钙）溶液消毒，再用清水冲洗 3 次。定植板用 0.3%～0.5%的次氯酸钠（或次氯酸钙）溶液喷湿后，叠放在一起，然后用塑料膜包上，闷 30 分钟，再用清水冲洗干净。定植时将紫背天葵幼苗根系所带基质在清水中洗净，并在 0.5%～1%高锰酸钾溶液中浸泡 5～10 分钟后用清水冲洗 3 次，随后定植到定植杯中。具体方法：预先在定植杯杯身中部以下及杯底用烧红的、直径小于砂粒径的细铁丝烫出一个个小孔，并在定植杯底部先垫入少量 1～2 厘米的小石砾，然后将紫背天葵幼苗放在杯中，再向杯中加入 2～3 厘米粒径的砂粒，稳住幼苗。随后将定植杯连同移栽的幼苗一起定于定植板上。

(4) 栽培管理 定植之初，营养液浸没定植杯脚 1～2 厘米，以后随根通过定植杯身及杯脚的小孔伸出杯外并逐渐向下生长，营养液面也逐渐调低，一直下降至距定植杯底 4～6 厘米时为止，以后维持此液面不变。液面降低应及时补液。当发现营养液混浊或有沉淀物产生或补液之后经一段时间测定，营养液电导率值仍居高不下时，则考虑将整个种植槽的营养液彻底更换。营养液更换时，可通过在槽尾预先设置的硬质塑料管，排出槽内所有营养液至排液沟中，再重新配液。冬季液温低时，可通过种植槽底的电热线加温，保持液温在 15 ℃以上。

紫背天葵属于叶用特菜，其嫩梢和幼叶为食用器官。当嫩梢长 10～15 厘米时即可采收。第一次采收时基部留 2～3 个节位叶片，将来在叶腋处继续发出新的嫩梢，下次采收时，留基部 1～2 节位叶片。采收时要考虑剪取部位对腋芽萌发成枝方向的影响，防止将来枝条空间分布不合理，增加管理负担。一般在适宜条件下大约每隔半个月采收一次。采收次数越多，植株的分枝越多，枝条互相交叉，造成地上部郁闭，植株互相遮光。如不及时采收，不利于植株生长。因此，在管理上应注意及时去掉交叉枝和植株下部枯叶、老叶，并做到及时采收，促发侧枝，多发侧枝。

（5）病虫害防治 紫背天葵在北方地区栽培病虫害较少，需注意防治蚜虫、白粉虱。灭蚜及灭粉虱药剂可选用一遍净、万灵、特灭粉虱等药剂，每隔 7 天一次，连喷 3～4 次，防治效果较好，但注意采收前半个月停用。蚜虫及时防治，可减少病毒病的发生。一旦发现病株应及时拔除，在采收时防止接触传播。另外，注意定植板、定植杯、基质、盛装肥料溶液器皿及紫背天葵幼苗的彻底消毒，防止病菌侵染根系。

（三）采收

紫背天葵可四季供应。应选 10～15 厘米长的嫩尖购买，要求肉质饱满，无水渍状，无虫，无虫斑，叶片舒展，新鲜，有光泽。可放在 0 ℃下可贮藏 2～3 周，家庭冰箱中可放 1～2 周。为保证新鲜，宜尽快食用。可炒食、凉拌或涮食。

三十、茼蒿

茼蒿别名蓬蒿、蒿子秆、春菊。茼蒿有蒿之清气，菊之甘香，又因花形似菊，故有菊花菜之称，是一种医食兼优的蔬菜。原产于中国，已有1 000多年的栽培历史，南北各地普遍种植，生长期短，病虫害少，适应性强，在北方，春、夏、秋都能露地生产，冬季可进行保护地栽培。在南方除炎夏外，冬春都可栽培，常作为主栽蔬菜的前后茬，对周年供应及调剂蔬菜花色品种一定作用。食用部分为嫩茎叶，质地柔嫩，有独特的清香味，可热炒，凉拌，做汤，是深受欢迎的绿叶蔬菜(图25)。

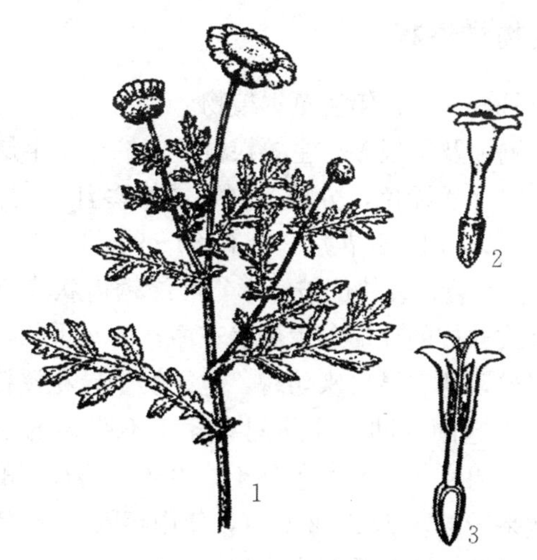

图25　茼蒿花序及花器结构

1. 花序　2. 花的外形　3. 花的纵切面

（一）营养价值和食疗作用

据中国医学科学院卫生研究所（1983）分析，每100克食用部分鲜重含蛋白质1.9克，脂肪0.4克，碳水化合物2.5克，钙65毫克，磷24毫克，铁2.1毫克，胡萝卜素2.0毫克，维生素$B_1$0.03毫克，维生素$B_2$0.06毫克，尼克酸0.4毫克，维生素C 2毫克，其中铁的含量，在蔬菜中是比较高的种类之一。

中医药学认为，茼蒿属甘辛平，有发散、和脾胃、利便、清血、养心、行气、活血通窍、清痰润肺、降压助消化、安眠、化湿等功能，对清除肺热、化痰止咳、健脾开胃、记忆力减退、习惯性便秘、利大小便有一定疗效。常饮茼蒿汤对健康的益，但阴虚生热者不宜食用，泄泻者也忌食。唐朝逊思邈《千金·食治》记载，茼蒿可以“安气，养脾胃，清痰饮，利肠胃”。民间以鲜茼蒿煮水代茶饮，治咳嗽痰脓；鲜茼蒿捣汁冲开水慢饮，可治高血压，头昏脑胀；鲜茼蒿与菊花脑（嫩）煎汤饮用，可烦热头晕、睡眠不安。

（二）生物学性状

茼蒿属菊科，一、二年生草本植物。

直根系，侧根及须根多，主要根群分布在土壤上层，为浅根性蔬菜。茎直立，浅绿色，分枝力强，柔嫩多汁。营养生长期，茎高20～30厘米，抽薹开花后，茎高60～90厘米。叶互生，叶肉厚，2回羽状深裂，裂片倒披针形，叶缘锯齿状或有深浅不等的缺刻。主茎或分枝的顶端着生头状花序，单花舌状，黄色或黄白色。自花授粉，遇有昆虫来访时，也能发生异花授粉。果实为瘦果，有3个突起的翅肋，翅肋间有几条不明显的纵肋，无冠毛，褐色。每个果实含1粒黄色种子，生产上播种用的种子实际上是果实。瘦果千粒重1.8～2.0克，使用年限2～3年。

茼蒿性喜冷凉，不耐严寒和高温，属半耐寒性蔬菜。种子发芽最低温为10℃左右，最适温15～20℃。生长适温20℃左右，

12 ℃以下生长缓慢，29 ℃以上生长不良，纤维多，品质差。可耐 0 ℃左右的低温。在高温长日照下抽薹开花。

茼蒿对光照强度的要求不严格。由于根系分布浅，在保水保肥强、土质比较疏松的壤土或砂质壤土上生长良好。土壤氢离子浓度以 316.3～156.5 纳摩/升（pH5.5～6.8）为宜。在氮磷钾肥料三要素中，对氮的需要量最大。缺氮时，植株矮小，叶色发黄，品质低劣，产量下降。

（三）类型

茼蒿有大叶茼蒿、小叶茼蒿、蒿子秆 3 个类型。

1. 大叶茼蒿 大叶茼蒿又称板叶茼蒿或圆叶茼蒿。叶片宽大，叶缘缺刻少，为不规则粗锯齿状或羽状浅裂。叶肉厚，嫩枝短而粗，纤维少，香味浓，品质佳，产量高。但生长较慢，生长期长，成熟期较晚。较耐热，耐寒力不强。

2. 小叶茼蒿 小叶茼蒿又称细节茼蒿或花叶茼蒿。叶片狭小，缺刻多而深，叶片薄，叶色较深，嫩枝细，分枝多，香味浓，品质较差，产量较低。但生长快，早熟，耐寒力较强。

3. 蒿子秆 茎较细，主茎发达，直立，为嫩茎用种。叶片狭小，倒卵形至长椭圆形，2 回羽状分裂。

（四）栽培技术

1. 栽培季节 北方夏季不太热，春、夏、秋三季都可种植，但夏季产量低。南方夏季温度高，主要在春、秋两季种植。华北、陕西等地春季露地栽培，一般在 3～4 月播种。为提早上市，可提前至 2 月中下旬播种，播种后用塑料拱棚覆盖。秋季在 8～9 月播种。辽宁春季大棚栽培于 3 月 15～20 日播种，最晚在 3 月底，露地一般在 4 月中旬播种。江南，春季在 2 月下旬至 3 月下旬播种，秋季在 8 月中下旬至 9 月上旬播种。广州从 9 月至翌年 1～2 月随时可以播种。

2. 茬口安排 春茼蒿多以白菜、萝卜为前作，后作常为瓜类、豆类或茄果类。也可将早熟瓜豆等套种在茼蒿地中。秋茼蒿前作主要是早熟茄果类、豆类和瓜类蔬菜。

春茼蒿与蔬菜套种的方式，上海常用的有 3 种：

（1）茼蒿与春甘蓝或花椰菜套种 做畦后 1 月下旬至 2 月初撒播茼蒿，667 米^2 播种量 3～3.5 千克，播种后盖地膜，天暖后撤除。甘蓝或花椰菜于 12 月下旬播种育苗，翌年 2 月底至 3 月初栽植于茼蒿地中，株行距 50 厘米见方。茼蒿出苗后 40 多天，苗高 15～30 厘米时 1 次采收。

（2）茼蒿套种马铃薯 马铃薯与茼蒿于 1 月下旬至 2 月初同时播种，或先播种马铃薯，然后播种茼蒿，播种后盖地膜。

（3）茼蒿套种春甘蓝或春花椰菜再套种冬瓜 1 月下旬至 2 月上旬撒播茼蒿，播后盖地膜，2 月底至 3 月初将甘蓝或花椰菜定植到茼蒿地中，株行距各 50 厘米。2 月上中旬，冬瓜播种育苗。4 月上旬收茼蒿，4 月中旬将冬瓜定植到畦面一侧，行距3～4 米，株距 70～90 厘米，苗高 30 厘米左右时搭“人”字形架，引蔓上架。甘蓝或花椰菜 5 月开始采收。

3. 栽培方式

（1）春露地栽培 3～4 月露地直播，5～6 月采收。

多选用耐寒力较强、生长快、早熟的小叶茼蒿品种。3～4 月当 10 厘米平均土温上升到 7 ℃以上便可播种。播前 3～5 天用 30 ℃左右温水浸种 24 小时，置 15～20 ℃温度下催芽。催芽期间每天用清水淘洗，防止种子发霉。

土壤解冻后浅耕，耙耱保墒，做 1.3～1.4 米宽平畦，畦内施腐熟有机肥，667 米^2 3 000 千克左右。翻匀，耙平后采用落水播种，覆土厚约 1.5 厘米。667 米^2 播种量 3～4 千克。也可以采用开沟条播，行距 8～10 厘米，覆土后浇水。出苗前如表土发干，再轻浇 1 次水。春季温度偏低的地区可加设风障。

播种后 6～7 天出苗。长出 2 片真叶后开始间苗，拔去生长过密处苗。当具 3 片真叶时，进行第二次间苗，苗距 4 厘米见方。结合间苗，拔除杂草。

出苗以后，适当控制浇水，使根系下扎，防止徒长。株高 10 厘米左右进入旺盛生长期，要抓紧浇水和追肥。结合浇水 667 米^2 施尿素 15 千克。

株高 20 厘米左右时开始采收。一般采取割收，即在植株基部 2～3 片叶割下，使其发生侧枝。割后加强水肥管理，可继续收割，直至抽薹现蕾前。667 米^2 产 1 000～1 500 千克。

(2) 春露地早熟栽培 2～3 月播种，4～5 月收获。

为了提早春露地栽培茼蒿的上市期，可采用小棚或中棚栽培。播种期较春露地栽培提早 20 天左右。

播种后，如棚内温低于 10 ℃，应在棚膜上加盖草帘。天晴时，白天揭开草帘使温度上升，傍晚盖上草帘保温。出苗前不用通风。

出苗后，棚温白天保持 18～20 ℃，超过 25 ℃通风，夜间保持 12～15 ℃，适当控制浇水。2 片真叶后，间苗 1～2 次，苗距 3～4 厘米。10 片真叶后生长加快，结合浇水施尿素，667 米^2 约 15 千克，浇水后注意通风排湿。

株高 15 厘米左右可一次性齐地面割收或分次收割。采收期较春露地栽培提早 15～20 天。

(3) 秋露地栽培 8～9 月播种，10～11 月收获。

选用耐热力较强、品质好、产量高的大叶茼蒿品种。整地做平畦后，667 米^2 施腐熟有机肥约 4 000 千克做基肥。

种子用凉水浸种 24 小时后播种，也可在浸种后催芽播种。可采用落水撒播或开沟条播。条播时，按行距 10～15 厘米开沟，沟深约 1.5 厘米，播种后覆土浇水。如气候干燥，表土发干时，应再轻浇 1 次水，以免表土板结，妨碍出苗。667 米^2 播种量 2.5～3 千克，密植软化时，播种量可增加到 3～4 千克。秋季温度适宜，适当密植，苗子生长快，可起到软化效果。

幼苗具 1～2 片真叶时间苗，苗距 3～4 厘米。间苗后结合浇水施速效性氮肥1～2次。每次667米^{2}施尿素10～12千克。

出苗后35～40天，选大株分期分批拔收，最后一次割收。也可以分次割收，每次收割后浇水追肥，加速侧枝生长。667米^{2}约产7 500千克。

(4) 秋延后栽培 10月在大棚或日光温室中播种，12月至翌年3月收获。

选用耐寒力较强的小叶茼蒿。播种期一般比秋露地栽培推迟20～30天。

前作收获后清除残株，揭开棚（室）膜，深耕20厘米，晾晒3～5天后，667米^{2}施腐熟有机肥2 500～3 000千克，浅耙后耙耱做平畦。

播前种子进行浸种催芽，按15～18厘米行距，开幅宽6～7厘米、深1.5～2.0厘米的沟，撒种子后覆土，浇水。也可以先用育苗盘育苗，苗高约7厘米时，按行距、株距8～10厘米定植。

外界平均气温降至12 ℃以下时扣膜。扣膜前间苗，拔草，结合浇水667米^{2}施10千克尿素。棚（室）内白天温度超过25 ℃时通风，夜间温度低于8 ℃时加盖草帘，使温度保持在12 ℃左右。

播种后40天左右，苗高10厘米以上，生长加快，选晴天上午结合浇水，667米^{2}施尿素10千克，浇水后注意通风排湿。棚（室）的薄膜上如有大水珠往下滴水，表示空气湿度太大，应加强通风，防止发生病害。

12月苗高达15厘米以上，可开始收割，捆把上市。翌年3月以前收割3～4次。每次收割后应浇水追肥，促进侧枝生长。

（五）采种

茼蒿有3种采种方法，即春露地直播采种、育苗移栽采种和埋头采种。

1. 春露地直播采种　3月上中旬将种子撒播在平畦中，播后浇水。667米^{2}播种3～3.5千克。幼苗长出2片真叶时间苗，苗距8～9厘米见方。在这种密度下，单位面积的主枝花序总数比较多，种子质量较高，如果稀植，侧枝增多，而主花枝花序总数相对减少，种子质量不如前者。

茼蒿种株的开花结果期正值夏季高温多雨期，很容易倒伏，严重影响种子产量和质量，所以苗期应蹲苗，使花枝粗壮，防止后期种株倒伏。苗期多中耕少浇水。6月上旬，当主花枝上的花序即将开花时，结合浇水667米^{2}施尿素10千克，以后仍要适当控制浇水。进入5月，随气温升高，增加浇水次数。当主枝上的花已凋谢，开始结果后，叶面喷施0.2%～0.3%磷酸二氢钾1～2次。7月中旬采收种子。种子成熟前减少浇水。

种株主花枝和侧花枝上花序的开花期和种子成熟期不一致，为保证种子产量和质量，最好分两次采收。第一次主要收主花序和第一次侧花枝上的花序的种子；第二次采收第二次侧花枝上花序的种子。第二次采收后，将种株割下晾晒。晾晒至叶片萎蔫时便可脱粒。667米^{2}可产种子100千克左右。

春露地直播采种，出苗晚，种株生长期短，花枝较细弱，花期和种子成熟期较晚，所以种子产量和质量不如以下两种采种方法。

2. 育苗移栽采种　较春露地直播采种提早1个月左右播种于阳畦或日光温室中，清明前后定植于露地。按行距40厘米做东西向小高垄，垄高13～15厘米。将茼蒿种株按穴距30厘米栽在垄沟的北侧，每穴栽4～5株。这样栽植的好处是：垄北侧阳光充足，土温较高，缓苗快；可以随着种株的生长，分次培土，防止倒状；开花、结果期较春露地直播采种提早半个月左右，种子产量和质量也比较高。

3. 埋头采种　立冬前后露地直播，一般当年不萌芽，即使有些种子萌发，也会被冻死，所以667米^{2}播种量要增加到4千克左右，以防止翌年缺苗。

采用这种方法采种，翌年春季出苗早，3 月中下旬至 4 月上旬苗可以出齐，种株生长较健壮，茎秆较粗，种子产量较高，比春露地直播采种 667 米^2 可增产种子 15～20 千克

茼蒿中的芳香精油遇热挥发，烹调时应以旺火快炒。茼蒿与肉、蛋等荤菜共炒可提高其维生素 A 的利用率。

1. 蒜香茼蒿 茼蒿 500 克，蒜瓣 5 个，植物油，腐乳汁少许。将茼蒿去老茎，洗涤，控干水分，蒜瓣切成片，炒锅置火上，倒入植物油，烧热，下蒜后煸出香味，倒入茼蒿快炒，待熟时加腐乳汁，翻炒几下出锅即可。

2. 茼蒿蛤蜊汤 茼蒿 200 克，蛤蜊 500 克，精盐，鸡精，葱花，植物油，高汤少许。茼蒿切段，哈蜊洗净。炒锅内加入植物油，烧热，下葱花煸香后倒入哈蜊，翻炒至哈蜊脱壳，转小火，拣出哈蜊壳，加入高汤或清水，大火烧沸，下茼蒿，再煮沸，加入精盐、鸡精调味。

3. 麻酱茼蒿 茼蒿 400 克，芝麻酱，精盐，味精，酱油，白糖，香油。茼蒿切成 7～8 厘米段，控干水分，码入盘中。麻酱加少许沸水，慢慢调稀，调匀，加入精盐，酱油，白糖，味精，搅拌后浇在茼蒿上，淋上香油，拌匀。食之味鲜香。

4. 茼蒿涮火锅 各种肉片，茼蒿，粉丝，豆腐等，辅料番茄 1 个，蒜瓣数个，葱 1 根，精盐，鸡精，香菜末，香葱末，芝麻酱，菜花，酱豆腐，辣椒油，姜末各适量。茼蒿洗涤，控干水。番茄切片，锅中加水，精盐、油、鸡精、番茄片、蒜瓣、葱，烧沸。把精盐、鸡精与香菜末、香葱末、芝麻酱、菜花、酱豆腐、辣椒油等一起调成蘸料。锅中最好先放一些肉片后再下茼蒿，菜色改变即可捞出食用。

5. 茼蒿蛋白饮 鲜茼蒿 250 克，鸡蛋 3 枚，香油、盐适量。

将鲜茼蒿洗净，鸡蛋打破取蛋清。茼蒿加适量水煎者。茼蒿快熟时，加入鸡蛋清煮片刻，调入香油、盐即可。

该饮具有降压，止咳，安神的功效。对高血压，头昏脑涨，咳嗽咯痰及睡眠不安者，有辅助治疗作用。

6. 拌茼蒿 茼蒿250克，麻油、盐、醋适量。先将茼蒿洗净，入滚开水中焯过，再以麻油、盐、醋拌匀即成。

本菜辛香清脆，甘酸爽口，具有健脾胃，助消化的功效，对于胃脘痞塞，食欲不振者，有良好的辅助治疗作用。

7. 茼蒿炒猪心 茼蒿350克，猪心250克，葱花、精盐、料酒、白糖各适量。

将茼蒿去梗洗净切段；猪心洗净切片。锅中放油烧热，放葱花煸香，投入猪心片煸炒至水干，加入精盐，料酒、白糖，煸炒至熟。加入茼蒿继续煸炒至猪心片熟，点入味精即可。

此菜具有开胃健脾，降压补脑的功效。适用于心悸、烦躁不安、头昏失眠、神经衰弱等病症。

8. 凉调茼蒿油条碎 茼蒿300克，油条1根，酱油、芝麻油、糖各适量。

茼蒿洗净，焯水，稍微拧干，切碎；油条切碎。加酱油，芝麻油，糖少许，拌匀即可。

三十一、千筋京水菜

千筋京水菜是近年从日本引进的一个芥菜品种，属十字花科、芸薹属一年生或二年生植物。直根菜、根系发达侧根多，茎部短缩，叶片丛生在短缩茎上。分蘖性极强，1 棵植株的分蘖多达数十株，每株分蘖有 20 多枚叶片。叶片椭圆形，多用羽状全裂，裂片细碎，深绿色，有光泽。叶柄细长，白色或绿色，所以有白茎千筋京水菜和绿茎千筋京水菜之分。茎叶脆嫩，有芥子油香味。腌渍后的风味与中国雪里蕻味道相似。但纤维较少，口感较好。凉拌生食或熟炒味道也不错，千筋京水菜适应性广，耐寒力强，口感较好。山东、陕西、甘肃等地已试种成功，很值得进一步推广。

千筋京水菜性喜冷凉湿润，幼苗期生长适温为 22 ℃左右，叶片生长适温为 10～15 ℃。耐寒力强，冬季最低气温为－10 ℃左右的地区，在露地可安全越冬。如用风障、塑料拱棚等略加保护，在北方广大地区也可安全露地越冬。秋、冬季是生产千筋京水菜的主要季节。由于它的分蘖能力极强，植株随分蘖的增多，而趋于成熟。从分蘖少的幼嫩植株到分蘖多的成熟植株，可随时采收。除秋、冬两个主要栽培季节以外，采取不同的栽培方式，在北方基本上可做到排开播种，周年供应。

（一）生产技术

1. 秋季露地栽培　8 月露地播种育苗，9 月露地定植，10～12 月采收。

露地建苗床，每 10 米^2 苗床施腐熟圈地 50 千克，翻匀耙平后浇足水，水渗完后撒 1 层细土，撒播种子，覆土厚 0.5 厘米。如播种时温度偏高，可在苗床上盖草帘遮阴降温，出苗后揭开。第一片真叶出现后开始间苗，2～3 片真叶时进行第二次间苗，定苗距离为 3～4 厘米见方。苗龄 30 天左右，有 6～7 片真叶的定植。

定植前，667 米^2 施腐熟肥 3 000～4 000 千克，氮磷钾复合肥 40～50 千克，翻匀耙平后做 1.3～1.4 米宽的平畦。从苗床出苗后，留 3～4 厘米的主根剪断，按行株距离各 20 厘米栽苗，深度与苗子的土坨平，而后整畦浇水。千筋京水菜的发根能力强，剪断主根后可发出众多侧根，扩大吸收面。

缓苗后，结合浇水追施尿素，667 米^2 10 千克，定植后 30 多天可陆续隔株采收嫩株出售，给留下的植株以更大的生长空间。11～12 月，采收有众多分蘖的大株，洗净，凉晒至茎叶变软时加盐腌渍。在冬季不太冷的地区，还可以根据市场需求，将采收期延长至翌年 2～3 月。

2. 秋播越冬栽培　9 月露地播种育苗，10 月露地定植，翌年 3～4 月收获成株。露地播种育苗方法参见秋季露地栽培。

越冬栽培的千筋京水菜，前茬可选用豇豆、南瓜、大架番茄、茄子、辣椒等。前茬收获净地后及时浅耕灭茬，耙耱保墒。做宽 1.3～1.4 米的平畦，畦内 667 米^2 撒腐熟圈肥 4 000 千克左右，翻匀耙平，务使土壤平整细碎，不留大土块，以免越冬时根系直接与寒气接触而受冻。冬季严寒需要设风障的地区，按东西向做成 1.4 米的平畦，每隔 4～5 畦空一畦，供设风障用。需要用塑料拱棚保护越冬的地区，可做成宽 1.3 米的平畦，畦与畦之间留出走道，以便定植后搭建小拱棚。也可以做成宽 2 米左右的平畦，定植后搭建中棚。定植按行距 40 厘米，株距 30 厘米栽苗，栽后浇水。土壤湿度合适时中耕松土，增温保湿以利发根。缓苗后，结合浇水，667 米^2 追施氮磷钾复合肥 40 千克左右。当最低气温降至－4 ℃左右时，浇“冻水”。根据温度变化情况，在拱棚上覆盖塑料薄膜。

越冬后，随着气候转暖，千筋京水菜继续发生新的分蘖，同时温度升高，日照加长，有利于抽薹。为了加速营养生长，使其在抽薹前达到最大的生长量，结合浇返青水，667 米^2 施尿素 20 千克，4 月份于抽薹前采收成株，平均单株重达 1 千克左右。

3. 夏播栽培 6～7 月播种，7～9 月收获幼株。

选通风良好的地块做 1.3 米宽的平畦，加大播种量，撒播。覆土后略加镇压，然后浇水，搭小拱棚，覆盖遮阳网或防虫网，遮阳网的下部留空隙，以利通风。防虫网，要全程覆盖严，以发挥防虫效果。1 个月左右开始采收幼嫩植株，扎把出售。

（二）采种

千筋京水菜用上述晚秋露地播种的越冬植株留种。冬季平均最低气温为－8 ℃左右的地区，可在原生产田中按品种原有特征选留种株。冬季严寒的地区，须在立冬前后将种株移植到阳畦中保护越冬，翌年春定植到露地。

种株抽薹前，结合浇水追肥施氮磷钾复合肥，667 米^2 30～40 千克，使花茎生长健壮，3～4 月抽生花茎，5～6 月种子成熟。花茎为复总状花序，花萼、花瓣各 4 枚，呈“十”字形。4 强雄蕊，雌蕊 1 枚。果实为长角果，成熟易开裂。种子圆形，比白菜、甘蓝种子小，红褐色或暗褐色，千粒重 1.2～1.4 克。

天然异花授粉，虫媒花，与芥菜类蔬菜很容易杂交，与白菜、菜薹、芜菁、油菜也有杂交的可能。所以，千筋京水菜的留种地必须与上述蔬菜生产田或留种田相距 1 000 米以上。

当种株上的果实颜色开始转黄时，于清晨露水未干时从地面割下，堆在通风处进行后熟，5～7 天后摊开晾晒脱粒。

三十二、菜苜蓿

菜苜蓿又叫金花菜、黄花苜蓿、南苜蓿、刺苜蓿、草头，主产江苏、浙江、陕西，甘肃也有。嫩茎叶可炒食，腌渍及拌面蒸食，味鲜美，供应期长。在南方几乎一年四季有金花菜的供应。现蕾后刈除，可作青饲料及干料，也可耕翻，埋入土中作绿肥。金花菜的种子还可生产籽芽菜，每千克种子可生产 10～15 千克籽芽。

菜苜蓿每 100 克鲜茎叶含蛋白质 4.2 克，脂肪 0.4 克，碳水化合物 4.2 克，粗纤维 1.7 克，钾 450 毫克，钙 168 毫克，镁 46.9 毫克，磷 68 毫克，铁 4.8 毫克，胡萝卜素 3.48 毫克，硫胺素 0.10 毫克，核黄素 0.22 毫克，尼克酸 1.0 毫克，维生素 C 85 毫克，营养丰富。另外，还含有植物皂素，能与人体内的胆固醇结合，使胆固醇排泄加强，降低人体胆固醇含量，对防治心血管病有良好效果。加之，为碱性食品，其碱度比菠菜约高 4 倍，可以有效地中和酸性，特别适宜以肉食为主的人群食用。肉食为主的民族，血液酸度较高，应以碱性食物中和，而苜蓿正是这种理想的食品。苜蓿味苦无毒，长期食用可治脾胃虚寒、热病烦满、膀胱结石等症，还可治恶心呕吐和帮助消化。金花菜含有多种有机酸，可预防和治疗多种疾病，如高血压、关节炎、癌、便秘等。

（一）生物学性状

属豆科苜蓿属一、二年生草本植物。原产印度、欧美等地。茎匍匐或半直立，分枝性强。复叶，具 3 小叶，小叶近三角形，先端略凹入。总状花序，腋生。花黄色。荚果螺旋形，边缘有毛或疏刺，刺端钩状。种子肾形、黄色千粒重 2.83 克（图 26）。

性喜冷凉，耐寒性强，种子发芽适温 20 ℃左右，生长适温 12～17 ℃，温度低于 10 ℃或高于 20 ℃时生长缓慢。低于－5 ℃时，叶片冻死，但腋芽仍好，翌年春气温回升后仍可萌芽生长。尚耐热，夏季可以生长。

喜湿润土壤，但不耐涝。适宜中性土壤，也能适应酸性土壤，还较耐盐碱。

图 26 菜苜蓿
1. 植株 2. 花
3. 龙骨瓣上端 4. 荚果

（二）周年栽培要点

菜苜蓿的品种有江苏常熟种，浙江东台种和上海崇明种等，各品种间性状差异不大。春、夏、秋三季都可播种，以秋季为主。长江流域各省，2～9 月分期播种，周年采收。2～3 月播种，4～5 月采收的为春茬；4～6 月播种，6～7 月采收的为夏茬；7～9 月播种，8 月至翌年 3 月采收的为秋茬。秋茬供应期最长。

菜苜蓿喜湿润土壤，在富含有机质、疏松、排水良好的沙壤土或壤土中生长良好。地要深耕灭茬，多施有机肥。北方多用平畦，南方多雨，阴湿处常用高畦。

一般用撒播，也可条播，播后用钉齿耙耙，踩实，使种子与土壤密接，然后灌水。早春气温低，又较干燥，最好用落水播种法：先灌水，水渗完后撒种，再覆土，既保湿，又可避免土壤板结。夏季播种时，温度高，发芽慢，播前应浸种催芽。将种子在凉水中浸泡 10 小时，取出摊放在 15～17 ℃阴凉处，上盖湿布，每天用凉水喷 2～3 次，降温、保湿，出芽后播种。播种后，若温度高，每天用井水轻浇 1 次。也可用遮阳网覆盖，减光降温、保湿。其他时间播种时，温度适宜，干籽趁墒播种，或播后灌水，保持地面湿润即可。

菜苜蓿出苗后，除夏播者高温期适当用遮阳网覆盖降温外，主要是适时浇水，特别是 2 片真叶后浇水要勤，并开始追肥。主要用氮肥，667 米^2 施硫酸铵 15～20 千克。金花菜生长快，播种后 25～30 天开始收嫩梢。第一次采收宜早，以利于早发侧枝。一般可收 3～4 次，每次收后隔两天待伤口愈合后再施化肥。采收时，留茬要低、要平。667 米^2 产量 500～1 000 千克，春茬产量低，秋茬产量高。

留种田多在 9 月播种，生长期间不采收，冬季加强防寒。翌年 3～4 月开花，6～7 月种子成熟，667 米^2 收荚果 80～100 千克，可用荚果直接播种。

（三）苜蓿的加工技术

1. 苜蓿保健茶的制法

（1）工艺流程 原料挑选→切碎→蒸熟→空气冷却→高温干燥→低温干燥→切碎→烘焙→（粗茶制品）→粉碎→包装成品。

（2）操作要点 选择高 30～40 厘米的嫩苜蓿，从根部割除，用切割机切成 1 厘米长的段。用 120 ℃的蒸汽加热约 5 秒钟，杀菌、杀酶，防止茶叶氧化褐变；并使茶叶变色的叶黄素失去作用。热处理后迅速用空气冷却，防止维生素的损失。冷却后放入粗揉机，用 90～95 ℃的干燥空气，干燥，同时粗揉，约去 80％的水分。然后将其放入干燥机中，用 37～40 ℃的空气干燥给 8 小时，使含水量降至 10％以下，用粗碎机粉碎，使之粒化，然后放入不锈钢制的加热锅中，烘焙约 10 分钟，使温度升至 50 ℃，除去青草味，冷却后包装即为粗茶。如将粗茶用冲击式粉碎机碎成约 50 筛目的粉末，装小袋即可制成速溶苜蓿茶，可提高营养成分的利用率。

2. 苜蓿罐头生产 苜蓿嫩苗，氯化锌、亚硫酸钠、氯化钙、碳酸钠、味精、白砂糖、柠檬酸、精盐。

工艺流程：苜蓿嫩苗→清洗→盐酸除草味→漂烫→复绿硬化→罐装→杀菌→冷却→成品。

操作要点 用流动水洗去苜蓿泥沙，严禁揉搓。用 3% NaCl、0.1% Na_2CO_3 水溶液浸泡，排除空气和部分水分，并排除草味。盐酸脱除草味时间为 6 小时。然后用 0.01% Na_2CO_3，pH8.4，温度 80～85 ℃中漂烫 2～3 分钟，利用锌盐和亚硫酸钠溶液浸泡复绿，利用钙盐硬化，复绿硬化的条件为 0.2% $ZnCl_2$、0.01% $NaSO_3$、0.05% $CaCl_2$ 浸泡 6 小时，装入玻璃罐中，注入 80 ℃，pH4.5（柠檬酸调节）的汤汁，趁热封口，100 ℃常压沸水杀菌 25～30 分钟，迅速冷却至室温。

3. 苜蓿软包装罐头生产 工艺流程 原料→挑选→清洗→修整→碱液处理→漂洗→热烫→浸渍护色→硬化→漂洗→装袋→抽真空密封→杀菌→冷却→保温检验→成品。

操作要点 鲜嫩苜蓿，用流动水冲净，浸泡于 0.01% Na_2CO_3 溶液中，8～10 分钟除去叶表层的蜡质，有助于下一步硬化处理时的 Ca^{2+} 和护绿时 Zn^{2+} 的渗透，然后捞出，用清水冲洗，除去残留的碱液，置 95 ℃热烫液中处理约 2 分钟，杀灭活性酶，减少氧化褐变，增加细胞渗透性，有利于 Ca^{2+} 和 Zn^{2+} 的渗入，使苦涩味降低或消失。但热烫应掌握时间，温度，不可过度，以免营养损失严重。热烫后浸渍护色：护色液为 240 毫克/升葡萄糖酸锌，100 毫克/升 Na_2SO_4 溶液。Zn 取代叶绿素中的 Mg，可以长期保持绿色，但渗透和取代反应进行得比较慢，需加热促进反应的进行。热处理的温度为 95 ℃，时间 2～3 分钟，处理后迅速冷却，并用该护绿液浸泡 4～6 小时，可使产品保持稳定的鲜绿色。然后用 0.002%$CaCl_2$ 溶液作硬化剂，浸泡 30 分钟，捞出用清水漂洗，沥干水分后装入袋内，注入60克汤汁。汤汁配方（千克）食盐2、白糖1、香辛料0.05、水100。装袋后立即用半自动真空封口机封口，封口机工作真空度应大于0.076兆帕。封口后立即杀菌，温度121℃时间15分钟以上，一般不超过1小时。杀菌后冷却，置37℃保温库内贮存7天，合格后即成品。

（四）苜蓿芽菜的生产技术

苜蓿芽由苜蓿的种子培育而成，又称西洋芽菜，北美每年销售额达2.5亿美元。苜蓿为多年生草本植物，包括紫花苜蓿、南苜蓿（又称黄花苜蓿、草头、刺苜蓿）、天篮苜蓿、杂花苜蓿等。种子寿命较长，紫花苜蓿保存18年后，有生活力者仍高达83.4%。杂花苜蓿贮藏13年后，有生活力的仍达93.7%。硬实率一般在10%～20%，杂花苜蓿30%～40%。在寒冷、干旱、盐、碱地等不良环境下，硬实率增大。硬实率随贮藏年限的增加而降低，如当年的紫花苜蓿种子，硬实率为29.5%，生芽率65.1%，经贮藏4年后，硬实率下降至0.4%，生芽率提高至83%。低温处理紫花苜蓿种子，可降低硬实率，提高发芽率。将贮藏一年的紫花苜蓿种子，置液氮内处理后，其发芽率从63.3%提高到91%～94.3%，硬实率32%下降到4%～7%。

1. 育苗盘生产 苜蓿芽苗盘生产，不用催芽即可直接播种：先在育苗盘上铺层报纸，用凉水喷湿后撒播种子50克左右。也可将干种子与5倍于种子量的细沙均匀混合后播种，再仔细用清水喷雾，将细沙喷湿后叠盘，每10盘1摞，最上1盘盖湿草帘保湿催芽。每天早晚各喷凉水1次。待芽高2厘米左右即可摆盘上架，温度保持13～17℃，每天用清水淋洗2次，继续遮光培养。温度不要超过28℃，温度高于30℃时会腐烂、发霉。每天要多次喷水。5天后，苗高3厘米时除去黑色覆盖或从暗室移至光亮处，见光绿化2天。苜蓿幼苗子叶展平，幼苗脆嫩无纤维，这时应及时收获。也可带托盘上市，也可用剪刀将苜蓿芽苗从根基部剪下，洗净后稍摊开晾一晾，去掉多余水分后包装上市。产量为种子重的 8～12 倍。若 5～7 厘米长时采收，放冰箱中可保鲜 5 天，每千克干种子可生产带根芽菜 10～15 千克。

2. 席地生产 苜蓿芽苗也可席地生产，生产周期 20～30 天左右。一般播种床地温为 12 ℃以上时播种，有的还可顶凌播种。选土质肥厚，保水保肥力强的地块做苗床，耕翻后做畦，畦宽 1 米。按每平方米 200 克种子撒播，播后覆盖厚 0.4 厘米的细土，稍镇压后浇水。为了保温保湿，还应覆盖地膜。为了促进幼苗生长，从播种到幼苗期必须保持充足的水分，每天都浇小水。幼苗出土后撤掉地膜，每天淋 1 次水，2 叶期可追肥浇水，667 米^2 施尿素 8～10 千克。一般播后 30 天开始收获，每收获 1 次，浇 1 次肥水，促进茎叶生长。

3. 南苜蓿的生产 南苜蓿有小盘种和大盘种，大盘种的苗茎粗，叶大，产量高，一般选用大盘种。南苜蓿种子是带荚贮藏的，宜选荚果盘多、荚盘大、黑盘、多刺、籽粒饱满的当年种。陈籽发芽率低，最好不用。

南苜蓿是带荚播种的，播后吸水慢，出苗不齐，必须提前进行种子处理：播前晒种 1～2 天，然后用石磙压几遍，放在稠河泥中沤 1 天（一桶稠河泥，一桶种子），再加入干土、草木灰（有条件的每 50 千克种加 1.5～2.5 千克磷肥）拌种，将种子搓散，再播种。另一方法是 5 千克种子加 7.5 千克水，放在石舀中扎几十下，然后拌河泥或草木灰，再用干泥拌种后搓种。还可结合 50～55 ℃温水浸烫 10 分钟，再浸泡 1～2 天，捞起拌上磷肥和草木灰播种。

南苜蓿在－5 ℃停止生长，秋季，8 月下旬至 9 月上旬，于处暑至白露播种。有灌溉条件的可在 9 月下旬播种。大棚可在 9 月下旬至 10 月上旬秋播。地温 5 ℃以上时 3 月下旬至 5 月春播。高畦，667 米^2 播 7.5 千克。提倡条播和穴播，行距 15～17 厘米，穴距 10 厘米。播后盖土厚 1.5 厘米，拍实。出苗后 30 天采嫩梢上市，可连续采收 7～10 次，散放或扎把上市，也可包装上市。

4. 收获、贮藏和食用方法 苜蓿芽苗生长期短，播后 7～10 天，子叶平展，种皮脱落，苗高 3～4 厘米时，要趁茎叶幼嫩时进行收割。有时，苜蓿种皮不易脱落，清洗较困难，浸种时用石灰水处理，可促使种皮脱落。收割时茬要低留、平齐，以利于下一茬生长整齐；生长后期有的茎易老化，采收时应在枝茎幼嫩处割下。紫苜蓿采收后装入塑料袋，封口放入冰箱可保鲜 5～7 天。冬季和春季采收的南苜蓿，堆放室内可保存 3～5 天。塑料袋包装，在 8～10 ℃冷柜或冰箱内可放 10 天左右。南苜蓿还可腌渍贮藏：每 1 000 克用盐 100 克，一层苜蓿，一层盐，压实，坛口密封，可贮存 3～5 个月。放在 20%的盐水中，可贮存 3 个月左右。

苜蓿的嫩茎叶均可食用，且食用方法很多，将苜蓿洗净后放到开水中煮 3～5 分钟，捞出后用清水浸泡半小时就可食用。既可凉拌、炒食、做汤，也可切碎拌和面粉蒸食。

(1) 开胃苜蓿马铃薯汤 苜蓿芽 50 克，牛奶 100 毫升，洋葱泥 100 克，鲜奶油一匙，粉状干奶酪一匙，芹菜末、盐、胡椒粉少许。马铃薯用开水烫过，去皮、捣成泥状。薯泥入锅，小火加热，加入牛奶、洋葱泥稍煮，用盐、胡椒粉、奶酪调味。熄火后加入苜蓿芽、鲜奶油，倒入盆稍冷，撒入芹菜末。

(2) 芽菜蛋饼 盐味苏打 10 片，鸡蛋 3 个，苜蓿芽 50 克，美乃兹 3 匙，红辣椒粉少量。将鸡蛋煮熟，去皮，每个分成 4 份，把鸡蛋白与蛋黄分开。把蛋黄、美乃兹、红辣椒粉和苜蓿芽一起搅匀，分为 10 份，放入苏打饼上的蛋白中，每片苏打饼上放一块。用萝卜芽装饰，适于家中待客。

(3) 苜蓿芽三明治 苜蓿芽 50 克，黑麦土司 4 片，二十四季梨 0.5 个，番茄 0.5 个，鸡蛋 2 个，美乃兹 2 匙，人造奶油 1

匙，胡椒粉少许，适量炸马铃薯片和酸黄瓜。将人造奶油和胡椒粉涂土司片上，将熟鸡蛋切成小片，美乃兹贴在面包片上。将切成片的二十四季梨、番茄、半量苜蓿夹在面包片中。将夹心面包片切成适当大小，将另半苜蓿、炸马铃薯片、酸黄瓜等布在面包上及其四周。

(4) 苜蓿芽鲣鱼片　苜蓿芽200克，鲣鱼片适量。苜蓿芽洗净控干水，置盘中，洒上鲣鱼片，加盐、酱油、醋等拌食。

(5) 素炒金花菜　金花菜250克，花生油25克，糖15克，盐、味精少许。炒锅上旺火，放花生油烧热，将金花菜倒入，炒至碧绿时，加盐、糖、味精，边炒边出锅。

(6) 腌金花菜　金花菜500克，虾米10克，肉末25克，盐10克，麻油、味精少许。将金花菜洗净，沥干，拌盐揉软，放锅里，用重物压紧过夜。第二天取出，将汁水挤干，切细，拌以虾米、肉末，旺火爆炒，放味精，淋香油即成。

(7) 苜蓿苗味噌汤　苜蓿苗50克，肉汤2 000毫升，味噌半匙。肉汤中加入味噌，加热至沸，倒入碗中，将苜蓿苗放入即可。味噌是黄豆做的酱，是日本特有的调味品。

(8) 苜蓿芽豆芽蛋饼　苜蓿芽30克，绿豆芽50克，鸡蛋2个，熏肉1片，红辣椒粉少许，胡椒粉、盐少许，沙拉油、芹菜末适量。鸡蛋打入碗中，加入苜蓿芽、红辣椒粉、胡椒粉、盐调味。锅中放入适量沙拉油加热，放入切好的熏肉和绿豆芽，旺火爆炒。再加入点胡椒粉和盐，迅速加入鸡蛋碗中，搅拌后压平，转入文火，待鸡蛋熟后出锅，撒上苜蓿芽和芹菜末。

(9) 草菇芽菜冷拼盘　苜蓿芽、绿豆芽、黄豆芽各200克，新鲜草菇4个、苹果0.5个，卷叶莴苣1株，酱料（美乐多6汤匙，美乃兹2汤匙，洋葱泥2汤匙，芥末适量），柠檬汁少许。黄豆芽用水焯过，绿豆芽去根。将卷叶莴苣撕成适当大小，铺于盘底，草菇切成薄片，淋上柠檬汁。苹果切成适当大小，并用盐水稍浸。将其他材料全部放入盘中，加酱料即可。

三十三、荆芥

荆芥为唇形科荆芥属一年生草本。在我国分布很广，野生种为多年生草本，是一种栽培历史悠久的绿叶香辛蔬菜。安徽阜阳，鄂西北、河北洛阳等地有栽培。野生种分布于新疆、甘肃、陕西、河南、河北、山东、湖北、贵州、云南和四川等地。

（一）生物学性状

株高 0.7～1 厘米，开层度约 35 厘米，有强烈香气。茎直立，四棱形，绿色基部紫红色，上部多分枝。叶对生，基部有柄或近无柄，羽状深裂为五片，中部或上部叶片无柄，羽状深刻 3～5 片，裂片线状至线状披针形。两面被毛，上轮状花序，密集枝端，成穗状。花小，密集，淡红紫色。雄蕊 4 枚。小坚果 4 枚，卵形或椭圆形，表面光滑。寿命一年，生育期较短，在四川，秋播约 200 天，春播 150 天，夏播 120 天，在适宜条件下，播种至开花需 45～50 天，开花至种子成熟，成花期 6 月，果期 7～9 月。

对气候环境要求不严，南北各地均可栽培。一般较喜温和气候，也较耐热、耐阴、耐瘠薄，耐旱不耐涝。种子在 19～25 ℃时 6～7 天可发芽，16～18 ℃需 10～15 天出苗，幼苗能耐 0 ℃左右温度，－2 ℃以下则会出现冻害。以湿润的气候为佳，幼苗喜湿润，又怕雨水过多。成苗后较喜干燥；雨水多生长不良。土壤以较肥沃湿润，排水良好，质地轻壤至中壤的土壤，如砂壤、细砂土、潮砂泥、夹砂泥等为好。粉重的土壤至中壤的土壤，黏重的土壤和易干燥的黏砂土、冷砂土等生长不良。地势以日照充足的向阳平坦，排水良好或排灌方便处为好。忌连作，前作以玉米、花生、棉花、甘薯等为好，麦类也可。

（二）品种类型

1. **尖叶荆芥** 植株较高，茎较细，节间长，分枝多。叶瘦小，披针形，品质较差。

2. **圆叶荆芥** 植株中高，茎较粗，节间短，叶肥大，脆嫩，卵圆形，品质好。

（三）栽培技术

1. **栽培季节** 荆芥原产热带，喜温不耐寒，露地应在无霜季节栽培。因短日照下易开花结籽，菜用者以夏季栽培最适宜，3～8月均可播种。但生产中多采用春播。春天栽种后，可不断采收，北方地区结合利用日光温室和大棚进行冬秋和冬春季生产，一年可四季栽培。塑料大棚以春提早栽培为主，单作，或与喜温蔬菜间套或混作。也可利用麦茬地种植，麦收后立即整地播种。

2. **整地播种** 荆芥种子小，整地必须细致。播前多施基肥，667米^{2}用堆肥、厩肥、熏土1 000～1 500千克，撒施地面，翻深25厘米左右，反复细耙，土面整平，作成平畦，4月下旬至6月上旬均可播种。播时拌细沙或细土，再覆盖厚约1厘米的细土，出苗后间苗，2～3叶时即可定植。

在5～6月，也可夏播。播种方法有点播、条播、撒播，以条播较好。点播时，窝行距17～20厘米，窝深5厘米左右，窝内浇人畜粪水，667米^{2}约1 000千克，种子均匀撒窝内，667米^{2}用种量250～300克。点播时，在畦上开横沟，沟丛距约20厘米，深5厘米左右，施人畜粪水，然后撒入种子，播后不覆土，只用脚稍加镇压，使种子与土壤密接，667米^{2}用种量500克左右。撒播时，先向畦面泼施人畜粪水，然后均匀地撒播种子，并用木板稍加镇压，667 米^2 播种子 500～700 克。

育苗移栽，只宜春播。播种应比直播早。采用撒播 667 米^2 用种量 750～1 000 克，也可用种子撒于畦面，稍加镇压，并用稻草覆盖畦面。发芽后揭去盖草。苗高 6～7 厘米时间苗，保持距离 5 厘米左右。5～6 月苗高 15 厘米时移栽。

3. 管理 直播田苗高 6～7 厘米和 10～11 厘米时各间苗一次。点播的，每窝留 4～5 株；条播的每隔 7～10 厘米交错留 1 株；撒播的保持距离 10～13 厘米。

点播和条播的，两次间苗，结合中耕除草，以后视土壤是否板结和杂草多少，再中耕除草 1～2 次。撒播的只除草，不浅耕。育苗移栽的，可中耕 1～2 次。

施肥宜多，一般追肥 3 次，第一次苗高 7～10 厘米，667 米^2 施人畜粪水 1 000～1 500 千克；第二次苗高 20 厘米时，施人畜粪水 1 500～2 000 千克；第三次在苗高 33 厘米时，施腐熟菜饼 50 千克和熏土 300～400 千克，混合撒施株间。

幼苗期需水较多，需及时浇水。成株后抗旱力强，忌水涝，如雨水多，需排除积水。

4. 病虫害的防治 主要的病害是立枯病，茎基部发生褐色斑点，腐烂，最后倒伏枯死。可选用排水良好的砂壤土或高畦种植。发病时用 50％多菌灵 1 000 倍液浇灌。黑斑病叶片上产生不规则褐色小褐点，最后呈黑褐色，枯死，可拔除病株浇毁，或用 65％代森锌可湿性粉剂 500 倍液防治。茎枯病由镰刀菌引进，危害茎、叶、叶柄和花穗，以危害茎秆损失最重。茎秆受害后先呈水浸状病斑，扩大环绕茎秆，出现一段褐色枯茎，病茎以上枝叶萎蔫枯死。病叶呈水烫状，病穗枯黄色，可能开花而干枯。苗期受害后大片倒伏死亡。病菌在残株上越冬，为翌年初侵染源。防治方法是清园，处理病株，减少越冬菌源；选地势较高处种植，雨季注意排水，适时早播，施入基肥，促进苗壮，667 米^2 用 150～200 克堆制的 5406 菌肥，耙入 3～4 厘米土层。

主要的虫害是银纹夜蛾，又叫造桥虫，老熟幼虫体长25～32厘米，淡黄色，多昼伏夜出，夜晚9～10时活动最盛，有趋光性，成虫多趋向茂密的田内产卵。初孵化幼虫不吃卵壳，到处爬行，并吐丝下垂随风传播，在叶背剥食叶肉，被害叶成箩底状。3龄后主要为害上部嫩叶，造成孔洞。幼虫多在夜间为害，老熟后在叶背结茧化蛹。4～5龄的幼虫抗药力大大增强，防治的关键在于掌握2～3龄阶段。以2.5%敌百虫粉或2%西维因粉剂667米^2 2～2.5千克喷粉，或5%杀螟粉超剂量喷雾，667米^{2}用原液150～200毫升。

5. 采收及用途 荆芥播后，20多天就可采收。采收标准是芽长4～6片叶，嫩茎高10厘米以上，采收要及时，一般每隔7～10天一次，收获期长达4个月，采收时有的先间拔采收，随后转入采收嫩尖。药用者当穗上部分种子变褐色，顶端的花尚未落尽时，晴天露水干后用镰刀从基部割下，运回，摊晒场上，晒至7～8成干时，收于通风处。菜用者苗高10余厘米时，择嫩顶上市。

荆芥嫩茎叶可作凉拌菜，有清晾薄荷香味，可防暑，增进食欲，与鱼同食，可去鱼腥味，并常作调味品。如加工，可速冻，亦可罐藏，或干制。

荆芥可除湿痺去邪，主治心虚忘事、背脊疼痛、出虚汗、伤寒头痛、头晕目弦、有益力添精、通利血脉、消食下气、醒酒、助脾骨、利五脏等功效。其花穗入药，有解热发汗、祛风、利咽功效，可消除咽喉肿痛、失眠等病症。

三十四、藤三七

藤三七别名洋落葵、马地拉落葵、落葵薯、燕子三七、川七及热带皇宫菜等，属落葵科落葵属多年生蔓性植物，以珠芽及叶片供食，营养丰富，每 100 克鲜品含水分 92.79 克，灰分 1.08 克，脂肪 0.18 克，蛋白质 2.11 克，膳食纤维 0.94 克，维生素 A5644 单位，维生素 B_1 0.01 毫克，维生素 B_2 0.13 毫克，维生素 C 0.78 毫克，钾 136.41 毫克，钙 89.66 毫克，铁 1.61 毫克，磷 18.73 毫克，烟酸 0.59 毫克。药用价值高，具有滋补壮腰膝，消肿散瘀及活血等药效，是一种很有开发价值的保健蔬菜。

（一）生物学特性

藤三七为肉质小藤本植物，生长势强，栽培容易，温室栽培叶片常绿。根系分布深而广，吸收力强。茎圆形，稍肉质，光滑无毛，嫩茎绿色，长成后变为棕褐色，节间易发生不定根。叶片卵圆形，肉质肥厚，光滑无毛，单叶互生，无叶托，全缘，有短柄，叶绿色。叶腋可长出瘤块状的绿色株芽，直经一般 3～4 厘米。花较小，白绿色，腋生，穗状花序，较长可达 20 厘米左右。花期长，一般 3～6 个月，但不结实。

性喜温暖，耐热耐湿性强，又较少生病，已成为高温炎热季节很受欢迎的一种新兴保健蔬菜。但长期积水易伤根。较耐寒，短时低温不致受害。生长发育适温 25～30 ℃，能安全越夏，高温多雨季节长势较旺。对土壤要求不高，适应性强，最宜在土层深厚、疏松、肥沃的砂壤土中生长。较耐干旱，可四季供应。

（二）栽培方式与季节

藤三七在我国南方温暖地区，四季均可种植，但以春季种植较为普遍，北方地区一般开春至初霜前均可露地种植，有条件的，也可利用保护设施进行周年栽培，均衡供应。

（三）栽培技术

1. 苗株培育 藤三七的花一般不结实，很难获得种子，故多用无性繁殖，主要方法有珠芽繁殖和扦插繁殖。

前者是利用成株叶腋处长出的珠芽或地下珠芽团进行繁殖的方法。对于地下珠芽团，种前需要将其剥离成单个珠芽，然后栽种到育苗盆中育苗，或者按规定的株行距直接栽种到大田中，苗期约 20～25 天。

扦插繁殖是选取成株中上部，节间较短、生长健壮且无病害的部位，截取有 2 个节间，且带叶的枝条作插穗，用 75 毫克/千克的 ABT 去根粉 1 号液浸泡下部，然后插入沙壤土或蛭石、草炭做成的苗床中。插后覆盖塑料薄膜保温、保湿，温度控制在 20～25 ℃，约 1 周后长出新根，20 天左右可成苗。

2. 定植 藤三七生长收获期较长，需肥量大，宜选择排水良好的砂壤土，施足基肥。最好选择冬闲田或越冬菠菜田，冬翻晒垡，定植前 667 米^2 施腐熟优质农家肥 3 000～5 000 千克，复合肥30～40 千克，深耕平整，做成宽 1.2～1.4 米的高畦。利用保护设施栽培的，提早扣棚，提高地温。当稳定通过 10 ℃以上时，选择晴好天定植，株距 35 厘米，行距 80 厘米，667 米^2 约栽 2 400 株。

3. 田间管理 定植后，浇一次定植水。棚室栽培的，在定植至缓苗 5～7 天，将棚膜密闭，增加棚内温度，以利发根缓苗。成活后浇一遍活棵水。藤三七虽耐干旱，但其长势强，蒸发量大，要使叶片肥大，产量高，需要经常浇水，保持土壤湿润，每采收两次叶片后，还要追施复合肥。当苗高 30 厘米时，要及时搭人字架、绑蔓引蔓，使其攀缘。同时，摘去顶芽，促进侧芽萌发。夏季高温季节，采用遮阳网遮阴，可抑制花芽分化，延长营养生长，增加产量。

（四）病虫害防治

1. 蛇眼病 一般多在夏季雨水较多时发生，主要为害叶片。病斑近圆形，初为紫褐色，后逐渐发展成边缘紫褐色，中央黄白色至黄褐色，稍凹陷，质薄，后期易破裂穿孔，其上产生不甚明显的小黑点，严重时病斑密布，完全丧失食用价值。此病是由真菌侵染所致，除了避免连作外，还要适当密植，适量增施磷、钾肥，发病初期选用 70％甲基托布津可湿性粉剂对水 600 倍；或 75％百菌清粉剂对水 800 倍；或 50％敌菌灵可湿性粉剂对水 500 倍喷雾，10 天一次，连续防治 2～3 次。

2. 灰霉病 灰霉病多见于植株生长中期，主要为害叶和叶柄。初期呈水渍状斑，适宜温湿度下，迅速蔓延致叶萎蔫腐烂；茎和花序染病，引起褪绿水渍状不规则斑，后茎易折倒或腐烂，病部见灰色霉层。发病初期喷洒 50％速克灵可湿性粉剂对水 1 500～2 000 倍；或 50％农利灵可湿性粉剂对水 1 000 倍；或 36％甲基硫菌灵悬浮剂对水 500 倍。

（五）采收

藤三七定植后 30～40 天即可采收。2 个月后进入盛产期，采收期可延至霜冻前。保护地栽培的可达 6～7 个月。主要采收叶片，大面积栽培时以清晨或上午采摘为好。叶片较耐贮运，鲜叶采后用保鲜袋包装，于 5 ℃温度下可保存 7～10 天。

三十五、香苜蓿

香苜蓿又名苦豆、兰叶，亦称香豆、香草，西藏称雪莎。属豆科葫芦巴属植物，一般称做葫芦巴，商品名叫香豆粉、香豆酊、香豆粒。其产品器官是茎叶和种子。原产于欧洲东南部和亚洲西部。目前，印度、法国、黎巴嫩、埃及、希腊、摩洛哥、几内亚和洪都拉斯等国栽培较多，总产量约3万吨，其中主要产地为北非、法国、印度和阿根廷。

我国种植香苜蓿的历史悠久。现在我国西北、东北、华北、华南都有，但多为零星种植，主要产区为新疆、青海、甘肃、陕西、河北、内蒙古、安徽等省、自治区。陕西丹凤县龙驹寨的香苜蓿，久负盛名。

全株含挥发油，有香气，特别是将全株晒干后香气更浓，大量用于食品、烟草、日化产品、化妆品及卫生制品之加香，以及商品香料的原料、工业用香精。嫩茎叶是早春淡季蔬菜中的佳馔，阴干茎叶为上等天然食用香料。成熟后的植株磨成粉，可直接做调料和香料，用作烹调调料以及做烙饼、点心、蒸糕的佐味。置箱、柜、枕内可以防虫灭虱。全草入药，具温肾、祛寒、明目等功效，能治咳嗽，又可防治高山反应，外用可治脓肿。种子褐色，可充当着色剂。种子中的半乳甘露聚糖，可配制水冲洗液，广泛用于石油钻井和地质钻探。

（一）生物学特性

香苜蓿为1～2年生草本植物，高20～80厘米。茎直立，多分枝，丛生，疏被柔毛。叶柄长1～4厘米，托叶与叶柄联合，宽三角形，先端渐尖，全缘，三出复叶，叶具三小叶。小叶长卵圆形，倒卵圆形或宽倒披针形，长1～3.5厘米，宽0.5～1.5厘米。花1～2朵，腋生，萼筒状，萼齿5，披针形与萼近等长。外被长柔毛，长为花冠的一半。花冠蝶形，长13～18毫米，黄白色，后渐变为淡黄色，基部稍带紫黄色。旗瓣长圆形，先端具波状深凹。翼瓣较狭，龙骨瓣短。雄蕊10，不等长。二体子房，线形。花柱不明显，柱头细小。荚果线条形，圆柱形，直或稍呈镰状弯曲，长6～11厘米，先端渐尖，成长喙，被疏柔毛，有明显纵网脉。含种子10～20粒，种子长圆形，或近斜方形，稍扁，长约4毫米，宽3毫米，凹凸不平，黄褐色。两侧各有一斜沟，两沟相连处有点状种脐。质坚硬，浸水有黏性。

（二）栽培技术

香苜蓿耐寒，喜冷凉干旱气候，尤以夏季干燥凉爽，日照充足处最为适宜。对土壤适应性强，一般土壤都能种植，但忌重茬。用种子繁殖，多用平畦，3～4月或9～10月播种。667米^{2}播种量1.5～3.5千克，覆土厚2～3厘米。出苗后间苗，中耕，苗期勤防蚜虫，地老虎、白粉病等。开花前采收嫩茎叶上市。4～6月开花，6～7月种子成熟。常于花期末，割收全株，绑成小把放阴凉通风处晾干。667米^{2}产干菜200～400千克，做种子用的，宜待植株下部果荚变黄后再收，667米^{2}产种实150～200千克。

三十六、马齿苋

马齿苋（*Portulac oleracea* L.）别名荷兰菜、马生菜、长命菜、马齿菜、马食菜、晒不死、马苋菜、马芹菜、马蛇子菜、蚂蚱菜，蚂蚁菜、长寿菜、马勺菜、地马子菜、酸米菜、马行菜、酸苋、马蛇子草、瓜子菜等，因叶似马齿，而性滑利似苋，故名马齿苋。又因其叶青、梗赤、花黄、根白、子黑象征着金木水火土五行之色，故名五行草。

属马齿苋科马齿苋属一年生肉质草本植物。起源印度，后传至世界各地，现今世界各温带和热带地区，广泛分布，常野生于海拔1 300米以下的田野荒地、园边、路旁，适应性、抗逆性极强，春秋采收嫩茎叶鲜食或晒干食用。据传，东汉光武帝刘秀在今河南断粮时因食马齿苋保住了性命，便封它“永远不死”，又称“长命菜”。明李时珍《本草纲目》中：“其叶比并如马齿，而性滑利似苋，故名。”“一名五行草，以其叶青、梗赤、花黄、根白、子黑也。”明朱棣《救荒本草》的五行草，即马齿苋，谓采茎叶煮食之，味鲜美。又言：“人多采苗煮晒为蔬。”马齿苋中含有多种生物活性成分和微量元素，每100克茎叶含有蛋白质2.8克、且蛋白质组成中含有人体所需的18种氨基酸；包括人体必需的全部8种氨基酸，占总量的47%。马齿苋中含脂肪0.5克，糖3.2克，纤维素5.6克，灰分1.4克，钾1 000毫克，钙85毫克，磷56毫克，铁1.5毫克，铅和镉的含量分别为0.08和0.12毫克/千克，硝酸盐和亚硝酸盐含量分别为89.80和0.11毫克/千克，胡萝卜素2.23毫克，硫胺素0.03毫克，核黄素0.11毫克，尼克酸0.7毫克，维生素C 23毫克，热量108.78

千焦，去甲肾上腺素 250 毫克。而且某些成分还远超过普遍蔬菜，如 α-亚麻酸，是菠菜的 10 倍，维生素 E 是菠菜的 6 倍多。此外，尚含二羟基苯乙胺、二羟基苯丙氨酸、柠檬酸、苯甲酸、谷氨酸、天冬氨酸、丙氨酸以及生物碱、香豆精类、黄酮类、强心苷和蒽醌苷。

据现代医学发现，马齿苋能提高人体免疫力，可防治心脏病、高血压、糖尿病和癌症等病。马齿苋对费氏痢疾杆菌、伤寒杆菌、大肠杆菌及金黄葡萄球菌均有抑制作用；对子宫有明显的兴奋作用，能收缩子宫，抑制子宫出血。长期以来认为马齿苋在治疗泌尿和消化系统方面的疾患是有价值的，汁的利尿作用，使它成为缓解膀胱功能失调性疾病如排尿困难方面有用的药物。本品黏液质的作用也使它成为胃肠道疾患如痢疾和腹泻的缓解药。在中草医里，马齿苋用于治疗类似疾病，除此之外，还用于阑尾炎。《本草纲目》、《食疗草本》等古代医学专著都有记载，现在，马齿苋已被载于中药大辞典和中华人民共和国药典之中。祖国传统医学记载，马齿苋可清热解毒、凉血、止血益气、消暑热、宽中下气、润肠、消积滞、杀虫、疗疮红肿疼痛。《食疗本草》曰马齿苋可“延年益寿，明目……可细切煮粥，止痢，治腹痛”。中国的临床试验表明马齿苋有温和的抗菌作用。在一项研究中，它的汁表现出对治疗钩虫病有效。其他的研究揭示它在抗细菌性痢疾方面有价值。当注射时，其提取物能引起子宫强烈收缩，口服应用马齿苋汁却减弱子宫的收缩。马齿苋全草入药，性寒、味酸、无毒。具有清热、解毒、益气、润肠散血、消肿、止痢，防治多种疾病等功效。中国人也用本品作为解毒药治疗黄蜂螫伤和毒蛇咬伤。作为外洗药应用，它的汁或水煎剂能缓解皮肤疾病，譬如疖和痈，也有助于退热。主治肠炎、菌痢、恶疮、丹毒、蛇虫咬伤、痔疮肿毒、湿疹、急性和亚急性皮炎等多种疾病。马齿苋有广谱抗菌作用，除主治湿热痢疾和肠炎腹泻之外对多种疾病都有较好疗效，如肺结核、伤寒、百日咳、黄胆性肝炎、丹毒、脚气、口腔炎等，故被称为“天然抗生素”。马齿苋全草入药，性寒、味酸、无毒，具清热、解毒、益气、润肠散血、消肿、利尿、止痢，防治多种疾病等功效。主治肠炎、菌痢、恶疮、丹毒、蛇虫咬伤、痔疮肿毒、湿疹、急性和亚急性皮炎等。鲜马齿苋烫熟，切碎与蒜泥拌食，治痢疾。鲜马齿苋掐汁，调入蜂蜜用开水冲服，治痢疾、肠炎；鲜马齿苋 1 000 克，用开水煎至半碗，加入蜂蜜，日分 2 次服，治肝炎。马齿苋 60 克，甘草 6 克用水煎服，治尿道感染，马齿苋 60 克，蒲公英 60 克，用水煎服，治阑尾炎。鲜马齿苋洗净捣烂，敷患处，可治疗疔疮肿疼、皮炎。目前，马齿苋已成为我国出口创汇的十大“绿色”野菜之一。现已被我国卫生部列入 18 种药食同源的植物，同时也被列入 2008 年北京奥运会食谱。最近有人用马齿苋提取物对棉蚜、枸杞蚜虫、禾谷缢管蚜虫、菜粉蝶、黄瓜霜霉病、灰霉病等进行了研究，取得可喜效果。马齿苋中含有大量 ω－3 脂肪酸，能增强心肌活力，防治心血管疾病；去甲上腺素能促进胰岛素，调整人体的糖代谢，降低血糖，预防肥胖、高血压、冠心病，抑制肿瘤细胞生长，秋季爱长痤疮的人宜多吃。

（一）生物学特性

马齿苋茎平卧或斜向上，多分枝，全株光滑无毛，肉质多汁，株高 30～35 厘米；叶互生，深绿色，倒卵形，长 1～3 厘米，宽5～14 厘米。先端圆钝或平截，有时微凹，叶腋有腋芽 2 个，叶柄极短；花黄色，无梗，通常4～6 朵集中在顶端数叶的中心；蒴果；种子多而细小，黑色（图 27）。

图 27　马齿苋

最近福建省农业科学院闽台园艺研究所赖正锋等人报道，还有一种白花马齿苋，花杯状呈白色、无柄，在南方一般只开花不结种子，主靠扦插繁殖，从健壮枝条上剪取老熟枝条，剪成7～10厘米的茎段，按20厘米株行距插入深度3～5厘米，1周可成活。

马齿苋对气候、土壤等环境条件适应性很强，种子在pH值为4.0～8.0的范围内均可萌发，在较干旱的环境下可以萌发。马齿苋种子耐盐性较强，当氯化钠浓度为160毫摩尔/升时，种子萌发率仍高达53.33%，但土层深度的增加会严重抑制萌芽生长。该种子具有广泛的土壤适应性，河沙土最为适宜，0.3%硝酸钾和高锰酸钾浸种12小时能显著提高种子的发芽率。因其茎可储存大量水分，再生力很强，几乎在任何土壤中都能生长，抗旱能力特强，失水3～4天后遇水即能复活。而且相当耐阴，在遮阴和有少量散射光的条件下，也能很好生长。生育期需施用氮肥和钾肥。发芽适宜温度18℃，最适生长温度20～30℃，当温度超过20℃时可分期播种，陆续上市。生产中要选择青茎品种种植，在春季晚霜后露地直播、移栽，也可利用保护地进行周年生产，或冬季在阳畦内加扣小拱棚，夏季加盖遮阳网的方式栽培。

（二）栽培技术

栽培地应选择生态环境好、土壤肥沃无污染、湿度适宜、通风良好、排灌水方便，并具有保持可持续生产和发展能力的区域。马齿苋反季节栽培技术的关键是提供适宜的温湿度，合适的栽培设施。刘跃钧等认为，简易棚的搭建要灵活实用、因地制宜，一般规格为长30米，宽5米，高2.2米，材料可选用毛竹，但从长远考虑，宜用钢架建棚，因为钢架牢固耐用，且年成本与竹棚不相上下。

种植地深耕20厘米左右，施入适量腐熟有机肥，耕耙均匀，然后按 1 米左右宽度做畦，浇足底水。

分秋播和春播，可采用直播和育苗移栽方式。秋播在 10 月中下旬；春播在 4 月中下旬。种子可先用 0.15%天然芸薹素内酯乳油 2 000 倍液浸种 8～10 小时，然后沥干、洗净，并同 3 倍于种子的细沙均匀拌和后播种；亦可用 25～30 ℃的温水浸种 30 分钟，再用清水浸泡 10～12 小时；播种量应控制在 160 克左右。播后覆盖一层细土并立即浇水，温度较低时可覆盖地膜，并闭棚保湿；播后 12～45 小时出苗，苗高 5～7 厘米，可移栽。

反季节栽培的，从播种到采收需要 100 天左右。以此为标准，并结合最佳鲜销时间，推算出具体的播种时间。一般情况下，每年的 11 月、12 月及次年的 1 月、2 月适宜反季节栽培。

马齿苋植株的地上部分都能作为扦插材料，长的枝条可以截成多节扦插，具 5 对真叶、枝长 12～15 厘米的顶端枝条成活率最高。马齿苋喜湿不耐涝，要选择靠近水源、排灌方便的田块。扦插密度为 667 米^2 4 万株左右，株行距 13 厘米×13 厘米。夏季扦插，大棚要覆盖遮阳网遮阴，插后及时浇水。在适温条件下，一般 3 天后扦插苗长出新根，1 周左右便可揭去遮阳网，揭网最好在下午 4：00 以后进行。

马齿苋适应性很强，但在水肥充足时生长更好，具有鲜、嫩、绿的商品特性，因此在营养生长期要及时补充水分和肥分。定植 10 天追一次肥，用稀人粪尿或 0.5%的尿素液浇施，以后每采收一次浇一次，生育期间保持土壤湿润，防止受渍。幼苗期及时浇水，成株后少浇水，遇雨季排除积水，以免引起病害。大棚种植的还要根据天气情况，做好通风降温工作，一般选择中午通风，时间 1～3 小时，出现病害要及时开棚降温降湿。种子发芽和苗木生长期间，夜间应闭棚保温。马齿苋为一年生植物，每年 6 月开始现蕾开花。为保持产量和品质，应及时摘除顶端现蕾部分，促进新枝的抽生。

马齿苋性强健，病虫害较少。害虫主要是蜗牛、甜菜夜蛾、斜纹夜蛾和马齿苋野螟。蜗牛喜阴湿的环境，干旱时白天潜伏，夜间活动，爬过的地方留下黏液的痕迹。可用生石灰防治，一般用生石灰667米^2 5～10千克，撒在植株附近，或夜间喷施70～100倍的氨水毒杀。甜菜夜蛾、斜纹夜蛾及马齿苋野螟可用10%杀灭菊酯2 000～3 000倍液喷雾防治。主要病害有白锈病、白粉病、立枯病和猝倒病。白锈病主要危害叶片，感病叶片上先出现黄色斑块，边缘不明显，叶背面长出白色小疱斑，破裂后散出白色粉末，可在发病初期用25%甲霜灵800倍液或64%杀毒矾500倍液或58%瑞毒霉锰锌500倍液喷雾防治。白粉病可用70%甲基托布津800～1 000倍液或25%粉锈宁2 000倍液或50%多菌灵600～800倍喷雾防治。立枯病和猝倒病要在低温时做好预防工作：①确保大棚的温度稳定在10℃以上；②遇病害时应及时防治，以生物防治为主，化学防治为辅，化学防治时要选用低毒低残留的农药；③苗期可经常喷洒小苏打溶液，不仅能防病还可促进马齿苋的生长，提高产量。

马齿苋可一次性采收，也可分批采收。采前30天不施药。采收标准为开花前15厘米长的嫩枝。早春现蕾前可采收全部茎叶，现蕾后应及时不断地摘除顶端，促进营养生长，可连续采收新长出的嫩茎叶。如采收过迟，不仅嫩枝变老，食用价值差，而且会影响下一次分枝的生长和产量。分批采收要采大留小，延长营养生长，提高产量。马齿苋开花后酸味加重，通常不再采收，但可做饲料。

马齿苋开花后15～20天种子成熟，为了防止马齿苋种子成熟时自然开裂，种子散落，应在开花后10天左右，即蒴果呈黄色时采种。采收时将马齿苋整株割下，装在密封塑料袋内。采回的植株及时摊晒5～7天，将种子分次抖落，然后扬净，干后贮藏备用。

（三）马齿苋的贮藏和食用

1. 贮藏 马齿苋贮藏的方法是当日采摘鲜嫩、翠绿、肉质厚，无污染的马齿苋，用流动水冲洗，去泥沙，沥干，置于70～75℃热水中漂烫3～5分钟或90～100℃下漂烫1～2分钟捞出，入冷水快速冷却。冷却后加入适当浓度的护色液，漂散均匀，并保持数小时，再放入0.1%～0.2%二氧化碳溶液中浸泡0.5～1小时做脆化处理。用清水漂洗，沥干，取长短均一的马齿苋码齐放平，装入包装袋内，用真空包装机抽气并封袋口（真空度控制在95兆帕以上），立即放入杀菌锅，在100℃下煮沸20～30分钟，杀菌后放入流水中快速冷却，即为成品。

2. 食用方法 马齿苋食用方法很多，可以生食，也可熟食。嫩茎叶，开水烫后，轻轻挤出汁水，加调料拌食或炒食，滑嫩可口。做生菜沙拉时，有一种适口的核果仁果味，有点像黄豆芽，可凉拌、炒食、作汤、作馅。民间把马齿苋蒸熟晒干后冬季用水泡开洗净后作馅或炖食，味道颇佳。或除水后晒至半干再爆炒，这样炒出的菜，就带有一点腌菜的味道。马齿苋洗净切碎，拌入面粉或玉米粉，加入调料蒸食：或直接单炒，或与肉炒食，或与大米同煮粥。还可腌制成调味品，其黏液可使汤变稠，用之代替黄秋葵。也可制成解暑消渴的清凉茶饮料，或制成干粉加入面包，挂面中，增加营养和筋性；还可焯后晒干制成干菜。适量的马齿苋，加少量粳米煮粥，不放盐、醋，空腹清食，可治疗血痢。河南省南阳市的传统面食“长寿糕”主料就是以马齿苋和小麦粉搅拌后，笼蒸而成，食之别具一番风味。以马齿苋为主料的烹饪佳肴，已出现在星级饭店、宾馆的餐桌上；如微酸且甜、南菜风味的“马齿苋冬笋烧烤麸”；鲜香的“马齿苋煎鱼”；清凉爽口、有嚼劲、干菜香、清火祛暑的“凉拌马齿苋”；酥烂、味厚的“东坡长寿菜”；马齿苋无油不成菜，与肥瘦肉同蒸，正好吸油入味，食时不腻的“长寿馅饼”；美味可口、醇香绵软的“马齿苋蒸饺”；香、脆，微酸的“牛肉干清炒马齿苋”。另外，干贮有整贮、碎贮之分，又有清贮、腌渍两种。腌是将马齿苋洗净后，晒至八成干盐渍，加芝麻油拌食，为腌渍菜中的佳品。清贮者冬季用来红烧肉，干菜香味浓郁；腌贮者少调点油蒸作咸菜，风味也颇别致。欧洲和美国的一些食品和餐馆中还有“马齿苋色拉”、“马齿苋三明治”和“马齿苋酱”等多种食品应市。大蒜泥30克，鲜马齿苋500克，食盐3克，酱油10克，白糖10克，黑芝麻10克，花椒面1克，葱白10克，味精1克，醋5克，将马齿苋切段，沸水烫透，捞出沥干，把调料放入，拌匀，做成蒜泥马齿苋，对大肠湿热腹泻、痢疾和血痢有很好的疗效。干马齿苋100克，水煎2次，早晚分服，每日1剂，可治糖尿病。胆囊炎、腹痛，马齿苋100克，白糖适量，水煎，分三次服用。阑尾炎，鲜马齿苋一把，绞汁30毫升，加凉开水100毫升，白糖适量，日服3次，每次100毫升。急性尿路感染，马齿苋30～60克，水煎，白糖适量，分3次服用。

现在马齿苋还可加工成马齿苋饮料，消渴保健茶饮料，马齿苋脯，酸辣马齿苋，马齿苋菜罐头，纸型马齿苋，马齿苋粉等。

（四）马齿苋加工

1. 脱水马齿苋 取未开花或未结籽的嫩茎叶，去根及腐烂、变质和过老植株。清水洗净，在开水中烫漂2～3分钟，捞出后迅速用清水冷却，然后沥干或用离心机甩干，在阳光下晾晒，或置烧房中在70～75℃下烘烤10～12小时，至烘干为止，最后用聚乙烯塑料袋密封包装。食用前先将其用清水浸泡1小时，挤干水分后凉拌、炒食或蒸食。

2. 马齿苋脯 选成熟适中的新鲜马齿苋，剪去须根，摘掉嫩枝叶，洗净沥干。将整枝剪成长5厘米左右的小段，置温度95℃热水中上下翻动烫漂90秒，接着糖制，方法有常压糖煮和真空糖煮两种。前者是将原料装入网袋，放糖液中煮制4～8分钟，取出立即放入冷糖液中浸泡，这样交替进行4～5次，并逐渐将糖液浓度从30％提高到55％以上，待原料透糖彻底，有较强的弹性和透明感时即可取出沥糖。真空糖煮时，先将原料用

25%稀糖液煮制 8～10 分钟，再放入冷糖液浸泡 1 小时，然后抽真空用 40%～50%的糖液煮 5 分钟左右，取出放入冷糖液中浸 1 小时，捞出沥糖，冷却后密封包装。

3. 酸辣马齿苋 选鲜嫩马齿苋，去除较老枝叶，取根部 3 厘米以上的部分，洗净沥干，切成长 3 厘米的小段，放入温度为 90 ℃热水中烫漂 60 秒，冷却后置 60～70 ℃烤房内烘干或晒干，使含水量在 50%以下。按 1 千克原料取辣椒 5 克的比例准备辣椒，备好后切碎，用 400 克水煮 10 分钟，再加入白糖 100 克，盐 12 克，溶解后加入醋 150 克，料酒 20 克，搅匀制成调味液。把脱水原料放入调味液中浸泡 10 天即可食用。将腌好的原料取出沥水，直接真空包装，也可脱水后普通包装，脱水方法以晒干或 60～70 ℃烘干，含水率降至 30%以下，产品色泽鲜亮，饱满，酸辣正中，口感清脆。

4. 马齿苋营养液 工艺流程：鲜马齿苋→清洗→切碎→热烫→榨汁→过滤→杀菌→马齿苋汁；干马齿苋→浸泡→熬煮→过滤→马齿苋汁。

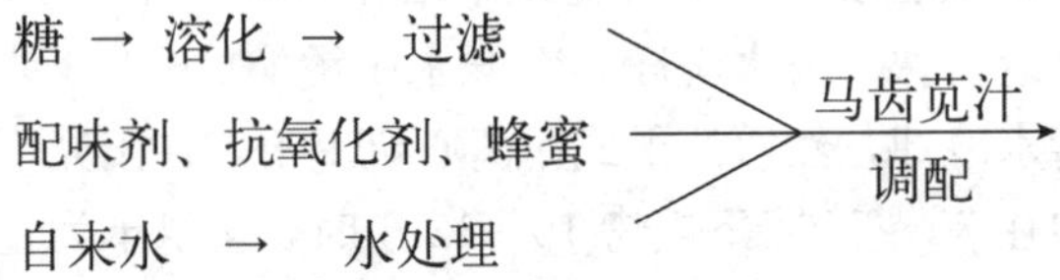

定量混合→离心过滤→压滤→灌装→杀菌→成品

工艺要点：马齿苋清洗后用果蔬剂浸泡 3～5 分钟，除去虫卵等。然后用清水漂洗干净，切成长 0.4～0.6 厘米的小段，加入 0.01%的维生素 C 中防止褐变，用水蒸气热烫 2～3 分钟，立即投入榨汁机中榨汁。榨汁先粗滤，再行离心精过滤。将滤液通过高温瞬时无菌机杀菌，取得马齿苋汁。若以干马齿苋为原料，将洗净、晾干切碎，加入适量水，浸泡 1 小时，煮沸 8 分钟，共提取 2 次，合并过滤后即得。

调配营养液的配方如下：鲜马齿苋汁82%，蔗糖10%，蜂蜜8%，柠檬酸0.3%，维生素C0.1%。干马齿苋汁81.5%，蔗糖10%，蜂蜜7%，柠檬酸0.26%，维生素C 0.15%。先取砂糖，加入处理水，在不锈钢夹层锅中通入水蒸气加热，同时不断搅动，煮沸5分钟，杀死糖浆内的微生物，然后过滤冷却。按比例与马齿苋汁、蜂蜜等调合成营养液。用处理水定容后、压滤机进行压滤、灌装、杀菌即得成品。

5. **马齿苋浓缩汁** 马齿苋浓缩汁可配制成保健饮料，对心脏病、心机梗塞等有明显疗效。其工艺流程为：原料采摘→选料→处理→粉碎→浸提→过滤（分离）→滤液→真空浓缩→浓缩汁→调配→灭菌→装罐→封口→冷却→成品。

6. 中药配以马齿苋的制剂，如马齿苋浸膏溶液、马齿苋片、复方马齿苋片、复方马齿苋冲剂、马齿苋注射液（Ⅰ）、马齿苋注射液（Ⅱ）、复方马齿苋注射液。

三十七、薄荷

薄荷学名 *Mentha arvensis.*，别名薄荷叶、番荷菜、苏薄荷、水薄荷、升阳菜，唇形科薄荷属多年生宿根性草本植物（图28）。嫩茎叶中含胡萝卜素，每100克含量高达7.26毫克，维生素 B_2 0.14毫克，维生素C 62毫克，以及蛋白质、脂肪、糖类、矿物质等，主要成分为薄荷油（$G_{10}H_{20}O$）0.8%～1%，经水上蒸馏得精油（薄荷原油），其中薄荷脑、薄荷醇占70%～90%，薄荷酮10%～20%，此外还有薄荷霜（$G_{16}H_{18}O$）、樟脑萜、柠檬萜、莰烯、菰烯、辛醇、月桂醇、薄荷素油（薄荷脱脑油）等，气味温辛，无毒，归肺肝、心经，有兴奋中枢神经，使皮肤毛细血管扩张，促进发汗、驱风、疏散风热、消暑、清利头目、化痰及杀菌等功效，治疗头痛、咽喉肿痛、偏头痛等症，是清凉油、仁丹、十滴水、感冒片、半夏露等多种药品的主要原料。我国古代很早就有薄荷作为药材入药的记载，如《本草纲目》中记有："薄荷，辛能发散，凉能清利，专于消风散热"；《食疗》说"能去心热，故为小儿惊风，风热引经要药。辛香走散，能通关节，故逐贼风、发汗者，风从汗解也"。还有一种叫除蚤薄荷（伏地薄荷、

图28 薄 荷

唇萼薄荷)，原产欧洲和西亚移植于美洲，它在潮湿的地方生长旺盛，夏季开花时采收。薄荷的挥发油含番薄荷酮（27%～92%)、异番薄荷酮、薄荷醇和其他萜类，也含苦味质和鞣质。希腊自然历史学家普里尼（公元23—79年）写道：除蚤薄荷被认为是比玫瑰花更好的草药，它能使脏水纯净。迪奥斯科里德指出除蚤薄荷会“引起月经来潮和催产”。1597年，约翰·杰拉德写道：用除蚤薄荷做成的花环戴在头部对头晕、头痛和目眩有强大的抵抗作用。除蚤薄荷这个名字起源于拉丁语跳蚤，意指除蚤薄荷的传统用途是作为驱跳蚤药。除蚤薄荷是一味良好的助消化药。它增加胃液的分泌，减轻胃肠胀气和腹痛，偶尔用于治疗肠道寄生虫病。对头痛和轻度呼吸道感染它是一味良药，有助于退热，减轻黏膜炎症。除蚤薄荷对子宫肌肉有强大刺激作用，能促进月经来潮，浸剂外用治疗瘙痒、皮肤蚁行感（一种蚂蚁爬过身体的感觉)、炎症性皮肤病，如湿疹、风湿性疾病包括痛风。薄荷也可加入糕点，清新可口；或作为牙膏，或口香糖中，杀灭口腔中的致病菌，也可作香皂的添加剂。嫩茎叶开水烫后，凉拌或炒食，爽口、去腥、增香。也可加入面粉蒸食，晒制干菜。还可与茶叶制成薄荷茶，与白酒制成薄荷酒，与柠檬、党参、甘草、麻黄、桑叶、菊花、芦根、藿香、车前、莲藕、荆芥等制成饮品，与小麦、大米、荆芥、莲子等煲粥，也可焯熟后凉拌。原产北温带。薄荷在俄罗斯、日本、英国、美国分布较多，印度、巴西为主产国，朝鲜、法国、德国、巴西也有栽培。中国各地都有，以江苏、江西、浙江、河北为多。

印度十分重视精油的生产，1947年该国独立后即成立精油研究委员会，根据委员会的报告成立了印度药用和芳香植物研究中心（简称CIMAP)。该中心在Lucknow有装备精良的实验室，在不同的气候区域有试验农场。中心与企业合作，研究开发精油，如喜马拉雅柏木油、香茅油、薄荷类精油、罗勒油、香叶油、茉莉浸膏和净油、月下香（晚香玉）浸膏等。薄荷类精油

（亚洲薄荷油，椒样薄荷油，留兰香油等）是印度生产量最大的精油。

我国是薄荷原产地之一。薄荷在我国的主要产地是云南、江苏、安徽、江西、浙江、河南、河北、台湾等省。我国薄荷产业在1996年年底至1997年年初迅猛发展，主产地安徽省太和县面积最大，并带动周边的亳州、阜阳、临泉、界首、涡阳、蒙城等县市以及河南、河北、江苏、江西、陕西、新疆、东北三省、广西、海南等地薄荷产业的发展，薄荷生产几乎遍布全国各地。近些年来，随着印度薄荷脑产量的大幅度增加，受国际市场薄荷价格低迷影响，我国薄荷脑的产量及出口量呈下降的趋势。

（一）生物学特性

为多年生宿根草本植物，茎分地上茎和地下茎。地上茎又有两种，一种叫直立茎，高30～100厘米，方形，有青色和紫色，主要作用是着生叶片，产生分枝，并将根和叶联系起来，其上有节和节间。节上着生叶片，叶腋长出侧枝。叶对生，绿色或赤绛色，呈卵形。茎表面有少量油腺。另一种叫匍匐茎，它由地上直立茎基部节上的芽萌发后横向生长而成，其上有节和节间，每个节上都有两个对生的芽鳞片和潜伏芽，匍匐于地面生长，有时顶端也钻入土中继续生长一段时间后，又复钻出土面萌发成新苗。也有匍匐茎顶芽直接萌发展叶并向上生长成分枝。

地下茎又叫地下根茎，外形为根，故习惯上称为种根。通常，当地上部直立茎生长至一定高度，约8节左右时，在土层浅的茎基部开始长出根茎，随后逐渐增多。第一次收割后，这些地下根茎又萌发出苗，生长至一定阶段又再长出新的种根，即为秋播时的材料。地下根茎上有节和节间，节上长出须根，每节上有两个对生的芽鳞片和潜伏芽，水平分布范围可达30厘米左右，垂直入土多集中在10厘米左右。地下根茎无休眠期，一年中任何时间都可发芽生长。它是繁殖的主要部分。

叶对生，卵圆、椭圆形。叶色绿色、暗绿色和灰绿色等。叶缘有锯齿，两面有疏毛。油腺在叶片上、下表皮，以下表皮为多。油腺密度大者，含油量高，叶中精油含量占全株含油总量的98%以上。

分枝从主茎叶腋内的潜伏芽长出。

轮生花序，腋生。苞片披针形，边缘有毛。花萼基部联合成钟形，上部有5个三角形齿，外边有毛和腺点。花冠长3～4毫米，淡红色、淡紫色或乳白色，四裂片。正常花朵有雄蕊4枚，着生花冠壁上；雌蕊一枚，花柱顶端二裂，伸长花冠外面。在自然情况下，每年开花一次，一般上午6～9时开放。自花授粉，一般不能结实，必须靠风或昆虫进行异花传粉方能结实。自开花至种子成熟约需20天左右。一朵花最多能结4粒种子。小坚果，长圆状卵形，淡褐色，万粒重仅1克左右。

薄荷的一个生长周期约需240天左右，可分为5个生育时期：

1. 发苗期（也称返青生长期） 指从幼苗发芽至开始分枝的一段时间，头刀40天左右，3～4月上旬完成。二刀15～25天，老苗返青生长。

2. 分枝期 幼苗开始分枝至开始现蕾，是植株迅速生长时期，头刀5～7月完成，需80天左右，二刀需60～70天。

3. 现蕾开花期 7月上旬至下旬现蕾开花。现蕾至开花需15天左右。

4. 种子成熟期 8月中下旬，开花至种子成熟需20天左右。8月中旬种子成熟，但花期可延续至8月底至9月初。

5. 休眠期 10月下旬，植株地上部停止生长，直至翌年3月萌发。

耐寒又耐热，喜湿怕涝，耐阴。早春土温2～3℃时，地下根茎发芽，嫩芽可忍受－8℃的寒冷。生长最适温度为20～30℃，较耐热，5～6月生长最快。气温降至零下2℃时，植株枯萎。根茎耐寒力很强，只要土壤保持一定水分，于－30～－40 ℃处可安全越冬。

生长初期和中期需一定的降水量，现蕾开花期，特别需要充足的阳光和干燥的天气。

多数品种属长日照植物。日照较长可促进开花，有利于提高含油量。生长期间需充足的光照，日照时间长，光合作用越强，有机物积累多，挥发油和薄荷脑含量越高。密度过大，株间通风透光不良，容易造成下部叶片脱落，分枝节位上升，分枝数减少，挥发油和薄荷脑含量降低。

适应性较强，喜温暖湿润环境，植株生长适宜温度为20～30 ℃。－2 ℃时茎叶枯萎。根茎耐寒性极强，在－30～－40 ℃下可安全越冬。阳光充足可促进开花，有利于薄荷油、薄荷脑的累积。光照不充足或郁蔽不利于生长。生长初期和中期要求水分充足，现蕾、开花期需要晴天和干燥天气。对土壤要求不严格，一般土壤都能生长，而以砂质壤土，壤土和腐殖质土为最好，尤以地势平坦，疏松，便于灌溉、排水的土壤更有利。土壤酸碱度以pH 5.5～6.5较适宜。需肥较多，以氮肥为主，氮肥可促进薄荷叶片和嫩茎生长，磷肥可促进根部发育，增强御寒抗病能力。钾肥能使茎秆粗壮，增强抗旱和抗倒能力。缺钾易使薄荷感染锈病，但过多，反而有害。钙过多时含油量下降，镁参与精油的生物合成过程。

亚洲薄荷不但在平原可以生长，在海拔1225～2135米的地区也可生长，而以305～1067.5米海拔高度上，精油和薄荷脑含量较高，在此范围之外，均有所下降。

薄荷属种间极容易杂交，其杂交种有直立、匍匐、有斑纹叶片和纯绿叶片等性状变异。比较共同的生物学性状为：薄荷和留兰香共同的性状表现为根比较发达，除了地下部的根外，地上匍匐茎的茎节处也会发生出根。株高一般因季节而不同，为30～100厘米，茎四棱，多有分枝，叶对生，无托叶，表面绿色，叶两面都覆盖有含有精油的腺毛。

（二）种类和品种

1. 分类 薄荷有30种左右，140多个变种，其中有20个变种在世界各地栽培。有三种分类方法：一是按作物学，二是按原产地，三是按精油的化学成分。在作物学上可分为两大类，即亚洲薄荷和欧洲薄荷，前者为中国、日本原产，精油中游离薄荷脑含量高，不饱和酮等的含量低；后者为欧美原产，精油中游离薄荷脑含量少，而化合脑和不饱和酮的含量高，原油香气比亚洲薄荷为优。薄荷有短花梗和长花梗两个类型，英、美栽培的以长花梗品种的绿薄荷、姬薄荷、西洋薄荷较多，日本栽培品种为日本薄荷，其他国家还有皱叶薄荷。中国栽培以短花梗的品种较多，以其颜色不同，又可分青茎圆叶种、紫茎紫脉种、灰叶红边种、紫茎白脉种、青叶大叶尖齿种、青茎尖叶种和青茎小叶种。

世界上人工栽培的薄荷，主要有以下几种：

(1) 亚洲薄荷（*Mentha arvensis*） 栽培面积和总产量最大，主要产地是中国、巴西、巴拉圭和日本，其他如朝鲜、阿根廷、印度、澳大利亚、安哥拉等国也有小量生产。

(2) 欧洲（椒样）**薄荷**（*Mentha piperita*） 主要产地是美国，其次为原苏联，保加利亚、意大利、摩洛哥，其他如英国、法国、波兰、匈牙利、南斯拉夫、罗马尼亚、智利、荷兰等国也有生产。

(3) 伏薄荷（*Mentha pulegium*） 原产欧洲和地中海沿岸地区，主要产地西班牙、摩洛哥、美国等。精油的主要成分是胡薄荷酮，含量为80%～90%，是制造合成薄荷脑的原料之一。

(4) 香柠檬薄荷（*Mentha citrata*） 原产欧洲，现产于美国、埃及等国家。精油中的主要成分是乙酸芳樟酯和芳樟醇。

(5) 留兰香类植物 又名绿薄荷、青薄荷等。薄荷与留兰香的区别一般趋向于通过精油的化学成分是否含有香芹酮来定，如含有香芹酮则称之为“留兰香”。意大利“苏格兰留兰香油”主要成分及含量为：香芹酮 59.26%，柠檬烯 11.10%，反-乙醋香芹酯 5.90%、乙酸紫苏酯 2.95%，二氢香芹醇 2.36%，大根香叶烯 D 1.79%，新异二氢香芹醇 1.62%，月桂烯 1.50%，1，8 -桉叶油素 1.41%，3 -辛醇 1.26%（图 29）。

图 29　留兰香的形态

2. 主要品种　我国种植的是有唇萼薄荷和亚洲薄荷。主要栽培作蔬菜食用的是亚洲薄荷。

(1) 青茎圆叶品种　又叫水晶薄荷、薄荷王、白薄荷和黄薄，简称青薄荷。此品种茎方形，幼苗期茎秆基部紫色，上部青色；叶绿色，卵圆至椭圆形，叶脉淡绿色，下陷；叶面皱缩，叶缘锯齿密而不明显。长成植株茎秆的上部青色，基部淡紫色；叶片卵圆形，叶缘锯齿深裂而密；叶面深绿色，有光泽，叶片背面颜色较淡；叶脉淡绿色。衰老时，叶片颜色较深，上部叶片尖而小，先端下垂，叶身反卷，茎秆变黄褐色。开花期在上海一般头刀期在 7 月中下旬，二刀期 10 月中下旬前后。花冠白色微蓝，雌雄蕊俱全。抗旱力较强。原油含脑量（80%左右）和素油香气均不及紫茎脉品种。

(2) 紫茎紫脉薄荷　简称紫薄荷，茎秆方形、紫色，若透光不良，则茎秆下部为紫色，上部青色，或上下均青色。幼苗期茎秆紫色，叶片暗绿色，叶脉紫色，叶面平整，叶缘锯齿浅而稀。成长植株叶长椭圆形，顶端 1～5 对叶片的叶脉紫色，其下各层次叶片叶脉淡绿色，叶缘带紫色的仅在顶端 1～5 对叶片。衰老时顶端几对叶片尖而小，且叶面朝上反卷。花冠淡紫色，雄蕊不露，结实。根系入土浅，暴露在表面上的匍匐茎较多，抗旱能力差，原料含脑量80%～85%，素油香气较青茎圆叶品种为优。

(3) 椒样薄荷 又叫胡椒薄荷、欧洲薄荷、黑薄荷，是薄荷属中最有经济开发价值的种，用途极为广泛，干燥叶可作调味料、健胃药、祛风药、消毒药等，精油以及精渍的单离物薄荷脑具抗生物活性作用，还因其香气在化妆品、香水、牙膏、漱口剂使用，另外还在口香糖、清凉饮料、糖果、糕点中使用。目前胡椒薄荷最大的生产国是美国，其他还有保加利亚、巴西、日本、法国、俄罗斯以及阿根廷。1959年我国由苏联和保加利亚引入，主要栽培在河北、浙江、江苏、安徽、黑龙江等地。株高80～110厘米，茎四棱，叶对生，花萼钟状，长2～3毫米，花冠淡紫色，裂片4枚，雄蕊4枚，退化；花柱2裂，伸出花冠外。栽培上有青茎种和紫茎种两个品种，前者茎呈绿色，叶片绿色，披针形至椭圆形，叶片平展，叶边缘锯齿深而锐。后者茎呈紫色，叶片暗绿色，长卵圆形至长椭圆形，叶面光滑，无绒毛，叶边缘齿钝而密。

（三）繁殖方法

(1) 根状茎繁殖 可在冬春雨季进行，南方气候温暖，多于冬季（10～11月）土地凝冻前栽种；北方因冬季气温低，多采用春栽（3～4月），但要在种根发芽前种植。栽种前，先将选好的种根切成长6～7厘米的小段，按行距25～30厘米开沟条栽，或按株距12～15厘米，挖深6厘米左右的穴，每穴栽入2～3小段，填平沟穴，轻加镇压即可。南方用种根667米^2 50～60千克，北方因天气干燥，用种根量宜增至667米^2 90～100千克。

(2) 地上茎与匍匐茎繁殖法 6～7月在接近地面处，往往长出匍匐茎，留之则徒耗养分，但可用作繁殖材料。此外也可利用地上茎进行扦插繁殖。到6～7月或在头刀收获时，割去植株和匍匐茎，或采取植株上段的嫩枝，切成长10厘米左右的小段，将全长的 2/3 插入湿润的畦上，行株距为 5 厘米×5 厘米，畦上要有遮阴设施，保持湿度，经 1～2 周即可成活，待苗高 10～13 厘米时，即可移植。

(3) 分株移植 选生长良好，品种纯正，无病虫害的薄荷田作留种地，秋收后中耕除草和追肥，翌年 4～5 月，苗高 10～15 厘米时，陆续挖掘起苗，按株行距 25 厘米×20 厘米，深 6～10 厘米，每穴栽 1～2 苗。这种办法在收获头刀、二刀时均可进行。

(4) 种子繁殖 可分为直播和育苗移栽两种。

种子直播法 精细整地后将种子拌入 100 倍细砂土中混合均匀，按 30 厘米的行距条播后，用灰土或焦泥灰浅覆盖，厚约 0.30 厘米，轻压，使种子与土壤密接，经常浇水，保持土壤湿润，促进发芽。

育苗移植 在向阳处选择土壤肥沃、土质不黏重的地块，精细整地，施入腐熟的农家肥 667 米^2 3 000～4 000 千克作基肥，作成长 12～15 厘米，宽 1.50 厘米的苗床，将种子与 50 倍左右的细砂土混匀，均匀撒在苗床上，浅覆土，压实。以稻草覆盖，喷水保持湿润，约 2～3 周即可发芽。待苗出齐后除去稻草，并及时进行除草、施肥、浇灌等田间管理。待苗高 6～10 厘米时，选择傍晚或阴天移植。由于薄荷属种间极易杂交，使后代性状改变，为保证品种的优良特性，大面积生产中，以无性繁殖的根状茎繁殖法较好，不仅能保证品种纯正，而且萌发早，幼苗健壮，产量也高。

(四) 露地栽培

选择 5 千米内无“三废”污染源，浇灌用水符合安全标准，2～3 年未种植薄荷或留兰香，且地势高，干燥，排灌方便，土壤肥沃的向阳地块作为栽培地。通过深耕、细耙，使土壤达到深、松、细、平的目的，为薄荷生长创造一个良好的保肥、保水、通透性能好的环境。秋冬季翻土，深 25～30 厘米，细耙，使土壤无3厘米以上土块。在北方作成平畦，南方则作成15厘米左右的高畦，畦宽1.30～1.50米，畦间留宽25厘米左右的沟。

薄荷一般采用春、秋季节移栽，以4～5月份移栽为好，尽可能早栽，早栽生长期长，产量高。选择晴天下午或阴雨天移栽，移植时在整好的畦面上将根茎、幼苗或扦插苗按行距50厘米、株距35厘米，每穴1株，斜摆在栽培沟内，盖细土、压实。定植后要浇足定根水，如遇到高温干旱、阳光猛烈的天气，应加盖遮阳网遮阳，保持土壤湿润，促进成活。

薄荷繁殖苗圃中苗高5～10厘米时，或大田移栽苗成活后，可进行第一次中耕；苗高15～20厘米时进行第二次中耕；苗高25～30厘米时进行第3次中耕。在每次收割后，均需进行1次中耕，除去过多的根茎，以免幼苗过多，生长不良。除草则不拘次数，有草即除。对连作的薄荷地，畦内幼苗过密时，可于当年第1次中耕除草时，进行疏除，每隔6～10厘米留苗1株。

每次中耕后，都应追肥1次，食用薄荷以氮肥为主，667米^{2}施用含氮46%的氮肥10～15千克，也可结合浇灌施淡粪水2 500～3 000千克。一般苗期和生长期施肥较少，分枝期施肥较多。第1茬收割后，根据不同的株行距，在行间挖宽20～30厘米，深10厘米的施肥沟，施复合肥20千克。苗高10厘米左右时，施10～15千克复合肥。第二次收割后，增施10千克氮肥，促进第二次苗壮早发。薄荷喜湿润，天旱时要及时灌水。雨季则要及时排水，特别是在现蕾期要防止积水。

田间植株密度较稀时，摘去主茎顶芽对提高产量有一定效果。株丛茂盛，株距较大时，不宜摘心。

薄荷主要病害是黑胫病、锈病、斑枯病等。黑胫病多发生于苗期，可在发病初期用70%的百菌清或40%多菌灵600倍液喷雾防治。锈病在发病初期用25%粉锈宁1 000～1 500倍液，15%三唑酮可湿性粉剂2 000～2 500倍液，25%敌力脱乳油

3 000倍液，7～10 天一次，连续 2～3 次。斑枯病在发病初期喷施 65%的代森锌 500 倍液，或 50%多菌灵 1 000 倍液，或用等量式的波尔多液交替喷雾防治，每隔 7～10 天 1 次，连喷 2～3 次。

薄荷主要害虫主要是小地老虎、烟青虫。一般在卵孵化盛期，喷洒灭杀毙 8 000 倍液，或 2.5%溴氰菊酯 3 000 倍液，或 20%菊马乳油 3 000 倍液，或 10%溴马乳油 2 000 倍液，7～10 天 1 次，连喷 3 次。烟青虫又叫烟叶蛾，为多食性害虫，以幼虫蛀食寄主的花蕾、花及果实，造成落花、落果及果实腐烂，也可咬食嫩叶及嫩茎，造成茎中空折断。以蛹在土壤中越冬，成虫有趋光性，夏季降水适中而均匀时发生严重。防治方法是：将土壤中的蛹翻到地表，并破坏羽化通道，使成虫羽化后不能出土而窒息死亡。将半枯萎带叶的杨树枝剪成 60 厘米长，每 5～10 枝捆成 1 把，插到田间，667 米^2 插 10 把，5～10 天换 1 次，每天早晨收成虫消灭。在卵孵化初期，用 50%辛硫磷乳油 1 000 倍液，或 80%敌百虫可湿性粉剂 1 000 倍液，或 5%来福灵乳油 2 000～4 000 倍液，或 2.5%天王星乳油 2 000～4 000 倍液，交替喷雾。

（五）大棚假植春提早栽培

薄荷大棚春提早栽培，是利用当年春季育苗，经夏秋季生长，已形成地下根状茎的植株，冬前挖取地下茎，假植大棚内，早春萌发采收嫩茎叶食用的方式。

霜后，待培育的根株地上部枯黄，养分完全运转到地下根茎中之后，植株进入休眠状态。此时要抓紧清理地上枯枝落叶，浇透水，促进度过休眠。约经 20 天左右，植株通过休眠后，在地封冻前将根茎挖出，整理后挖沟埋藏，晚霜期前 40～50 天，假植于大棚内，行距 5 厘米×5 厘米。假植后土壤白天保持 20～25 ℃，夜间 10 ℃以上，约经 10～15 天即可长出幼苗。第一茬小苗长到 5 厘米左右时可浇水，667 米^2 施硝酸铵 30 千克，以后喷施叶面肥，每 10 天喷一次，尿素＋磷酸二氢钾＋白糖2∶1∶3

的混合液150倍液。假植后30天左右，幼苗长到15～30厘米时即可采收。第一茬收后，加强管理，可再收。大约采摘到“五一”节前后，生产结束后，外界温度已基本能够满足薄荷生长，可将其移栽到露地，到冬季再挖根贮藏，准备下一年生产。

（六）收割

菜用的当植株高20厘米左右即时采收嫩尖供食。温暖季节15～20天收一次，冷凉季节30～40天采收1次。家庭一般用量少，随需要而采收。采摘嫩尖时，植株下部一定要保留2～3片健壮叶，以便为植株再生制造营养。薄荷的嫩茎叶，可用开水焯后凉拌，炒食。或由面糊裹着油炸，作清凉饮料及糕点，亦可晒成干菜食用。

（七）选种与留种

留种田的面积与大田面积之比为5∶10。要选出优良品种必须对品种的特征特性有较深刻的了解和借助必要的鉴别方法。如去劣留种法，在某一田块中，原品种优良植株占绝对优势，只有少数分株时，在出苗后至收获前，趁中耕除草时，将其连根挖起带出田外；若劣株占优势时则在苗高15厘米左右时，将优良植株逐株带土挖起，合并移栽于另一田块，作为下年优良纯种扩大种植。有时薄荷在无性长期繁殖过程中，因气候、土壤、栽培措施等因素的作用，及植株个体不同组织器官乃至细胞间，也会产生变异，可根据形态，将其选出，分行种植，比较选出较好的新品种。

三十八、迷迭香

迷迭香是唇形科迷迭香属植物，已应用于医药、日用化工、食品等领域，主要作为化妆品的原料及沙拉、肉食、饮料等的调味料。

挥发油有止痛兴奋作用，尤其是擦于皮肤时更甚。迷迭香的抗炎作用主要是由于迷迭香酸与黄酮类，黄酮类可加强毛细血管循环，全株味苦，具有收敛作用。迷迭香在欧洲草药医学中有相当重要的地位，其性温可刺激血液循环，使血行至脑，提高记忆力。它还可减轻头痛和偏头痛，引血上行至头皮而促进头发生长。用于治疗癫痫和眩晕。可升高过低的血压，它对循环不良所致的头晕与虚弱有一定的价值。迷迭香酸对长期紧张和慢性疾病具有康复作用，认为是刺激肾上腺体而产生的作用，尤其适用于治疗循环不良与消化不良所致的虚弱病症。

对于并非真正有病，但老是担心的病人，给其服迷迭香可奏效，其适于轻度或中度抑郁者。此外，可作为洗液或稀释精油使用，在沐浴时，水中加入浸液或清油可振作精神，解除疼痛，风湿性肌肉痛。

迷迭香可从花、茎、叶中提取精油，是欧洲传统香料。植株香味强烈，具有龙脑、樟脑等成分的混合香气。

迷迭香鲜叶精油含有率为 0.48%～1.4%，干燥叶精油含有率为 1.2%～3.0%，花中精油含有率为 0.3%～2.0%。精油主要成分 α-蒎烯、1，8-桉叶素、龙脑、樟脑、莰烯、马鞭草烯酮、乙酸龙脑酯、α-松油醇、对伞花烃、芳樟醇、柠檬烯。目前 ISO 国际标准把迷迭香精油分为两种类型，即西班牙型和突尼斯摩洛哥型，二者成分相同，但各组分含量有差异。还有人将其分为以下几种不同的化学型：

樟脑型　樟脑含量过30%，具有黏液溶解、胆汁排泄、利尿、去除淤血、通经、筋肉放松作用。

1，8-桉叶油素型　1，8-桉叶油素含量达40%～55%，具有抗黏膜炎、黏液溶解、祛痰、杀菌等作用。

马鞭草烯酮型　马鞭草烯酮含量可达15%～40%，α-蒎烯含量达15%～35%。有抗黏膜炎、祛痰、黏液溶解、镇静、瘢痕形成、调节内分泌等作用。

迷迭香非挥发性成分主要含有：黄酮类、二萜类、三萜类、甾醇类、有机酚酸类及多种脂肪酸类等，是迷迭香的主要活性成分。鼠尾草酚的抗氧化活性是BHT和BHA的5倍；迷迭香提取物及其二萜酚类成分具有明显的抗微生物活性。迷迭香中因含有大量黄酮类、二萜酚类、迷迭香酸等成分，是开发解热、镇痛、抗炎和预防神经性疾患、心脑血管疾病等药物的理想原料。另外，迷迭香抗氧化剂有清除人体内自由基，淬灭单线态等作用，是一种抗衰老药物。迷迭香也被用于生产健胃药、止痛剂、抗菌剂。它还具有抑制胰岛素释放和提高血糖的作用。

迷迭香具有杀菌、杀虫、消炎等功效，有兴奋和温和的止痛作用。现已广泛用于香水、非酒精饮料、香皂、护肤霜、矫臭剂、护发素、洗头膏、空气清新剂等日用化工品中。西班牙已用迷迭香水提物开发出具有防治脱发、秃发、头皮屑，及刺激头发生长、增加头发韧性作用的专利洗发水；日本开发出抗自由基的专利化妆品、防治真菌的洗发水及含有0.05%迷迭香甲醇提取物的口香剂。含有迷迭香酸的专利抗皱化妆品也问世。

此外，迷迭香干燥叶可入茶，作为调味料入汤、炖肉、制作香肠等。迷迭香还是很好的观赏植物，在欧洲被广泛应用于园林中。目前我国各地的大型公共绿地都有种植。

迷迭香原产于欧洲、北非及地中海沿岸，主要分布于法国、西班牙、前南斯拉夫、突尼斯、摩洛哥、保加利亚和意大利等，现在世界各国广泛栽培。

据文献记载，在三国魏文帝时期，迷迭香自西域引入我国，当时仅用于闻其香味。20 世纪 70 年代末至 80 年代初，南京与北京分别从加拿大和美国引种，并对其生长习性和抗氧化习性进行研究，已取得一定成果。近年来，我国西南部分省区也有栽培，主要种植地区为广西、贵州、云南、海南等地。

（一）生物学性状

迷迭香有许多种、变种和品种，国内目前常见的栽培种是：

（1）普通迷迭香（*Rosmarinus officinalis* L.） 英文名 rosemary。株高 60～120 厘米，直立。茎方形、木质、褐色，较细。叶形条形，叶质薄。花色淡粉色，花期 1～2 月份。

（2）Rex 迷迭香（*Rosmarinus officinalis* cv. "Rex"） 英文名 Rex rosemary。株高 60～150 厘米，直立，茎方形、木质、褐色，较粗。叶对生，革质无柄。叶形剑形，叶质厚。花色深蓝色，花期 10 月至翌年 2 月份。

（3）Wood 迷迭香（*Rosmarinus officinalis* cv. "Wood"） 英文名 wood rosemary。株高 60～150 厘米，匍匐。茎方形、木质、褐色，较细。叶形剑形，叶质薄。花色淡紫或淡蓝，花期 10 月至翌年 3 月份。

迷迭香适宜的生长温度为 9～30 ℃，对土壤 pH 的适宜范围较广（4.5～8.7）。较耐旱，喜阳光，宜在通风、排水良好的田地栽培。用种子繁殖，发芽率较低，发芽时间较长，现多用扦插繁殖。收获的次数根据植株生长的情况而不同。当年移栽的，至少在半年以后收获第一次，2 年以后的植株 1 年可收获 2 次。

迷迭香为多年生常绿亚灌木，直立型，高 60～120 厘米，最高可过 160 厘米。老枝褐色，表皮粗糙，幼枝呈四棱形。叶线形，对生，全缘，革质，无柄，长 3～4 厘米，宽 2～4 毫米。叶背面呈深绿色，平滑，腹面灰白色，具细小茸毛，有鳞腺，边缘外卷。网状脉。芽无芽鳞。具长短枝。花淡蓝至蓝紫色。花冠唇形，着生于顶部叶腋间，少数聚集在短枝的顶端成总状花序。两性，雄蕊4枚，子房4室。花期9～11月份。坚果，褐色，卵状近球形。植株有特殊的香味，花叶可提取精油（图30）。

图30　迷迭香的形态

（二）栽培技术

通常用无性繁殖法，主要采用扦插方法育苗，以春、秋季最佳。夏、秋交替季节，中午阳光强烈，要适当遮阴，隆冬时节要注意防冻保暖。

扦插枝条应选用当年生的半木质化枝条，长度约10厘米。较长或肥壮枝条可剪成几段，但要确保每一段有4个以上的节。剪好的枝条用清水浸泡5～10分钟后即可扦插。剪枝时要遮阴，从母株取枝条时间越短越好。

扦插应选择阴天或下午进行，插入土中深度3～4厘米，入土部分一般为2个节，株行距以5厘米×5厘米为宜。如苗床松软，可以干插。如果苗床偏硬，可先将苗床用水浇湿再扦插。插入后及时浇透水，第一次浇水以喷淋方式较好。扦插枝若用生根粉蘸根，可促进根系发育。

扦插后半个月内，必须每天浇水3次，确保苗床湿润。浇水时间以早晚最佳，阳光强、气温高时要注意遮阴，浇水次数也要适当增加。半月后，插穗开始生根，生根后可适当减少浇水量，但不能脱水。生根成活后（1个月左右），每公顷可用150～180千克尿素对水浇灌，每10天浇肥1次，经过3个月左右，即可移栽：株行距40厘米×40厘米。移栽成活1个月后开始修枝。修枝的目的，第一是为了让其充分分枝，每剪1枝可发2～4枝。第二是控制生长高度，植株长得过高容易倒伏和折断。枝条修剪标准应掌握以确保侧芽生长，使植株长成圆锥形为最佳。每次修剪下的枝条都可用于提炼。

（三）收获与加工

迷迭香一次栽培，可多年采收，每年可采收3～4次，每公顷每次采收鲜枝叶量3 750～5 250千克。如果采收植株过小，费工费时，效益低；采收植株过大，则木质化程度高，有效成分降低，影响提取精油及抗氧化剂产量、质量。采收后要加强肥水管理，结合人工除杂草及时浇水施肥，补施普钙或复合肥。同时，为了有利植株通风、透光，提高光合作用，采收后可对植株进行再次修剪，将株形剪为圆锥形。

（1）采收枝叶的部位 从顶端向下，茎秆上会出现1个绿白色变为黑色的变色点，此点刚好是木质部、韧皮部开始木质化的分界线，从顶端至变色点部分（20厘米左右）即为加工最好的嫩枝叶原料。

（2）采收时的外观色泽 以采收新鲜嫩枝叶为原则，采剪后的枝叶2天内的应进行加工。

（3）采收季节 一般3月至11月上旬均可采收。冬季11月中旬到翌年2月不宜采收，应以保苗及加强肥水管理为主。

叶子中挥发油，含量最高。夏天采收叶子用于制剂或蒸馏提油。迷迭香精油的提取方法主要有水蒸馏法。目前水蒸馏法是国际上提取迷迭香精油的常规方法，超临界CO_2萃取的方法目前正受到关注。分析方法主要为GC－MS（气相色—质谱联用），精油成分和相对含量随种源、产地、环境条件、采收时间、加工方法不同而不同。

三十九、蒲公英

蒲公英（*Taraxacum mongotlicum*）为菊科蒲公英属多年生草本植物，别名婆婆丁、黄花地丁、尿床草、奶汁草、黄花苗、蒲公草、黄花三七等（图31）。我国东北、华北、西北、西南、华中等省区均有野生。长期以来一直是人们普遍食用的野菜。近年来，随着对蒲公英医疗保健功能的深入研究，蒲公英被视为药食两用营养全面的“绿色食品”和“营养保健品”，由野菜变为美叶佳肴，并且最近还以芽菜的形式出现在大众的餐桌上。

蒲公英除多采集嫩叶嫩茎供食用，蘸酱生食外，还可凉拌。将嫩叶洗净，用沸水焯1一下，捞出用冷水冲一下，加辣椒油、味精、香油、盐、醋、蒜泥、姜末等，根据个人口味拌成各异小菜。做馅：将嫩叶洗净，用沸水焯后，稍攥一下，剁碎，加佐料调成馅，做包子和饺子。蒲公英粥：取蒲公英30克、粳米100克，熬煮成粥，可清热解毒、消肿散结。蒲公英茵陈红枣汤：蒲公英50克、茵陈50克、大枣10枚、白糖50克，熬制成汤，是治疗黄疸型肝炎的上等辅疗药物。蒲公英茶：将嫩叶洗净，放锅中加水淹没，用大火煮沸后盖上锅盖，再用小火熬煮1小时，滤后晾凉饮用可防病除疾，促进健康。蒲公英咸菜：嫩苗去杂洗净，晒至半干，加20%食盐，白糖及花椒等佐料，揉搓，搅匀，入坛封藏，10天后食用。蒲公英绿色饮料：采未开花的鲜蒲公英，洗净洒干水分，入榨汁机中榨汁滤渣，倾入饮料杯中，另可根据饮者喜好投入小樱桃、番茄片或其他水果片作配料，然后加入蜂蜜、糖、冰块、适量水，搅匀而成。

蒲公英的全草含甾醇、胆碱、菊糖、果胶等物质及维生素、

图 31　蒲公英

胡萝卜素，以及各种微量元素；至少含有 17 种氨基酸，其中 7 种为人体必需的氨基酸。蒲公英全草中甾醇、三萜类、倍半萜内酯类、黄酮类、酚酸类等活性物质含量也相当丰富。同时又是含钙较高的蔬菜。蒲公英中还富含对人体有很强生理活化物质硒元素。嫩叶质脆、味清香、微甘微苦，是一种很有开发利用价值的医疗保健型蔬菜。同时还是制作饮料罐头，保健茶和化妆品的良好原料。

据《本草纲目》记载，蒲公英性平味甘微苦，有清热解毒、消肿散结及催乳作用，对治疗乳腺炎十分有效；还有利尿、缓泻、退黄疸、消炎利胆等功效，有非常好的利尿效果。“蒲公英嫩苗可食，生食治感染性疾病尤佳。”主治上呼吸道感染、眼结膜炎、流行性腮腺炎、乳肿痛、胃炎、痢疾、肝炎、急性阑尾炎、泌尿系统感染、盆腔炎、痈疖疔疮、咽炎、急性扁桃体炎、急性支气管炎、感冒发烧等症。据美国研究，蒲公英是天然利尿剂和助消化圣品，除含有丰富的矿物质，还能预防缺铁性贫血；蒲公英中的钾和钠共同调节人体内水盐平衡，使心率正常。还含有丰富的蛋黄素，可预防肝硬化，增强肝胆功能。加拿大将蒲公英正式注册为利尿、解水肿的中药。

（一）生物学性状

蒲公英株型肥大，株高 45～60 厘米。主根生长迅速、粗壮，入土深达1～3米。叶面肥大，狭倒披针形，长20～65厘米，宽10～65厘米，大头羽状深裂或浅裂，顶端裂片长三角形，全缘，先端圆钝。每侧裂片4～7片，裂片三角形至三角状线形，叶基显红紫色，沿主脉被稀疏蛛丝状短柔毛。花多数，高10～60厘米，基部常显红紫色。头状花序，长25～40毫米；总苞宽钟状，绿色，长13～25毫米。舌状花，亮黄色，舌片长7～8毫米，宽1～1.5毫米，基部筒长3～4毫米，柱头暗黄色。瘦果浅黄褐色，长3～4毫米，中部以上有大量小尖刺，其余部分具小瘤状突起。顶端缢缩为长0.4～0.6毫米的喙基，喙纤细，长7～12毫米；冠毛白色，长6～8毫米，千粒重0.68克。花果期6～8月，少量9～10月。

蒲公英适应性广，既耐寒又耐热。可耐－30℃低温，适宜温度为10～25℃，同时也耐旱、耐酸碱、抗湿、耐阴。早春地温1～2℃时可萌发，种子发芽最适温为15～25℃，30℃以上发芽缓慢，叶生长最适温度20～22℃。既耐旱又耐碱，也抗湿，且耐阴。可在各种类型的土壤下生长，但最适在肥沃、湿润、疏松、有机质含量高的土壤上栽培。蒲公英属短日照植物，高温短日照下有利抽薹开花。较耐阴，但光照条件好，有利于茎叶生长。一般从播种至出苗6～10天，出苗至团棵20～25天，团棵至开花60天左右。条件好时可多次开花，开花至结果需5～6天，结果至种子成熟需10～15天。多在3～5月开花结实，4～5月种子成熟。每株平均结果约800粒，自然萌发率10%～20%。种子休眠1周后萌发，当年长出5～7片叶，越冬后再萌发、抽薹、开花、结实。

（二）品种

蒲公英是复合种，各地不同种类的植株叶的大小及形状变化很大，在我国约有22个品种，3个变种，多为野生状态。近来已由药蒲公英野生群体中经系统选育而成的大型多倍体蒲公英新品种，在我国西南和西北栽培较多。另外，法国原叶蒲公英，由法国育成，我国已有部分地区引进栽培。本品种品质优良，适合人工栽培，具有叶多叶厚，产量较高，每株有百个叶片，上百个花蕾，667 米^{2}年生鲜叶 3 500～5 000 千克，采摘种子 50～60 千克，产量是野生蒲公英品种的 8～10 倍。

最近由山西农业大学赵晓明教授选育的铭贤 1 号蒲公英，叶狭倒披针形，边缘有倒向羽状缺裂，长 20～65 厘米，最长可达 80 厘米以上，宽 50～100 毫米。头状花序，直径 25～40 毫米。总苞宽钟状，长 13～25 毫米，总苞片绿色。舌状花，亮黄色；花葶可达百余枝，高 20～70 厘米；瘦果浅黄褐色，长 3～4 毫米。喙长 7～12 毫米，冠毛白色，长 6～8 毫米，种子千粒重 0.68 克；花期始于 4 月上旬，5 月上旬进入盛果期，盛果期延续 15 天左右，全年均有零星开花，在 9～10 月间也有一次较集中的果期。

（三）栽培方式

蒲公英的栽培方式可以用育苗移栽法、母根移栽法、种子直播法。

育苗移栽法：选择土质疏松、排灌方便的地块做育苗床，9～12 月间育苗。苗床施腐熟有机肥 3～4 千克/米^2，过磷酸钙 80 克/米^2。深翻 25 厘米，使肥料与土壤混匀，畦宽 1～1.2 米，埂宽 0.3 米，成畦后搂平，然后浇水，水落后播种。播种量为 5 克/米^{2}左右，播种时将种子与适量细沙混匀，撒播于苗床上，然后覆 2 毫米的细土或细沙，7～15 天出苗。育苗期要求温度控制在 20 ℃左右，育苗床要保持湿润。幼苗期注意及时拔除杂草并及时间苗，保持苗距 3～4 厘米。当苗长到 10～15 厘米高时挖出，大小分级，剪掉 3/4 长度的叶片，将苗垂直栽入，土不埋心，要求行距 15 厘米，株距 10 厘米。浇水 1～2 次。

母根移栽法是在土地将封冻时进行，将生长于大田的母根挖出，按25厘米×25厘米栽于大棚内，667米^{2}栽10 000株左右，栽后1个月可采割叶片。

种子直播法的生产周期短，见效快，且蒲公英的品质较好。现在多采用这种繁殖方法。播后70天即可采收上市。因此，北方大棚一般在前一年的8～10月左右种植。

（四）种子直播法的栽培技术

播种前先施磷酸二铵2.5千克/米^{2}左右，然后浇水。一般播前2～3天，浇足底墒水。水渗后均匀撒种，条播、平播均可。蒲公英种子小，播种时要拌沙。播完后浇水，浇水要采取喷淋，喷头向上，呈牛毛细雨状均匀下落。往返喷洒，畦面水量不要太多，避免种子在地表不固定而漂移。浇水3天后畦面撒过筛细土0.3厘米厚，再喷洒少量水。苗出土前不能浇大水。温度保持15～30℃，从播种至出苗约10天。

出苗后因秋季大棚内温度高，要大量通风。通常是把大棚向阳面的塑料膜全部吊起来。蒲公英长到一叶一心时第一次施磷酸二铵与尿素按3∶1混合肥，每100米^{2}用肥2.5千克。施肥后浇水。浇水用喷壶，浇透为止。三叶一心时第二次施肥。

大棚种植大叶蒲公英主要是为了春节上市，因此，管理主要是使肉质根粗壮，积蓄营养，保证冬季上市时叶大而鲜嫩。因此，夏秋季节一般不采割，要为来年优质高产奠定基础。在10月下旬要把蒲公英的叶全部割掉，确保蒲公英的根贮藏营养、积蓄能量，为冬季收获品质好的蒲公英打下基础。

为了赶在春节期间上市，一般在距春节前50～60天开始给大棚加温。一般200米^{2}用2个炉子，有条件的地方可以用暖气取暖，早晚盖草帘保温。

大棚蒲公英盖膜时间在土壤结冻后，盖塑膜前10天，要追肥浇水，667米^{2}施尿素20千克。将萎蔫叶片割掉，可用做优质饲料添加剂或中药材。1～10天为解冻萌芽期，表土5厘米深处地温达 1～2 ℃时，开始萌发长出新芽。清明节前新芽露出地面。此时土里的“白芽”部分长度有 3～4 厘米，将温度控制在 20～35 ℃，此期萌发大量叶芽，10～25 天为叶片速长期，温度控制在 15～30 ℃，光线不要太强，尽量降低湿度。此期间叶片可达 30 厘米以上，单株可采割叶片 200～300 克，大株可超过 600 克。

越冬栽培时选择保温性能良好的日光温室，早霜来临前10～20 天扣好薄膜，7～8 月中下旬露地播种，播后加设小拱棚，上覆草帘，9 月份后撤去覆盖物。9 月下旬至 10 月上中旬定植。采挖时选叶片肥大根系粗壮的主根作母根，开沟定植，行距 20 厘米，株距 10 厘米，将母根在沟内沿沟壁向前倾斜摆放，或稍用力向定植沟底下摁，覆土盖住根头 1.5～2 厘米，入冬后温室保持 10 ℃以上，即可正常生长，植株长到适宜大小时采收上市。

遮雨栽培时，利用棚室骨架，顶部覆盖薄膜和遮阳网，夏季高温多雨季节进行栽培，防止大雨拍苗、病害严重、日照过强等问题。管理与露地基本相同，唯应加大通风面积，还可用黑色薄膜覆盖，增强降温效果。棚周应挖排水沟，严防积水浸入棚内。

（五）软化栽培

为了增强可食性，常对大叶蒲公英采用软化栽培，方法是蒲公英萌发后，进行沙培，每次铺 1 厘米厚的细沙，待叶片露出地面 1 厘米后，再次进行沙培，依次进行 4～5 次，于叶片长出沙面 8～10 厘米，连根挖出、洗净，去掉须根，即可上市。通过软化栽培后的蒲公英，苦味降低，纤维减少，脆嫩质优。

（六）立体栽培要点

要长年将蒲公英投放市场，北方做好日光温室蒲公英的反季节生产是很重要的。用三角钢焊架，尺寸要根据日光温室具体情况，靠北墙、东西走向焊斜面架，充分利用光照。也可焊成移动的小铁架，长、宽尺寸要稍大于托盘尺寸，便于摆放。可设计摆放3～4层。托盘以长、宽各100厘米，高20厘米的木质材料，可移动的托盘为好。

播种育苗：7月份将托盘放光照充足处，装入基质。基质要求高腐熟的秸秆肥与土1∶1混合均匀，搂平压实，将采集的新蒲公英种子撒播在托盘表面，每盘（1米^2）播种量控制在2克左右。覆土0.5厘米，稍压实后喷透水，保持湿润，一周后出苗。

出苗后注意清除杂草，过密的要稀疏一下，株间保持2～3厘米。要经常淋施些沼气池的沼水肥，或“果蔬鲜”等冲施肥，加强管理，培育壮苗。

9月15日以后将托盘移入日光温室内，要经常进行松土除草，喷施叶面肥，淋浇沼水肥，油渣液体肥等，也可将少量磷酸二铵或氮、磷、钾复合肥溶水后浇入托盘，保证蒲公英旺盛生长。日光温室内以北半部分架式生产蒲公英，南半部生产其他蔬菜为好。立冬后可采收蒲公英上市。

（七）黄化绿化交替栽培

山西农业大学生命科学院乔永刚、宋芸进行了蒲公英的黄化绿化交替栽培试验。蒲公英播种第二年3月下旬出苗，4月初，苗高已达20厘米。刈割后第二天，每个畦搭小拱棚架，架的高度应以拱棚距最靠畦垄的一行蒲公英达35厘米以上为是，并用黑色塑料薄膜覆盖。覆盖10天后蒲公英黄化叶片已长20厘米以上，较长的可达30厘米，此时就可以收割上市了。收割后揭去覆盖物进行绿化栽培。当茬口愈合后及时浇水追肥，20天后，地上部分已长到20厘米以上，这时蒲公英叶片纤维含量少，口感较好，可以收获。绿化结束后即完成了一个蒲公英黄化绿化交替栽培的周期，可以紧接着进行下一轮的黄化处理。

蒲公英黄化绿化交替栽培时，处理时间可以灵活安排，保证每天均可供应黄化苗与绿色叶片。当覆盖物内最高气温达40℃

以上时，不宜再用塑料膜作覆盖材料，可改用透气的覆盖物，如多层遮阳网等。用此方法每年可进行黄化绿化交替栽培3～5轮，最后一轮结束后可掰取幼嫩叶片上市，不宜再刈割全株。如果是保护地栽培可增加轮作次数，周年生产，但同时也应增加绿化处理的时间，保证根部积累有足够量的养分。

收割选晴天的早晨，有利于伤口的愈合。收割后按长度分级，去掉损烂叶片，包装上市。蒲公英黄化苗为乳黄色，色泽鲜亮，纤维含量低，口感极佳。

（八）蒲公英苗钵冻贮温室栽培

黑龙江省大庆市让胡路区喇嘛镇农业中心刘春发等人经多年试验，总结出蒲公英苗钵冻贮温室栽培技术：6月中旬至7月下旬播种，先在畦内开沟，深1.5厘米，在沟内撒种，播后10天出苗，3片真叶时间苗，每平方米留苗1 500株左右。苗高4～5厘米时分苗于8厘米×8厘米的营养钵内，每钵1～2株，封冻前浇透水，封冻后将植株干枯的叶片剪去，码放在房后或太阳晒不到的地方冻藏。根据需要提前30天将冻藏的蒲公英移入温室，放在地面上，还可在温室后边搭两层架，在架上生产：第一层架高1.9米，宽2米，紧靠后墙；第二层架高0.9米，宽1米，距后墙0.5米（图32)。蒲公英进入温室解冻后要及时浇水。返青后

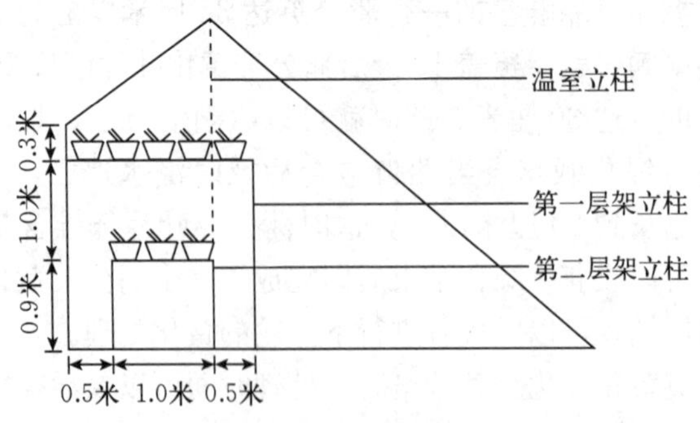

图32 蒲公英温室搭架栽培示意图

结合浇水追肥，先用喷壶喷300倍尿素，随后喷清水。当蒲公英长到10～12厘米，显花蕾时可采收。采收时带老叶老根割下，捆成小把上市。每个营养钵可产18～20克，每平方米可产4千克以上。如果温室温度保持在10～25℃，一栋333米^{2}温室一冬可生产5茬，产量在10 000千克以上。

（九）采种

二年生植株可开花、结实。授粉后，经15天左右果实成熟。6月下旬至8月下旬，花托由绿变黄，每天上午8～9时，将花盘剪下，放室内后熟1天，待花序全部散开，再阴干1～2天至种子半干时，用手搓掉寇毛，晒干即可。一般每个头状花序种子数都在100粒以上。种子几乎没有休眠期，采收后几天就可播种。野生资源丰富处也可挖根栽培，挖根后按10厘米×15厘米定植大棚，至次年2月即可萌发新叶。

（十）采收、加工及药用

蒲公英播种当年一般不采叶，促进繁茂生长，使下年早春植株新芽粗壮，品质好、产量高。第一年可收割1次（或不收割），可在幼苗期分批采摘外层大叶，或用刀割取心叶以外的叶片。自第二年春季开始每隔15～20天割1次，当叶片长10～15厘米时，最迟在现蕾以前，从叶基部下约3厘米处割断，捆扎上市。

整株割取后，根部受损流出白浆，此时2～3天不宜浇水以免烂根。最好收单叶，不可将生长点割下。一般可收5茬，667米^{2}可产嫩叶3 000～4 000千克。采下后抖掉黄叶、小叶，按250克一把扎紧，整齐排放于50厘米×30厘米×20厘米，铺有保鲜膜的泡沫箱内，每箱净重5千克，压紧盖严，用胶条封闭，在冬季常温下整箱保鲜期可达10天以上。

采收后加强肥水管理，以后可连续采收。作蔬菜使用的嫩苗或嫩叶，可在早春萌动后沙培4～5次，待叶长出沙面5厘米以上时，连根挖出洗净，去掉须根和叉根，捆成 0.5 千克的小捆上市。蒲公英可加工成晒干品：幼苗去杂洗净，用沸水焯一下，放入清水泡 2 小时，除去苦味，捞出沥水，晒干，用时以热水泡浸，炒食做汤。供腌渍的蒲公英，收购后整枝成把地放在腌渍池中，加盐。盐的浓度达到 20%以上，腌渍 20 天后，取出清洗、整理，即可包装出口。还可制罐头：将鲜品洗净，放入配好的预煮液中，预煮 1～3 分钟，清水洗净，分级装罐，加汤汁及调料，排气、封罐、杀菌冷藏。还可速冻，放入冷冻机内处理，然后置于冷库中贮存。用时取出，色、香、味不变，可炒食、做汤、凉拌。

还可加工成蒲公英素：取蒲公英 1 千克（干品），拣净杂质、洗净、切碎，置大锅中，加清水 10 千克，煮 1.5 小时，倒出煮液；再加清水 7 千克，煮 1 小时，再倒出煮液。两次煮液合并，静置 24 小时，抽取上清液，用石灰水处理：生石灰块 100～200 克，加水浸没，放出热量后再加水，不断搅动，使石灰成乳状。稍停，待石灰小颗下沉后，取上层石灰乳慢慢倒入蒲公英煮液中，边倒边搅，当 pH 值达 11～12 时，停止加石灰乳，继续搅拌 20 分钟，煮液中即可析出大量黄绿色沉淀物。再静置 24 小时，待沉淀物沉到缸底后，抽去上清液，将沉淀物取出过滤、干燥后，得灰绿色块状物。将块状物粉碎，过 80 目筛，即得蒲公英素粉（约 50～60 克）。可装入胶囊或散剂服用，成年人每次 0.5～1 克，1 日 3 次，可治疗乳腺炎、淋巴腺炎、支气管炎、扁桃体炎、感冒发烧等多种疾病。

蒲公英味甘、平、无毒，具清热解毒，利尿散结功效。鲜蒲公英 150 克、大米 100 克煮粥，吃时加白糖，可治急性扁桃体炎，上呼吸道感染，急性乳腺炎等症；蒲公英 30 克，全根花藤 60 克，用水煎，加酒少许，饭前服用；另用蒲公英捣烂敷患处，可治疗疔疮肿毒，急性乳腺炎；蒲公英 50 克，茵陈 50 克，大枣 10 枚，白糖 50 克煮水汤，可治急性黄胆型肝炎；鲜蒲公英 60～

90 克，用开水煎服，可治急性胆囊炎。

蒲公英是天然美容护肤化妆品。近年在日本、韩国及我国台湾等地流行用蒲公英美容护肤热潮，蒲公英叶放水中煎汤，过滤后用汁液擦洗面部，常用可使脸部光滑，皮肤细腻。鲜蒲公英叶研碎，加入少量凉开水，再加入等量的蜂蜜调匀，先用橄榄油涂面部，然后再用蒲公英蜂蜜液涂面部，15 分钟后用清水洗净面部；鲜蒲公英花捣碎，取两汤匙加水 0.5 升，煎 30 分钟，汁液凉后经过滤倒入容器中，于早晨或晚上擦洗面部，常用可使皮肤柔润增强弹性。

四十、蒌蒿

蒌蒿（*Artemisia Selengensis* Turcz.）《尔雅》上记为“蒿蒌”、“由胡”，《千金食治》呼为“白蒿”，《救荒本草》上称“藜蒿”。又名蒌蒿薹、芦蒿、水蒿、柳蒿、狭蒿、香艾蒿、小艾、水艾、驴蒿，菊科蒿属多年生草本植物。我国东北、华北和中南地区及日本、朝鲜等地均有，野生于荒滩、路边、山坡等湿润处，是一种古老的野生蔬菜。我国古代《诗经》、《尔雅》中就有记载。苏轼的诗：“竹外桃花三两枝，春江水暖鸭先知。蒌蒿满地芦芽短，正是河豚欲上时。”三国陆机在《毛诗草木鸟兽鱼虫疏》里说：“蒌蒿，生食之，香而脆美，其叶又可蒸以为茹。”明朝朱元璋（1368—1399年）南京称帝时，蒌蒿就由江苏高邮县年年在清明节作为贡品进贡。此后，南京、扬州等地每年在清明节前后，逐渐形成了采食野生蒌蒿的习惯，意在祭扫原祖，同时再尝其美味。《红楼梦》第六十一回提到蒌蒿炒肉、炒鸡、炒面筋，还说晴雯想吃蒌蒿。方岳的《食蔬》诗有句：“莱菔根松缕冰玉，蒌蒿苗肥点寒绿”；黄庭坚有句：“蒌蒿数筋玉簪模”、“蒌蒿芽甜草头辣”；辽皇族耶律楚材也有“细剪蒌蒿点韭黄”句，很像是凉拌菜。清吴其浚《植物名实图考》：“其叶似艾，白色，长数寸，高丈余，好生水边及泽中，正月根芽生旁，茎正白生食之，香而脆美，其叶又可蒸为茹。”江西南昌蒌蒿被誉为“鄱阳湖的草，南昌人的宝”，现在蒌蒿炒腊肉还成为江西特色名菜，已被北京人民大会堂列为国宴菜。柳蒿酒、柳蒿茶已成为许多国际性会议的指定用品。鄱阳湖滩涂是蒌蒿的自然生长区，面积约4万～7万公顷，每年可提供蒌蒿嫩茎约1.8亿～2.5亿千克。

现在云南、湖北、江苏及安徽等地已开始较大面积地人工栽培（图 33）。蒌蒿生活力强，适应性广，耐瘠薄、旱涝及盐碱。人工栽培管理容易，即使遭水淹没，只要茎顶露出水面，秋后退水，对第二年生长无影响。一年种植，多年收获。嫩茎、嫩根状茎，质地嫩而清脆，风味独特。江苏、安徽、江西、湖北、云南等省多栽培，为长江中、下游地区春淡季地方特色的一种时令性蔬菜。

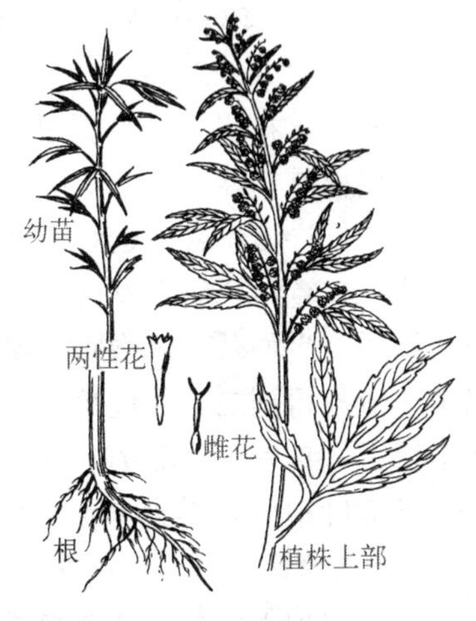

图 33　蒌　蒿

藜蒿按叶型可分为大叶蒿（即柳叶蒿）、碎叶蒿（即鸡抓蒿）和复合型蒿（嵌叶型蒿，即同一植株上，有两种以上叶型）。大叶蒿叶片羽状 3 裂，耐寒，萌发早；碎叶蒿叶片羽状 5 裂，耐寒力弱，萌发迟。藜蒿按嫩茎的颜色可分为白藜蒿（属大叶蒿）、青藜蒿（属碎叶蒿）和红藜蒿。其中青蒿是蒌蒿中的珍品。蒌蒿在古代已成为人们食用之菜，在北魏《齐民要术》及明代《本草纲目》中就有记载。古代墨客文人对它也有较高的评价：宋苏轼《惠崇春江晚景》诗："蒌蒿满地蒌芽短，正是河豚欲上时。"将蒌蒿与河豚媲美，可见蒌蒿的身价之高。

蒌蒿以地下根茎和地上嫩茎供食。根茎肥大，富含淀粉，可作蔬菜、酿酒原料或饲料，含侧柏透酮（$C_{10}H_{16}O$）芳香油，可作香料。每 100 克嫩茎叶含蛋白质 3.6 克、灰分 1.5 克、钙 730 毫克、磷 10 毫克、维生素 B_1 7.5 微克、胡萝卜素 139 毫克、维生素 C 49 毫克、铁 2.9 毫克、天门冬氨酸 20.42 毫克、苏氨酸 115.15 毫克、谷氨酸 34.30 毫克、脯氨酸 6.82 毫克、苯丙氨酸

8.72 毫克、赖氨酸 0.97 毫克、组氨酸 5.08 毫克、精氨酸 9.05 毫克、亮氨酸 5.55 毫克、丝氨酸 38.85 毫克。可凉拌或炒食，清香脆嫩，还有清凉，平抑肝火，预防牙病、喉病和便秘等作用，利用价值很高。

目前有许多学者开始对蒌蒿进行系统研究，奥地利维也纳大学的毕尔涅克博士研究发现，蒌蒿中含有挥发性油、维生素、苷类、鞣质、生物碱、矿物质、碳水化合物等。冯孝等从蒌蒿地上部分中分离得到二十九烷醇、二十九烷基正丁酯、6，7-二羟基香豆素、东莨菪素、β-谷甾醇、胡萝卜素等 12 个化合物。张健等从蒌蒿叶中分离得到伞形花内酯、芹菜素、木犀草素 7-O-β-D-葡萄糖苷、芦丁、东莨菪素和β-谷甾醇 6 个化合物。

蒌蒿以地下根茎和地上嫩茎供食。根茎肥大，富含淀粉，可作蔬菜、酿酒原料或饲料，含侧柏透酮（$C_{10}H_{16}O$）芳香油，可作香料。蒌蒿中含有多种矿质元素和维生素，具有抗氧化、防衰老、增强免疫力等功效。药理试验表明，蒌蒿能显著延长小鼠耐缺氧时间，提高抗疲劳能力；能增强小鼠耐高温，耐低温能力，增强 RES（网状内皮系统）的吞噬功能。通过深加工制成蒌蒿饮料、蒌蒿茶、蒌蒿粑粑、蒌蒿饼干等，长期食用蒌蒿可以延年益寿。

蒌蒿全草亦可入药，清凉、味甘，有止血消炎、镇咳化痰、开胃健脾、散寒除湿等功效。可治疗胃气虚弱、纳呆、浮肿、牙病、喉病、便秘及河豚中毒等症，近年来发现对治疗肝炎作用良好。另外，它对降血压、降血脂、缓解心血管疾病均有较好的食疗作用。

江西汉邦生物研究所，2002 年采用亚临界水萃取技术，从鄱阳湖的天然无污染野生蒌蒿中提取出了蒌蒿黄酮，能有效地调节人体血压、降低血脂，被列入国家 863 重点科研项目，并研制成了新一代的降压高科技保健食品——蒂豪舒压片。每片蒂豪舒压片含藜蒿黄酮 12 毫克。蒌蒿药用价值的市场开发前景广阔，江西余干县和生物有限公司合作对蒌蒿的有效成分进行检测，然后进行科学提炼，制成降压片、脑心舒片、脑心舒胶囊等5个系列100多个产品。这项技术已通过江西省科委鉴定和国家卫生部检测批准，并获得国家专利局受理认可。

（一）生物学性状

蒌蒿系多年生草本。地下茎形似根，呈棕色，新鲜时柔嫩多汁，长30～70厘米，粗0.6～1.2厘米。节上有潜伏芽，并能萌生不定根。地上茎从地下茎上抽生，直立，高1～1.5米。早春上部青绿色，下部青白色。无毛，紫红色，上部有直立的花枝。叶羽状深裂，叶面无毛，叶背被白色绒毛。头状花序，直立或向下。9～10月份开花，花黄色。瘦果小，具冠毛，成熟后随风飞散。

蒌蒿耐热、耐湿、耐肥，不耐旱。在排水不良的黏重土壤中根系大，且生长不良，长期渍水根系变黑死亡。根茎在水淹的泥土中存活5～6个月以上。冬季－5℃时，茎叶不至枯萎，夏天40℃以上的高温，仍能生长。早春外界气温回升到5℃以上时，地下茎的潜伏芽开始萌动，15～25℃时茎叶生长很快。日平均气温20℃以上的茎秆易木质化。喜阳光充足的环境，只是在强光下嫩茎易老化。对土壤要求不严，但潮湿、肥沃的沙壤土最好，适宜沟边、河滩沼泽地生长。对光照条件要求严格，基叶生长时阳光要充足。

（二）栽培要点

湖北武汉市蔡甸区冬春蒌蒿栽培的主要技术是利用塑料大棚等多层覆盖，保暖防寒，采用扦插繁殖，多次采收，667米^{2}产量高达3 400千克。供应期从当年8月中旬一直到翌年3月中旬，成为元旦和春节等重要节假日以及早春市场的特色蔬菜。

蒌蒿的繁殖方法有茎秆压条，扦插，分株和种子播种育苗等。茎秆压条时，于 7～8 月份按 45 厘米行距开沟，深约 6 厘米。将蒌蒿齐地割下，去顶，选中段茎，头尾相连平铺沟中，覆土浇水，当年即可新芽出土。扦插时，可于 5～7 月份剪取健壮枝条，除去上部嫩梢和下部已木质化的部分，剪成长 15 厘米左右的段，上部留 2～3 片叶，下端切成斜面。扦插前用 100～150 毫克/千克 ABT6 号生根粉溶液浸插条基部 4 小时，然后开沟，灌水，扦插，培土，培土厚达插条长 2/3 处，保持湿润。蒌蒿嫩梢因失水萎蔫，扦插成活率很低。如果用之扦插，需用 500 毫克/升萘乙酸溶液处理 0.5 小时，在水中扦插，扦插后 3～4 天开始生根，成活率可达到 100%。蒌蒿扦插适逢夏季高温，需覆盖遮阴网，搭高 0.8～1.0 米的架，上盖遮阳网，将网四周扎紧防风。盖网时间晴天 10～16 时，早晚揭开，9 月中旬撤架。主要上市期处于冬季，需保温覆盖促进生长，一般在 11 月下旬或 12 月上旬气温降至 10 ℃以前，扣大棚覆盖防霜冻，棚内晴天白天保持 18～23 ℃，阴雨天 5～7 ℃。如果土壤湿度过大，晴天中午要在背风处通风换气，以免因湿度过大，造成植株腐烂或变黑。在严冬时节用地膜直接浮面覆盖在植株上或用草木灰在地表护茎覆盖，以防冰冻产生空心蒿，降低品质。待 3 月中旬气温上升时及时揭除棚膜。分株繁殖时，四季均可进行，先从距地面 5～6 厘米处剪去地上部，然后连根挖起，分成单株，带根直接栽植。播种育苗者，多在 2～3 月份利用棚室播种，约经 10 天出苗，生长至 10～15 厘米高时定植。

在大棚栽培条件下，对植株喷洒赤霉素，可促进地上部生长，能使茎秆粗壮而嫩。方法是每克赤霉素对水 12 千克，配成 80 毫克/升水溶液，667 米^2 需用 3～4 克赤霉素，在柳蒿上市前 1 星期，苗高 5～10 厘米时喷洒。

蒌蒿是多年生植物，种植前要把种植地的杂草除净。667 米^2 施有机肥 3 000 千克，或饼肥 50 千克，过磷酸钙 25 千克，再耕翻、碎土、耙平、做畦，畦宽 2～3 米，再栽植。生长期间勤浇水。一般是采收后追肥，再浇透水。冬季最好盖层河泥，防寒，增肥。蒌蒿抗病力极强，病虫发生较少。但近年发现美洲斑潜蝇和蚜虫为害较重，可用1.8%爱福丁（阿维菌素）乳油2 000倍液防治斑潜蝇。蚜虫用10%四季红（吡虫啉）可湿性粉剂2 000倍液防治。

有时还有菊天牛为害。菊天牛别名菊小茼天牛、菊虎等，成虫啃食、产卵及幼虫钻蛀为害，成虫为害嫩茎表皮，形成长条状斑纹，最显著的特征是成虫产卵前咬破嫩茎上部皮层，呈近杯状刻槽，然后产卵于刻槽前端内部。伤口不久变黑，上部茎梢萎蔫枯死，并易从伤口处折断。卵孵化后幼虫沿茎秆向下钻蛀取食，茎内充满虫屎，被害株不能开花或整株枯死。

菊天牛成虫体长11～12毫米，圆筒形，头、胸、鞘翅黑色，前胸背板中央有一橙红色盾形斑，腹部及足腿节以上呈橙红色。1年1代，以幼虫、成虫或蛹在根茎内越冬。翌年5～6月成虫从根部钻出产卵。可于成虫发生期用5%氟虫腈乳油2 000倍液，4.5%高效氯氰菊酯乳油1 000倍液，90%晶体敌百虫1 500倍液，48%毒死蜱乳油1 500倍液，7天喷1次，连喷2次。病害主要是白绢病，发病初期可用90%地菌净粉剂350克，加干细土40千克，混匀撒施于茎基部，或喷20%粉锈宁（三唑酮）乳油2 000倍液，7～10天一次，连防2～3次。

在蒌蒿生长过程中，可用植物激素调控生长速度。如植株出现徒长或需延迟上市时，用1 000毫克/千克的15%多效唑可湿性粉剂叶面喷雾，或用250毫克/千克的50%矮壮素水剂地面浇根。出现僵苗时可用10～20毫克/千克赤霉素叶面喷雾。在生长中后期，用赤霉素叶面喷雾可提前上市增加产量。

蒌蒿以嫩茎供食用，南方多于12月份至翌年1月份采掘地下茎食用，2～4月份收割嫩梢供食。一般当苗高8～15厘米，顶端心叶尚未展开，茎秆未木质化，颜色白绿时从地表割收。割收后的茎秆仅留上部少数心叶，其余叶片全部摘除。按粗细分类，捆成把，用水清洗后码放阴凉处，湿布盖好，经 8～10 小时，略经软化即可上市。一般每隔 1 个月收 1 次，1 年可收 3～4 次。

（三）贮藏保鲜及加工

蒌蒿属茎叶类蔬菜，贮存期短，在常温下 24 小时腐败变质，在 10 ℃时 72 小时开始腐烂。目前，采用保鲜技术在保持蒌蒿色、香、味、脆的前提下，在 25 ℃左右，20 天不腐烂。其保鲜工艺：原料→蒌蒿采摘→挑选→清洗→消毒→浸泡保鲜液→披膜→控干→包装→成品保鲜。操作时，首先，将产地蒌蒿除去老茎和叶，尽量减少对嫩茎和表皮的损伤；其次，用流动清水清洗混沙，然后用 0.2%～0.5%的果蔬洗涤剂浸泡 1～2 分钟，再用流动清水洗掉洗涤剂，捞出，沥干水分，确保蒌蒿不含污垢；最后，将消毒后的蒌蒿放入保鲜液中浸泡 5～8 分钟，捞出，控干水分，使蒌蒿表面形成一种均匀一致的保护膜，用聚乙烯薄膜包装被膜后的蒌蒿，每袋 200 克，保鲜。采收后各种机械损伤和贮藏前过度失水，均不利于保鲜。保鲜的临界失水率约为 9%。贮藏前必须清洗，清洗剂以 0.4%次氯酸钠和 0.5%偏硅酸钠效果最好。保鲜袋以天津国家农产品保鲜工程技术研究中心提供的 1 号保鲜袋和 3 号保鲜袋，以色列国家农业研究中心提供的 10 号保鲜袋，哈尔滨北方保鲜研究所提供的 19 号保鲜袋较好。其中 19 号袋，在 2 ℃±1 ℃，RH=80%～90%条件下，保存 32～35 天，产品仍较脆、新鲜。蒌蒿可晒干菜，腌碱菜和加工成蒿茶。前者是将嫩茎叶洗净，开水焯 2 分钟，清水浸去苦味，捞出沥水，晒干或烘干，贮于干燥处。食用前清水泡开，炒食，做汤或做馅。腌制时先将嫩茎叶洗净，晒软，加盐揉搓，装入坛内，加佐料搅拌均匀，封存，加工。

（四）食用医用方法

春季采嫩茎去叶，用开水烫后与肉、香肠炒食，味美可口；

或取嫩茎叶，先用开水烫过清水漂洗，挤去汁水，炒食或掺入米粉蒸食。还可将其焯后捞出，挤干水切碎，拌入肉馅及调料，包包子。蒌蒿除菜外，还可开发成饮料、酒等高等产品，如以蒌蒿嫩芽制作的保健蒿珍王茶，市场售价高达 60 元/千克。蒌蒿根茎中含有大量淀粉，可作酿酒原料，并含有侧柏透酮芳香油，可作香料。蒌蒿味甘、平、无毒，利膈开胃，杀河豚鱼毒，主治五脏、邪气、风湿湿痹，补中益气，长头发，疗心悬，久服轻身，耳聪目明不老。如将蒌蒿捣汁服，可去热治心痛；用醋生拌食，甚益人，治恶心；做菜常食，补中益气，轻身；烧灰淋，取汁煎服，治淋沥痰。

1. 凉拌蒌蒿 蒌蒿嫩茎 400 克，精盐、味精、蒜泥、香油、米醋适量。将蒌蒿去叶，洗净，切成 4 厘米左右的段，入沸水中焯一下，捞出沥干水，装盘。用精盐、味精、蒜泥、香油和米醋对成调料，浇在蒌蒿上，拌匀即可。

2. 蒌蒿炒香干 蒌蒿嫩茎 200 克，咸豆腐干 100 克，植物油、精盐、味精、酱油、香油、葱丝适量。将咸豆腐干切成丝，蒌蒿去叶洗净，切成与豆腐干丝相仿的丝。炒锅置火上，倒入植物油烧热，下葱丝煸出香味，下豆腐干稍炒，然后倒入蒌蒿翻炒，加入精盐，少量酱油，味精，翻炒入味，淋入香油，拌匀出锅即可。

3. 鸡丝蒌蒿 蒌蒿嫩茎 250 克，鸡脯肉 100 克，精盐、鸡精、料酒、酱油、葱花、姜末、植物油、水淀粉、蛋清适量。鸡脯肉洗净，切成粗丝，用精盐、料酒、蛋清、水淀粉腌渍入味。蒌蒿去叶洗净，切成 4 厘米左右的段。炒锅置火上，倒入植物油，烧至四成热，下鸡丝滑散，倒出。炒锅重新置火上，加少许植物油，倒入适量酱油、葱姜等煸出香味，下鸡丝和蒌蒿翻炒，加精盐、鸡精，烹入水淀粉，颠翻几下，收汁，即可出锅。

四十一、费菜

又叫景天三七（*Sedum aizoon* L. sp. pl.），土三七、黄参、豆瓣菜、小豆瓣、养心草、救心草等，为景天科多年生草本植物，植株肉质状，直立，不分枝，高20～50厘米。叶互生倒披针形或椭圆状披针形。肉质，先端渐尖，基部楔形，叶缘具不整齐的齿，无叶柄，聚散花序，花近无梗。萼片5，花瓣5，黄色。雄蕊10，比花瓣短；雌蕊5，基部稍合生。生石质山坡或灌木丛中，分布东北、华北、西北、长江流域部分地区。云南也有。食用嫩茎叶，滑润可口，风味独特，每100克含胡萝卜素280毫克，维生素B20.31毫克，维生素C96毫克，还含蛋白质、果糖、蔗糖等，是一种新兴的药膳两用的珍稀蔬菜。

食用方法：

1. 夏季采摘嫩茎叶，洗净后放入开水锅中，烫熟，再放凉水中浸泡去除酸味后，捞出控干水分，切碎，加盐、味精、芝麻酱、蒜泥、白糖、香油或辣椒油，凉拌食。

2. 洗净，开水烫过后切段，与肉片或腊肉炒食。

味甘、微酸、平、无毒，具解毒消肿，宁心安神，活血功效。用之做菜，可补五脏，益智明目，消食开胃。景天三七90克，捣烂取汁，加白糖调服，治牙齿出血，鼻出血。景天三七全草60克，用水煎，调入适量蜂蜜服用，治高血压。

四十二、苦苣菜

苦苣菜（*Cichorium endivia* L.），又名苦菜、苦荬菜、苦麻菜、拒马菜、花苣荼、荼草、荼苦菜、苦苣菜、菊苣菜、天精菜、花叶生菜、苣荬菜、甘马菜、老鹳菜、取麻菜、山苦菜、败酱草。是菊科苦苣属中以嫩叶为食用的一年生或二年生草本植物。因有苦味而得名。原产于欧洲或中亚细亚，在世界上分布很广。在中国南北各地都可生长，多生于低山坡、路旁草地及田间地头。我国食用苦菜已有两千多年的历史，除了作为渡过灾荒的食物外，还用作草药，治疗一些疾病。因苦菜遍生全国各地，随时可取，人们又称其为“穷人菜”。我国野生苦菜资源丰富，开发利用野生苦菜资源，进行人工驯化栽培，已受到农业科技工作者的重视。浙江省永嘉县农技中心在这方面进行了大量卓有成效的工作。苦菜叶部发达，有苦味。嫩叶可凉拌、做汤或爆炒，也可以制成脱水干菜及软包装保鲜产品。它还是优良的青饲料（图 34）。

图 34　苦苣菜

（一）营养价值和医疗保健作用

每 100 克嫩叶含蛋白质 1.8 克，脂肪 0.5 克，碳水化合物 4

克，粗纤维1.2克，钙120毫克，磷52毫克，铁53毫克，胡萝卜素1.79毫克，维生素$B_1$0.6毫克，维生素$B_2$0.18毫克，维生素C12毫克及多种氨基酸，此外，还含有甘露醇，蒲公英甾醇，蜡醇，胆碱，酒石酸，左旋肌醇，苦味素等。过去中国人一直食用苦菜，食法多种多样，如生食、凉拌、炒食、蒸食、腌渍以及干制。苦菜虽然味苦，但经过加工处理，食用则别有风味。鲜嫩的苦菜，去根、洗净烫水，揉去苦汁或晒干，或用猪油烹煮，或以香油、辣椒乱炒，无不促进食欲。

苦苣菜中含中有丰富的胡萝卜素、维生素C及钾、钙等，对预防和治疗贫血病、维持人体的正常生理活动，促进生长发育和消暑保健有效较好的作用。苦菜中含有的蒲公英甾醇、胆碱等成分，对金黄色葡萄球菌，溶血性链球菌有较好杀菌作用，对肺炎双球菌、脑膜炎球菌、白喉杆菌、绿脓杆菌、痢疾杆菌、大肠杆菌和对白血病细胞等也有一定的杀伤作用，故对黄疸性肝炎、咽喉炎、细菌性痢疾、感冒发热及慢性气管炎、扁桃体炎等均有一定疗效。

苦苣菜叶中的白色乳汁涂抹患处，可治疗疔疮肿痛；苦苣菜晒干研末，每服10克，温酒送服，活血脉不调。鲜苦苣菜120克，用水煎服，治乳腺炎、阑尾炎；鲜苦苣菜捣烂取汁，每次30毫升加姜汁10毫升，加适量酒调服，治口疮。苦苣菜30克，蒲公英30克，用水煎服，治急性胆道感染；苦苣菜30～60克，野菊花15克，水煎服，治急性咽炎、扁桃腺炎；苦苣菜30克，酢浆草30克与猪肉同时炖食，治肝硬化，还能快速分解尼古丁，更是吸烟者的良好佳蔬。

据中医学研究，苦苣菜性寒，味苦，无毒，根、花及种子均可入药，具有清热解毒、清肺止咳、凉血、降压、滋肝明目、补气养血、去五胀邪气、益肝利尿、消食和胃的作用。适用痢疾、肺痛、头痛、牙痛、胃肠炎、黄疸、痔瘘、疔肿、毒虫咬伤等症。近代医学证明，苦苣菜有清热、消炎、杀菌、抗病毒、清除人体自由基、抗癌等作用，苦菜含丰富的维生素C及微量元素，是抗衰老、增强抵抗力、防癌抗癌、补钙、促进儿童生长发育的有效成分。

（二）生物学性状

苦苣菜主要包括菊科的苦苣属和苦荬菜属，种类很多。苦菜属的山苦荬菜、苦荬菜和抱茎苦荬菜。按外部形态的差异分，有大叶红芽、大绿芽、成齿大叶、深齿大叶、小叶型等6～8个类型。其中大叶红芽、大绿芽和成齿大叶等类型的叶质较厚，萌性强，产量高，品质好。

根纺锤形。株高可达80～100厘米。茎直立或蔓生，中空，外有棱，不分枝或上部分枝，茎下部无毛，中上部及顶端有少量短而稀疏的软毛。单叶互生，叶片长椭圆形，羽状深裂，列片不对称，叶缘为不规则的尖锯齿状（图34）。折断茎、叶有白色浆液溢出。头状花序，直径约2厘米，顶生，呈伞房花序排列，总花梗长，有腺毛。春夏间开花。头状花序的总苞钟状或圆筒状，暗绿色，长1.2～1.5厘米，有许多小舌状花，长0.4～0.6厘米，有5个齿。花冠黄色，为两性花，雄蕊5枚，子房下位，花柱细长，柱头2裂。瘦果长椭圆形，稍扁。成熟时为红褐色或暗褐色，果实两面多有3条纵肋，肋条间有细皱纹，冠毛白色，细软，千粒重0.8～1克。

有两个类型，一为皱叶型，叶长倒卵形或长椭圆形，深裂、叶缘锯齿状、多褶皱，呈鸡冠状。微苦、品质较好，国内栽培较多；另一种为阔叶型，叶长卵圆形，羽状深裂，叶缘细锯齿状。外叶绿色，叶黄绿色，叶柄浅绿，有的叶柄基部内侧淡紫红色，意大利引种的多属此类。生食时为减少苦味，可进行软化栽培。

苦苣菜性喜冷凉湿润的环境，在阴坡及疏林中生长繁茂。耐寒、耐热、耐旱力均强，但人工栽培时应尽量提供适宜的生长条件。

种子发芽最低温为 5 ℃，最适温 15～18 ℃。幼苗期对温度的适应性较强，10～25 ℃都可正常生长。茎、叶生长期适温 18 ℃左右。开花结实期适温 23～27 ℃。所以苦苣菜的主要栽培季节为春、秋两季。

在湿润环境中，茎叶生长旺盛，质地柔嫩而且苦味减轻。但人工栽培时应根据生育期进行调控，幼苗期勿使受旱，以免苗子老化，但也不能过湿，以免苗子徒长。茎、叶生长期水分供应要充足，加速茎、叶生长，减少苦味，提高产量和品质。开花结实期适当控制水分，以免植株贪青，降低种子产量和质量。

苦苣菜虽耐瘠薄，但在保水保肥力强的壤土上生长更良好。适宜的土壤 pH 值为 6 左右。在 pH 值小于 8.0 的碱性土壤上生长良好。

为使品质柔嫩，减少苦味，可进行软化栽培，常用的方法是将外叶扶起，将顶部扎住，经 2～3 周即成。有的在叶基部壤土中软化，也有的将植株移栽到地窖内软化。前者适于夏季，后者适于春季。

（三）生产技术

苦菜原是一种早春生长的野菜，人工栽培一年四季均可进行，可以达到周年供应。

苦菜主要作为生食叶菜，洗净后蘸调料生食，欧洲人将其作色拉菜主要原料。以选购叶长鲜嫩、光亮、完整、无病害、无虫害、未抽薹的优质标准。贮藏在 0～3 ℃，空气相对湿度 98%以上，常温下只能放 1～2 天。

1. 春季露地早熟栽培　栽培前 1～2 年从野生苦苣菜植株上采集种子，晒干筛净后装布袋中，放在干燥、冷凉处贮藏备用。

2 月份在阳畦中播种育苗，严霜过后定植到露地，4～5 月份采收嫩叶。

10 米^2 的阳畦面积施入腐熟圈肥 45～50 千克，翻匀整平后浇足底水，薄薄地撒一层细干土。种子用草木灰拌匀后撒播。然后覆盖细土厚约0.3厘米。10米^{2}苗床面积播种子7～9克。播种后覆盖薄膜。阳畦内白天温度保持在20℃左右，夜间不低于8℃，如果达不到这个要求，夜间需在薄膜上加盖草帘。出苗后，间苗1～2次，苗间距离3～5厘米。苗龄35～40天，5～7片真叶时准备定植。

3月份整地，做1.3～1.4米宽的平畦，按行距30厘米、株距20厘米挖穴栽苗，每穴栽1～2株，栽后浇水。缓苗后，结合浇水667米^{2}追施尿素10千克。定植后40天左右开始采摘嫩茎、叶，于4～5月份上市。早春温度偏低的地区，为达到提早上市的目的，可定植在风障前，或在露地定植后临时搭盖小拱棚，待温度回升后撤除。

2. 春露地栽培 3～4月份露地直播，6～7月份采收。

早春土壤解冻后整地，做1.3～1.4米宽的平畦，畦内施腐熟圈肥，667米^2 3 000千克。翻匀耙平后，按行距15厘米开浅沟条播，或满畦撒播。覆土后镇压，浇水。667米^{2}用种量300～400克。出苗前，如土表干燥需轻浇1次水，以免土壤板结妨碍出苗。具2片真叶时间苗，苗距3～5厘米。具4～5片真叶时定苗，苗距15～20厘米。间下的小苗扎把上市。定苗后，结合浇水667米^{2}追施尿素10千克，6～7月份采收。

3. 早秋露地栽培 8月份露地直播，10～11月份采收。

整地、播种方法参见春露地栽培。播种时如温度偏高，可在平畦上覆盖遮阳网或草帘，出苗后撤掉。间苗1～2次，按苗距20～25厘米定苗。定苗后结合浇水667米^{2}施用尿素10千克左右。温度下降到20℃左右时，茎、叶生长速度加快，667米^{2}可再追施尿素15千克左右并灌水，保持土壤湿润。播种后80天左右开始分期分批采收上市，直至下霜时结束。

4. 越冬栽培 9月份露地育苗，10～11月份保护地定植，翌年3～4月份收获。

选高燥、通风处建苗床，10 米^2 苗床面积施腐熟圈肥 45～50 千克，翻匀耙平后撒播种子，覆土厚约 0.5 厘米，镇压后浇水。9 月份的温度正是苦苣菜发芽的适宜温度，如果用的是上年采收，经过冬藏，休眠期已结束的种子，播种后 3～4 天便可以出苗。如果用当年刚采收不久的种子播种，由于处在休眠期中，播种后迟迟不出苗。

出苗后间苗 1～2 次，使苗距达到 3～5 厘米。苗期适当控制浇水，勿使苗子徒长。徒长苗耐寒力降低，难以安全越冬。早霜期前后，当苗子有 6～7 片真叶时定植。根据不同地区冬季低温程度，可以在风障前、阳畦内或塑料拱棚中定植，保护越冬。

定植前，667 米^2 施腐熟圈肥 2 000～3 000 千克及氮磷钾复合肥 30～40 千克。翻匀耙平后做 1.3～1.4 米宽的平畦，按行距 20 厘米，株距 10 厘米挖穴栽苗，浇水。越冬期间，根据气候变化情况进行保温防冻、通风透光等管理。定植后，白天气温保持 20～25 ℃，夜间 15 ℃左右，促进生根缓苗。缓苗后，白天保持 18～20 ℃，夜间 10～12 ℃，以促进茎、叶生长。元旦至春季期间，可隔株间拔幼嫩茎、叶，扎成把上市，留下的苗让其继续生长，待翌年 3～4 月份收获。

苦苣菜很少发生病虫害，无须防治。

(四) 采收

苦苣菜种子一般采野生种，如要规模化人工栽培时，就必须设立采种圃，专门采种。有春播采种及秋播采种两种方法。

1. 春播采种 3 月份在采种圃中按行株距各 30 厘米的距离行短条播种，每个短条播种子 10 余粒，覆土 0.5 厘米，而后浇水。出苗后间苗 1～2 次，按行株距 30 厘米左右留 1 株苗。

春播采种应尽量早播，使植株有一定数量的叶片后分化花芽，抽薹开花，以保证种子产量和质量。如果春播时期过晚，植株长不大就抽薹开花，导致种子产量低，质量差。

2. 秋播采种 9 月份播种，10～11 月份定植到风障前、阳畦中或塑料拱棚内保护越冬。定植行株距各为 30 厘米。种株培育方法参见越冬栽培。也可以在越冬苦苣菜地选择生长健壮、植物学特征征相同的植株就地留种。

早春对种株进行选优、去杂、去劣，结合浇水 667 米^2 施氮磷钾复合肥 30～40 千克。开花结实期适当控制浇水，以免种株贪青，继续萌发新的茎叶，与花、果争夺养分，使种子产量和质量降低。当瘦果皮色呈棕色或暗褐时，表明果实已成熟，应及时采收，否则易被风吹落。

秋播采种，种子产量和质量都比春播采种高。

四十三、菊苣

菊苣（*Cichorium intybus* L.）别名欧洲菊苣、苞菜、荷兰苦白菜、苣买菜、法国苦苣、水贡、吉康菜、野生苦苣、日本苦白菜。原产于地中海、亚洲中部和北非。4000年以前，古埃及就利用其根做咖啡代用品饮用，嫩叶作菜食用。荷兰约在1616年开始，以后欧洲的其他国家也陆续种植，目前各国都有栽培，尤以欧洲的意大利、法国、比利时、荷兰栽培最多，日本也不少。在欧美被视为高档的色拉蔬菜，食用部分为嫩叶，叶球或根，可作色拉、蘸酱生食，凉拌，也可炒着吃。直根可作软化栽培的材料，软化后的直根可作饲料，而且作咖啡的代用品。我国一般没有食用菊苣的习惯，但随着外交的发展，人们对西方菜肴的逐步接受，菊苣必然会被青睐。并且最近又开始作为药用植物进行研究。自20世纪90年代后，中国农业科学院等一些科研院校，陆续从荷兰、比利时、意大利、法国引进菊苣优良品种，进行栽培试验，获得成功。我国引入时间较短，由于田间栽培管理简单、省工、生长期病虫害少，特别是软化栽培是一个有发展前途的特种无公害蔬菜。河北省石家庄、唐山等地已引种栽培（见图35）。

图35 菊 苣

菊苣营养丰富，每100克鲜菊苣芽球中含蛋白质0.6克，脂肪120毫克，糖类2.65克，纤维素0.82克，胡萝卜素0.043毫克，维生素C3.51毫克，维生素B 0.3毫克，维生素PP 0.7毫克，钾196毫克，钠18毫克，钙24.48毫克，镁14.21毫克，磷24.12毫克，铜0.08毫克，铁0.93毫克，锌0.79毫克，锶0.10毫克，锰0.1毫克，硒1.61微克。菊苣中还含有一般蔬菜中没有的成分马栗树皮素、马栗树皮苷、野莴苣苷、山莴苣素和山莴苣苦素等，具有苦味，有清肝利胆，镇静催眠，开胃健脾，明目去油腻，降低血脂，胆固醇，活跃骨髓造血功能，对防治心脑血管硬化，营养不良性贫血，糖尿病、高血压等病有一定作用。肉质根中含有菊糖、咖啡酸和硅宁酸所形成的苷——绿原酸和苦味质。主要用于生吃，切忌高温煮、炒，因经高温后即变黑褐色。可剥叶芽，整叶沾酱或作鲜美开胃的色拉菜，芽球外叶可以暴炒；植株的嫩叶也可炒食、作凉拌菜，欧美人还把菊苣的根佐以鲜酱或蒜泥，口味独特鲜美，也可作火锅配料；或经过烤炒磨碎，加工成咖啡的代用品或添加剂，全美国都有这种咖啡混合品出售，而在南美最受欢迎。我国居民对苦味较敏感，蘸醋汁食用可减轻苦味，且非常爽口。

（一）生物学特征

菊苣为菊科菊苣属两年生至多年生植物。菜用菊苣是野生菊苣的一个变种（图35）。主根膨大，呈圆锥形肉熟直根，短而粗，似胡萝卜形。全部入土，外皮光滑，主根受损后容易产生歧根。白色，长20～25厘米，直径3～5厘米。入土深约40～50厘米。肉质柔软，幼嫩时可煮食，干品具咖啡香味，常作咖啡添加料或代用品。叶为根出叶，绿色或紫红色，长倒披针形或卵圆形，先端锐尖，叶缘粗锯齿状，形似蒲公英叶，或全缘，浓绿色，味苦。食用叶将叶用开水焯后再凉拌，老叶可做饲料。黑暗环境水培后的叶，包成芽球，芽球呈淡黄色或白色，可做色拉，蘸酱、炒食。茎夏季抽生，直立，有棱，中空，多分枝。头状花序，花冠舌状，青蓝色，聚药，雄蕊蓝色，每个花序上着生 20 个左右的小花。异花授粉，虫媒。每朵花着生一粒种子。果实为瘦果，有棱，顶端戟形。种子小，褐色，有光泽，千粒重 1.2 克，每克 800 余粒，种子发芽力可达 8 年，一般仅 2～3 年。

菊苣具有极强的抗逆性，喜冷凉湿润，在 10～20 ℃下生长良好，5 ℃低温下能缓慢生长。耐寒，遇霜冻不枯萎，严冬季节地上部枯死，地下肉质根不受冻。耐干旱，喜充足的阳光，不耐高温。种子在 5～30 ℃条件下均可发芽，发芽的适宜温度 18～20 ℃，25～30 ℃时 4 天出苗，5～15 ℃时 7～8 天出苗。叶片生长期适温 15～19 ℃，叶球形成期适温 10～15 ℃。软化栽培适宜的温度为 11～17 ℃。温度过低生长缓慢，温度过高，芽球松散，纤维化，品质下降。根株在北京地区可露地越冬，夏季高温长日照下抽薹开花。幼苗期对温度的适应范围较广（12～25 ℃），温度过高（40 ℃）时，幼苗茎部受灼伤而倒苗。冬季气温－3～－5 ℃时叶片仍是深绿色。在夜温较低，温差较大的情况下，可降低呼吸消耗，增加养分积累，根在－2～－3 ℃时不致冻死。菊苣为低温长日照作物，长日照是促进抽薹开花的主要因素。田间营养生长期光照强，叶片深绿色肥厚，光合作用强，有利于肉质根的养分积累，形成较大的肉质根。光照弱，叶色浅，易感病，肉质根较细小，产量低。室内软化栽培时不需要光照，要求黑暗条件，若具光，芽球叶片变绿，产生纤维，影响品质。菊苣怕涝，需高垄栽培。喜排水良好，土层深厚，富含有机质的沙壤土和壤土，土壤要疏松，土壤中有石块、瓦砾时，易形成杈根。注意氮、磷、钾的配合，田间栽培 667 米^2 需纯氮 3～7 千克，有效磷 4.7 千克，钾素 16.6 千克。生长期对氨、磷、钾吸收的比例为 2.1∶1∶3.6。任何时间缺氮都会抑制叶片的分化，使叶数减少；苗期缺磷，叶数少，而且植株变小，产量低；缺钾主要影响叶重，尤其结球期缺钾，会使叶球显著减产。

喜土壤 pH 值为中性。菊苣田间生长期需要湿润的环境。幼苗期需水量不大，浇水不可过多，以免苗子徒长，但不可过度控水，使苗子老化，叶面积小而薄。发棵期是叶面积开始快速增长期，需水量增大，水分要充足。肉质根开始膨大时，适当控制水分，以防地上部生长过旺，影响根部发育。肉质根迅速膨大时，要增加浇水次数和浇水量。肉质根的大小，关系到结球的大小，而水分是影响肉质根大小的重要因素。以采收叶球为目的时，结球后期要适当控制浇水，以防叶球开裂和引发软腐病。

（二）类型和品种

菊苣的种类和品种较多，有菜用品种、饲用品种和花卉观赏用品种。菜用栽培有叶用型、叶球型、根用型品种；又有需软化结球类型和非软化的散叶类型，前者是耐寒的散叶菊苣，其叶苦味过浓，且质硬不堪食用，经栽培后获得直根，秋季挖出直根，经贮藏后进行软化栽培，获得黄白色小叶球：具香味，脆而嫩，可作色拉。后者是半耐寒的叶用菊苣，叶色有红、绿之分。尤其是红菊苣，天寒时采收叶片，呈红葡萄酒色，食用时取叶丛的心部，从而使沙拉的色彩更加艳丽，并因其叶基部略带有清苦味，从而提高了沙拉的档次。

目前意大利主要栽培的是结球类型的菊苣，它只需一次栽培即可生产出产品，栽培较少受季节的限制，易于做到周年生产供应。法国、比利时、荷兰等国以软化菊苣为主。软化类型的菊苣需要经过两次栽培才能获得产品，过程较复杂，但经济价值较高。中国目前菜用栽培的品种主要有软化品种和非软化品种。软化品种可分为奶白色和红色两种，主要是从荷兰、英国和日本引入，生产上应用的品种主要从荷兰引入的根用型芽球菊苣。非软化品种能自然形成叶球，也有红色和绿色两个类型。红色叶球品种，叶球鲜红色，叶鞘部及主叶脉奶白色，主要是从荷兰、法国、德国引入的品种；绿色叶球品种，叶球绿色，主要是从荷兰、日本引进的品种。

按直根休眠期长短可分需经低温贮藏处理的和无休眠期的两种，如荷兰的 Zoom，日本的白河和中国农业科学院的中囤 1 号品种。

（三）栽培方式

菊苣有结球类型和需经软化栽培后收获芽球的散叶类型两种。菊苣的种植以意大利、法国、比利时、荷兰等国较多，其中意大利栽培结球类型为主，其他三国以软化菊苣为主。结球菊苣只需 1 次栽培即可生产出产品，栽培上较少受季节的限制，易于做到周年生产供应，而软化类型的菊苣需要经过 2 个阶段的栽培才能获得产品：第一阶段是露地营养生长形成肉质根，第二阶段是用肉质根在黑暗条件下软化栽培培养芽球。肉质根的培养一般可分为春季播种和秋季播种。主要栽培季节为秋冬季，其次为春季栽培。夏季栽培需在温度较低处，如东北及华北一些冷凉地区，2～3 月份棚室育苗，4 月下旬露地定植，6～8 月收获。或 6～7 月高温多雨季节，遮阴防雨育苗，8 月上旬定植，9～10 月采收。中原地区田间生长期为 90～100 天，河南省可在春季 3 月上中旬播种，7 月上旬收获肉质根。秋季 8 月中下旬播种，11 月下旬收获肉质根。软化栽培不需光线，只要温度合适，一年四季均可生产，周年供应。

1. 秋季露地栽培　根据各地的实际条件而定，北京地区如用现代推广的品种 Zoom、Bergere、Flarnbor、红菊苣等，最适播期为 6 月下旬至 7 月上旬。山东省如即墨市，也是 7 月下旬播种，8 月定植，10～11 月采收。植株有充分的生长时间而又不会出现先期抽薹现象。如播种过早，先期抽薹率甚高，直根不能应用；过迟播种，直根又太小，影响软化后芽球的产量。

播种育苗处于夏季高温期，种子发芽困难，昼夜温差小，夜温高，苗子容易徒长，因此在栽培过程中，要注意选择抗热品种；同时，播前种子须进行低温浸种催芽：播前 5～7 天浸种，用 45～50 ℃的热水烫种，并不断搅动，冷却至室温，浸种 4～5 小时。然后将种子捞出，用纱布包好，放在 25 ℃条件下催芽 3 天左右，待种子露出白尖时即可播种。播种后遮阴降温。苗龄 30 天左右，4～5 片真叶时定植。

菊苣宜直播，因为育苗移栽常因伤根而易形成歧根或弯根，须根增多，软化栽培时占用土地较多，而产量较少。但直播用种量大，667 米^2 用种子 150 克或更多，否则易出现缺苗断垄，并增加间苗的工作量。667 米^2 施腐熟的粪肥 3～5 米^3，磷酸二铵 25 千克，草木灰 100 千克，深翻 25～30 厘米，捡净根茬，前茬收获后，耙平起垄。垄宽 50 厘米，沟宽 20 厘米，高 15 厘米，小高畦。直播时每畦播双行，行距 35 厘米，于畦两边开浅沟，沟深 3 厘米。若土壤干旱，土质坚硬墒情差，最好犁前先浇水润地，使土壤湿润，便于播种出苗。由于种子太小，可掺入少量细砂，用两手指捏着掺沙的种子撒籽，可条播、短条播或穴播，播种深度要一致，穴播的穴距为 17～20 厘米，每穴 3～4 粒。播后沿播种行用锄头趟平塌实，覆土 1 厘米即可。播种后要浇透水，水流不要太大太猛，防止冲塌播种垄或串垄。出苗前后，隔天一水，做到三水齐苗，五水定棵。2～3 片叶时进行第一次间苗，间苗后浇水。4～5 片叶时第 2 次间卣，除去病弱苗，适当疏开，间后再浇水。地表能下锄时中耕。7～9 片叶时定苗，每穴留 1 株，株距 17～20 厘米。

定苗后，在行边开一小沟，埋施腐熟豆饼 667 米^2 100～150 千克或优质粪肥 750 千克，也可追施磷酸二铵 15 千克或撒可富 15 千克，追后浇 1 次水，然后中耕蹲苗，控制浇水。莲座后期，视苗情还可追尿素 10 千克或硫酸铵 15～20 千克。追后浇大水，以后见干见湿，尽量少浇。

秋季气候渐变凉，适宜菊苣叶部的增长和肉质根的形成，产量较高，一般 667 米^2 可达 2 000～3 000 千克。

2. 秋延后栽培　利用温室秋季播种，生长期100～110天，冬春季即元旦至春节前后收获，此期栽培产量高，收益大，是一年中最主要的一茬。

一般选择抗病、耐寒、结球性良好的中、早熟品种，如荷兰的皮罗托、乐培特、斯卡皮亚等。

一般在8月中旬至9月中旬露地播种育苗，9月下旬至11月下旬定植，12月下旬至2月上中旬采收。如河南安阳地区最适宜于7月上中旬播种，封冻前采收根株并行贮藏，然后在阳畦、大棚、地窖中进行软化栽培，冬春季节收获芽球。如有控温设施的冷库，采收期可持续到第二年的5～6月。在江苏南京地区以8月15～30日播种较适宜，8月15日播的产量最高。在武汉地区，在株高、株幅方面以8月15日播种的价值最大，8月25日播的价值最小。在单株叶重、芽球球长方面，7月25日播的价植最大，其次是8月5日播种的，8月25日的最小。而在叶长、叶数、根的直径、芽球球径、小区产量方面，8月5日播的最大，其次为7月25日，8月25日播的最小。可见武汉地区最佳播期为7月底至8月初。

最好采用直播，播种时气候已转凉，可用种子播种，播前不一定要进行浸种催芽。育苗时宜用营养钵，露地建苗床，每10米^{2}苗床施腐熟有机肥50千克，复合肥0.5～1.5千克，翻匀耙平后浇底水。水渗完后撒一薄层细土，再撒种子，然后覆土。也可将种子先用温烫浸种，然后在25～30℃清水中浸泡4～5小时，捞出后晾至半干，按种子重量0.3%掺入50%多菌灵拌种，加适量细沙均匀撒在苗畦中，上覆细土厚0.5厘米，盖地膜保墒，出苗后撤膜。

播种至出苗，保持地面湿润。子叶展开至2叶1心时，保持畦面见干见湿。幼苗2叶1心期间苗，苗距5～5厘米。2叶1心后结合浇水，喷1～2次叶类菜用叶面肥。若后期夜温低于10℃，可搭小拱棚，盖草苫。苗龄30天左右，5～7片真叶时，定植到日光温室或塑料大棚中。

在定植前1周，667米^{2}施腐熟有机肥4 000～5 000千克，三元复合肥50千克，深翻20厘米，耕细整平，沿南北向按45～50厘米的行距筑小高垄，垄高15厘米，并覆地膜。

定植前1天，苗畦先喷洒72%克露可湿性粉剂800倍液，同时浇透水。起苗时要带土坨，按40厘米的株距栽于小垄上，深度与土坨相平，不能埋住心叶。而后浇足定植水，忌低温高湿环境。

定植后温度可稍高些，白天保持20～22℃，夜间15～17℃，还苗后白天降至17～19℃，叶球形成期白天15℃左右，夜间10℃左右。收获期为延长供应期，应适当降低温度，白天10～15℃，夜间5～10℃。及时清除棚膜上的灰尘，同时做好通风降湿及保温工作，使植株在适宜的环境中生长。

结球菊苣需肥较多，除施足底肥外，定植后还要追施速效性氮肥和复合肥。追肥可分3次进行，还苗后5～6天，结合浇水追旖尿素10千克，促进叶片生长。团棵期追施三元复合肥30千克，硫酸锌5千克。包心后追施三元复合肥20千克，促进叶球肥大。

定植后浇小水，以后以中耕，保湿，还苗为主。还苗后一般5～7天浇1次，气温下降后不旱不浇水。团棵期需水量大，要保证水分供应，以后保持土壤见干见湿，防止病害发生。采收前15天停止浇水，防止叶球开裂。

及时中耕除草，保持土壤疏松，降低室内湿度，提高地温，促进根系发育。

注意防治病虫害。

采收时叶球要紧实，自地面割下，保留3～4片外叶，即可上市。

3. 春露地早熟栽培　一般于12月下旬至翌年1月中旬在日光温室育苗，3月上中旬定植小拱棚，5～6月采收。

1月下旬至2月播种，2月下旬至3～4月定植，5～6月采收。2月至3月上旬在阳畦或日光温室中播种育苗。或于9月露地育苗，10月定植于日光温室，过迟到翌年3～4月采收。在整理好的苗床上或装有营养土的育苗盘中播种。营养土可用3份腐熟的马粪或牛粪，3份菜园土，1份河沙组成，每穴点播2～3粒种子，盖上一层腐烂的麦糠或0.3厘米厚的细土，用壶浇透水。具2～3片真叶时分苗（假植），行株距6～8厘米见方。苗期温度白天12～20℃，夜间8～10℃。苗龄40～50天，有4～5片真叶时定植到露地。定植时，如温度偏低，可搭小棚或中棚防霜冻。

一般采用平畦，畦宽1～3米。宜择耕作层深厚的壤土或砂壤土，定植前，667米^{2}施腐熟圈粪2 000～3 000千克，过磷酸钙40千克，翻匀耙平后按行距50厘米、株距30厘米栽苗。带土挖苗，主根留4～5厘米长，栽时将根颈部分埋入土中，稍压紧，使根与土壤密接。定植后浇水，合墒（土壤湿度合适）时中耕松土，保湿增温。还苗后，结合浇水施尿素，667米^2 10千克。再合墒中耕松土，促进根系生长。团棵时施第二次追肥，穴施氮磷钾复合肥，667米^2 30～40千克，随后浇水，促进叶面积增大。封垄前施第三次追肥，667米^{2}施复合肥25～30千克，促进叶球肥大。结球后期，适当减少浇水，以防叶球开裂，导致软腐病发生。

菊苣易受斑潜蝇危害。发生初期可用0.9%阿维菌素乳油3 000倍液喷雾防治，同时，兼治菜青虫等食叶害虫。有条件的可在喷药后盖防虫网，保证生产的菊苣符合绿色无公害的要求。

也可直播。用小高畦，畦宽80厘米。在畦面两侧开沟，沟深3厘米，行距40～50厘米，条播。播后，覆细土，厚1厘米，镇压后浇水。直播地出苗后应进行1～2次间苗，留苗距离15～20厘米。定苗后浇1次水，随后蹲苗10～15天。幼苗长到17～18片叶时结束蹲苗，667米^{2}施复合肥50千克，然后浇水。以后根据天气及墒情浇水，做到见干见湿。

定植后50天左右，在菊苣内部叶片向上向内卷，花薹尚未伸长时采收，收获后剥去外部老叶，修削内部叶片，即可上市销售。

4. 夏季露地遮阴栽培 6月露地播种育苗，7月定植，8～9月份采收。北京地区播种期一般在6月下旬至7月上旬。此时种植的肉质根，有充分时间生长，而又不会出现抽薹现象。

播种时，如温度偏高，种子发芽慢，播前应进行低温浸种催芽。先用凉水浸种5～6小时，再放在15～18℃温度下见光催芽。在农村可将浸泡的种子，装在纱布袋里，吊在水井内，距水面20厘米左右。2～3天胚根露出后，加细沙混匀播种。因夏播出苗率低，应增加播种量。育667米^{2}地用的苗，需要30～50克种子。

苗床整平后浇底水，水渗完后盖一薄层细土，再撒播种子，而后覆土，厚约0.5厘米。播种后搭拱棚或平棚，上盖遮阳网降温。出苗后分次间苗，苗距3～4厘米，不可过密，以免苗子徒长。苗龄30天左右便可定植。

定植时正值高温期，应在午后温度下降时栽苗。为了便于遮阴降温，可在空闲的大棚里定植，上面覆盖遮阳网，根据天气变化情况进行揭、盖。定植后浇水的要求是：傍晚，用井水轻浇勤浇，降低棚内温度，同时，将遮阳网揭开通风，防止因棚内空气湿度过大而诱发病害。

5. 高山冷凉地区夏秋季栽培 2～3月棚室育苗，4月下旬露地定植，6～8月采收，6～7月高温多雨季节，遮阴防雨育苗，8月上旬定植，9～10月采收。

6. 软化栽培技术 软化栽培也叫囤栽，可在地窖中进行，也可在设施中进行。软化栽培的菊苣是利用菊苣肉质根根颈部分的顶芽，在遮光条件下培育出的乳白色叶球，称芽球。芽球是由叶片层层抱合而成，形状很像小型炮弹。一般长约10～16厘米，中部横径3.5～6厘米，重约75～150克。色泽鲜艳，呈鹅黄色或乳白色，有的品种星暗紫色。芽球菊苣可作色拉，蘸酱生食，也可炒食或作火锅配料涮食，口感清脆，营养丰富。每 100 克鲜重含 β-胡萝卜素 230 微克，视黄醇 38 微克，抗坏血酸 13 毫克，钾 245 毫克，锌 0.2 毫克。因其含有马栗树皮素、野莴苣苷、山莴苣苦素等特殊物质而略带苦味，对人体有清肝、利胆之功效。

荷兰芽球菊苣肉质根采用一年一季栽培，将采收后的肉质根进行前期冷藏，经一段时间低温处理即可进行软化生产。其余的肉质根可在 0～3 ℃条件下周年贮存。在荷兰芽球菊苣已实现工厂化立体无土箱槽式水培。栽培槽多为木槽，长宽均为 1.2 米，深 15 厘米。槽中央装有排水管，供水循环使用。栽培槽可以叠放，一般放 6～7 层，层间距 50 厘米。温湿度等管理，均采用自动化控制。合格的肉质根只需 25～30 天即可长成肥硕的芽球。多采用自动化采收，将芽球的肉质根从栽培槽中取出，放在切割、包装自动线上，完成包装程序。采用纸箱包装，每箱码放两层，为防止芽球见光变绿，每层上盖有紫色或蓝色不透光塑料膜。包装好的芽球在 3～4 ℃条件下可存放 15 天。

芽球在软化过程中，不施农药、化肥，是利用肉质根内贮藏的营养进行生长，很容易进行无公害生产。同时，分批对肉质根进行软化，可以延长供应期。

(1) 箱式立体无土软化栽培 据张德纯等（2 000）报道，采用无窗式保温、隔热厂房，进行菊苣箱（槽）式立体无土软化栽培已获得成功，对实现软化菊苣的集约化生产，提高生产效率，加速产业化进程，开辟了新的途径。

① 生产场地 采用无窗式保温、隔热厂房，坐西面东，面积 20 米^2 左右。砖瓦房，三七墙，内壁衬垫厚 5 厘米聚丙烯发泡板材。房（吊顶）高 2.5 米，周墙无窗户，仅在南北墙分别设 30 厘米×30 厘米自然通风百叶窗。在东墙设强制通风口，安装一台 60.96 厘米（24 英寸，英寸为非法定计量单位）排风扇，门户内外设置挡光门帘。室内温度保持在 5～20 ℃之间（最佳为

8～14 ℃）。严寒冬季用水暖加温，炎热夏季采用人工空中喷雾、低温水循环、强制通风、空调等降温措施。室内作业时采用绿色光照明。软化期间室内空气相对湿度保持 85%～95%。

为提高生产场地利用率，设计研制了多层栽培架。栽培架由 50 毫米×50 毫米角钢制成，长 180 厘米，宽 60 厘米，高 180 厘米，共分 4 层，每层可放置栽培箱 4 个。要求放置平稳，横梁保持水平，角钢表面涂刷防锈漆。栽培箱（槽）选用轻便、不渗水、便于清洗、易于焊接的工业塑料制品，长 60 厘米，宽 40 厘米，高 20 厘米，箱底中部设有用于水循环的溢水管，由管径为 20 毫米的塑料管穿插入人工开挖的底孔，交接处用塑料膜密封粘接防漏，上端管口离箱底高 9 厘米，以保持栽培箱（槽）有 9 厘米深的水层，下端管长 5～7 厘米，以便使循环水能依次从上一层箱（槽）溢入下一层箱（槽）。

为了使囤栽时菊苣肉质根之间保持适当间隔距离，避免芽球因郁闭而引发病害，特制了扶植网片。网片由防锈铁丝编织，可悬挂在栽培箱内，扶持肉质根不倾倒。网片有 40、50、60 毫米见方 3 种规格，以适应不同粗细肉质根分级后使用。

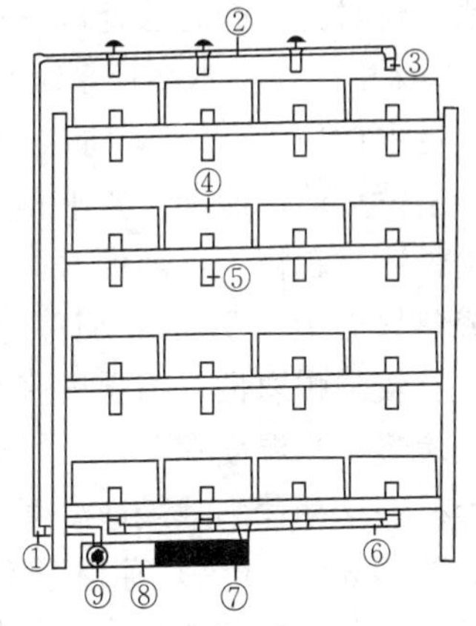

图 36　水循环系统示意图
①进水管　②分水管　③分水管口
④栽培箱　⑤溢水管　⑥回水管
⑦消毒过滤装置　⑧回水槽池　⑨水泵
（仿张德纯等）

水循环系统，包括进水管、分水管、分水管出口、箱（槽）和溢水管、回水槽池、消毒过滤装置以及水泵等 7 部分组成（图 36）。水循环系统内的管道，均采用 20 毫米塑料管，各个栽培架采取并联循环。为便于作业，也可以 1 个或多个栽培架组成水循环单元，每单元配备 1 个大小相应的水泵。

② 软化栽培（囤栽）技术　肉质直根囤栽前处理　从窖（库）内取出肉质直根，洗净，用利刀斜向由根头部莲座叶柄基部向上，从不同方向削切 3～4 刀，使残留莲座叶柄呈金字塔状。然后，在根头部以下留 13 厘米长，将尾根切去，并在背阴通风处摊晾 4～8 小时，待切削伤口稍愈合后囤栽。

栽插　将肉质直根按根头部直径＜30、30～40、＞40 毫米大小分成 3 级，分别插入挂有不同规格扶植网片的栽培箱（槽），每箱为 70～150 根。栽插时注意不使肉质根歪斜，务使根头部保持在一个水平面上，促进芽球整齐生长。囤栽应按批分期进行，一般于 11 月底开始第一期栽插，产品最早在元旦前后应市。

栽插后的管理：

肉质直根全部栽插完毕后，即向箱（槽）内注水，直到回水槽池满槽时止；同时检查每一栽培箱（槽）水位是否达到预定的 9 厘米深度。整个水循环系统是否畅通。此后每天应定时启动水泵进行水循环 1～2 次，每次 30～60 分钟，直到芽球采收时止。

菊苣芽球形成期，要求稍低温度，在 14 ℃以上时，温度越高生长速度越快，当温度升高到 29～25 ℃时，自栽插至芽球商品成熟只需 15～20 天，但芽球松散不紧实，产量也低。菊苣芽球具有较强耐寒性，当温度降到 0～1 ℃时也不致受到寒害，但生长缓慢。当温度在 5～10 ℃时自栽插至芽球商品成熟需 60 天以上。芽球菊苣囤栽最适温度应为 8～14 ℃，在此温度下芽球商品成熟期 30～35 天，芽球紧实、质量好、产量高。只有在黑暗条件下，芽球菊苣才能形成乳黄色产品。因此，自菊苣栽插冒芽后，至芽球采收，均应严格进行零光照管理，注意门户、排风扇口的严密遮光，需敞开门户大通风时，只能在夜晚进行。

在较高的空气相对湿度下形成的菊苣芽球，品质脆嫩；而在空气比较干燥时不仅芽球口感变劣，而且生长缓慢；但若空气相对湿度长期处于饱和状态，尤其在生长后期，又较易引起发芽球的腐烂。因此，管理上需随时采取地面泼水或强制排风、开启门户大通风等措施进行调节，控制空气相对湿度 90%左右。

近年，国外为了减少培土和退土所需的劳动消耗，开始采用不培土的软化技术。不培土软化首先需选择适宜的品种，目前国外使用较多的是 200M 系列的杂交种。此外，需质地较好的基质，如泥炭等，将肉质根栽培在基质中，并装设喷雾装置，保持湿度，然在遮光条件下即可成功地进行软化（图 37）。

③ 采收及采收后处理　采收应及时进行，采收时切割位置切勿过高，否则易使外叶脱落。一般每箱产芽球 25 千克左右，折合每平方米产量 104 千克左右。采收后应及时剥去有斑痕、破折、烂损的外叶，然后进行小包装，目前芽球市扬价格 500 克 5～12 元。

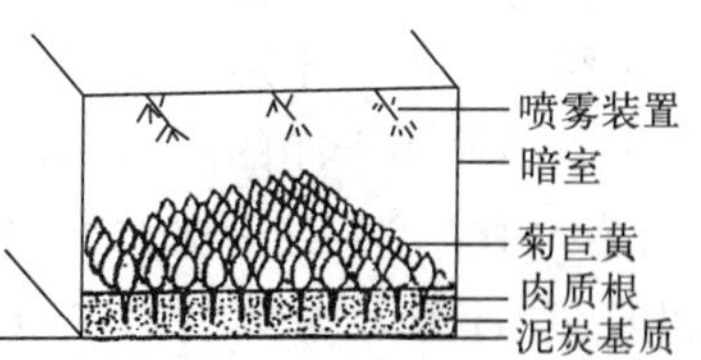

图 37　菊苣不培土软化暗室结构
（仿刘高琼）

据 2 年生产试验结果估算，建成一个 50 米^2 的菊苣箱（槽）式立体无土房室集约化软化栽培设施，并投入使用，需投资约 25 万元（含设施及当年生产费用），全年按生产 10 个月计，据 1999 年产品最低市场价格，年产出可达 18 万元左右，约一年半即可收回投资。

（2）民间习用软化栽培　菊苣软化栽培的场所主要有土窖、塑料大棚和日光温室。也可用高塑料桶、木箱等器具盛装，置于室内或利用山洞或地窖，甚至露地进行。先在日光温室或小暖窖内，南北向挖深 6.5 米、宽 1.2 米、长 5 米左右的栽培池。备好黑色塑料膜、麻袋片或草苫、竹竿、水管等。然后，将菊苣根按粗细分成不同等级。囤栽时间应根据计划上市时天，向前推35～40 天，如元旦上市，应在 11 月 20 日入池。

囤栽有水培和土培两种方法。土培法设施简单，操作容易，长出的菊苣头比较坚实，但生长期较长，环境不易控制。土培法的缺点是生产的芽球菊苣不洁净，外观较差，净菜率低。水培法需要一定的设施，操作也比较复杂，但环境条件容易整体控制，生产出的产品洁净美观，更适合于大规模机械化生产。

水培法在温室、房间、厂房内均可进行。栽培池或容器一般深 40 厘米，在进行水培前一定要将根子清洗干净，并除去老叶柄，切去部分肉质根尖，使根长 15～20 厘米。伤口沾一些托布津药消毒。码根时要按大小码好，但不要太紧。上面搭小棚，扣上黑膜，盖严，不透一点光。加水深度一定要在根的 1/2～1/3 以上，最好用干净的流动水，温度一般控制在 15～18 ℃，间断供液，每隔 2 小时一次。大约 20～30 天，芽球长 15～16 厘米，粗 6～8 厘米，嫩黄色，洁净，紧实，重 120～150 克时即可收获。收后用塑料袋包装，每 4～6 个芽球装一袋，密封后再装箱，或用黑色或深蓝色塑料薄膜包装好，直接送市场销售。也可放入冷库，在 1～5 ℃下存放 10～15 天。

土培法是在大棚或日光温室内。软化培育时，先挖一深约 20 厘米的沟作软化床，将晾晒好的肉质根放入沟中，彼此排紧并竖直，然后培上细土，成高垄状，培成后的土垄应高出地平面约 20 厘米。垄表盖草，草上压土波状铁皮或波状石棉瓦之类重物，使软化后形成之芽球坚实（图 38）或按南北方向或东西方向挖沟，沟宽沟宽 1～1.5 米，深 40～50 厘米，沟底整平，铺地热线。地热线间距离 10 厘米，10 米² 铺 600 瓦功率地热线。铺好后，线上覆土 5 厘米，盖好地热线。将整理后的菊苣肉质根，一个挨一个互相靠紧码在沟中，根与根之间保留 2～3 厘米距离，

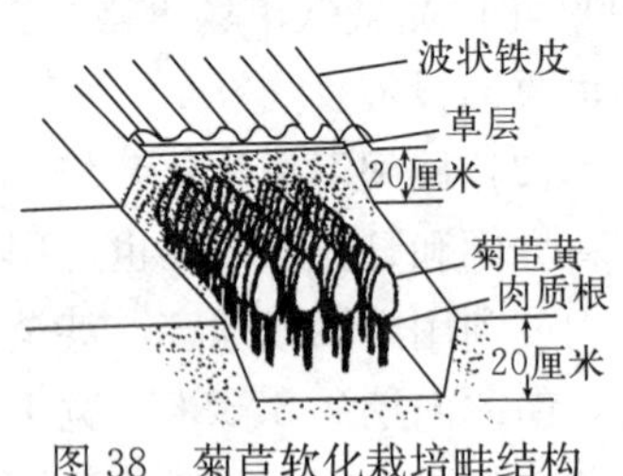

图 38　菊苣软化栽培畦结构
（仿刘高琼）

用湿沙土将根间隙填满。上覆3～5厘米的细土。然后浇水，使细土和水相互渗透到根株间，然后再覆土15～20厘米的细土，以后不再浇水，以防湿度过大。最后在其上面覆盖黑膜，在温度较低时，加盖草苫或调节地热线的温度，使其达12～20℃，20～25天就可以收获。如温度过低，生长期可延长到30～40天。在大棚内软化时，在棚内挖深40厘米，宽70～100厘米的深沟，将肉质根残留的叶柄用利刀削成金字塔状，不损伤顶芽生长点，清除肉质根主芽点周围的叶茎和小芽点，只保留一个主芽点。开沟码埋，一条沟一条沟码埋，并使肉质根之间相距2～3厘米，埋土深浅以露出根头生长点为度，做到顶部平齐。栽完后，浇透水。灌水时水管应伸到池子底面，防止水流冲倒根子。浇水后，栽培池上面如不平，再撒些细土补平，必须保证土层厚度。然后在栽培池上面架上竹风竿，覆盖黑色塑料膜，要密封不透光线，膜上再盖草苫。为调节湿度，早晨天亮前盖膜，天黑前揭膜，降低床内湿度。据龙启炎等人试验，不同材料覆盖对芽球产量有一定影响：用锯木屑覆盖芽球，球径、球长、小区产量分别为6.3厘米、15.4厘米、3.9千克；仅用黑膜覆盖芽球，球径、球长、小区产量分别为6厘米、15.1厘米、3千克；而用土覆盖，其球径、球长、小区产量分别为5.4厘米、13.8厘米、2.7千克。可见用锯木屑覆盖效果最好。

囤栽后对软化菊苣有直接影响的是土温，10～15厘米土层温度保持在8～15℃，温度太高，叶球徒长，结球松散，产量低，且有苦味，不脆，应揭开草苫降温。太低时，芽球生长慢，应增加覆盖物保温。冬季大棚和日光温室中土壤水分散失少，一般不需要浇水。土壤湿度过高，易引起芽球腐烂。过低，芽球生长不良。如土壤偏干，可浇水1～2次，但每次浇水量要控制好，不可使根冠部上面的土壤积水。棚或室内的空气湿度宜保持在85%～90%。空气湿度过低，芽球生长缓慢，过高易腐烂，可通过地面喷水或夜间通风加以调节。

棚或室内的软化场所，要保持绝对黑暗，否则芽球见光变绿，球叶散开，品质变劣。应经常检查，如发现芽球有拱土迹象时，要及时覆土。

(3) 采收 从囤栽肉质根到芽球达商品成熟需要的时间，即软化期的长短，取决于软化时的温度。温度为 8～14 ℃时，需 30～35 天；15～20 ℃时，需 20～25 天：21～25 ℃时，需 15～20 天；5～10 ℃时，需 60 多天，当有黄色芽稍略伸出覆盖物，芽球呈乳黄色，肉厚紧密，长 12～15 厘米，径粗 6 厘米，单球重约 100 克即可采收。从沟的一端逐次挖开泥土，用小刀将叶球从根头处割下，切割部位不可过高，以免球叶脱落。采收过晚，芽球外叶开张，品质下降；采收过早，产量降低。

主芽球采收后，如需要继续培养肉质根，还可不定期地陆续采收小的侧芽，称芽球菊苣仔。侧芽的形成时间比主芽生长时间要长，侧芽数量多，细长，一般每株可形成 10～12 个。芽球收获后，整理干净，用保鲜膜包装，保藏于 0 ℃冷库，相对湿度 95%以上，或随即包装上市。

(四) 贮藏和留种

春季栽培的菊苣产量较低，肉质根也小，一般从播种后90～100 天，长到 25～28 片叶时，肉质根直径达 3 厘米以上，一般选晴天上午采收，收后在肉质根上保留 3 厘米长的叶柄，切去其科叶片，以利于贮放。秋季栽培的收后，一般不需要低温，可以直接进行温室软化栽培。收后切掉叶片，晾晒一天，减少肉质根含水量。一般秋季栽培，冬季当最低温度降低到－2 ℃以前挖出肉质根，挖收时，注意勿使根部受损伤。除去抽薹株，连叶带根叶朝外，根朝里，就地码成直径为 1 米左右的馒头状小堆，防止肉质根受冻和失水。晾晒 2～3 天后，去除黄叶、老叶，留 2～3 厘米的叶柄，剪去上部叶片。然后，挑选软化用的肉质根；根长 18～20 厘米，粗 3～5 厘米。休眠期短的品种，可直接进行软化栽培；休眠期较长的品种，可将入选肉质根整齐码放在土窖或冷库中。如用库藏，可将盛肉质根的容器用硫黄，对入贮的肉质根先用800倍多菌灵液喷雾，晾干后装箱或装袋。贮藏期温度保持－1～2℃，空气相对湿度保持95%～98%，氧含量2%～3%，二氧化碳5%～6%。贮藏初期每隔3天掀开薄膜通风一次，半月后隔7～10天换气一次。贮藏1个月左右应翻堆检查一次。检查时，应轻拿轻放，避免碰伤。如欲进行软化栽培，可将其取出即可。也可挖沟贮藏。贮藏沟应在背阴处，东西向，沟宽1.2米，深1米，先在沟底码40厘米厚的肉质根。然后在上面覆盖一层细土，再码40厘米肉质根。沟由东西向，每隔2米树一草把，沟顶部先用麻袋片或破草苫盖上。气温下降后可盖一层黄土。气温降到0℃时，加盖草苫。要经常检查贮藏沟内的温度，使温度控制在0～2℃，在0～5℃温度下，可保存3～5个月。温度不宜太高，保持菊苣肉质根不腐烂，不抽干、不生芽为原则。经7～10天打破休眠后，再进行软化栽培。有些品种如日本的“沃姆”和“白河”，没有明显的休眠期，可以挖起后立即进行软化栽培。

菊苣属低温长日照作物，在低温下通过春化，长日照下抽薹开花。通常从秋冬季栽培中选出芽球外观好，外叶少，无病虫害，无干烧心，无裂球，合乎商品标准的根株拔起，集中种植于采种圃，与其他品种和苦苣隔离，夏季拔除过早抽薹开花的植株。大批种株盛长期后去顶，植株中部种子转黄色时割下，晒晾干后脱粒，风净保存备用。少量植株采种，应分批采收，随熟随采摘。种子小，褐色，千粒重1.2～1.4克。